U0303211

中华现代学术名著丛书

中国数学史

钱宝琮 主编

商务印书馆
创于1897 The Commercial Press

图书在版编目(CIP)数据

中国数学史/钱宝琮主编.—北京：商务印书馆,2019
(2024.12 重印)
（中华现代学术名著丛书）
ISBN 978 - 7 - 100 - 17018 - 5

Ⅰ. ①中⋯ Ⅱ. ①钱⋯ Ⅲ. ①数学史—中国—
古代 Ⅳ. ①O112

中国版本图书馆 CIP 数据核字(2019)第 003899 号

中华现代学术名著丛书

中国数学史

钱宝琮　主编

商 务 印 书 馆 出 版
（北京王府井大街 36 号　邮政编码 100710）
商 务 印 书 馆 发 行
三河市春园印刷有限公司印刷
ISBN 978 - 7 - 100 - 17018 - 5

2019 年 4 月第 1 版　　　开本 880×1240　1/32
2024 年 12 月第 5 次印刷　印张 16⅛ 插页 1
定价：96.00 元

钱宝琮

（1892—1974）

荷兰... Ingham: Distribution of Prime Numbers.

Gauss

Legendre

Euler

Riemann

Haddmard

Littlewood

出版说明

百年前,张之洞尝劝学曰:"世运之明晦,人才之盛衰,其表在政,其里在学。"是时,国势颓危,列强环伺,传统频遭质疑,西学新知亟亟而入。一时间,中西学并立,文史哲分家,经济、政治、社会等新学科勃兴,令国人乱花迷眼。然而,淆乱之中,自有元气淋漓之象。中华现代学术之转型正是完成于这一混沌时期,于切磋琢磨、交锋碰撞中不断前行,涌现了一大批学术名家与经典之作。而学术与思想之新变,亦带动了社会各领域的全面转型,为中华复兴奠定了坚实基础。

时至今日,中华现代学术已走过百余年,其间百家林立、论辩蜂起,沉浮消长瞬息万变,情势之复杂自不待言。温故而知新,述往事而思来者。"中华现代学术名著丛书"之编纂,其意正在于此,冀辨章学术,考镜源流,收纳各学科学派名家名作,以展现中华传统文化之新变,探求中华现代学术之根基。

"中华现代学术名著丛书"收录上自晚清下至 20 世纪 80 年代末中国大陆及港澳台地区、海外华人学者的原创学术名著(包括外文著作),以人文社会科学为主体兼及其他,涵盖文学、历史、哲学、政治、经济、法律和社会学等众多学科。

出版"中华现代学术名著丛书",为本馆一大夙愿。自 1897 年始创起,本馆以"昌明教育,开启民智"为己任,有幸首刊了中华现代学术史上诸多开山之著、扛鼎之作;于中华现代学术之建立与变迁而言,既为参与者,也是见证者。作为对前人出版成绩与文化理念的承续,本馆倾力谋划,经学界通人擘画,并得国家出版基金支持,终以此丛书呈现于读者面前。唯望无论多少年,皆能傲立于书架,并希冀其能与"汉译世界学术名著丛书"共相辉映。如此宏愿,难免汲深绠短之忧,诚盼专家学者和广大读者共襄助之。

商务印书馆编辑部

2010 年 12 月

凡　例

一、"中华现代学术名著丛书"收录晚清以迄20世纪80年代末,为中华学人所著,成就斐然、泽被学林之学术著作。入选著作以名著为主,酌量选录名篇合集。

二、入选著作内容、编次一仍其旧,唯各书卷首冠以作者照片、手迹等。卷末附作者学术年表和题解文章,诚邀专家学者撰写而成,意在介绍作者学术成就,著作成书背景、学术价值及版本流变等情况。

三、入选著作率以原刊或作者修订、校阅本为底本,参校他本,正其讹误。前人引书,时有省略更改,倘不失原意,则不以原书文字改动引文;如确需校改,则出脚注说明版本依据,以"编者注"或"校者注"形式说明。

四、作者自有其文字风格,各时代均有其语言习惯,故不按现行用法、写法及表现手法改动原文;原书专名(人名、地名、术语)及译名与今不统一者,亦不作改动。如确系作者笔误、排印舛误、数据计算与外文拼写错误等,则予径改。

五、原书为直(横)排繁体者,除个别特殊情况,均改作横排简体。其中原书无标点或仅有简单断句者,一律改为新式标点,专名号从略。

六、除特殊情况外,原书篇后注移作脚注,双行夹注改为单行夹注。文献著录则从其原貌,稍加统一。

七、原书因年代久远而字迹模糊或纸页残缺者,据所缺字数用"□"表示;字数难以确定者,则用"(下缺)"表示。

序

中国数学史是中国文化史的一部分,也是世界文化史的一部分。必须用辩证唯物主义和历史唯物主义的正确观点去研究它。在本书编写过程中,我们就正是努力来这样做的。我们力图用正确的观点、立场和方法来分析整理我国丰富的数学遗产,反对单纯的史料堆砌,努力阐明各阶段的数学发展和当时社会经济、政治以及哲学思想等之间的关系,力求对历代杰出的数学家和他们的数学著作给以尽可能适当的评价。但由于水平所限,疏漏谬误之处恐在所难免。深望读者不吝指教,以便三四年后再进行一次增订和修改。

中国的封建社会是如此之长,在编写的过程中,很自然地要碰到如何分期的问题。数学的发展,和其他事物的发展一样,有时快些,有时慢些,在发展的过程中呈现出一定的阶段性。最好的分期方法就是:既不脱离一般的社会历史条件,而又能从数学本身出发,反映这种在发展过程中的阶段性。从《九章算术》到唐代十部算经的完成,是我国传统数学的形成和发展时期;唐代后期实用算术的发展和明代后期西洋数学的研究,就其内容来讲都与前一阶段有所不同。因此我们以从秦统一到唐中叶作为一个阶段写入第二编,从唐中叶到明中叶作为另一个阶段写入第三编。此外,春秋末期以后虽属转入封建社会的历史阶段,但这一时期中有关数学史的资料并不多,因此我们便把它写入"秦统一以前的中国数学"这一编(第一编)中。1840—1911 年这一阶段,由于同样的理由,我们也没有另辟一编而是把它写入第四编之内。1912 年以后,中国数学逐渐进入了现代数学的新阶段。由于资料繁杂,一时尚难以就绪,续书成编,只好俟诸异日。

中国数学在世界数学发展过程中占有重要的地位,中国数学对世界数学的发展是作出了自己的贡献的。本书力图在这个重要问题上有更明确的阐述。在这方面,我们对旧有的资料进行了重新的整理,同时也利用了一些新的资料。

中国数学发展的历史表明,我国历代的数学家不仅在算术与代数的许多方面有着杰出的成就,而且这些成就大多是能与实际需要相结合的;对于后来传入的西洋数学,也基本上能结合本国实际情况进行研究,并作出了一些创造性的成果。我们应该继承这种勇于创造、密切联系实际以及积极吸收外来先进数学的精神,共同推进我国的数学事业。我们深信,在党的正确领导下,中国数学必将出现一个远胜古人、群星灿烂的新时代。

本书是中国科学院中国自然科学史研究室数学史组的同志们集体编写的。从初稿的执笔到改写和定稿都经过反复的讨论,体现了集体协作的精神。前后参加过编写工作的有严敦杰、杜石然、梅荣照等同志。

最后,在本书编写过程中,李俨先生曾阅读了初稿,并提出了一些有益的意见。在整个写作过程中,我们利用了李先生丰富的藏书。可惜的是,李先生没能看到本书出版便逝世了。他的藏书经家属全部捐赠中国科学院中国自然科学史研究室。这些书每天都可以和我们见面，抚今追昔，深感人琴之痛。谨附记于此，以志怀念。

钱宝琮

1963 年 10 月 30 日

目　录

第一编　秦统一以前的中国数学

第二编　秦统一以后到唐代中期的中国数学

第四编　明末至清末的中国数学

第一编

秦统一以前的中国数学

本编叙述中国数学的萌芽，主要是秦统一（公元前 221 年）以前数学知识的积累。

"中华民族的发展（这里说的主要地是汉族的发展），和世界上别的许多民族同样，曾经经过了若干万年的无阶级的原始公社的生活。而从原始公社崩溃，社会生活转入阶级生活那个时代开始，经过奴隶社会、封建社会，直到现在，已有了大约四千年之久。"①在四千年以前的原始公社生活里和后来的奴隶社会生产实践里，劳动人民创造了我国的古代文明，为我国悠久灿烂的文化树立了一个光辉的开始。

数学知识的特点虽在于它的概念和结论的高度抽象性，但这些概念和结论都是从生活实践中产生的。人们的生活实践是数学的真正源泉。我们的祖先从上古的未开化时代开始，经过许多世代，积累了长时期的实际经验，数量概念和几何概念才得到了发展。

在殷代遗留下来的甲骨文字中，自然数的记法已经毫无例外地用着十进位制。这个十进位记数法究竟从什么时候开始？因为没有考证资料，我们不能得出结论。伴随着原始公社的解体，私有制和货物交换已经产生。《周易·系辞传》说："包牺氏没，神农氏作……日中为市，致天下之民，聚天下之货，交易而退，各得其所。"为了货物交换的顺利进行，人们逐渐有统一的记数方法和简单的

---

① 毛泽东："中国革命与中国共产党"，《毛泽东选集》第二卷，人民出版社，1958 年，第 616 页。

计算技能。大约在五千年前，人民对于数与量已有一定程度的认识，是可以想象的。

人们首先从自然界形形色色的事物的认识中，建立了图形的观念。并且按照生活实践的要求，制造出各种形状的陶器，建筑自己的住所，制造自己的弓矢，树立了几何抽象概念的基础。为了要制成的物品有规则的形状，使它们圆的圆、方的方、平的平、直的直，创造了规、矩、准、绳。战国时期的《尸子》说："古者，倕为规、矩、准、绳，使天下傚焉。"古代传说，倕是黄帝时人，或说是尧时人，时代不能确定。近来的考古发掘，在西安附近半坡村遗址上发现有圆形和正方形的房屋基地。这说明在夏代奴隶社会以前原始部落时期已有圆形和方形的建筑物。

由于私有制的发展，阶级的产生，奴隶占有制国家出现了。中国奴隶社会的发生、发展和崩溃，约有一千五百年的历史。夏代是私有制确立和巩固的时期。夏代产生了农业和手工业的分工，出现了从事各种手工业（如陶器、青铜器、车辆等）生产的氏族。在这种社会分工的制度下，关于几何形体和数量的认识必然有所提高。防治洪水和灌溉田地的水利工程与制订适合农时的历法都需要数学知识和计算技能。社会实践是数学发展的动力。

到了殷代，奴隶主的国家已正式确立。奴隶占有制在当时是适合于生产力发展的。因此，造成了高度发展的殷商文化。殷人用甲、乙、丙、丁等十干，和子、丑、寅、卯等十二支组成甲子、乙丑、丙寅、丁卯等六十个日名，用来记录日期的先后顺序。从殷墟发掘出来的一片兽骨，它记录了正月、二月的全部日名，正月从甲子日起，癸巳日终，二月从甲午日起，癸亥日终，两个月刚好是甲子到癸亥的六十天。为了适应农业生产，殷人有一定的历日制度。但殷代历法用不用有大、小月的阴历月，有没有春夏秋冬四季，仅凭殷墟甲骨文卜辞所供给的资料，不容易得出可靠的结论。由于货物交换的发达，殷代已有用多量的贝壳来交换物品的习惯，这种贝壳就带有一些货币的味道。甲骨文卜辞中记录的数字都是十进位制的自然数，最大的数字是三万。

公元前十一世纪末，周人灭殷后，就在原有氏族制度的基础上建立一个文明国家，奴隶制经济获得进一步的发展。在政治经济上有实力的氏族贵族组织成强大的政治集团。其中有所谓"士"的阶层是受过礼、乐、射、御、书、数六艺训练的人。"数"作为六艺之一，开始形成一个学科。用算筹来记数和四则运算很可能在西周时期已经开始了。

周王朝东迁(公元前 770 年)后，西周贵族的氏族组织逐渐解体，统治阶级的政权逐渐下移。同时因劳动人民开始利用铁器，生产力逐渐提高，生产方式有所改变。生产实践促进了数学知识和计算技能的发展。当时掌握着"诗书礼乐"的少数上层阶级分子有了专门的文化工作。他们是由西周的"官学"转化到战国时期的"私学"的过渡人物。司马迁《史记·历书》说："幽厉之后，周室微，陪臣执政。史不记时，君不告朔。故畴人子弟分散，或在诸夏，或在夷狄。"这些畴人子弟是分散在春秋各国的熟悉天文、历法等专门知识的世家子弟。春秋时期的天文、历法工作是有显著成就的，无疑是各国畴人的贡献。

《春秋》鲁宣公十五年(公元前 594 年)"初税亩"，《公羊传》的解释是"履亩而税"。"初税亩"表明鲁国在那时正式宣布废除旧有的井田制，合法地承认公田和私田的所有权，一律取税。这是地主制度的正式成立，也是封建制度的萌芽。从春秋以来，奴隶制的农村公社逐渐瓦解,耕田的农民逐渐成为佃农或自耕农,这种新的生产关系提高了农民的生产积极性。同时,水利事业的发达,耕地面积的扩大,农业技术的改进,铁制生产工具的大量使用,更促进了封建社会初期的生产发展。与农业生产发展的同时,手工业生产和商业也有相应的发展。

战国时期,奴隶制度逐渐破坏,封建秩序逐渐建立起来。新兴的封建地主阶级对于不合时宜的旧制度、旧思想进行了解放斗争,但各家异说,他们提出来的新思想很难得到统一,大致说来有儒家、墨家、道家、名家、法家、阴阳家等派别。不同学派互相争辩成为盛极一时的风气。合乎逻辑的思维规律在各学派中都认为是争辩的重要武器。他们和同一时代的希腊哲学家不同,大都重视道德论、政治论和人生论,对于自然科学的认识显得分量不大。春秋以来劳动人民在生产实践中积累起不少数学知识是无可怀疑的,但对于数学这个学科,诸子百家中没有一个是专家,没有一本专门著作流传到后世。

墨家和名家掌握了或多或少的自然科学知识,他们提出来的命题中,有几个属于数学概念的定义,为理论数学树立了良好的开端。秦朝统一全中国,封建社会的秩序巩固了,战国末期百家争鸣的潮流被迫停顿。前汉时期的数学向应用算术方面发展,墨家和名家所启发的数学理论就没有更进一步的发展。

战国时期由于生产方式的改变,封建制度逐渐巩固,历史上形成了封建社会初期的阶段。就数学发展史而言,在战国时期里,尽管数学知识的积累比春秋时期丰富,但流传下来的史料还是很少。因此,我们把这一时期的数学发展归入本编内。

第一章 秦统一以前的中国数学

一、文字记数法

殷墟甲骨文卜辞中有很多记数的文字。大于 10 的自然数都用十进位制，没有例外。殷人同后世人一样，用一、二、三、四、五、六、七、八、九、十、百、千、万十三个单字记十万以内的任何自然数，例如记 2656 作"二千六百五十六"，只是记数文字的形体和后世的文字有所不同。下列是甲骨文的十三个记数单字：

1	2	3	4	5	6	7	8	9	10	100	1000	10000

前面四个字是象形文字，五、六、七、八、九都是假借字。Ⅹ 原是"午"字，∧ 或 ∧ 原是"入"字，十是"切"的初字，)（象分别相背之形，⟋象肘形，这五个字的产生无疑是在前面四个字之后。|是直立的一字。百、千二字的来历不很清楚。"万"字是"蠆"的初字，象一个蝎子。

十、百、千、万的倍数,在甲骨文中通常用合文,例如

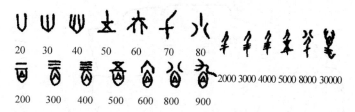

表示 20、30、40 的合文作 ∪、⋃、⫲,实际上是直立的 二字、三字、三字。其他合文数字的形体是把两个字合写成一个单字,但读起来还是两个音节,例如"八日辛亥允戋伐,人𢀖𢀖✡∩人"①中的数字是二千六百五十六。殷人记数有时在百位数字、十位数字、单位数字之间添一个"屮"字或"𢀖"字,例如"五十屮六""三百屮卌八""卅𢀖五"等。

西周钟鼎文字中,四写作 三,或作 ☒、☒,十写作 ◆,记多位数时,十的倍数和百的倍数有时也用合文,但字形同甲骨文不一样,例如盂鼎铭文"人鬲自骏至于庶人六百𢀖五十𢀖九夫"其中数字659写作"𢀖𢀖𢀖",五十的合文是上五下十,和甲骨文的上十下五写法不同。

汉以后的人记多位数字,都不用"𢀖"字隔开,也不用合文,例如记 6614 作"六千六百一十四",千、百、十表示十进位制的位次,六、六、一、四表示各位的数字。又例如记 86021 作"八万六千二十一",百位上是空的,也不需用"𢀖"字隔开。于此可见祖国人民记数的语言文字是既简且明的。后世记数文字中仍旧用廿字(读如念)和卅字(读如飒)表示 20 和 30,但它们不是合文。

---

① 郭沫若:"释五十",《甲骨文字研究》,科学出版社,1962 年,第 116 页。

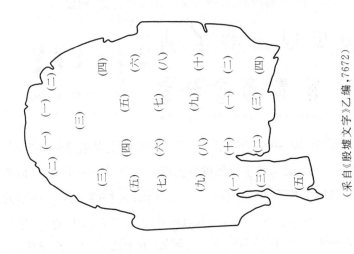

（采自《殷墟文字》乙编，7672）

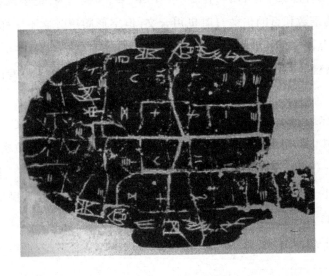

甲骨文中的数字

　　春秋时期,人民记录大数用亿、兆、经、姟等字表示数字的十进单位。《国语·郑语》史伯对郑桓公说,"合十数以训百体,出千品,具万方,计亿事,材兆物,收经入,行姟极"。后世记录大数,万、亿、兆、京、垓,都改从万进,或其他进法,将在第四章第一节里介绍。

二、算筹记数

　　我国古代用算筹记数。像我们现在在算盘里拨动算珠来计算一样,古人运用记数的算筹做加、减、乘、除等数字计算工作。秦以前,算筹的粗细、长短,因史料缺乏,现在无法考证。《汉书·律历志》(一世纪)说:"其算法用竹,径一分,长六寸。"汉尺 1 尺长 23 厘米,算筹长 6 寸合 13.8 厘米,径 3 分合 0.69 厘米。甄鸾《数术记遗》(第六世纪)说:"积算,今之常算者也。以竹为之。长四寸,以放四时。方三分,以象三才。"《隋书·律历志》(七世纪)说:"其算用竹,广二分,长三寸。"北周和隋朝的官尺 1 尺等于汉尺的 1.28 尺,约合 29.5 厘米。隋朝算筹长 3 寸,约合 8.85 厘米,广 2 分约合 0.59 厘米。由此可见,从汉到隋,计算用的算筹渐渐改得短小,运用起来比较便利。

　　古代算筹记数的制度,在汉朝流传下来的《周髀算经》和《九章算术》里都没有记录,我们只能在晋朝的数学书里找到一些有关算筹记数的资料。古代算筹的功用大致和后世的算盘珠相仿。五以下的数目,用几根筹表示几,6、7、8、9 四个数目用一根筹放在上边表示五,余下来的数,每一根筹表示一。表示数目的算筹有纵横两种方式

纵式 ｜ ｜｜ ｜｜｜ ｜｜｜｜ ｜｜｜｜｜ Ｔ Ｔｉ Ｔｉｉ Ｔｉｉｉ

横式 ― ＝ ≡ ≣ ≣̲ ⊥ ⊥̲ ⊥̲̲ ⊥̲̲̲

　　　1　2　3　4　5　6　7　8　9

表示一个多位数字，像现在用数码记数一样，把各位的数目从左到右横列，但各位数目的筹式须要纵横相间，个位数用纵式表示，十位数用横式表示，百位、万位用纵式，千位、十万位用横式。例如6614用算筹表示出来是⊥Ｔ―｜｜｜｜。数字有空位时，如86021用算筹表示出来是Ｔｉｉ⊥　＝｜，百位上是空位不放算筹，又如10340用算筹表示出来是｜　｜｜｜≡　，千位和个位都不放算筹。因布置算筹须要纵横相间，这个数字有没有空位是很容易辨别的。《孙子算经》说："凡算之法，先识其位。一纵十横，百立千僵。千、十相望，万、百相当。"《夏侯阳算经》①说得更清楚："一纵十横，百立千僵。千、十相望，万、百相当。满六以上，五在上方。六不积算，五不单张。"算筹记数的纵横相间制传到宋元时期没有改变。

　　算筹记数是古人在生产实践中创造出来的一种方法。用极简单的竹筹，纵横布置，就可以表示任何自然数。虽然没有表示空位的符号，但确实能够实行位值制记数法，为加、减、乘、除等的运算建立起良好的条件。我国古代数学在数字计算方面有优越的成就，应当归功于遵守位值制的算筹记数法。《说文解字》竹部："筭，长六寸，所以计历数者，从竹、弄，言常弄乃不误也。""算，数也，从竹、具，读若筭。"清段玉裁注说："筭为算之器，算为筭之用，二字音同而义别。"计算的"算"字也从竹，且读音同"筭"，可证古人计算都用算筹。《论语》"子路"篇："斗筲之人何足算也。""算"字作计

---

① 晚唐韩延算术所引。

数解释,足以说明春秋末年以前,人民早已利用算筹来计算了。

算筹作为计算的工具,它的创造年代不可详考。《史记·历书》司马贞"索隐"根据《世本》说:"黄帝使羲和占日,常仪占月,臾区占星气,伶伦造律吕,大挠作甲子,隶首作算数,容成综此六术而著《调历》也。"《世本》认为"隶首作算数"与大挠作甲子、伶伦造律吕等等是黄帝时代的制作,都是出于传说的附会。我们认为:由于社会生产力的不断提高,劳动人民创造了便于计算的工具,是可以理解的。算筹是为了繁琐的数字计算工作而创造出来的,它不能是原始公社时期里的产物。

三、整数四则运算

古代的筹算术经过长时期的发展过程而演变为现在流行的珠算术。这两种算术所用的工具虽然不同,但都利用位值制记数,加、减法和乘法的运算程序是基本上相同的。

筹算的加法和减法在历来的数学书里都没有记录。但是于二数相乘时将部分乘积合并起来,就是用加法;在做除法时,将部分乘积从被除数中减去,就是用减法。从筹算术的乘除法中可以了解筹算术的加、减法则。筹算术的加、减法都从左边到右边,逐位相加或减去。同一位的二数相加,和数在十以上的,即在左边数位上增添一筹。做减法,被减数的某位数目小于减数的同位数目时,向左边一位取用一筹。这些都和珠算术的做法一致,但没有加法口诀和减法口诀。

筹算术的乘、除法都要利用乘法口诀(乘法表)。现在的乘法

11

口诀是从"一一如一"起到"九九八十一"止，共四十五句。古代的乘法口诀是从"九九八十一"起到"二二如四"止（缺少"一九如九""一八如八"等九句），只有三十六句，它的顺序和现在流行的相反。因口诀的开始两个字是"九九"，故古人就用"九九"作为乘法口诀的简称。《周髀》的第一章"矩出于九九八十一"，赵爽注说："九九者乘除之原也。"《夏侯阳算经》说："乘除之法先明九九。"乘法、除法是数字计算的两个重要法则，熟悉乘除算法是学习数学的基本条件，因而"九九"又是当时实用算术的代用名词。

韩婴，燕人，治诗经，汉文帝时为博士，曾撰《韩诗外传》。他在卷三里说："齐桓公设庭燎，为便人欲造见者。期年而士不至。于是东野有鄙人以九九见者。桓公使戏之曰，九九足以见乎？鄙人曰……夫九九薄能耳，而君犹礼之，况贤于九九者乎……桓公曰：善。乃因礼之。期月，四方之士相导而至矣。"刘向《说苑》"尊贤"篇，和《三国志》卷二十一裴松之注引《战国策》，都提到这个故事，但文字间略有出入。根

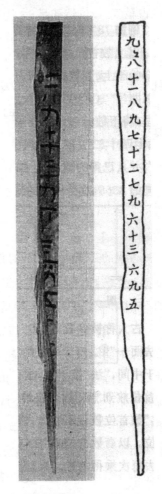

汉简九九图（采自《居延汉简甲编》260，左图是实物摄影）

据这个故事,我们体会到在春秋时期,结合生产实践的乘除算法已经是家喻户晓不足为奇的常识。

乘除法则在《孙子算经》和《夏侯阳算经》里叙述得相当详备。二数相乘时,先用算筹布置一数于上,一数于下,没有被乘数和乘数的名义。将下数向左边移动,使下数的末一位和上数的首位相齐。以上数首位数目乘下数各位,从左边到右边,用算筹布置逐步乘得的数于上、下两数的中间,并且将后得的乘积依次并入前所已得的积数。求得了这一个部分乘积之后,将上数的首位去掉,下数向右边移过一位。再以上数的第二位数目乘下数各位,并入中间已得的积数。这样继续下去,到上数各位一一去掉,中间所得就是二数的相乘积。

例如,78×56,先布置算筹如图1,下数末位 ⫪ 和上数首位 ☰ 相齐。以上数首位 ☰ 乘下数首位 ⊥,呼"五七三十五"即置 ☰⫴ (3500)于上、下数的中间。又以 ☰ 乘下数第二位 ⫪,呼"五八四十"即以 ⫼ (400)并入前已得的 ☰⫴ ,得 ☰⫿ 。去上数首位 ☰,将下数向右边移过一位,如图2。以上数 丅 乘下数各位,先得"六七四十二",并入中间已得的数,得 ☰⫿⚋ ,次得"六八四十八",并入已得的数,得 ☰⫿⊥⫪。这时上下数可以完全去掉,只剩中间的4368,就是所求的乘积,如图3。

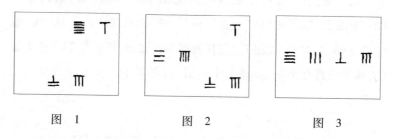

图　1　　　　　　　图　2　　　　　　　图　3

　　古人称被除数为"实"，除数为"法"，以除数除被除数称为"实如法而一"①。筹算除法的演算步骤和乘法相反。用算筹布置"实"数于中间，"法"数于下，求得的商数布置于"实"数之上。先将"法"的首位放到"实"数首位的下边，商量好应得的商数的首位。如果"实"数首位数目不够大，将"法"数向右边移过一位，再考虑商数的首位。以商数首位乘"法"数各位，从左边到右边，随即在"实"数内减去每次乘得的数。乘好减好后，将"法"数向右移一位，再商量商数的第二位数目。以商数的第二位数目依次乘"法"数各位，从"实"数内减去每次的乘积。这样到"实"数减尽时，就得到所求的商数。"实"数减不尽，就是有余数。

　　例如，4391÷78，先用算筹布置"实"

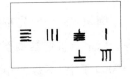

图　4

≡川亖丨，"法"亼Ⅲ如图4。因"实"数首二位43小于"法"数78，将"法"数首位亼置于"实"数第二位之下，如图5。议得商数首位≡，置于"实"数十位之上，以≡乘"法"数首位亼，呼"五七三十五"，从"实"数内减去3500余Ⅲ亖丨。再以≡乘"法"数第二位Ⅲ，呼"五八四十"，从"实"数内减去400，余川亖丨。将"法"数向右移一位，如图6。议得商数的第二位数目Ｔ。以Ｔ乘"法"数首位亼，呼"六七四十二"，从"实"数内减去420，余亼丨。以Ｔ乘"法"数第二位Ⅲ，呼"六八四十八"，从"实"数内减去48，余二川，如图7。这样就得到商数56和余数23。或者说"实四千三百九十一，如法七十八而一，得五十六又七十八分之二十三"。

---

①　"实"中有等于"法"的数，所得是一，"实"中有几个"法"，所得就是几。

图　5　　　　　　　图　6　　　　　　　图　7

四、勾股测量

《周髀》是一部汉朝人撰的,讨论盖天说的书。它的第一章叙述西周开国时期(约公元前 1000 年)周公姬旦与商高的问答,讨论用矩测量的方法。我们认为这些简单的测量方法在很古的时代里,早已被人们利用,是可能的。《周髀》首章记录:"周公曰,大哉言数,请问用矩之道。商高曰,平矩以正绳,偃矩以望高,复矩以测深,卧矩以知远……"矩是工人所用的曲尺,是由两条互相垂直的直尺做成的。假如矩的一条直尺和铅垂线(绳)一起垂直于地平面,那么,另一条直尺必定在水平的位置。将矩的一条直尺 CE 直立,另一条直尺 AC 放平如图 1、从 A 仰视一个高处的 P 点,视线 AP 与 CE 交于 B,那么,P 点的高度 PQ 等于 $\dfrac{BC}{AC}\cdot AQ$。量得 BC 和 AQ 后,就可以推算 PQ。同样理由,将直尺 CE 倒过来往下垂,就可以俯视深处的目的物而测量它的深度。将曲尺 ACE 全部放在水平面上,也可用来测量两目的物间的平距离。适当地利用这个"矩",可以测量远处目的物的高度、深度或广度。

在《周髀》首章里,商高又对周公说,"故折矩以为勾广三,股修四,径隅五"。这是说,如果在矩的水平部分上取 A 点使 $AC = 3$,又在垂直部分上取 B 点,使 $BC = 4$,那么从 A 到 B 的直线距离必定是5(如图2)。直角三角形(勾股形)直角旁两边(勾、股)上正方形面积的和等于斜边(弦)上的正方形面积,这个勾股定理在秦以前有没有被发现,因史料缺乏,现在还不能得出结论。但"勾三、股四、弦五",这个特殊例子的发现,可能是很早的。

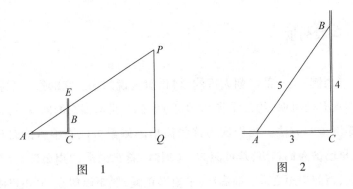

图　1　　　　　　　　图　2

五、战国时期的实用数学

春秋末以后,农业和手工业的生产技术都有了发展,劳动人民的数学知识应有不断的提高。《春秋》记录,宣公十五年"初税亩"。在这以前应当有测量田地和计算面积的方法。各国统治阶级为了要储备粮食,应当有计算仓库容积的方法;要修建灌溉渠道,治水的堤防和其他土木工事,必须能计算工程人工;要修订一个适应农业生产的历法,必须作好太阳、月亮的循环周期的统计工作。那时的"畴人子弟"积累了相当丰富的，由生产实践中产生的数学知识和计算技能。虽然没有一本先秦的数学书流传到后世，但不容怀疑的是，《九章算术》方田、粟米、衰分、少广、商功等章的内容，绝大部分是产生于秦以前的。我们为了便于系统地叙述《九章算术》内容起见，将这些数学成就留在第二章里介绍。

《考工记》是一部战国时期齐国人的书。它说明各项手工业产品的规格，自然提供了不少有关封建社会初期数学知识的资料。下面介绍《考工记》里关于分数，角度，和标准量器的资料。

《考工记》常用简单的分数来表示工业产品的各部分尺寸的比。譬如 A 的长度是 B 的长度的 n 分之一，那么说，"n 分其 B，以其一为之 A"。又如 A 的长度是 B 的长度的 n 分之 $n-1$，那么说，"n 分其 B，去一以为 A"。有时分 B 的长度为两部分成 m 与 $n-m$ 之比，例如"矢人为矢：镞矢参（三）分，茀矢参（三）分，一在前，二在后；兵矢、田矢五分，二在前，三在后；杀矢七分，三在前，四在后。"又"轮人为盖"节说"十分寸之一谓之枚"。"枚"是等于 1/10 寸的单位名称，就是后世的"分"。这里说枚是"十分寸之一"和后世的算术用语完全相同。

劳动人民在制造农具、车辆、兵器、乐器等工作中，产生二直线间角度的概念。在《考工记》里用"倨勾"二字表示角。用现代语言来解释，"倨"就是钝，"勾"就是锐，用"倨勾"表示角，好像用"多少"表示量，"长短"表示长度。一直角在《考工记》里叫"倨勾中矩"，或简称"一矩"。矩是工人用的曲尺，具体地表示一个直角。《考工记》说："车人之事：半矩谓之宣，一宣有半谓之欘，一欘有半谓之柯，一柯有半谓之磬折。"由此推算，可知一"宣"是 45°，一"欘"是 67°30′，一"柯"是 101°15′，"磬折"是 151°52′.5。"欘"和

"柯"都是斫木材用的斧,因木柄与铁斧间的角度有锐有钝,故用来表示角度的大小。《考工记》"磬氏"节明白规定,磬的两部分的夹角为"倨勾一矩有半",也就是135°,这和"车人""一柯有半谓之磬折"显然不同。大概在135°上下的钝角都得称为"倨勾磬折"。由此可见《考工记》中宣、榸、柯、磬折等名词的定义是不很明确的。

《考工记》说,"筑氏为削""合六而成规"。"削"是弯成圆弧形的刀,拼合六个"削"可以环成整个圆周,每一个"削"的圆心角是60°。"弓人为弓"节也说:"为天子之弓合九而成规;为诸侯之弓,合七而成规;大夫之弓合五而成规;士之弓合三而成规。"《周礼·夏官》"司弓矢"节所记与此相同。这是用圆心角的大小来规定弓背的曲率。在后世数学书中,一般角的概念没有得到应有的重视。天文学家因太阳的视运动是在约$365\frac{1}{4}$日内绕地一周(不计岁差),分一周天为$365\frac{1}{4}$度,1度约等于59′8″。这和《考工记》"合几而成规"的思想是一贯的。

《考工记》"桌氏为量"节说:"量之以为鬴,深尺,内方尺而圜其外,其实一鬴。其臀一寸,其实一豆;其耳三寸,其实一升;重一钧。""其铭曰:时文思索,允臻其极。嘉量既成,以观四国。永启厥后,兹器维则。"据此可知,这个鬴不是普通量米的容器而是封建统治者颁布的度量衡单位的标准器。齐国容量的单位是1钟=10釜,1釜=4区,1区=4豆,1豆=4升,所以1釜或1鬴是64升。当时规定1釜的容积为1立方尺,或1000立方寸,由此推算1升的容积是$15\frac{5}{8}$立方寸。

《史记》商君传记载,秦孝公曾采纳卫鞅的意见,"平斗桶、权衡、丈尺",也建立了明确的度量衡制度。现在还保存着当时容量1斗的标准量器——"商鞅量"。量器上所刻的铭文是:"十八年齐遣卿大夫众来聘。冬十二月乙酉,大良造鞅爰积十六尊五分尊一为升。"秦孝公十八年是公元前 344 年。大良造是卫鞅的官级。"尊"字就是"寸"字,这里应作立方寸解释。据此可知,秦孝公时规定 1 升的容积为 16⅕立方寸,这和《考工记》所记齐国的容量单位略有出入。战国时各国各自为政,度量衡制未能统一,所谓一寸的长短和一升的体积都是可以彼此不同的。后来秦始皇二十六年(公元前 221 年)"初并天下,一法度、衡石、丈尺",又王莽始建国元年(9年)刘歆造律嘉量斛,都规定 1 斛 = 10 斗 = 100 升,容积为 1620 立方寸,还是用卫鞅所规定的标准。

六、墨家和名家的数学概念

1.《墨经》中的数学概念

墨子学派中人大都参加实际生产事业,从劳动工具的制造和使用中提炼出自然科学知识,产生了朴素的唯物主义的世界观。在现在有传本的《墨子》书五十三篇中有"经上""经说上""经下""经说下"四篇,是墨子后学的集体著作,包含不少有关逻辑学、数学、物理学等的论题。"经上"和"经说上"的写成时代比较早,大约在公元前第四世纪,"经下"和"经说下"的写成时代大约是公元前三世纪。

"经上"记录许多条几何学名词的定义,"经说上"是给各条经文补充说明的。列举如下:

（1）［经］平，同高也。

（2）［经］直，参也。

以上二条没有说。用同样高低定义"平"，三点共线定义"直"。参就是三，后来刘徽《海岛算经》用"参相直"说明三点在一直线。

（3）［经］同长，以正相尽也。　［说］同，捷与狂之同长也。

（4）［经］中，同长也。　　　　［说］心，中，自是往相若也。

（5）［经］圜，一中同长也。　　［说］圜，规写攴也。

（6）［经］方，柱隅四讙也。　　［说］方，矩见攴也。

第3条说二物相比，恰巧相尽必定是"同长"。［经说］"捷与狂"三字很难解释，似有误文，但难以校正。第4条的"中"是形象的对称中心。第5条的"圜"就是圆，它的定义是"一中同长"，这和欧几里得《几何原本》圆的定义颇能相近。孙诒让《墨子闲诂》，"攴"校正作"交"，"讙"校正作"杂"，杂有周匝的意义。

（7）［经］厚，有所大也。　　　　［说］惟无所大。

（8）［经］端，体之无厚而最　　　［说］端，是无间也。
　　　　前者也。

（9）［经］有间，中也。　　　　　［说］有间谓夹之者也。

（10）［经］间，不及旁也。　　　　［说］间谓夹者也。尺前于
　　　　　　　　　　　　　　　　　区穴而后于端，不夹于端
　　　　　　　　　　　　　　　　　与区内。及，非齐及之
　　　　　　　　　　　　　　　　　及也。

（11）［经］纑，间虚也。　　［说］纑虚也者，两木之间
谓其无木者也。

（12）［经］盈，莫不有也。　　［说］盈：无盈无厚，于石无
所往而不得。

第 7 条说"惟无所大"四字很难理解。近人高亨《墨经校诠》以为脱
落"无厚"二字，当作"惟无厚，无所大"。《墨经》盖以有所大为
"厚"，无所大为"无厚"。第 8 条［经］"无厚"，传刻本误作"无
序"，依王念孙《读书杂志》校改，［说］"无间"传刻本误作"无同"，
依梁启超《墨经校释》校改。《墨经》所谓"端"在现代几何学中叫
做点，点是无厚的，也是无间的。第 9 条［经］，"中"字疑是"旁"字
的误文。"有间"是对夹之者的"旁"而言，"间"是对被夹者的"中"
而言，所以第 10 条［经］说明"间不及旁也"。《墨经》常用"尺"表
示几何学上的线，"区"表示几何学上的面，但没有给明确的定义。
"尺"的地位在"端"的后面，又在"区"的前面，但不为端与区所夹。
［经］文"不及旁"的"及"字应作"到"字解，不应作"与"字解，所以
说"及非齐及之及也"（第二个"及"字传刻本误落在"非"字之前）。
第 12 条［说］"石"字传刻本误作"尺"，依孙诒让校正。

（13）［经］得，坚白不相外也。［说］得：二坚异处不相撄，
相非，是相外也。

（14）［经］撄，相得也。　　［说］撄：尺与尺俱不尽，端
与端俱尽，尺与端或尽或
不尽，坚白之撄相尽，体撄
不相尽。

（15）［经］仳，有以相撄有不　　［说］仳：两有端而后可。

　　　　相撄也。

（16）［经］次，无间而不相　　　［说］次：无厚而后可。

　　　　撄也。

第 13 条［经］传刻本脱落"得"字。第 14 条［经］"撄，相得也"，
［说］"坚白之撄相尽"，因此，13 条［经］用"坚白不相外"说明"得"
字或"撄"字的意义。第 13 条［说］，"相非"可解释作互相排斥，也
就是第 14 条［说］的"体撄不相尽"。第 14 条［说］的第三个"端"
字旧在末一勾"尽"字之下，依孙诒让校移补。第 15 条［经］"仳"，
传刻本误作"似"，"不相撄"误作"不撄撄"，并依孙诒让校正。
"仳"字有比邻或连接的意义，二体相连接至少须有两点相"撄"。
第 16 条的"次"字似乎有两相等形叠合的意义。因为只有点与点，
线与线，面与面可以叠合，所以说，"无厚而后可"。

　　"经上"和"经说上"对时、空概念也给以简单的叙述。

（17）［经］久，弥异时也。　　　［说］久：古今旦莫。

（18）［经］宇，弥异所也。　　　［说］宇：东西家南北。

（19）［经］穷，或有前不容　　　［说］穷：或不容尺，有穷；

　　　　尺也。　　　　　　　　　莫不容尺，无穷也。

（20）［经］始，当时也。　　　　［说］时或有久或无久。

　　　　　　　　　　　　　　　　始当无久。

第 17 条［说］"旦"字传刻本误作"且"，依王念孙校改，"莫"字是
"暮"字的古文。第 19 条解释"有穷"和"无穷"。用尺来度量路

程,如果量到前面只剩不到一尺的余地,那么,这路程是"有穷"的。如果继续量过去,前面总是长于一尺,那么,这路程是"无穷"的。第20条分析"时"有"有久"和"无久"两个意义,"有久"的时是期间,"无久"的时是瞬时。"始"是"无久"的瞬时,和第8条说明"端"是"无厚"的体,意义是相仿的。《墨子》"经上""经说上"虽然提出了"有厚""无厚"、"有久""无久"、"有穷""无穷"等对立名词,但"有厚"是否由"无厚"积累而成?"有久"是否由"无久"积累而成? 在一定长的线段上点的个数是"有穷"还是"无穷"? 这些疑问都没有明了的解答。

《庄子·天下篇》说:"相里勤之弟子五侯之徒,南方之墨者苦获、己齿、邓陵子之属,俱诵《墨经》而倍谲不同,相谓别墨,以坚白同异之辩相訾,以奇偶不仵之辞相应。"由此可见,墨翟的后辈有不同的派别,在学术思想方面互相争辩。《墨子》"经下""经说下"二篇和"经上""经说上""在某种见解上是完全对立着的"①。"经下"和"经说下"讨论自然科学的命题相当多,特别在力学和光学方面有光辉的成就。在数学方面可以举出来的只有如下的一条。

　　[经]非半弗斱则不动,说在端。

　　[说]非:斱半进前取也,前则中无为半,犹端也。前后取则端中也。斱必半,毋与非半,不可斱也。

"斱"有分割的意义。譬如取一物,平分为两个一半,又将前面的

---

　　① 郭沫若:"名辩思潮的批判",《十批判书》,科学出版社,1962年。

一半平分为两个一半,这样继续分割下去,势必分到一个无可再分的"端"。如果弃掉前后的部分而保留中间的一半,那么,这个不可分割的"端"也将留在中间。提出这个论题的人虽然没有明说,这个被分割的东西究竟有多少"端",但我们根据经说,可以体会,不可分割的"端"应当是有穷的。这和希腊哲学家德谟克利特的原子学说有些相像。

2. 惠施和其他辩者

在后期墨家提出属于逻辑范畴的问题,相訾相应的同时,惠施和桓团、公孙龙等辩者之徒也掀起了名辩的高潮。因为他们辩论的对象局限于名词的本身,和事物的实际很少联系,后世历史家用"名家"称呼他们。司马迁说:"名家苛察缴绕,使人不得反其意,专决于名而失人情。"[①]他们从唯心主义世界观出发,丧失了名辩思潮的积极意义,许多辩辞蜕变成概念游戏的诡辩。但也有合于数学思想的论题。《庄子·天下篇》征引的惠施的"历物"十事中就有二事:

(1) 至大无外谓之大一;至小无内谓之小一。

(2) 无厚不可积也,其大千里。

惠施提出了"大一""小一"两个名词,近人多揣摩它的哲学意义,有所评论。假如从数学思想出发,我们也可以用空间或时间的整

---

① 《史记·自叙》。

体来解释"大一"的"至大无外",用空间的一点或时间的瞬时来解释"小一"的"至小无内"。几何学里的线和面都是"无厚"而"有所大"的。惠施肯定地说,积累线段不能成面,积累面不能成体,对于线和面有比《墨经》更进一步的认识。

《庄子·天下篇》又列举了桓团、公孙龙等辩者提出的论题二十三条,并且说,"辩者以此与惠施相应,终身无穷",又说他们"能胜人之口,不能服人之心"。对于这些辩辞的大部分,我们很难了解它的原意。这里只讨论下列六条:

（1）矩不方。

（2）规不可以为圆。

（3）轮不辗地。

（4）飞鸟之影未尝动也。

（5）镞矢之疾而有不行不止之时。

（6）一尺之棰,日取其半,万世不竭。

（1）（2）两条可以这样解释:矩和规是人们画方、画圆的工具,但利用工具画出来的方和圆是不能符合它们的几何学定义的。车轮的边缘和地面相切处只是一条"无厚"的线段,所以第3条说"轮不辗地"。鸟在天空飞翔,它的地上影子常在改变,每一个特定的影子实际上没有移动过,所以第4条说,"飞鸟之影未尝动也"。我们可以用照相的底片来理解"飞鸟之影"。公元前五世纪,希腊埃利亚学派哲学家芝诺(Zeno)主张一切存在都是静止,提出了四个有名的命题,目的在否定运动的真实性。其中的第一题是"对分",他说:人们不能在有限时间内走过无穷多的点。因为人们在通过一

25

定距离之前,必须先走过这段距离的一半,要通过它又必须走过它的一半,由此类推,至于无穷。如果线段是由无穷个数的点组成(这是一般古希腊数学家所承认的),那么,在有限时间内走完一个线段是不可能的。第三题是"飞箭",在这个命题里,他说射出去的箭在每一瞬时都占着空间的特定位置,因而静止在这个位置上。"一尺之棰日取其半万世不竭",这个辩辞和芝诺的"对分"题意义相近。"镞矢之疾而有不行不止之时",这个辩辞和芝诺的"飞箭"题意义相近。但这两个辩辞既没有否定线段的连续性,又没有否定运动的真实性,和芝诺的主观唯心主义有些不同。

　　以上六个论题过分强调抽象的数学思想,轶出了一般人常识的范围。但和"鸡三足""火不热"等概念游戏究竟不同,把它们一律归入诡辩,似乎不很公平。

第二编

秦统一以后到唐代
中期的中国数学

本编叙述从秦始皇二十六年(公元前221年)到唐玄宗天宝十四年(755年),九百七十六年间中国数学的发展,主要是以《九章算术》为中心的中国古代数学体系的形成。

公元前221年,中央集权封建国家秦王朝的出现是战国以来历史发展的必然结果。为了巩固统一的国家,秦始皇建立了一套政治制度。使全国人民有着共同的货币和度量衡制,加强了经济联系,有着共同的文字,促进了全国的文化发展。但在专制皇帝的独裁统治下,苛刻的法令和沉重的徭役给人民带来深重的灾难。第一次大规模的农民起义就迅速地动摇了秦朝的统治。

在农民起义后建立起来的汉王朝不得不对人民有所让步,为了巩固自己的政权,推行了一些"休养生息"的政策,采取减轻田租、赋税和徭役的政治措施。汉朝劳动人民广泛使用铁工具,改进农业生产技术,使社会经济繁荣起来。随着农业生产的提高,手工业和商业也有相应的发展。

见于《汉书·艺文志》著录的杜忠《算术》、许商《算术》两部数学书,早经失传。现在有传本的《九章算术》九卷是东汉初年编纂成的。《九章算术》收集了二百四十六个应用问题和解题方法,其中有几百年前遗留下来的占老问题,也有当时人民生活实践中产生的新问题。《九章算术》的解题方法主要是为生产事业服务的,但对于数学理论的研究没有给以足够的重视。

东汉末年汉王朝的封建统治,被摧毁以后,形成群雄割据的局面。在曹魏统治下的北方地区施行屯田制,兴修水利,生产力获得恢复和发展。科学文化也有显著的进步。机械工程师马钧、天文学家杨伟、地图学家裴秀、唯物主义思想家傅玄、杨泉对自然科学都有光辉的成就。魏初徐岳撰《九章算术注》二卷，魏末晋初刘徽撰《九章算术注》十卷。徐岳的注已失传。刘徽注现在有传本，在数学理论研究方面，他的伟大成就是有世界意义的。

西晋统一全中国（280 年）后不久就发生"八王之乱"，中国北部陷入混乱局面。317 年司马睿在江南建立了偏安的东晋政权。北方人口大量南迁，并带来先进的生产技术，南方经济有了发展。南方社会的阶级矛盾引起了孙恩、卢循等的起义。刘裕于镇压起义军后，篡夺了东晋政权，建立宋王朝。在宋王朝后，又有齐、梁、陈三朝，历史上统称为南朝（420—589 年）。从东晋以来统治阶级的门阀士族大都清谈玄理，与当时流行的道家思想和佛教思想有密切的联系。刘宋时的何承天，齐梁时的刘孝标、范缜等以无神论思想为排佛、反道的斗争武器。自然科学与无神论同是在唯物主义思想的基础上生长的。在有神、无神争辩的同时，研究自然科学的精神发扬起来了。何承天和祖冲之先后在天文、历法方面有卓越的贡献。祖冲之曾"注《九章》，造缀述数十篇"，他的儿子祖暅编写《缀术》六卷，在数学方面有不可磨灭的辉煌成就。

从四世纪初到五世纪初为中国北部各部族部落集团间混战时期，阶段矛盾和民族矛盾都非常尖锐，古代文化遭到了战争的摧残。但也有局部地区，短暂的比较安定的时期，人民有一个喘息的机会。统治政权如前赵刘曜（匈奴族）在长安，后赵石勒（羯族）在襄国（河北邢台），前秦苻坚（氐族）在长安，后秦姚兴（羌族）在长安，北凉沮渠蒙逊（卢水胡族）在张掖，都曾笼络汉人士族，设立学校，提倡儒学，为文化的发展提供了一定的条件。鲜卑拓跋部的北魏统治者逐渐走上了正常的封建统治的道路,在混乱中统一了中国北方。它的封建政权比较稳固,也维持得比较久长,历史上称为北朝。494 年北魏从平城(山西大同)迁都洛阳,以孝文帝为首的统治者推行"文治"促进了民族大融合的过程。534 年北魏分裂为东魏、西魏,又转化为北齐、北周,也或多或少地提倡传统的文化。

第六世纪末,颜之推撰《颜氏家训》,他在"杂艺"篇中说:"算术亦是六艺要事,自古儒士论天道、定律历者皆学通之。然可以兼明,不可以专业。江南此学殊少,唯范阳祖暅精之,位至南康太守。河北多晓此术。"西晋以后、隋以前的算术书,现在有传本的,如《孙子算经》《张邱建算经》《五曹算经》等,都是北方人的著作。这些算术书收集了当时人民日常生活中所遇到的数学问题,虽属浅近易晓,对于数学教育的普及是值得称道的。《九章算术》在这个时期里受到人民的珍视。据《唐书·经籍志》历数家类著录有李遵义疏《九章算术》一卷,不著撰人《九章别术》一卷,《九章六曹算经》一卷,甄鸾重述《徐岳注九章算术》二卷,宋泉之《九章术疏》九卷,刘祐《九章杂算文》二卷等书。除刘徽注本《九章算术》在唐朝"立于学官",规定为教科用书,现在还有传本外,上述各家注疏本都已失传。

南北朝时期里的民族大融合和社会经济发展,形成了南北统一的历史趋势。终于在589 年隋文帝建立了统一全国的隋王朝,结束了长期分裂的局面。统治政权推行了一系列的发展生产的政治措施,社会经济呈现出短期的振兴。但由于隋炀帝的好大喜功与穷奢极欲,引起了各地农民起义和大地主武装割据的局势,隋朝二十余年的统治就此结束了。在这个时期里,结合天文学的发展,刘焯创立了二次函数的内插法;结合土木工程的发展,王孝通利用了三次方程解决工程上存在的问题。刘焯的皇极历法(600年)和王孝通的《缉古算术》是数学发展中的两个辉煌成就。

李渊、李世民篡夺了隋末农民起义的胜利成果,建立唐朝。唐初统治者普遍施行均田法和租庸调法,暂时地缓和了当时的阶级矛盾,迅速地恢复了隋末被破坏的社会经济,促进了封建文化的高度发展。

唐朝继承隋朝的科举制度使大批中、小地主知识分子都有机会可以登上政治舞台。在唐初的科举制度里,特设"明算"科,举行数学考试。国子监里也设立"算学",教学生学习数学。像唐朝初年封建政权的重视数学教育是历史上少见的。但这仅仅是前一时期数学高度发展的反映,对于当时的数学发展并没有起多少推动作用。唐朝国子监的"算学"里虽规定祖暅《缀术》和王孝通《缉古算术》为"十部算经"中的两种比较高深的课本,但从唐初以后四百年中的数学研究没有能在《缀术》或《缉古算术》的基础上作更进一步的发展。

为了重视农业生产,封建统治政权每年颁发适合农事季节的历书。西汉和以后各朝政府职官中经常有太史令和他的属员,掌管天文观测和预推朔、望与二十四气的日期时刻,并随时修订符合天时的历法。天文工作者都需要兼通数学。天文学的进步促进了数学的发展。因推算上元积年需要解一次同余式,反映在《孙子算经》里就是"物不知数"问题的解法。因改进推算日、月、五星视行的方法,隋唐天文学家创立了等间距的和不等间距的二次差的内插法。这些在数学领域内都是有世界意义的辉煌成就。

在封建政权之下,公共事业如河道、灌溉、交通等土木工程,大型手工业如冶炼、军器等作坊,实行国家管制的政策。从事工程建设和手工业生产的技术人员必须熟悉数学方法和计算技能。他们在生产实践中发现新的数学概念和数学理论,丰富了数学的内容,推进了数学的发展。在《九章算术》和王孝通《缉古算术》里有很多关于土木建筑中的问题。

各个王朝的统治者为了巩固他的封建政权,采用了不同的赋税制度。各时期数学书中就有以当时的赋税制度为题材的应用问题,如《九章算术》中的均输法问题,《孙子算经》中的户调法问题,《张邱建算经》中的"九品混通"租调法问题。

西汉末刘歆为王莽制作统一度量衡制的标准量器——"律嘉量斛",并且修订太初历法,写成《三统历谱》。他对于数学强调它的实际应用,说:"夫推历、生律、制器,规圜,矩方,权重、衡平,准绳、嘉量,探赜、索隐,钩深、致远,莫不用焉。度长短者不失毫厘,量多少者不失圭撮,权轻重者不失黍絫。"刘歆的见解可以代表中国封建社会前期一般数学工作者对数学的认识。

中国古代数学依赖于生产实践,又转过来为生产实践服务。理论结合实际,在数学发展中常起着主导作用。在算术和代数学方面,中国古代有卓越的成就。在几何学方面,偏重面积、体积和线段长短的计算,不像古希腊人的几何学重视各个定理的逻辑推论。古希腊数学,按其客观内容看来,主要是一门讨论形的性质和数的性质的学科,对于怎样应用来解决具体问题很少注意。中国古代数学主要是计算量的大小和数的多少,并且认为量的大小和数的多少在计算方面不必有所区别。在本篇所述的时期里,中国与印度有着文化交流。中国古代的算术和代数学对于中古时期里的印度数学很有影响。印度数学同中国数学一样，也偏重于量与数的计算方法。印度数学通过阿拉伯传到欧洲后，在欧洲数学的发展中放出异常的光彩。西洋数学史家一般认为近代数学的产生应归功于印度数学的贡献。实际上，在印度数学中有很多部分可能是受到中国数学的影响。换句话说，中国古代数学有助于世界数学的发展，它的功绩是不可磨灭的。

第二章 《九章算术》的形成及其内容

一、《九章算术》的形成

《九章算术》是一部现在有传本的，最古老的中国数学经典著作。书中收集了二百四十六个应用问题和各个问题的解法，分别隶属于方田、粟米、衰分、少广、商功、均输、盈不足、方程、勾股九章。十六世纪以前的中国数学书大都是应用问题解法的集成，原则上遵守《九章算术》的体例。后世的数学家们结合当时社会的实际需要，引入新的数学概念和数学方法，超出了《九章算术》的范围，但也是在《九章算术》数学知识的基础上，通过"再实践，再认识"的过程而发展的。

在《九章算术》成书以前，中国已经有年代久长的数学发展史。但书缺有间，史料不多，先秦和秦汉时期里的数学发展情况很难详考。下面就"算术""周髀""九数"三个问题分别介绍一些有关资料，约略说明《九章算术》以前中国数学发展历史，并讨论《九章算术》的编纂年代。

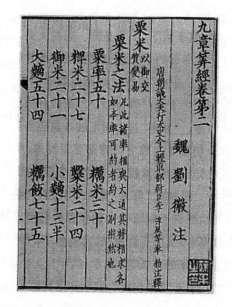

宋本《九章算经》

（现藏于上海图书馆）

1. "算术"

秦以前的劳动人民尽管早已掌握很多数学知识与计算技能，但没有数学的专书流传到后世。说秦始皇焚书，连数学书都被烧掉，似乎没有什么根据。数学的专书到汉朝才有记录。《汉书·艺文志》术数类著录"许商算术二十六卷，杜忠算术十六卷"。《汉书·律历志》"备数"节讨论十进记数法与计算用的竹筹，说："其法在算术，宜于天下，小学是则。职在太史，羲和掌之。"在《周髀》书中，陈子指导他的学生荣方，也提到"此皆算术之所及"。根据这些史料,可见"算术"在西汉时期是数学书的代用名词。许慎《说文解字》"筭"字下说:"筭,长六寸,所以计历数者。"算字的原意是计算用的竹筹。"算术"这个词汇的本意应当是运用算筹计算的方法。因为一切繁复的数字计算都要用算筹,所以"算术"包含当时的全部数学知识和计算技能,这和现在学校课程中算术的意义是不相同的。

最初的"算术"是积累从古以来劳动人民数学方法的实践经验,照例不保留各个创作者的名字。《汉书·艺文志》著录的两部《算术》虽然有许商、杜忠的名字,书中的绝大部分材料还是古人遗留下来的。杜忠《算术》的年代无法考查。根据《汉书》"儒林传""沟洫志"和"叙传",我们知道许商的简单履历。许商字长伯,长安人,"善为算"。成帝初年(公元前32年)为博士,河平三年(公元前26年)为将作大匠,鸿嘉四年(公元前17年)为河堤都尉。他有好几次奉命到黄河下游地区去视察治河工程。绥和元年(公元前8年)由侍中升任大司农。他编纂的《算术》早已失传。但他是一个有建筑工程、水利工程经验的人,写出一部结合实际需要的数学书是可以理解的。

2.《周髀》

《周髀》是一部主张盖天说的天文学书。在这部书里有相当繁琐的数字计算和勾股定理的引用。唐李淳风等选定数学课本时,认为它是一个最可宝贵的数学遗产,将它作为"十部算经"的第一种书,并给它一个《周髀算经》的名称。《周髀》的内容主要是西汉初年建立的盖天学说①。书的写成大约是公元前 100 年前后，或在更晚的年代。

在《周髀》里有很多分数乘除的例子。例如，"内衡周"714000 里，1 里 = 300 步，周天 365$\frac{1}{4}$度，求内衡周上一度的弧长：

$$714000 \div 365\frac{1}{4} = 714000 \div \frac{1461}{4}$$

$$= 714000 \times 4 \div 1461$$

$$= 1954\frac{1206}{1461} 里$$

$$= 1954 里 247\frac{933}{1461} 步$$

又如，已知 1 月 = 29$\frac{499}{940}$日，月行每日 13$\frac{7}{19}$度，求十二个月后，月所及度数：

$$12 个月 = 29\frac{499}{940} \times 12 = 354\frac{348}{940} 日 = \frac{333108}{940} 日$$

月每日行

$$13\frac{7}{19} 度 = \frac{254}{19} 度$$

$$\frac{333108}{940} \times \frac{254}{19} = \frac{84609432}{17860} = 4737\frac{6612}{17860} 度$$

周天

$$365\frac{1}{4} 度 = 365\frac{4465}{17860} 度$$

① 钱宝琮："盖天说源流考"，《科学史集刊》，1958 年第 1 期。

从 $4737\dfrac{6612}{17860}$ 度中减去 12 个 $365\dfrac{4465}{17860}$ 度, 余数是 $354\dfrac{6612}{17860}$ 度, 就是所求的月行度数。《周髀》书中没有把约分工作做好因而算草比较繁复。

《周髀》说："夏至之日正东西望, 直周东西日下至周五万九千五百九十八里半。"这是一个已知勾股形（直角三角形）的弦 119000 里和勾 103000 里求股长里数的问题。应用勾股定理, 求得股长

$$\sqrt{119000^2 - 103000^2} = 59598\dfrac{1}{2}\ 里$$

被开方数是一个十位的数字, 而所得平方根的误差在 1/4 里以内。《周髀》首章叙述商高对周公讨论勾股测量的方法, 举出了一个"勾三股四弦五"的特例。人们把感性认识提升到理性认识, 从而有勾股定理的发现。发现勾股定理的年代不可详考, 但是在《周髀》成书之前, 则无可怀疑的。

3. 九数

《礼记》内则篇讲到贵族子弟的数学教育时说："六年（岁）教之数与方名。""九年教之数、日。十年出就外傅, 居宿于外, 学书、计①。"《周礼》"地官司徒"篇说："保氏掌谏王恶而养国子以道。乃教之六艺：一曰五礼, 二曰六乐, 三曰五射, 四曰五驭, 五曰六书, 六曰九数。"这是说主持贵族子弟教育的保氏以礼、乐、射、御、书、数

---

① "教之数、日"：数是数目, 日是日名, 也就是计数法和干支。"学书计"：书是文字学, 计是计算技能。

为小学的六门课程,每一门课程又各有若干细目,例如"数"学中有九个细目。但在《周礼》里没有把"九数"列举出来,我们就无法考证它的内容。现在研究历史的人一般认为《周礼》是一部战国末期的书。它宣扬合乎那时儒家政治思想的封建国家职官制度,绝不是西周时期的文献。汉武帝时这部《周礼》开始受到经学家的注意。到东汉初年,郑众、马融等都为"九数"作注解。东汉末郑玄《周礼》注引郑众说:

> 九数:方田、粟米、差分、少广、商功、均输、方程、赢不足、旁要,今有重差、勾股也。

事实上,郑众所说"九数"中的均输已是汉武帝太初元年(公元前104年)以后的赋税制度,绝不是《周礼》"九数"中的一个细目。"方田、粟米、差分、少广、商功、均输、方程、赢不足、旁要"大概是西汉末《算术》的主要纲目。"今有重差、勾股"说明数学有新的发展,算术纲目不应局限于九项。重差、勾股二术起源于西汉时期主张盖天说的天文学派,但没有被编入于算术之内,或已编入而没有给予应有的重视。东汉初,数学家把勾股代替旁要,作为《九章算术》的第九章。刘徽序说:"周公制礼而有九数,九数之流则《九章》是矣。"九章的名称无疑是所谓周礼九数的演变。

4.《九章算术》编纂的时代

《九章算术》二百四十六个数学问题中,有的是秦以前流传下来的老问题,也有前汉初年以后添补进去的新问题。它的编定时代还在东汉初年。我们所以这样断定,请看下面列举的证据。

（1）方田章,田亩面积以二百四十方步为一亩,衰分章问题有公士、上造、簪褭、不更、大夫五级爵位,这些都是战国时期秦国的制度,而秦朝、汉朝相沿遵用的。均输问题中有长安、上林、太仓等地名,更能证明这些问题的写成时代是在西汉初年之后。

（2）衰分章第 5 题和均输章第 4 题都以"算"数表示各地区丁口的多少。高帝四年（公元前 203 年）"始为算赋"（汉代所行的丁口税）。以上二题的写成无疑是在高帝四年之后。均输章第 1 题到第 4 题是四个实行均输法的计算问题。汉武帝太初元年（公元前 104 年）郡国始置均输官,施行均输法。这四个问题的写成自然是在太初元年之后。

（3）《汉书·艺文志》没有著录《九章算术》。班固的《汉书·艺文志》是依据刘歆的《七略》写成的。由此可证《九章算术》的编成还在刘歆《七略》之后。

（4）50 年前后（汉光武帝时）郑众解释《周礼》"九数"时,"勾股"还没有被安排到"九数"内去,可证包含勾股章在内的《九章算术》的编成不会在 50 年以前。

（5）《后汉书》马援传说,他的侄孙马续"十六治诗,博观群籍,善九章算术"。马续是马严之子,马融（79—166）之兄,他的生年约在 70 年前后。他研究《九章算术》大概是在 90 年前后。此后,第二世纪中郑玄（127—200）"通九章算术",第三世纪初,赵爽《周髀注》说"施用无方,曲从其事,术在九章"。公元第二世纪以后,《九章算术》的存在是无可怀疑的。

（6）"章"字的意义,古今有显著的变化。古代诗歌以一段为一章,例如《诗经》"关雎五章,章四句";语录以一节为一章,例如

《论语》二十篇,每篇有若干章;法律以一条为一章,例如刘邦入关,"与父老约,法三章耳"。依照"章"字的古义,一章的字数很少,和现在的"章"字意义不同。按照《九章算术》的丰富内容,在前汉初年应称为"算术九篇"而不应称为"九章"。

根据上述理由,特别是四五两条,我们认为《九章算术》的写成大约在50年到100年。近人孙文青以为马续就是《九章算术》的编纂者,证据虽不够充分,但这是很可能的。

《九章算术》所包含的各种算法是汉朝数学家们在秦以前流传下来的数学基础上,适应当时的社会需要而补充修订的。谁是推进"算术"的主要数学家呢? 刘徽"九章注序"说:

> 往者暴秦焚书,经术散坏。自时厥后,汉北平侯张苍,大司农中丞耿寿昌皆以善算命世。苍等因旧文之遗残,各称删补。故校其目则与古或异,而所论者多近语也。

张苍以高帝六年(公元前201年)从攻臧荼有功封北平侯。"自秦时为柱下史,明习天下图书计籍。苍又善用算律历。"[1]"著书十八篇,言阴阳律历事。"[2]耿寿昌,汉宣帝时官大司农中丞。"以善为算,能商功利"[3],得宠于皇帝。他于天文学主张浑天说,甘露二年(公元前52年)奏"以圆仪度日月行,考验天运状"[4]。张苍、耿寿昌虽然都因善于计算著名,但未必有删补《算术》的事实。《汉书·

---

[1] 《史记》卷九十六《张丞相列传》。
[2] 《史记》卷九十六《张丞相列传》集解。
[3] 《汉书》卷二十四《食货志》。
[4] 《后汉书·律历志》。但刻本"圆"讹作"图"。

艺文志》没有著录张苍、耿寿昌删补的算术而有许商和杜忠的《算术》。许商、杜忠的《算术》很可能是后来《九章算术》的前身。刘徽序中不提许商、杜忠是他一时的疏漏。

二、《九章算术》中的算术部分

《九章算术》将二百四十六个应用问题，分隶于方田、粟米、衰分、少广、商功、均输、盈不足、方程、勾股九章。但各章里的问题相当杂乱，有不符合该章主题的情况，例如方田章里有分数运算问题，衰分章里有一般比例问题，均输章里只有四个均输问题，却有很多分数应用问题与衰分问题。因此，要将《九章算术》各章的内容一一叙述是相当繁琐的。现在拟就问题解法的性质分成算术、几何、代数三类，介绍全书的主要内容。本节介绍《九章算术》中的算术部分，列出分数运算、各种比例问题、盈不足术三个项目。

1. 分数运算

《九章算术》没有提示整数的四则运算方法，而在方田章里重点指示了分数的约分、通分和加、减、乘、除法则。我们认为《九章算术》不是一部数学的启蒙书，为"小学"子弟已经了解的整数四则运算在本书内毋须复习。分数运算比较难懂，就有设题演习的必要。方田章四十个问题中有十四个是说明分数运算的例题。在方田章和其他各章里还有很多分数应用问题。

中国古代筹算除法：以除数除被除数，除不尽时有余数。以余数作为分子，除数作为分母，就产生一个分子在上，分母在下的分数筹算形式，连除得的整数部分在内，它是一个带分数。例如，131以 7 除，如图 1，是整数商 18 后余 5，如图 2，即得 $\frac{131}{7} = 18\frac{5}{7}$。化带分数为假分数在九章算术里叫"通分内子"（内读如纳），它的演算步骤就是除法的还原，从图 2 的带分数筹式还原到图 1 的假分数筹式。也就是以分母 7 乘整数 18，加到分子 5 上去得 131。

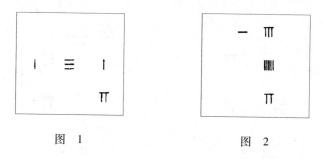

图　1　　　　　　　　图　2

分子、分母有公约数时，可以利用公约数来简化分数。《九章算术》"约分术"说，"副置分母、子之数，以少减多（即从多中除掉少），更相减损，求其等也。以等数约之"。例如有分数$\frac{49}{91}$[①]，列筹式如图 3。从 91 中减去 49 余 42 如图 4。从 49 中减去 42 余 7，如图 5。从 42 中屡次减去 7，到第五次余 7 如图 6。这时被减数和减数相等，即得"等数"7，就是所求的最大公约数。以 7 约分子、分母，即得 $\frac{49}{91}$ 的既约分数 $\frac{7}{13}$。这个"更相减损求等"法和欧几里得《几

① 《九章算术》方田章第 6 题"又有九十一分之四十九，问约之得几何"。

何原本》第七卷第 2 题求最大公约数法是一致的。在现代算术书中求二整数的最大公约数用转辗相除法是"更相减损"法的演变。

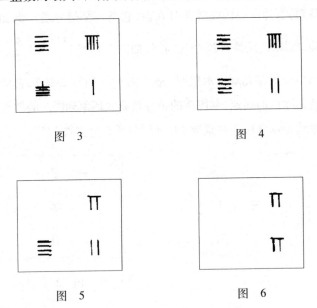

图 3   图 4

图 5   图 6

《九章算术》方田章称分数加法为"合分",分数减法为"减分"。"合分","减分"都须要通分使分母相同,然后加、减。方田章用相加数或相减数的分母的乘积作为共同分数。例如:

$$\frac{1}{3} + \frac{2}{5} = \frac{5}{15} + \frac{6}{15} = \frac{11}{15} \qquad (方田章第 7 题)$$

$$\frac{1}{2} + \frac{2}{3} + \frac{3}{4} + \frac{4}{5} = \frac{60}{120} + \frac{80}{120} + \frac{90}{120} + \frac{96}{120}$$

$$= \frac{326}{120} = 2\frac{86}{120} = 2\frac{43}{60} \qquad (方田章第 9 题)$$

$$\frac{8}{9} - \frac{1}{5} = \frac{40}{45} - \frac{9}{45} = \frac{31}{45} \qquad (方田章第 10 题)$$

在少广章里有几个问题的解法用着最小公倍数作公分母,例如:

$$1 + \frac{1}{2} + \frac{1}{3} + \frac{1}{4} + \frac{1}{5} + \frac{1}{6} + \frac{1}{7}$$

$$= \frac{420}{420} + \frac{210}{420} + \frac{140}{420} + \frac{105}{420} + \frac{84}{420} + \frac{70}{420} + \frac{60}{420}$$

$$= \frac{1089}{420} \qquad\qquad （少广章第 6 题）$$

分数相乘,叫做"乘分",用相乘分数的分母相乘为分母,分子相乘为分子。例如方田章第 19、20 题

$$\frac{4}{7} \times \frac{3}{5} = \frac{12}{35}$$

$$\frac{7}{9} \times \frac{9}{11} = \frac{7}{11}$$

又如第 24 题,田地阔 $18\frac{5}{7}$ 步,长 $23\frac{6}{11}$ 步求田面积:

$$18\frac{5}{7} \times 23\frac{6}{11} = \frac{131}{7} \times \frac{259}{11}$$

$$= \frac{33929}{77}$$

$$= 440\frac{49}{77} = 440\frac{7}{11} \text{ 方步}$$

分数除法叫做"经分"。方田章"经分"是用通分来计算的例如第 18 题,$6\frac{1}{3} + \frac{3}{4}$ 以 $3\frac{1}{3}$ 除,得

$$\left(\frac{19}{3} + \frac{3}{4}\right) \div \frac{10}{3} = \frac{85}{12} \div \frac{40}{12} = \frac{85}{40} = 2\frac{1}{8}$$

经分术的刘徽注又补充另一个法则,将除数的分子、分母颠倒而与被除数相乘。例如

$$\frac{85}{12} \div \frac{10}{3} = \frac{85}{12} \times \frac{3}{10} = \frac{85}{40}$$

《九章算术》均输章搜罗了很多分数应用问题。例如第 25 题："今有程耕,一人一日发(翻土)七亩,一人一日耕(犁田)三亩,一人一日耰种(播种)五亩。今令一人一日自发、耕、耰种之,问治田几何。"它的解答是：$1 \div \left(\frac{1}{7} + \frac{1}{3} + \frac{1}{5} \right) = 7 \times 3 \times 5 \div (3 \times 5 + 7 \times 5 + 7 \times 3) = 105 \div 71 = 1\frac{34}{71}$ 亩。又如第 19 题："今有竹九节,下三节容四升,上四节容三升。问中间二节欲均容,各多少。"假定竹子上细下粗,各节的容量成等差级数。以 $\frac{4}{3}$ 升为下三节每节容量平均数,也就是下第二节的容量。以 $\frac{3}{4}$ 升为上四节每节容量的平均数。

$9 - \frac{3}{2} - \frac{4}{2} = 5\frac{1}{2}$ 节,上下相离 $5\frac{1}{2}$ 节,两节容量的差数是 $\frac{4}{3} - \frac{3}{4} = \frac{7}{12}$ 升。以 $5\frac{1}{2}$ 除 $\frac{7}{12}$ 升得相邻二节容量的差数 $\frac{7}{66}$ 升,也就是等差级数的公差。因得下第一节容量 $\frac{4}{3} + \frac{7}{66} = 1\frac{29}{66}$ 升,递减 $\frac{7}{66}$ 升得以次各节的容量 $1\frac{22}{66}$ 升,$1\frac{15}{66}$ 升,$1\frac{8}{66}$ 升,$1\frac{1}{66}$ 升,$\frac{60}{66}$ 升,$\frac{53}{66}$ 升,$\frac{46}{66}$ 升,$\frac{39}{66}$ 升。

2. 各种比例问题

《九章算术》粟米章的开端,列举了各项粮食互换的比率如下：

"粟米之法:粟率五十,粝米三十,粺米二十七,糳米二十四……"这是说,谷子五斗和糙米三斗,九折熟米二斗七升,八折熟米二斗四升,等等,价格都相等。粟米章第1题:"今有粟一斗欲为粝米,问得几何。"它的解法是:"以所有数乘所求率为实(被除数),以所有率为法(除数),实如法而一。"(以法除实所得的商就是所求的数)这一题内,粟1斗(10升)是"所有数",50为"所有率",30为"所求率",依术得粝米 $10 \times 30 \div 50 = 6$ 升,就是所求数。刘徽注说明这种解法的理由,大致说,所求数和所有数的比值是以所求率为分子,所有率为分母的分数。用这分数乘所有数,就得所求的数。因先除后乘,在除不尽时计算不大方便,所以"算术"取先乘后除的步骤。

粟米章、衰分章、均输章和勾股章中有许多不同类型的比例问题,解题方法都利用已知的"所有数""所求率"和"所有率"求出"所求数"。例如,衰分章第10题:"今有丝一斤价直二百四十(钱)。今有钱一千三百二十八,问得丝几何。"这题的解法:以1328钱为所有数,丝1斤为所求率,240钱为所有率,求得丝 $1328 \times 1 \div 240 = 5\frac{8}{15}$ 斤 $= 5$ 斤 8 两 $12\frac{4}{5}$ 铢(1 斤 $= 16$ 两,1 两 $= 24$ 铢)。又如第17题:"今有生丝三十斤,干之耗三斤十二两。今有干丝十二斤,问生丝几何。"这题的解法:以干丝 12 斤为所有数,$30 \times 16 = 480$ 两为所求率,3 斤 12 两 $= 60$ 两,以 $480 - 60 = 420$ 两为所有率,求得原来生丝 $12 \times 480 \div 420 = 13\frac{5}{7}$ 斤 $= 13$ 斤 11 两 $10\frac{2}{7}$ 铢。又如第20题:"今有贷人千钱,(每)月(利)息三十(钱)。今有贷人七百五十钱,九日归(还)之,问(利)息几何。"这是一个现在所谓的复比例问题。它的解法是:以 9 日乘 750 钱为所有数,30 钱为所求率,30 日乘 1000 钱为所有率,求得利息 9 × 750 × 30 ÷ (30 × 1000) = 6$\frac{3}{4}$钱。又如,均输章第 10 题:"今有络丝一斤练丝一十二两,练丝一斤为青丝一斤十二铢。今有青丝一斤,问本络丝几何。"这是一个现在所谓的连锁比例问题。它的解法是:以青丝 1 斤 = 384 铢为所有数,练丝 1 斤 = 16 两乘络丝一斤铢数 384 为所求率,练丝 12 两乘青丝 384 + 12 = 396 铢为所有率,求得本来络丝 384 × 16 × 384 ÷ (12 × 396) = 496$\frac{16}{33}$铢 = 1 斤 4 两 16$\frac{16}{33}$铢。

《九章算术》里所谓"衰分"是现在算术教科书里的比例分配法。"衰"读如崔,"衰分"有定量分配之意。"衰分术曰:各置列衰,副并为法,以所分乘未并者各自为实,实如法而一。""列衰"是各个分配部分的定比,就是"所求率"。以列衰的和数为"所有率","所分"的数量为"所有数",依术求出各份的数量。例如,衰分章第五题:"今有北乡算八千七百五十八,西乡算七千二百三十六,南乡算八千三百五十六,凡三乡,发徭(役)三百七十八人,欲以算数多少衰出之,问各几何。"三乡"算"数是 8758、7236、8356 就是列衰,相加得 24350。依术演算得北乡应派人数是 378 × 8758 ÷ 24350 = 135$\frac{11637}{12175}$人,西乡应派 378 × 7236 ÷ 24350 = 112$\frac{4004}{12175}$人,南乡应派 378 × 8356 ÷ 24350 = 129$\frac{8709}{12175}$人。又如,均输章第 5 题:"今有粟七斗,三人分舂之,一人为粝米,一人为粺米,一人为糳米。令米数等,问取粟为米各几何。""术曰:列置粝米三十,粺米二十七,糳米二十四而返衰之。"这是说三人中舂粝米的应少取粟,舂糳米的应多取粟，各以 $\dfrac{1}{30}$、$\dfrac{1}{27}$、$\dfrac{1}{24}$ 或 $\dfrac{1}{10}$、$\dfrac{1}{9}$、$\dfrac{1}{8}$ 为列衰。按照"衰分术"求

得舂粝米的人应取粟 $7 \times \dfrac{1}{10} \div \left(\dfrac{1}{10} + \dfrac{1}{9} + \dfrac{1}{8} \right) = 2\dfrac{10}{121}$ 斗，舂成粝米

$2\dfrac{10}{121} \times 30 \div 50 = 1\dfrac{151}{605}$ 斗。舂稗米的人应取粟 $2\dfrac{38}{121}$ 斗，舂䵂米的

人应取粟 $2\dfrac{73}{121}$ 斗。

汉武帝太初元年（公元前 104 年）以后，施行均输法。均输法是征收实物地租的章程。各县粟米价格不等，输送到指定的纳税地点费钱也不等，需要用衰分法计算各县人民应缴纳的粟米数量，使他们劳费相等。衰分法所取用的列衰是与各县的"户"数或"算"数成正比而与每斛粟的价钱加运费成反比的。《九章算术》均输章第 1、第 3、第 4 三题都是征收某地区各县粟米数量的例题。第 2 题求五个县应征徭役人数也用与各县人口成正比与徭役日数（连行路日数在内）成反比的"列衰"，依衰分法计算。

3. 盈不足术

盈不足章开宗明义的第 1 题是："今有（人）共买物，（每）人出八（钱）盈（余）三（钱）；（每）人出七（钱）不足四（钱），问人数、物价各几何。"这在现在的算术书里是一个所谓"盈亏类"的问题。盈不足术的原文是："置所出率、盈、不足各居其下。令维乘①所出率，并以为实，并盈、不足为法……置所出率，以少减多，余，以约法、

---

① "维乘"是交错相乘。

实。实为物价,法为人数。"上述第一题的算筹演算大致如下图。

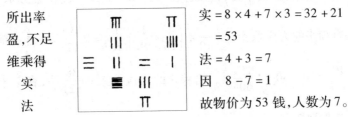

<table>
<tr><td>所出率</td><td></td><td>实 = 8 \times 4 + 7 \times 3 = 32 + 21</td></tr>
</table>

所出率　　实 $= 8 \times 4 + 7 \times 3 = 32 + 21$

盈,不足　　$= 53$

维乘得　　法 $= 4 + 3 = 7$

实　　因　$8 - 7 = 1$

法　　故物价为 53 钱,人数为 7。

设每人出 a_1 钱,盈 b_1 钱;每人出 a_2 钱;不足 b_2 钱,求物价 u 和人数 v。依据术文得下列二公式

$$u = \frac{a_2 b_1 + a_1 b_2}{a_1 - a_2}, \quad v = \frac{b_1 + b_2}{a_1 - a_2}。$$

当然,我们还可以算出每人应该分摊的钱数

$$\frac{u}{v} = \frac{a_1 b_2 + a_2 b_1}{b_1 + b_2}$$

盈不足章的最前四个问题是正规的盈亏类问题。第 5 题是"两盈"问题,第 6 题是"两不足"问题,第 7 题是"盈、适足"问题,第 8 题是"不足、适足"问题,这四题的解法是在盈不足术的基础上分别提出了适当的公式。

盈不足章还提出了形式上不属于盈亏类的十二个算术问题,都利用盈不足术来解答。有些算术问题相当难解,初学算术的人往往不了解怎样可以求出应有的答数。任意假设一个答数,依照题示的条件验算,算出来的一个结果,和题中表示这个结果的已知数字比较,或是有余或是不足。那么,通过两次假设,分别验算盈余和不足的数量,任何算术问题都可以改造成为一个盈亏类问题,按照盈不足术就能算出准确的答数来。

例如,第 15 题:"今有漆三(换)得油四,油四(调)和漆五。今有漆三斗，欲令分以易（换）油，还自和余（下来的）漆。问出漆、得油、和漆各几何。"解题"术曰：假令出漆九升，不足六升。令之出漆一斗二升，有余二升。"术文可以这样解释：假使取出漆 9 升，换得油 12 升，可以调和漆 15 升。9 升和 15 升相加仅有漆 24 升，比原有的 30 升，不足 6 升。又假使取出漆 12 升，换得油 16 升，可以调和漆 20 升。12 升和 20 升相加得 32 升，比 30 升多余 2 升。用盈不足术计算，出漆升数应是：$\dfrac{a_1b_2+a_2b_1}{b_1+b_2}=\dfrac{9\times2+12\times6}{6+2}=\dfrac{90}{8}=11\dfrac{1}{4}$ 升。由此可得"得油"15 升，"和漆"18 $\dfrac{3}{4}$ 升。

用代数方法解这种算术难题时，我们假设 x 为所求的数，依照题中所给的条件列出一个方程 $f(x)=0$，解这个方程就得出 x 所代表的数量。古人不知道怎样可以立出这个方程，无法直接解决这个问题。但对于一个任意的 x 值，$f(x)$ 的对应值是会核算的。这样通过两次假设，算出 $f(a_1)=b_1$ 和 $f(a_2)=-b_2$，于是按照盈不足术得出

$$x=\frac{a_1b_2+a_2b_1}{b_1+b_2}=\frac{a_2f(a_1)-a_1f(a_2)}{f(a_1)-f(a_2)}$$

$f(x)$ 是一次函数时这样解法所得的 x 值是正确的。$f(x)$ 不是一次函数时，右边所得的数值是 x 的一个近似值。

三、《九章算术》中的几何部分

本书叙述《九章算术》中的几何部分，列出面积和体积与勾股

两个项目。

1. 面积和体积

　　面积和体积的计算法起源很早。从春秋时期开始有按亩收税的制度后，田地面积的量法就成为古代算术的重要组成部分。所以《九章算术》以方田章为它的第一章。古代建筑的基地有圆形的，储藏粮食的囤也多作圆形，这些实际需要产生有关圆面积的计算方法，因而方田章内有圆田、环田、弧田等问题的解法。建筑城墙、开掘沟渠等等一切重大工程都需要有计算体积的方法，所以商功章也是《九章算术》中重要的一章。方田、商功二章中，除了有关圆面积的部分只能算出比较粗糙的近似结果外，一切直线图形的面积或体积的量法都是正确的。

　　古代数学家习惯上借用长度的单位名称来表示面积或体积的单位。例如王莽铜斛的铭文"幂一百六十二寸，深一尺，积一千六百二十寸，容十斗"。实际上，铜斛的剖面积是 162 方寸，体积是1620 立方寸，铭文中用"寸"字代替了"方寸"和"立方寸"两个单位名称。

　　方田章"方田术曰：广从步数相乘得积步。""方田"是长方形的田，或是一切长方形的面积。"广"是长方形的底，"从"读如"纵"，是长方形的高。术文说，长方形的面积等于底乘高。"步"是长度的单位，也借用为面积的单位（方步）。三角形的田叫做圭田。"圭田术曰：半广以乘正从。"这里说"正从"，明确地指出那个高是与底边垂直的。梯形的田叫做"箕田"。设梯形的上、下底为 a_1、a_2，高

为 h，则面积等于 $\frac{1}{2}(a_1 + a_2)h$。

"圆田术曰：半周、半径相乘得积步。"理论是正确的。但用"径一周三"作为周径的比率，由此得出的圆面积是不够精密的。"环田术曰：并中、外周而半之，以径乘之为积步。"这里的"径"是中周、外周间的最短距离，是中、外周半径的差。设 r_1、r_2 为圆环形的中周和外周的半径，则圆环形面积为 $\pi r_2^2 - \pi r_1^2 = \frac{1}{2}(2\pi r_2 + 2\pi r_1)(r_2 - r_1)$。弓形的田叫做"弧田"。"弧田术曰：以弦乘矢，矢又自乘，并之，二而一。"设弓形的弦长为 c，矢高为 V，则面积 $A = \frac{1}{2}(cV + V^2)$。这是一个经验公式，由此算出来的面积近似值不很精密。

商功章的第 1 题是："今有穿地积一万尺，问为坚、壤各几何。""穿地"是挖土，"为壤"是堆起来的虚土，"为坚"是夯过的实土。本题"术曰：穿地四，为壤五，为坚三"。说明挖土、虚土、实土土方的比率，这是结合工程实际的。在后面许多问题中还有按照季节每个工作日规定的土方数，用来计算某项工程的人工数量。

筑城墙、开沟渠等土方的计算：如果剖面都是相等的梯形，它的上、下底广是 a_1、a_2，高或深是 h，工程一段的长是 l，那么这一段的土方是 $V = \frac{1}{2}(a_1 + a_2)hl$。正方形柱体叫方堢堎。设 a 为方边，h 为高，则体积等于 a^2h。正圆柱体叫圆堢堎。若圆周是 p，则体积等于 $\frac{1}{12}p^2h$。这是用 3 作圆周率计算的。正方锥体叫"方锥"，它的体积是 $\frac{1}{3}a^2h$。正圆锥体叫"圆锥"，它的体积 $\frac{1}{36}p^2h$。"方亭"是

平截头的正方锥体。设 a_1、a_2 为上、下方边，h 为截高，则体积为

$\dfrac{1}{3}(a_1^2 + a_2^2 + a_1 a_2)h$。圆亭是平截头的正圆锥体，它的体积是 $\dfrac{1}{36}(p_1^2 +$

$p_2^2 + p_1 p_2)h$，式内 p_1、p_2 为上、下圆周，h 为截高。

"堑堵"是两底面为直角三角形的正柱体。设底面直角旁的两

边为 a 和 b，柱体的高为 h，则体积等于 $\dfrac{1}{2}abh$。"阳马"是底面为长

方形而有一棱与底面垂直的锥体。它的体积是 $\dfrac{1}{3}abh$。"鳖臑"是

底面为直角三角形，而有一棱与底面垂直的锥体。它的体积是

$\dfrac{1}{6}abh$。

楔形体的三个侧面不是长方形而是梯形的叫做"羡除"。设一

个梯形侧面的上、下广是 a_1、a_2，高是 h，其他二梯形侧面的公共边

长 a_3，这一边到第一梯形面的垂直距离是 l，则体积 $V = \dfrac{1}{6}(a_1 +$

$a_2 + a_3)hl$。

"刍童"是上、下底面都是长方形的棱台体。设上、下底面为

$a_1 \times b_1$ 和 $a_2 \times b_2$，高为 h，则体积 $V = \dfrac{1}{6}[(2a_1 + a_2)b_1 + (2a_2 + a_1)b_2]h$。

2. 勾股

勾股章为《九章算术》的第九章，包含二十四个问题的解法。

现在就问题的不同性质分成三组介绍如下：

（1）从第 1 题到第 14 题是利用勾股定理解决的应用问题。设

勾股形直角旁的两边为勾 a，和股 b，对边为弦 c，则勾股定理是 a^2

$+ b^2 = c^2$。西汉时期的《周髀算经》利用了勾股定理解决太阳在正东西方向内的距离问题。此后数学家又由勾股定理出发,导出了几个关于勾、股、弦的关系式,用来解决日常生活的几何问题。编纂《九章算术》时"以勾股替旁要"就是要重点介绍这些问题的解法。例如,第6题:"今有池方一丈,葭生其中央,出水一尺。引葭赴岸,适与岸齐。问水深葭长各几何。"在 ABC 勾股形内,已知 $a =$ 5尺,$c - b = 1$尺,用关系式 $b = \dfrac{a^2 - (c - b)^2}{2(c - b)}$ 得出 $b = 12$ 尺,$c =$ 13尺。

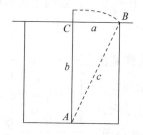 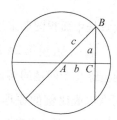

第9题:"今有圆材埋在壁中不知大小。以锯锯之,深一寸,锯道长一尺。问径几何。"解法:在勾股形 ABC 内,已知 $a = 5$ 寸,$c - b = 1$ 寸,用恒等式 $c + b = \dfrac{a^2}{c - b}$ 得出 $c + b = 25$ 寸,故圆材径 $2c = 25 + 1 = 26$ 寸。

第11题:"今有户高多于广六尺八寸,两隅相去适一丈。问户高、广各几何。"解法:已知 $b - a = 68$ 寸,$c = 100$ 寸。用关系式

$$\frac{1}{2}(b + a) = \sqrt{\frac{1}{2}c^2 - \frac{1}{4}(b - a)^2} \ 得$$

$$\frac{1}{2}(b + a) = 62 \ 寸, \quad b = 96 \ 寸, \quad a = 28 \ 寸。$$

第 12 题："今有户不知高、广，竿不知长短。横之不出四尺，从之不出二尺，邪之适出。问户高、广、邪各几何。"已知 $c-a=4$ 尺，$c-b=2$ 尺。因 $a+b-c=\sqrt{2(c-a)(c-b)}=4$ 尺，故 $a=6$ 尺，$b=8$ 尺，$c=10$ 尺。

（2）第 15 题"今有勾五步，股十二步，问勾中容方几何"是一个勾股形内容正方形问题，术文指示内容正方形边长等于 $\dfrac{ab}{a+b}$，第 16 题"今有勾八步，股十五步，问勾中容圆，径几何"，是一个勾股形内切圆问题，术文指示内切圆径等于 $\dfrac{2ab}{a+b+c}$。这两个公式的正确性大致是用面积图形来证明的。

（3）第 17 题到第 24 题，共八题都是测量问题。这几个问题的解法都要利用相似勾股形相当边成比例的原理，可能原来是东汉初年"九数"中的"旁要"术。清孔继涵说，"旁要云者，不必实有是形，可自旁假设要（读平声）取之"。勾股章最后的 8 个问题确有从旁要取的意义。

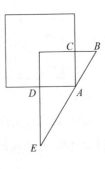

例如，第 17 题："今有邑方二百步，各中开门。出东门十五步有木，问出南门几何步而见木。"已知 $AC-AD=100$ 步，$CB-15$ 步，求 DE。按照术文，$DE=\dfrac{AC\times AD}{CB}=\dfrac{100^2}{15}=666\dfrac{2}{3}$ 步。

第 22 题："有木去人不知远近。立四表相去各一丈，令左两表与所望参相直。从后右表望之，入前右表三寸。问木去人几何。"已知 $BC=CD=100$ 寸，$ED=3$ 寸，求 BP。按照术文原意知 $BP=$

$\dfrac{CD \times BC}{ED}$，求得 $BP = \dfrac{100^2}{3} = 3333\dfrac{1}{3}$ 寸 $= 33$ 丈 3 尺 $3\dfrac{1}{3}$ 寸。

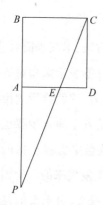 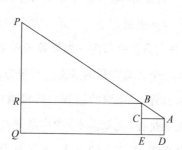

第 23 题："有山居木西，不知其高。山去木五十三里，木高九丈五尺。人立木东三里，望木末适与山峰斜平。人目高七尺，问山高几何。"已知 $RB = 53$ 里，$CA = 3$ 里，$CB = 95 - 7 = 88$ 尺，$EB = 95$ 尺，求出高 QP。依术计算得 $QP = \dfrac{CB \times RB}{CA} + EB = \dfrac{88 \times 53}{3} + 95 = 1649\dfrac{2}{3}$尺。

四、《九章算术》中的代数部分

本节介绍《九章算术》中的代数部分，列出开平方与开立方、开带从平方、方程与正负数三个项目。

1. 开平方与开立方

《九章算术》少广章里有开平方法和开立方法，术文既简且明，依术演算也很方便。在开平方法中借用一根算筹表示未知量的平方，开立方法中借用一根算筹表示未知量的立方，这就给所列出的筹式一个代数方程的意义。开平方或开立方的各个演算步骤也就是解方程、求正根的过程。后世数学家求高次数字方程正根的方法无疑是在《九章算术》少广章开方法的基础上发展来的。中国古代开平方、开立方的方法，不仅具有算术上的意义，更重要的是它们具有代数方面的意义。

少广章“开方术曰：置积为实。借一算，步之，超一等。议所得，以一乘所借一算为法而以除。除已，倍法为定法。其复除，折法而下。复置借算步之如初。以复议一乘之，所得副，以加定法，以除。以所得副从定法。复除，折下如前”。

例如，有平方积 55225，求方边的长（少广章第 12 题）。布置算筹𝍤𝍭𝍡𝍪𝍤，这叫做“实”（被开方数）。取一算筹（借一算）放在“实”的个位下边，如图 1，这个筹式用代数符号表达出来是一个方程

$$x^2 = 55225$$

将这个“借算”向左移动，每一步移过两位，移二步，停在“实”数万位之下，如图 2。这样，“借算”所表示的数不是 x^2 而是 $10000x_1^2$ 原方程变为 $10000x_1^2 = 55225$。

议得 x_1 大于 2 而小于 3，就在“实”百位之上面放算筹𝍡，表示平方根的第一位数码。

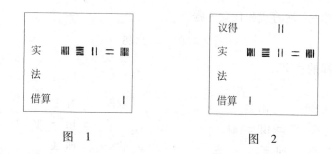

图　1　　　　　　　　　图　2

以议得的 2 乘 10000 得 20000,用算筹布置于"实"数之下,"借算"之上,叫做"法"。再以议得的 2 乘"法"得 40000,从"实"中减去,余 15225,如图 3。

把"法"数加倍,向右边移过一位,变为 4000,叫做"定法"。把"借算"向右边移过二位,变成 100。如图 4。这个筹式和代数方程

$$100x_2^2 + 4000x_2 = 15225$$

有同样的意义。

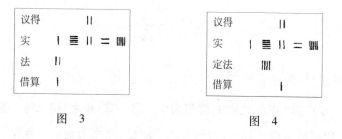

图　3　　　　　　　　　图　4

议得 x_2 大于 3 而小于 4,就以 3 为平方根的第二位数码,放在"实"十位的上面。以 3 乘 100 得 300,另置于定法的右边,又加入定法得 4300。以 3 乘 4300,从"实"中减去余 2325,如图 5。

再以另置的 300 加入 4300 得 4600,向右边移过一位变为 460,这是求平方根第三位的"定法"。把"借算"向右边移过二位变为

1, 如图 6。这筹式和代数方程

$$x_3^2 + 460x_3 = 2325$$

有同样的意义。

议得		
实		
定法		
借算		

图　5

议得		
实		
定法		
借算		

图　6

议得平方根的个位数 $x_3 = 5$。以 5 乘"借算"1 得 5, 加入 460 得 465。以 5 乘 465, 从"实"内减去, 没有余数。我们就得到 55225 的平方根 235。如图 7。

被开方数是一个分数时,《九章算术》说, 分母 b 开得尽, 则

$$\sqrt{\frac{a}{b}} = \frac{\sqrt{a}}{\sqrt{b}}$$

若开不尽, 则 $\sqrt{\dfrac{a}{b}} = \dfrac{\sqrt{ab}}{b}$。

少广章"开立方术曰:置积为实。借一算, 步之, 超二等。议所得, 以再乘所借一算为法, 而除之。除已, 三之为定法。复除。折而下。以三乘所得数置中行。复借一算置下行。步之, 中超一, 下超二位。复置议, 以一乘中, 再乘下, 皆副, 以加定法。以定法除。除已, 倍下, 并中从定法。复除, 折下如前"。

例如, 求 1860867 的立方根(少广章第 19 题)。先布置算筹 为"实"。"实"数下保留两个空层, 置"借算"1 于最

下层。把这个"借算"从个位上移到千位上，再移到百万位上，如图8。这个筹式表示代数方程

$$1000000x_1^3 = 1860867$$

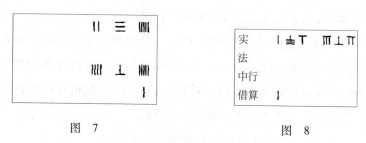

图 7　　　　　　　　　　　图 8

议得 $x_1 > 1$，置立方根的第一位数码1于"实"百位的上面。以1乘1000000得1000000，置于借算之上，称为"中行"。再以1乘"中行"得1000000，置于"中行"之上"实"数之下，称为"法"。以1乘"法"，从"实"内减去，余860867如图9。

以3乘法向右移过一位，作300000为"定"法。以3乘"中行"向右移过二位，作30000。把"借算"向右移过三位，作1000如图10。这个筹式表示减根后的方程

$$1000x_2^3 + 30000x_2^2 + 300000x_2 = 860867$$

$$10x_2 = x - 100$$

图 9

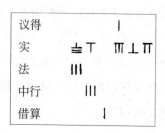

图 10

复议得 $x_2 > 2$。置立方根的第二位数码2，置于"实"十位之上。以2乘"中行"得60000，另置于"法"的右边。以2平方乘"借算"得4000，另置于中行右边。又以这二数并入定法得364000为法。以2乘法，从实数内减去，余132867，如图11。

以2乘另置的下数得8000，以1乘另置的上数得60000，并入"法"得432000，向右移过一位作43200为定法。以3×2乘借算得6000，并入中行得36000，向右移过二位作360。把借算向右移三位，如图12。这个筹式表示减根后的方程

$$x_3^3 + 360x_3^2 + 43200x_3 = 132867$$

$$x_3 = x - 120$$

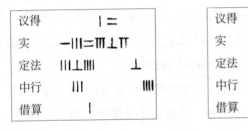

图　11

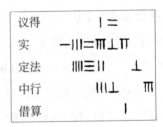

图　12

再议得立方根的末位 $x_3 = 3$。以3乘中行得1080，以3平方乘"借算"得9，将二数并入"定法"得44289为"法"。以3乘"法"，从"实"内减去，恰恰减尽，如图13。就得1860867的立方根123。

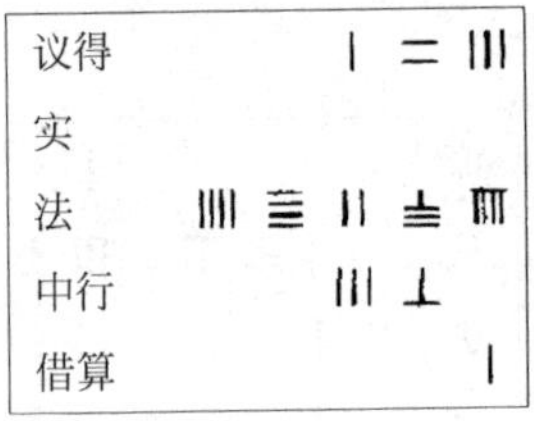

图　13

2. 开带从平方

中国古代数学中求二次方程 $x^2 + bx = c$ 的正根时，经常用开带从平方法。这个方法的数字计算程序，一般比"补足方"的方法要简便得多。《九章算术》勾股章中第20题是一个开带从平方的例子。"今有邑方不知大小，各中开门。出北门二十步有木。出南门十四

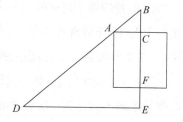

步，折而西行一千七百七十五步见木。问邑方几何。"已知 $CB = 20$ 步，$FE = 14$ 步，$ED = 1775$ 步，求 FC。"术曰：以出北门步数，乘西行步数，倍之为实。并出南门步数为从法。开方除之，即邑方。"设 $x = FC = 2AC$。术文指出 $x^2 + (CB + EF) x = 2CB \cdot ED$。或 $x^2 + 34x = 71000$。式内 x 的系数 34 是"从法"，常数项 71000 是"实"。《九章算术》原术没有说明怎样开带从法的平方。但我们了解到少广章"开方术"中求平方根的第二位或第三位数码时，所列的筹式是一个有"从法"的开方式，用少广开方术求平方根第二位、第三位数码的方法就可以求出方程 $x^2 + 34x = 71000$ 的正根，得"邑方" $x = 250$ 步。当然，一般数字二次方程都可以用开带从平方法求出它的一个根。

3. "方程"与正负数

《九章算术》方程章所谓"方程"是联立一次方程组。例如，第

1 题:"今有上禾三秉,中禾二秉,下禾一秉,实三十九斗;上禾二秉,中禾三秉,下禾一秉,实三十四斗;上禾一秉,中禾二秉,下禾三秉,实二十六斗。问上、中、下禾实一秉各几何。""禾"是黍米,一"秉"是一个谷个子(一捆),"实"是打下来的黍米谷子。秦汉时期一"斗"的量约等于现在的二升。"上禾三秉,中禾二秉,下禾一秉,实三十九斗"译成现代语是:三个上等的谷个子,二个中等的谷个子,一个下等的谷个子,打出来的黍米谷子一共有39"斗"。

设 x、y、z 依次为上、中、下禾各一秉的谷子"斗"数,那么,这个问题是求解下列三元一次联立方程组:

$$3x + 2y + z = 39 \qquad (1)$$

$$2x + 3y + z = 34 \qquad (2)$$

$$x + 2y + 3z = 26 \qquad (3)$$

用算筹布置起来,如图1,各行由上而下列出的算筹表示 x、y、z 的系数和常数项。刘徽注说:"程,课程也。群物总杂各列有数,总言其实,令每行为率。二物者再程,三物者三程,皆如物数程之,并列为行,故谓之方程。"这里所谓"如物数程之"是说,有几个未知量须列出几个等式。联立一次方程组各项未知量的系数用算筹表示时有如方阵,所以叫做"方程"。古代

左 行	中 行	右 行
丨	丨丨	丨丨丨
丨丨	丨丨丨	丨丨
丨丨丨	丨	丨丨
二丅	三丨丨丨	三丨丨丨丨
(3)	(2)	(1)

图　1

数学书中的"方程"和现在一般所谓方程是两个不同的概念。包含不止一个未知量的算式和联立方程组的概念,全世界要算《九章算术》"方程"章为最早。在中国古代数学中,地位制记数法不但利用于一个数字的各位数码,并且利用来表示一个算式中的各项数字,也就是现在代数学中的分离系数法。

联立一次方程组的解法以上面所举的第 1 题为例,依照方程章的"方程术"演算如下:

以(1)式内 x 的系数 3 遍乘(2)式各项,得

$$6x + 9y + 3z = 102 \qquad (4)$$

从(4)式内"直除"(1)式,也就是两度减去(1)式的各项,得

$$5y + z = 24 \qquad (5)$$

同样,以(1)式内 x 的系数 3 遍乘(3)式各项,得

$$3x + 6y + 9z = 78 \qquad (6)$$

从(6)式内"直除"(1)式得

$$4y + 8z = 39 \qquad (7)$$

用算筹来演算得结果如图 2。

其次,以(5)式内 y 的系数 5 遍乘
(7)式各项,得

$$20y + 40z = 195 \qquad (8)$$

从(8)式内"直除"(5)式,得

$$36z = 99 \qquad (9)$$

以 9 约(9)式的两端,得

$$4z = 11 \qquad (10)$$

左行	中行	右行
		‖|
‖‖	‖‖‖	‖
‖				
三‖‖	二‖‖	三‖‖
(7)	(5)	(1)

图 2

筹式如图 3。在图 3 里,左行的未知量项只剩一项,以 4 除 11,即得

$z = 2\dfrac{3}{4}$ 斗。求 x 和 y,还是用"遍乘直除"的方法。以(10)式内 z 的

系数 4 遍乘(5)式各项,得

$$20y + 4z = 96$$

直除(10)式,得

$$20y = 85$$

65

以 5 约两端,得

$$4y = 17 \qquad\qquad (11)$$

以(10)式 z 的系数 4 遍乘(1)式得

$$12x + 8y + 4z = 156$$

直除(10)式,得

$$12x + 8y = 145$$

再直除(11)式,得

$$12x = 111$$

以 3 约两端,得

$$4x = 37 \qquad\qquad (12)$$

筹式如图 4。从图 1 到图 4,方程组的算筹形式始终保持右、中、左三行,运筹演算是相当便利的。最后由(10)(11)(12)式计算,得

$$x = 9\frac{1}{4}, \quad y = 4\frac{1}{4}, \quad z = 2\frac{3}{4}。$$

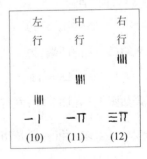

图 3　　　　　　　　　图 4

如果我们把上列消元过程中的四个筹算图写成现代代数学中矩阵的形式:

$$\begin{pmatrix} 1 & 2 & 3 \\ 2 & 3 & 2 \\ 3 & 1 & 1 \\ 26 & 34 & 39 \end{pmatrix}, \begin{pmatrix} 0 & 0 & 3 \\ 4 & 5 & 2 \\ 8 & 1 & 1 \\ 39 & 24 & 39 \end{pmatrix}, \begin{pmatrix} 0 & 0 & 3 \\ 0 & 5 & 2 \\ 4 & 1 & 1 \\ 11 & 24 & 39 \end{pmatrix}, \begin{pmatrix} 0 & 0 & 4 \\ 0 & 4 & 0 \\ 4 & 0 & 0 \\ 11 & 17 & 37 \end{pmatrix},$$

那么，利用直除法的方程术可以理解为一种关于矩阵的计算。

《九章算术》方程章有十八个联立一次方程组问题，其中二元的八题，三元的六题，四元的、五元的各有二题，都用上述的演算程序解答。

多元一次方程组解法在印度最早出现于七世纪初婆罗门笈多（Brahmagupta，约628年）所著书中。在欧洲，最早提出三元一次方程组解法是十六世纪中的法国数学家布丢（Buteo，1559年）。《九章算术》中的方程术，不但是中国古代数学中的伟大成就，在世界数学史上，也是一份最可宝贵的财产。

"方程"的每一行是由多项未知量和一个已知量所组成的等式，其中可能有相反意义的数量，由此产生正数与负数的对立概念。又用"直除"法消元，减数大于被减数时，也需要负数的概念来扩充减法的功用。因此，中国数学家在方程章里提出了正负数的不同表示法和正负数的加减法则。这在数学史上是一个无比的伟大成就。

方程章第3题刘徽注说，用红色的算筹表示正数，用黑色的算筹表示负数。否则在布置算筹时用正列的筹表示正数，斜列的筹表示负数。

"正负术曰：同名相除，异名相益。正无入负之，负无入正之。其异名相除，同名相益。正无入正之，负无入负之。"这是方程章正负数加减法则的条文。"同名""异名"就是现在所谓同号、异号。

条文的前面四勾讲减法,大意是:二数同号则绝对值的差是余数的绝对值。二数异号则绝对值的和是余数的绝对值。减去的数如其是正数而大于被减数时,余数得负号;如其是负数而小于被减数时,余数得正号。

设 $b > a \geqslant 0$ 则 $b = a + (b - a)$

$$a - b = a - [a + (b - a)] = -(b - a)$$

在中间的式子里 a 和 a 对消,$+(b - a)$ 无可对消,改为负号,所以说"正无入负之"。

$$-a - (-b) = -a - [-a - (b - a)] = +(b - a)$$

在中间的式子里 $-a$ 和 $-a$ 对消,$-(b - a)$ 无可对消,改为正号,所以说"负无入正之"。

条文的后面四勾讲加法,大意是:二数同号则和数的绝对值等于二绝对值的和,二数异号则和数的绝对值等于二绝对值的差。二数异号时,其中正数的绝对值较大则和数取正号,其中负数的绝对值较大则和数取负号。

有了这正负数加减法则后,"直除"消元法的应用可以推广到任何联立一次方程组。在后世的"开方法"和天元术里,正负数加减法则也起着应有的作用。

第三章　从赵爽、刘徽到祖冲之、祖暅

一、赵爽勾股图说

传本《周髀算经》卷首题"赵君卿注"。查注者自序和注文中屡次自称"爽",注者名"爽",是无可怀疑的,"君卿"大概是赵爽的别号。没有史料可以说明赵爽的生卒年代。因《周髀》注两次引用了孙吴颁行的乾象历法,我们认为他是三国时的吴人。赵爽《周髀注》逐段解释经文,可以说没有十分精辟的见解。但他撰成"勾股圆方图"说,附录于《周髀》首章的注文中,确是一件价值很高的文献。勾股图说,短短五百余字,附图六张,简练地总结了后汉时期勾股算术的辉煌成就。不但勾股定理和其他关于勾股弦的恒等式获得了相当严格的证明,并且对二次方程解法提供了新的意见。

传本《周髀算经》中的"勾股圆方图"说有很多错误文字,所附的图也是后人的杜撰,与赵爽原意不能符合。我们校读原文并补绘图形,用现代数学符号叙述如下:

勾股图说中的勾股定理,赵爽写成为"勾股各自乘,并之为弦实,开方除之即弦"。它的证明利用着一个"弦图"。赵爽所谓"弦

赵爽"勾股圆方图"说

（采自宋本《周髀算经》，现藏于上海图书馆）

实"是弦平方的面积，"弦图"是以弦为方边的正方形。在"弦图"内作四个相等的勾股形，各以正方形的边为弦，如图 1。赵爽称这四个勾股形面积为"朱实"，称中间的小正方形面积为"黄实"。设 a,b,c 为勾股形的勾、股、弦，则一个朱实是 $\frac{1}{2}ab$，四个朱实是 $2ab$，黄实是 $(b-a)^2$。所以 $c^2 = 2ab + (b-a)^2 = a^2 + b^2$，这就证明了。

$$a^2 + b^2 = c^2 \quad c = \sqrt{a^2 + b^2}$$

又，阔 a，长 b 的长方形，长阔差是 $b-a$，面积是 $ab = \frac{1}{2}[c^2 - (b-a)^2]$，故 $x=a$ 时，$x^2 + (b-a)x = \frac{1}{2}[c^2 - (b-a)^2]$。如果已知 $(b-a)$ 和 c，开上列"带从平方"，（解二次方程）即得 $x=a$。

在"弦图"内挖去一个以股 b 为方边的正方形,如图 2 所示,余下来的是一个曲尺形,它的面积是 $c^2 - b^2 = a^2$,赵爽叫它"勾实之矩"。如果把这个"勾实之矩"依虚线处剪开,拼成一个长方形,它的阔是 $c - b$,长是 $c + b$。所以

$$a^2 = (c - b)(c + b) \quad a = \sqrt{(c - b)(c + b)}$$

因这个长方形的长阔差是 $2b$,故 $x^2 + 2bx = a^2$ 的正根是 $c - b$。又,

$$c + b = \frac{a^2}{c - b} \quad c - b = \frac{a^2}{c + b}$$

$$c = \frac{(c + b)^2 + a^2}{2(c + b)} \quad b = \frac{(c + b)^2 - a^2}{2(c + b)}$$

图 1

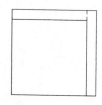

图 2

同样,在弦图内挖去一个以勾 a 为方边的正方形,如图 3,余下来的曲尺形称为"股实之矩",它的面积是 $c^2 - a^2 = b^2$。把"股实之矩"依虚线处剪开,拼成一长方形,它的阔是 $c - a$,长是 $c + a$,所以

$$b^2 = (c - a)(c + a) \quad b = \sqrt{(c - a)(c + a)}$$

因这个长方形的长阔差是 $2a$,故 $x^2 + 2ax = b^2$ 的正根是 $c - a$。又

$$c - a = \frac{b^2}{c + a} \quad c + a = \frac{b^2}{c - a}$$

$$c = \frac{(c + a)^2 + b^2}{2(c + a)} \quad a = \frac{(c + a)^2 - b^2}{2(c + a)}$$

又将图 3 旋转 180°,合在图 2 的上面,就是图 4。图中小正方形 S 的边长是 $a+b-c$,左上角和右下角的二长方形,阔是 $c-b$,长是 $c-a$,面积 $T=(c-a)(c-b)$。因

$$a^2 + b^2 - S = c^2 - 2T$$

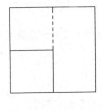

图　3

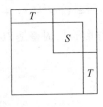

图　4

故

$$2T = S。$$
$$2(c-a)(c-b) = (a+b-c)^2$$

所以

$$\sqrt{2(c-a)(c-b)} + (c-b) = a$$

$$\sqrt{2(c-a)(c-b)} + (c-a) = b$$

$$\sqrt{2(c-a)(c-b)} + (c-a) + (c-b) = c$$

在图 1 的"弦图"之外再加上四个朱实,拼成一个以 $a+b$ 为方边的正方形,如图 5。这个正方形的面积比两个"弦实"$2c^2$,少一个"黄实"$(b-c)^2$,所以

$$(a+b)^2 = 2c^2 - (b-a)^2$$

因得

$$a+b = \sqrt{2c^2 - (b-a)^2}$$

$$b-a = \sqrt{2c^2 - (b+a)^2}$$

$$b = \frac{1}{2}\left[\,(\,a\,+\,b\,) + (\,b\,-\,a\,)\,\right]$$

$$a = \frac{1}{2}\left[\,(\,a\,+\,b\,) - (\,b\,-\,a\,)\,\right]$$

赵爽在他的勾股图说里，又提出了一个已知长方形面积与长阔和求长、阔的问题。设长方形面积为 A，长阔和是 k，他的解法是：先求出长阔差等于 $\sqrt{k^2-4A}$，因而得到阔等于 $\frac{1}{2}(\,k\,-$ $\sqrt{k^2-4A}\,)$，长等于 $k-\frac{1}{2}(\,k-\sqrt{k^2-4A}\,)$。这个解法也是以面积图形为根据的。如图6，在正方形 k^2 内，减去四个长方形 $4A$ 后，所余的是长阔差的平方。开平方得长阔差。和、差相减折半得阔，从和内减去阔得长。用代数符号表达出来，设 x 为阔，则

$$x(\,k\,-\,x\,) = A$$

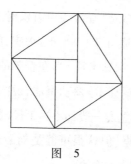

图　5

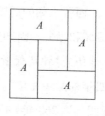

图　6

或

$$-\,x^2\,+\,kx\,=\,A$$

解二次方程得

$$x = \frac{1}{2}(\,k\,-\,\sqrt{k^2\,-\,4A}\,)$$

上面的二次方程中 x^2 的系数是 -1，这和"带从平方"不同，所以赵爽不用开带从平方法去求它的根。

二、刘徽

1．刘徽的时代

刘徽是中国数学史上一个非常伟大的数学家。他的杰作《九章算术注》和《海岛算经》现在有传本，是我国最可宝贵的数学遗产。遗憾的是，关于这位伟大数学家的籍贯、履历和生卒年代，我们没有一些可靠的史料，无法写出一篇简要的传记。《九章算术》方田章圆田术注和商功章圆囷术注都说"晋武库中有汉时王莽所作铜斛"。西晋王朝的武库于惠帝元康五年（295 年）火灾，所藏古物多被毁坏和损失。因知刘徽撰《九章算术注》当在晋朝的初年。《隋书·律历志》论历代量制，引《九章算术》商功章注，说"魏陈留王景元四年刘徽注九章"。古人著书立说一般都不标年代，《隋书》说"景元四年"（263 年）不知有何根据，但这很可能是刘徽开始撰注的年代。说刘徽是魏晋时人，大概是正确的。

刘徽自序说："徽幼习九章，长更详览……探赜之暇，遂悟其意。是以敢竭顽鲁，采其所见为之作注。"又说："辄造重差，并为注解，以究古人之意，缀于勾股之下。"《隋书·经籍志》著录："九章算术十卷，刘徽撰""九章重差图一卷，刘徽撰"。因《九章算术注》九卷和《重差》一卷共为十卷，注释的附图也合为一卷。唐初以后，

《九章重差图》失传，《重差》一卷改名为《海岛算经》，与《九章算术》九卷分为二书，流传到后世。

刘徽《九章算术注》序说："算在六艺……虽曰九数，其能穷纤入微，探测无方。至于以法相传，亦犹规矩度量可得而共，非特难为也。"他以为数学工作者不仅能依据相传的计算方法解决问题，也应无微不至地向各方面去探索真理。他在《九章算术注》中确有这种科学精神，因而他能纠正前人的错误，并创立了许多新法。他对于抽象的数学概念，给以朴素的唯物主义的解释。例如，方田章约分术注："物之数量不可悉全（整数），必以分（分数）言之。"少广章开方术注："凡开积（正方形面积）为方（方边），方之自乘当还复其积。"方程章正负术注："今两算（数）得失相反，要令正负以名之。"这些注解都很透彻。少广章开立圆术以为球体积是球径立方的十六分之九，后汉时期科学家张衡以为当是球径立方的八分之五。刘徽见了张衡关于球体积公式的原稿（早已失传），批判他的错误思想说："衡说之自然，欲协其阴阳奇偶之说而不顾疏密矣。虽有文辞，斯乱道破义，病也。"足见刘徽对唯心主义思想的斗争是不遗余力的。

2. 刘徽《九章算术注》

《九章算术》二百四十六个问题的解法，编集于后汉章帝时。在刘徽注解以前，据《隋书·经籍志》记录，有"九章算术二卷，徐岳注"。徐岳是前汉末的天文学家，他的九章注早经失传，无可详考。刘徽少广章开方术注"术或有以借算加定法而命分者，虽粗相近不可用也"。方程章正负术注"方程自有赤黑相取，左右数相推求之术"。据此可知刘徽的注释是有所依据的。少广章开立圆术注引张衡的球体积公式,勾股章第 5 题、第 11 题注引赵爽勾股图说,这些无疑是他的参考资料。

刘徽自序说:"事类相推各有攸归。故枝条虽分而同本干者,知发其一端而已。"这是钻研数学的至理名言,他自己确能贯彻这个主张。现在将他所重点提出的齐同术、今有术、图验法、棋验法,分别叙述如下。

齐同术　不同分母的分数相加或相减时,必须先化各个分数为同分母的分数,然后将分子加减。方田章合分术注说:"凡母互乘子谓之齐,群母相乘谓之同。同者,相与通同共一母也。齐者子与母齐,势不可失本数也。"又说:"乘以散之,约以聚之,齐同以通之,此其算之纲纪乎。"母同子齐,分数才能加减。均输章第 20 题凫雁术注:"齐其至,同其日……并齐以除同,即得相逢日。"凫雁题和以下六题都是"同工共作"问题,解题须要通过分数加法,故须要"齐同以通之"。

刘徽将处理分数问题的齐同术引而申之,触类而长之,使它的应用更为广泛。要消去两个代数等式中的某一项,必须先使二等式中要消去的项数字相同,其他各项和它相齐,然后可以加减相消。盈不足章盈不足术刘徽注说:"盈朒维乘两设者,欲为齐同之意。"例如第 1 题:"今有共买物,人出八盈三,人出七不足四,问人数、物价各几何。"设 u 为物价,v 为人数,则有方程组

$$u = 8v - 3 \qquad\qquad (1)$$
$$u = 7v + 4 \qquad\qquad (2)$$

以"不足"4 乘(1)式,以"盈"3 乘(2)式,得

$$4u = 32v - 12$$

$$3u = 21v + 12$$

二式常数项的数字相同,其他各项与它相齐。二式相加得

$$7u = 53v$$

常数项便被消去了。

方程章第一题方程术"以右行上禾徧乘中行而以直除"下刘徽注说:"先令右行上禾乘中行为齐同之意。为齐同者谓中行直减右行也。"要消去中行的上禾项,先须以右行上禾系数徧乘中行,然后直除右行,也有齐同的意义。又如方程章第 7 题,用代数符号列成方程组

$$2x 十 5y = 10 \qquad\qquad (1)$$

$$5x + 2y = 8 \qquad\qquad (2)$$

刘徽注依据齐同的原则,创立互乘相消法。以 5 乘(1)式,以 2 乘(2)式得

$$10x + 25y = 50 \qquad\qquad (1)'$$

$$10x + 4y = 16 \qquad\qquad (2)'$$

相减即得 $21y = 34$ 或 $y = 1\dfrac{13}{21}$。

今有术　粟米章"今有术曰:以所有数乘所求率为实,以所有率为法,实如法而一"。刘徽注说:"此都术也……因物成率,审辨名分,平其偏颇,齐其参差,则终无不归于此术也。"实际上,属于现在所谓比例类型的问题都可以依照"今有术"解决。它的主要环节是分析问题中已给的数字,哪个是所有数,哪个是所求率,哪个是所有率,经过一乘一除就得出所求数来。二相似勾股形的相当边成正比例,所以勾股章里勾股测望问题的解法,刘徽注都用"今有术"来说明。衰分章"术曰:各置列衰,副并为法,以所分乘未并者

各自为实,实如法而一"。刘徽注说:"列衰各为所求率,副并为所有率,所分为所有数。"一切比例分配问题的解法都被理解为"今有术"的应用。其他如衰分章最后一题是复比例问题,均输章第14题是反比例问题,第10题是连锁比例问题,刘徽注都用今有术说明它们的解法。

图验法　在中国古代数学中,一切平面几何学定理都用面积图形来证明。刘徽自序说:"又所析理以辞,解体用图,庶亦约而能周,通而不黩,览之者思过半矣。"可惜他的《九章重差图》早已失传,后人补绘的图未必能合他的原意,要彻底了解他的九章注是有些困难的。方田章圭田术"半广以乘正从"。刘徽注说:"半广者,以盈补虚为直田(长方形)也。"在图上是用"以盈补虚"的方法来证明:三角形的面积和以"半广"为底,"正从"为高的长方形面积相等。此后,斜田、箕田、环田等术也都用面积图形上的"以盈补虚"法证明。关于圆田术、弧田术和少广章开方术,刘徽注中也都利用面积图形来显示计算过程中的客观现实。勾股章"术曰:勾股各自乘,并而开方除之,即弦"。刘徽注说:"勾自乘为朱方,股自乘为青方,令出入相补,自从其类,因就其余不移动也,合成弦方之幂。""出入相补,各从其类"原则上是和"以盈补虚"一致的。刘徽的原图失传,怎样"出入相补"的真相现在无法恢复了。勾股章第5题、第11题、第12题刘徽用赵爽的勾股圆方图来证明各恒等式。第15题勾股容方,第16题勾股容圆,刘徽也用图注解,显示将面积移补可以证明各个公式。

棋验法　商功章各种立体积的公式和少广章开立方术、开立圆术,刘徽注都用棋来说明,棋是特制的立体模型。商功章阳马术注:"斜解立方得两堑堵。斜解堑堵,其一为阳马,其一为鳖臑,阳马居二,鳖臑居一,不易之率也。合两鳖臑成一阳马,合三阳马而成一立方,故三而一。验之以棋,其形露矣。"又说:"其棋或修短,或广狭,立方不等者,亦割分以为六鳖臑,其形不悉相似。然见数同,积实均也。"刘徽就利用立方、堑堵、阳马、鳖臑的模型来证明下列公式的真实性。设各个立体的长、阔、高为 a、b、h,则堑堵体积为 $\frac{1}{2}abh$,阳马体积为 $\frac{1}{3}abh$,鳖臑体积为 $\frac{1}{6}abh$。至于长方柱的体积是 abh,可认为是一个公理,不需证明的。其他各种直线图形所包含的体积都可用上述四种基本立体积来拼合计算。例如,方锥可分解为四个阳马,刍童可分解为一长方柱,四堑堵和四阳马;羡除可分解为一堑堵和四鳖臑。根据具体分析,建立起计算立体积的方法,它的理论是简单而明确的。

堑堵　　　　　　　　　阳马　　　　　　　　　鳖臑

3. 刘徽《九章算术注》中的几个创作

刘徽在他的"九章算术注"中,不但整理了各项解题方法的思想系统,提高《九章算术》的学术水平,并且创立了许多新方法,开辟了数学发展的道路。下面概括叙述他的几个主要的数学创作。

（1）关于圆周率与圆面积

《九章算术》于圆面积的量法一律取用古法的"周三径一"（$\pi = 3$），这是不够精密的。西汉元始中（1—5 年），刘歆为王莽造圆柱形的标准量器，铭文上说："律嘉量斛：方一尺而圆其外，庑旁九釐五毫，幂一百六十二寸，深一尺，积一千六百二十寸，容十斗。"[1]依据铭文，我们知道这个铜斛的圆径是 $1.4142 + 2 \times 0.0095 = 1.4332$ 尺，圆面积是 1.62 方尺。从圆径和面积，计算出圆

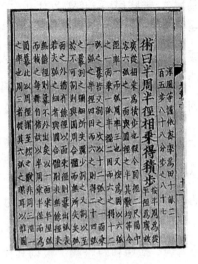

刘徽割圆术

（采自宋本《九章算经》）

周率约等于 $4 \times 1.62 \div 1.4332^2 = 3.1547$。二世纪初，张衡（78—139）在他的《灵宪》中取用 $\pi = \dfrac{730}{232}$（ $= 3.1466$ ）[2]，又在他的球体积公式中取用 $\pi = \sqrt{10}$（ $= 3.162$ ）[3]。三国吴王蕃（228—266）在他的浑仪论说中取用 $\pi = \dfrac{142}{45}$（ $= 3.1556$ ）。这些圆周率近似值都没有理论根据。刘徽在方田章圆田术中，创始用他的割圆术计算圆周率，开中国数学发展中圆周率研究的新纪元。刘徽首先肯定圆内接正多边

---

① 《九章算术》商功章第 28 题刘徽注引。
② 钱宝琮："张衡灵宪中的圆周率"，《科学史集刊》，第 1 期，科学出版社，1958 年。
③ 《九章算术》少广章第 24 题刘徽注引。

形的面积小于圆面积。但将边数屡次加倍,从而面积增大,边数愈大则正多边形面积愈近于圆面积。他说:"割之弥细,所失弥少。割之又割以至于不可割则与圆合体而无所失矣。"这几句话反映了他的极限思想。他又说:"觚面之外,又有余径。以面乘余径则幂出弧表。若夫觚之细者与圆合体,则表无余径。表无余径,则幂不外出矣。"这里,"觚面"是圆内接正多边形的边,"余径"是边心距与圆半径的差。在下图内,设PQ 为圆内接正 n 边形的一边,平分 PQ 弧于 R,则 PR 为内接正 2n 边形的一边。半径 OR 与 PQ 交于 T,TR 为"余径"。以 PQ 为底,TR 为高的长方形有一部分在 PQ 弧内,而其他部分突出于弧外。

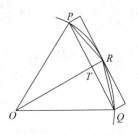

设 S_n,表示圆内接正 n 边形面积,S 为圆面积,则

$$nPQ \cdot TR = 2(S_{2n} - S_n)$$

$$S_n + 2(S_{2n} - S_n) = S_{2n} + (S_{2n} - S_n) > S$$

当然,刘徽的不等式可以写成如下:

$$S_{2n} < S < S_{2n} + (S_{2n} - S_n)$$

$S_{2n} - S_n$ 在刘徽割圆术中称为"差幂"。n 很大时,"差幂"很小,因而 S_{2n} 很接近于 S,这是可以理解的。

刘徽已知圆内接正六边形的边长与半径相等。设半径 OP = 1 尺 = 1000000 忽,则 $PT = \frac{1}{2}PQ = 500000$ 忽。

$$OT = \sqrt{OP^2 - PT^2} = 866054\frac{2}{5} \text{忽}$$

$$TR = OR - OT = 133945\frac{3}{5} \text{忽}$$

$$PR^2 = PT^2 + TR^2 = 267949193445 \text{ 方忽}$$

PR 就是圆内接正十二边形的边长。仿此推算，刘徽求得圆内接正二十四边形，正四十八边形，正九十六边形的边长。

又因 $S_{2n} = n \cdot \dfrac{PQ \cdot OR}{2}$，刘徽算出在半径为 10 寸时，$S_{96} = 313\dfrac{584}{625}$方寸，$S_{192} = 314\dfrac{64}{625}$方寸，"差幂"$S_{192} - S_{96} = \dfrac{105}{625}$方寸，$S_{192} + (S_{192} - S_{96}) = 314\dfrac{169}{625}$方寸，故

$$314\frac{64}{625} < 100\pi < 314\frac{169}{625}$$

刘徽舍弃不等式两端的分数部分，即取 $100\pi = 314$，或 $\pi = \dfrac{157}{50}$他再三声明这个圆周率是太小的。

刘徽又说："差幂六百二十五分寸之一百五，以十二觚之幂为率消息，当取此分寸之三十六以增于一百九十二觚之幂，以为圆幂三百一十四寸、二十五分寸之四。"这是说，圆面积应得是 $314\dfrac{64}{625} + \dfrac{36}{625} = 314\dfrac{4}{25}$方寸。由此得 $\pi = 314\dfrac{4}{25} \div 100 = \dfrac{3927}{1250}$。这个近似分数值化成十进小数是 3.1416，自然是更精密了。上面引的"以十二觚之幂为率消息"十个字应该怎样解释，现在还没有定论，只好保留。他又说："当求一千五百三十六觚之一面，得三千七十二觚之幂而裁其微分，数亦宜然，重其验耳。"据此，他自己曾求得圆内接正 3072 边形的面积来证实他的圆周率 $\dfrac{3927}{1250}$。在实用算术方面，他主张用 $\pi = \dfrac{157}{50}$来计算圆面积，补立依照"徽术"计算所得的答案于各个问

题原答案之后。

当边数无限地增多时,圆内接正多边的面积趋近于圆面积,公元前五世纪中的希腊数学家安提丰(Antiphon)最早发现这个定理,但没有利用来计算 π 的近似值。公元前三世纪中叶,阿基米德(Archimedes)以为圆周长介于圆内接多边形周长和外切多边形周长之间,他算出 $3\frac{10}{71} < \pi < 3\frac{1}{7}$。刘徽的割圆术思想比古希腊人的那种思想迟了几百年,而他得到的成就超过了和他同时代的数学家,这是值得表彰的。要理解刘徽所以有这样辉煌成就的道理,我们必须指出:①刘徽的不等式只需用圆内接正多边形面积而不用外切形面积,所以能够事半功倍;②我们的祖先早用位值制记数,乘方、开方都能迅速地完成,数字计算工作比古希腊人要容易得多。

《九章算术》方田章弧田术:设 c 为弧田(弓形)的弦,v 为矢,则面积 $A = \frac{1}{2}(cv + v^2)$。这是一个不很精密的近似公式。刘徽注以为弧田为半圆时用这个公式计算出来的面积与用 $\pi = 3$ 计算出来的面积相等,"失之于少"。如果弧田不满半圆,误差比率(相对误差)更大。他于批判了旧法以后,指出处理弧田面积的正确方法。他说,依据已知的弦和矢,可求弧的圆径。"既知圆径则弧可割分"。按照割圆术,屡次求 $\frac{1}{2}$ 弧、$\frac{1}{4}$ 弧、$\frac{1}{8}$ 弧等等的弦和矢,将这些大大小小的弦矢相乘积加拢来,折半,就得到相当精密的弧田(弓形)面积。但他又说,"若但度田,取其大数,旧术为约耳"。量田地面积,不需要十分精密,还可以用旧法。

(2)圆锥体积与球体积 《九章算术》商功章中,直立圆锥体与平截头直立圆锥体的体积公式,在假设 $\pi = 3$ 的条件下,是准确的。刘徽在"委粟依垣"术里注解说:"从方锥中求圆锥之积亦犹方幂求圆幂。"这说明圆锥体的体积和它的外切方锥体的体积之比应等于圆面积和它的外切正方形面积之比。方边 a,高 h 的方锥体,体积是 $\frac{1}{3}a^2h$,所以底圆径 a,高 h 的圆锥体,体积应是 $\frac{\pi}{4} \cdot \frac{1}{3}a^2h =$ $\frac{\pi}{12}a^2h$。仿此,平截头圆锥体的体积也是平截头方锥体体积的 $\frac{\pi}{4}$ 倍。方田章畹田术注中,讨论到直立圆锥的侧面积,他说:"若令其(直立方锥)中容圆锥,圆锥见幂(侧面积)与方锥见幂(侧面积)其率犹方幂之与圆幂也。"因此断定"折径(斜高)以乘下周之半即圆锥之幂(侧面积)也"。圆锥底径 a,斜高 l,它的侧面积应是 $\frac{1}{2}\pi al$。刘徽用这种简单明了的方法处理圆锥体积与侧面积问题是容易被人们接受的。

少广章开立圆术"置积尺数,以十六乘之,九而一,开立方除之即丸(球)径"。设球体积为 V,球径为 D,则开立圆术 $D = \sqrt[3]{\frac{16}{9}V}$,或 $V = \frac{9}{16}D^3$。九章旧术认为球体积是外切圆柱体积的四分之三,圆柱体积也是外切立方体积的四分之三,故球体积是外切立方体积的十六分之九。刘徽以为球体积不是外切圆柱体积的四分之三。他说:"取立方棋八枚,皆令立方一寸。积之为立方二寸(二寸的立方,8 立方寸)。规之为圆囷(圆柱)径二寸,高二寸。又复横规之,则形似牟合方盖矣。八棋皆似阳马,圆然也。按合盖者方率也,丸居其中即圆率也。推此言之,谓夫圆囷为方率,岂不阙哉。"

在以 2 寸为边的立方体内,内切两个圆柱体,如图 1。这两个圆柱体的共同部分,刘徽给它提一名称叫"牟合方盖"如图 2,它的外表像两把上下对称的正方形的伞。它的八分之一,很像一个阳马,但有两个侧面是圆柱面。在这个牟合方盖里可以内切一个半径一寸的球,球的体积与牟合方盖体积之比应等于圆面积与外切正方形面积之比,或 $\frac{\pi}{4}$。可惜他没有能够解决这个牟合方盖的体积问题。

他说:"敢不阙疑,以俟能言者。"刘徽的球体积研究虽没有完成,但给予后人很多的启发。从上面所引的刘徽注中,我们不能不体会到他已用如同十七世纪意大利数学家卡瓦利里(*Cavalieri*)的方法来解决圆锥体和球的问题了。

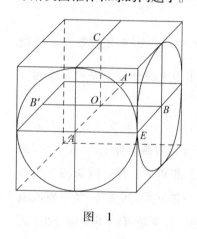

图　1

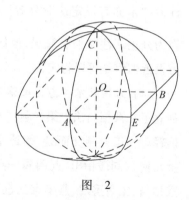

图　2

（3）**十进分数** **少广章开方术**:设整数 N 为被开方数,a 为方根的整数部分,$r = N - a^2$ 则 $\sqrt{N} = a + \frac{r}{a}$。这当然太不准确。当时还有用 $a + \frac{r}{2a+1}$ 来计算方根的近似值。刘徽以为分母 $2a+1$ 为数太大,如果不加1,又是太小。实际上,方根是在 $a + \dfrac{r}{2a+1}$ 与 $a + \dfrac{r}{2a}$ 之间。他说,求得整数根后,还可以继续开方,"求其微数。微数无名者以为分子,其一退以十为母,其再退以百为母。退之弥下,其分弥细"。这和我们现在开平方求无理根的十进小数近似值的方法完全一样。方田章圆田术注"七十五寸,开方除之下至秒忽。又一退法求其微数。微数无名者以为分子,以十为分母,约作五分忽之二。故得股八寸六分六厘二秒五忽,五分忽之二"这是一个他自己开方演算的实例。已知股平方等于 75 方寸 = 750,000,000,000 方忽,开方得 866025 忽,又开得忽以下的无名的微数4,故得股 $866025 \dfrac{2}{5}$ 忽。少广章开立方术"开之不尽者亦为不可开"下,刘徽注说:"术亦有以定法命分者 $\left(\sqrt[3]{N} = a + \dfrac{N - a^3}{3a^2} \right)$ 不如故幂开方以微数为分也。"注文似有脱误,但他主张用十进分数来表示无理的立方根近似值是可以肯定的。

（4）方程新术　方程章第 7 题,二元一次方程组解法,刘徽注创立了互乘相消法。第 9 题:"今有五雀六燕集称之衡,雀俱重,燕俱轻。一雀一燕交而处,衡适平。并燕雀重一斤。问雀燕一枚各重几何。"刘徽指出"此四雀一燕与一雀五燕,其重等,是三雀四燕重相当,雀率重四、燕率重三也"。因此,本题可以用比例分配（衰分法）解答。最后一题,五元一次方程组,依原术演算相当复杂。刘徽另立"新术",解题比较简捷。"新术"是"令左右行相减先去下实（常量项）,又转去物位（未知量项）,求其一行二物正负相借者易其相当之率。又令二物与他行互相去取,转其二物相借之数即皆相当之率也。各据二物相当之率对易其数,即各当之率也"。

这是"五雀六燕"题解法的推广,既得各物相当率后,用衰分术可以求出各未知量的值。

(五)其他创作 商功章方亭术:$V = \frac{1}{3}(a_1^2 + a_2^2 + a_1 a_2)h$。刘徽又补充另一公式:$V = a_1 a_2 h + \frac{1}{3}(a_2 - a_1)^2 h$。盈不足章第 20 题依盈不足术演算相当繁复,他提出一个直接计算的方法。勾股章勾股容圆术是 $d = \frac{2ab}{a+b+c}$,式内 a、b、c 为勾、股、弦,d 为内切圆径。他又添上 $d = a + b - c$ 和 $d = \sqrt{2(c-a)(c-b)}$ 二术。刘徽在《九章》注中所创的新法大都比旧术更为简捷。又,刘徽在盈不足章第 19 题注中建立了一个等差级数求和公式。设 a 为等差级数的首,d 为公差,n 为项数,则和

$$S = \left[a + \frac{1}{2}(n-1)d \right]n$$

4. 重差

西汉时期,主张盖天说的天文学派有一种测量太阳高、远的方法,当时的数学家称它重差术。刘徽自序说:"凡望极高、测绝深而兼知其远者必用重差,勾股则必以重差为率,故曰重差也。立两表于洛阳之城,令高八尺。南北各尽平地,同日度其正中之景①。以景差为法,表高乘表间为实,实如法而一,所得加表高即日去地也。

---

① 传本"刘徽九章算术注原序","景"讹作"时",今校正。"景"与"影"音义皆同。

以南表之景乘表间为实，实如法而一，即为从南表至南戴日下也。"
如图1，于 C、G 两处立表 CA，GE 各高 b，设两表相距 CG = d，南表
影长 CB = a_1，北表影长 GF = a_2，求"日去地"的高 QP = y，和从南表
到"日下"的远 QC = x。

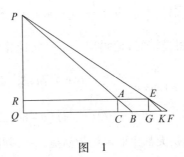

图　　1

作 EK 与 AB 平行，KF 为影差 $a_2 - a_1$。作 RE 与 QG 平行。AE
= CG = d 为南北两表离"日下"Q 的差。因 △PRA 和 △EGK 相似，
△PAE 和 △EKF 相似，故

$$\frac{RP}{GE} = \frac{RA}{GK} = \frac{PA}{EK} = \frac{AE}{KF}$$

或

$$\frac{y - b}{b} = \frac{x}{a_1} = \frac{d}{a_2 - a_1}$$

所以

$$y = \frac{bd}{a_2 - a_1} + b, \quad x = \frac{a_1 d}{a_2 - a_1}$$

在上面等式里的 $\dfrac{d}{a_2 - a_1}$ 是两个差数之比，所以叫重差术。这个测量
太阳高远的方法，在地面为平面的假设下是正确的。可是大地不
是平面，所谓"日去地"的高和"日下"的远都没有实际意义。这种

测量方法只能用来推算近距离目的物的高和远。刘徽撰《重差》一卷,就是举例说明上述测量方法的应用。这一卷原是他的《九章算术注》的第十卷。唐朝初年这一卷书单行,被称为《海岛算经》,而立于学官,作为"十部算经"的一部。

传本《海岛算经》有九个例题。第一题是一个测量海岛的问题。"今有望海岛,立两表齐高三丈,前后相去千步,令后表与前表参相直。从前表却行一百二十三步,人目着地取望岛峰,与表末参合。从后表却行一百二十七步,人目着地取望岛峰,亦与表末参合。问岛高及去表各几何。"已知表高 b = 3 丈,表间 d = 1000 步,前后却行步数相差 $a_2 - a_1 = 127 - 123 = 4$ 步,依术求得岛高 y = $\dfrac{bd}{a_2 - a_1} + b = 1255$ 步,岛去前表 x = $\dfrac{a_1 d}{a_2 - a_1} = 30750$ 步。

第三题:"今有南望方邑,不知大小。立两表,东、西去六丈,齐人目,以索连之,令东表与邑东南隅及东北隅参相直。当东表之北却行五步,遥望邑西北隅,入索东端二丈二尺六寸半。又却北行去表十三步二尺,遥望邑西北隅,适与西表相参合。问邑方及邑去表各几何。"在图 2 上,已知两表相去 EC = b_2 = 60 尺,"前去表" CB = a_1 = 30 尺,"入索" AC = b_1 = 22.65 尺,"后去表" CF = a_2 = 80 尺,求"邑方" y = PQ 和"邑去表" x = CQ。

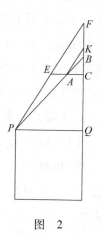

图　2

作 AK 与 PF 平行。因 $\triangle ACK$ 与 $\triangle ECF$ 相似,故 CK = $\dfrac{CF \cdot AC}{EC}$,设 $a_2' = CK$,则

$$a'_2 = \frac{a_1 b_1}{b_2}$$

因 △ABK、△PBF 相似，△ABC、△PBQ 相似，故

$$\frac{PQ}{AC} = \frac{PB}{AB} = \frac{BF}{BK}$$

$$y = \frac{a_2 - a_1}{a'_2 - a_1} \cdot b_1$$

$$\frac{QC}{CB} = \frac{PA}{AB} = \frac{KF}{BK}$$

$$x = \frac{a_2 - a'_2}{a'_2 - a_1} \cdot a_1$$

又如第四题："今有望深谷，偃矩岸上，令勾高六尺。从勾端望谷底入下股九尺一寸。又设重矩于上，其矩间相去三丈。更从勾端望谷底入上股八尺五寸。问谷深几何。"在图 3 上，已知勾 $CB = GF = a = 60$ 寸，"矩间" $CG = d = 300$ 寸，"下股" $AC = b_1 = 91$ 寸，上股 $EG = b_2 = 85$ 寸，求谷深 $x = CQ$。

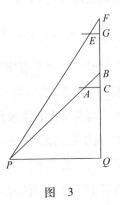

图　3

因 △EFG 与 △PFQ 相似、△ABC 与 △PBQ 相似，

故　　　　$QB \cdot AC = PQ \cdot CB,\quad QF \cdot EG = PQ \cdot GF$

又因　　　　$CB = GF,\quad QF = QB + BF$

故　　　　$QB \cdot AC = (QB + BF)EG$

$$QB(AC - EG) = BF \cdot EG$$

从而　　　　$(x + a)(b_1 - b_2) = db_2$

90

$$x = \frac{db_2}{b_1 - b_2} - a$$

刘徽重差术以第一题的重表法,第三题的连索法和第四题的累矩法为测量高深广远的三个基本方法。此外的例题是在用基本方法所得的结果上转求其他目的的问题。他的自序说:"度高者重表,测深者累矩,孤离者三望,离而又旁求者四望。触类而长之,则幽遐诡伏靡所不入。"传本《海岛算经》有九个例题,除了上面举出来的三个通过两次测望解决的问题外,有"三望"题四个,"四望"题二个。

三、《孙子算经》《夏侯阳算经》和《张邱建算经》

唐初作为"算学"教科书的《孙子算经》《夏侯阳算经》和《张邱建算经》是公元第四、五世纪中的三部数学书。因考证资料太少,这三部书的作者履历和编写年代都不很清楚。

1.《孙子算经》

《隋书·经籍志》著录"孙子算经二卷",不记作者名字,现在的传本分成上、中、下三卷。卷上记录度量衡单位名称:"十忽为一丝,十丝为一毫","十圭为一撮,十撮为一抄,十抄为一勺"和唐朝田曹、仓曹的制度相同,而和《隋书·律历志》所引《孙子算术》"十忽为秒,十秒为毫",与"十圭为抄,十抄为撮,十撮为勺"不合。又大数名称在传本《孙子算经》"量之所起"节内是万万为亿,亿以上,兆、京、陔、秭、壤、沟、涧、正、载都从十进,在"大数之法"节内,从亿到载都从万万进,显然是时代不同的两种大数进法。由此可见传本《孙子算经》有经后人改篡和附加之处。

《孙子算经》卷上叙述算筹记数的纵横相间制,和筹算乘除法则,卷中举例说明筹算分数算法和筹算开平方法,都是考证古代筹算法的绝好资料。卷中和卷下所选的应用问题大都浅近易晓,在《九章算术》范围内每章各举一二典型例题,指示解题方法,对于初学数学的人是有帮助的。

宋本《孙子算经》
（现藏于上海图书馆）

卷下又选取几个算术难题,目的在增加读者的兴趣,但于指示解答时,故意将解法的思想过程隐藏起来,使读者很难体会解决同类问题的一般原则。例如,"今有妇人河上荡杯。津吏问曰:杯何以多? 妇人曰:家有客。津吏曰:客几何? 妇人曰:二人共饭,三人共羹,四人共肉,凡用杯六十五,不知客几何"。解题术文指示:杯数65,以12乘,以13除,即得60人。没有说明 $\frac{1}{2} + \frac{1}{3} + \frac{1}{4} = \frac{13}{12}$。

又如,"今有雉兔同笼,上有三十五头,下有九十四足。问雉兔各几何"。"术曰:上置头,下置足,半其足,以头除足,以足除头,即得。"设头数是 A,足数是 B,则 $\frac{1}{2}B - A$ 是兔数,$A - \left(\frac{1}{2}B - A\right)$ 是雉数。这个解法确乎是奇妙的。孙子自己解这个问题时,很可能利用"方程"算法。设 x 为雉数, y 为兔数, 则"上置头"$x + y = A$, "下置足"$2x + 4y = B$, "半其足"$x + 2y = \dfrac{1}{2}B$, "以头除足"得 $y = \dfrac{1}{2}B - A$, "以足除头"得 $x = A - y$。

《孙子算经》卷下最著名的问题是:"今有物不知其数:三三数之剩二,五五数之剩三,七七数之剩二,问物几何。""答曰:二十三。"这个问题用整数论里的同余式符号表达出来,是:设 $N \equiv 2(mod\ 3) \equiv 3(mod\ 5) \equiv 2(mod\ 7)$, 求最小的数 N, 答案是 $N = 23$。

《孙子算经》"术曰:三三数之剩二置一百四十,五五数之剩三置六十三,七七数之剩二置三十,并之得二百三十三,以二百十减之,即得。凡三三数之剩一则置七十,五五数之剩一则置二十一,七七数之剩一则置十五。一百六以上,以一百五减之,即得"。按照术文的前半段,这问题的解是:

$$N = 70 \times 2 + 21 \times 3 + 15 \times 2 - 2 \times 105 = 23$$

依据术文的后半段,下列一次同余式组

$$N \equiv R_1(mod\ 3) \equiv R_2(mod\ 5) \equiv R_3(mod\ 7)$$

的解是:$N = 70R_1 + 21R_2 + 15R_3 - 105p$. p 为整数。

孙子的"物不知数"问题颇有猜谜的趣味,并且它的解法也很巧妙。流传到后世,有"秦王暗点兵""剪管术""鬼谷算""韩信点兵"等名称,作为人民文娱活动中的一个节目。

推广孙子"物不知数"题的解法,我们可以有以下的定理:

设 a_1、a_2、…a_h 为两两互素的 h 个除数, R_1、R_2、…R_h 各为余数, $M = a_1 a_2 … a_h$, $N \equiv R_i(mod\ a_i)$, $i = 1$、2、…h. 如果我们找到 k_i, 满足 $k_i \dfrac{M}{a_i} \equiv 1(mod\ a_i)$, 那么,

$$N \equiv \sum k_i \frac{M}{a_i} R_i (\mathrm{mod}\ M)_{\circ}$$

欧洲十八世纪中欧拉（L. Euler, 1707—1783），拉格朗日（J. Lagrange, 1736—1813）等都曾对一次同余式问题进行过研究。德国数学家高斯（K. F. Gauss, 1777—1855）于1801年出版的《算术探究》中明确地写出了上述定理。当时欧洲的数学家们对中国古代数学毫无所知，高斯是通过独立研究得出他的成果的。1852年，英国基督教士伟烈亚力（Alexander Wylie, 1815—1887）将《孙子算经》"物不知数"问题的解法传到欧洲，1874年马蒂生（L. Mathiesen）指出孙子的解法符合高斯的定理，从而在西文的数学史里将这一个定理称为"中国的剩余定理"。

中国古代天文学家根据很长时期的天文观测记录，推算出日、月、五星的运动周期。并且指定了各个周期运动的起点，例如回归年以冬至节气的时刻为起点，朔望月以平均合朔时刻为起点，等等。古代以干支记日，六十日一周以甲子日夜半零时为起点。如果测定了某年的冬至节气在某日某时，那么累加一回归年的二十四分之一，可以推定冬至后各个节气的日期和时刻。如果测定了十一月平朔的时刻，那么，累加一朔望月，可以推定十一月后各月的平朔时刻。因冬至时刻，十一月平朔时刻一般都不在甲子日零时，数字计算相当繁琐。于是，古代天文学家假设在远古时代有一个冬至节气恰恰在甲子日的零时，并且平朔也与冬至节气同一时刻。有这么一天的年度叫做上元，从上元到本年经过的年数叫上元积年。在既知本年的冬至时刻，十一月平朔时刻的条件下，求出上元积年是一个一次同余式问题。设 a 为回归年日数，R_1 为本年冬至距甲子日零时的时间，b 为朔望月日数，R_2 为冬至距十一月平

朔的时间,那么上元积年 X 满足下列一次同余式组:

$$aX \equiv R_1 (\mathrm{mod}\ 60) \equiv R_2 (\mathrm{mod}\ b)$$

式内的 a、b、R_1、R_2 都不是整数而是带有分数的数,在使用剩余定理计算上元积年之前必须以它们的共同分母遍乘上面的同余式,使所有数字都化为整数。求上元积年的数字计算工作是相当繁重的。如果把上元理解为十一月甲子日夜半合朔冬至,并且同时月球适在它的近地点和升交点,五行星也在它们的轨道上一个指定的起点,那么,增添了七个同余式,求上元积年的计数工作就会更加繁重。根据天文学史料,知道祖冲之大明历(462 年)的上元积年是在这些条件下计算出来的。大约在三世纪中历法工作者开始应用剩余定理计算上元积年。我们认为《孙子算经》里"物不知数"问题解法不是作者的向壁虚造而很可能是依据当代天文学家的上元积年算法写出来的。

《孙子算经》所选的问题中有几个不是实事求是的。例如,"今有粟三十六万九千九百八十斛七斗,在仓九年,年斛耗三升。问一年、九年各耗几何"。它的答案是:1 年耗 11099. 421 斛,9 年耗99894. 789 斛。九年共耗斛数是第一年所耗斛数的九倍,显然是错误的。又最后一题:"今有孕妇行年二十九,难九月,未知所生""答曰生男。"这不是一个算术问题,将它列入算术书之内是荒谬绝伦的。

2.《夏侯阳算经》

第五世纪中《张邱建算经》自序说,"其夏侯阳之方仓,孙子之荡杯,此等之术皆未得其妙",可证《夏侯阳算经》的著述年代是在

《张邱建算经》之前。《隋书·经籍志》记录"夏侯阳算经二卷"，《旧唐书·经籍志》记录"夏侯阳算经三卷，甄鸾注"，《新唐书·艺文志》记录"夏侯阳算经一卷甄鸾注"又"韩延夏侯阳算经一卷"。现在有传本的"夏侯阳算经"三卷，是北宋元丰七年所刻算经中的一部。根据它的序文和书中有时代性的种种资料，我们断定它是一部第八世纪中的实用算术书①，绝不是《夏侯阳算经》的原本。这部书的第一卷第一节"明乘除法"，"夏侯阳曰"以下，征引了《夏侯阳算经》的原文，约六百个字。唐初立于学官的《夏侯阳算经》不幸于北宋初失传，元丰七年（1084 年）刻算经时，误取这部第八世纪中的算术书作为《夏侯阳算经》。

原本《夏侯阳算经》可以考查的部分就是被征引的六百个字。它概括地叙述了筹算乘除法则，分数法则，解释了"法除""步除""约除""开平方除""开立方除"五个名词的意义。《夏侯阳算经》的其他部分，现在无法查考了。

3.《张邱建算经》

《张邱建算经》三卷，自序说："其夏侯阳之方仓，孙子之荡杯，此等之术皆未得其妙。故更造新术推尽其理。"由此可知张邱建写书的年代是在孙子，夏侯阳之后。卷中第 13 题是："今有率户出绢三匹。依贫富欲以九等出之，令户各差除二丈。今有上上三十九户，上中二十四户，上下五十七户；中上三十一户，中中七十八户，中下四十三户；下上二十五户，下中七十六户，下下一十三户。问

---

①　它的内容将在第七章第一节"韩延算术"里介绍。

九等户,户各应出绢几何。"查《魏书·食货志》记载献文帝即位
(466年),"因民贫富为租输三等九品之制"。又记载孝文帝太和
八年(484年),"始准古班百官之禄,以品第各有差。先是天下户
以九品混通,户调帛二匹,絮二斤,丝一斤,粟二十石。又入帛一匹
二丈,委之州库以供调外之费。至是户增帛三匹,粟二石九斗以为
官可之禄"。太和九年(485年)"下诏均给天下民田"。均田制颁
行后,因民贫富分三等九品的户调法就废弃不用。上引的算术题
能够适合466年到484年元魏户调法中"九品混通"的要求。我们
有理由断定《张邱建算经》的编写年
代是在这十八年之内。又,卷上第
17题,"官出库金"分给王、公、侯、
子、男五级爵位。查《魏书·官氏
志》记载天赐元年(404年)"减五等
之爵,始分为四,曰王、公、侯、子,
除伯、男二号"。太和十八年(494
年)又添伯、男、二级合成六级。
《张邱建算经》题中,没有伯这一
级,说明是493年以前的元魏制度。
这是本书撰成于484年以前的一个
旁证。

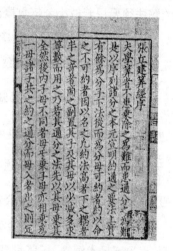

宋本《张邱建算经》

(现藏于上海图书馆)

　　传本《张邱建算经》三卷是依据
南宋刻本辗转翻印的。卷中缺少了最后的几页,失传的算题不知
多少。卷下缺少最前二页,约计少了两三个问题。现在保存的九
十二题,各有各的数学意义,有些创设的问题和解法超出了《九章

算术》的范围。本书在数学上是有特殊贡献的。

张邱建自序说:"夫学算者不患乘除之为难而患通分之为难。"书中开始就指导分数的运算方法,提出很多的分数应用问题。卷上第 10 题:"今有封山周栈三百二十五里。甲、乙、丙三人同绕周栈行,甲日行一百五十里,乙日行一百二十里,丙日行九十里。问周行几何日会。"解答时,先求得 150、120、90,三数的最大公约数:30,以 30 里除 325 里得 $10\frac{5}{6}$ 日,就是三人相会前的日数。第 11 题的解法须要用着最小公倍数概念。

《张邱建算经》中有几个等差级数问题。卷上第 23 题,已知等差级数的首项 a,末项 l 和项数 n,求总数 s。张邱建立出了公式 $s = \frac{1}{2}(a + l)n$。卷下第 36 题,已知首项 1 和公差 1,则 n 项的和是 $\frac{1}{2}n(n + 1)$。卷上第 22 题,已知 a、n 和 s,求公差 d,他的公式是 $d = \left(\frac{2s}{n} - 2a\right) \div (n - 1)$。第 32 题和卷中第 1 题都是已知 a、d 和 n 项的平均数 m,求项数 n,他的公式是 $n = \left[(m - a)2 + d\right] \div d$。

《九章算术》盈不足章选录了十二个不属于"盈亏类"的算术题,用盈不足术解答。《张邱建算经》中有不少问题和盈不足章问题类型相同,如卷上第 24、29、30 题,卷中第 17、18 题,和卷下第 22 题,张邱建分别提出直接解答的方法,并且在卷上第 24 题和卷中第 17、18 题的术文后面都写上"以盈不足术求之,亦得"一句话。他重视算术问题的具体分析,因而提高了解题的技术,这在数学发展过程中是进步的。

卷中第 20、21 题的解答用开方术:设有整数 N,它的平方根的

整数部分为 a，则 $\sqrt{N} = a + \dfrac{N-a^2}{2a+1}$。卷下第 30、32 题的解答用开立

方术：设有整数 N，它的立方根的整数部分为 a，则 $\sqrt[3]{N} = a +$

$\dfrac{N-a^3}{3a^2+1}$，这里分母 $3a^2+1$ 一般说是太小了。

　　卷下第 9 题："今有圆囷上周一丈五尺，高一丈二尺，受粟一百
六十八斛五斗、二十七分斗之五。问下周几何。"用 π = 3，和 1 斛 =
1620 立方寸计算，立出方程 $x^2 + 15x = 594$。开带从平方得 $x = 18$
尺，就是圆囷的下周。卷中第 22 题："今有弧田，弦六十八步五分
步之三，为田二亩三十四步、四十五分步之三十一。问矢几何。"
"答曰：矢一十二步三分步之二。""术曰：置田积步，倍之为实，以弦
步数为从。"传刻本上"从"字为卷中的末一字，本题的术只存上引
的十四字，下面至少应补"开方除之，即得矢"七字。设弓形的弦为
c，矢为 v，据《九章算术》弧田术，面积 $A = \dfrac{1}{2}(cv + v^2)$。由此得 $v^2 +$

$cv = 2A$。现在已知 $c = 68\dfrac{3}{5}$，$A = 514\dfrac{31}{45}$ 方步代入，得 $v^2 + 68\dfrac{3}{5}v =$

$1029\dfrac{17}{45}$。因式中的已知数字都是分数，开带从平方有些困难。我

们以为照下面的解法是比较可能的。以 60 乘 $68\dfrac{3}{5}$ 步，化为 4116

寸，以 3600 乘 $1029\dfrac{17}{45}$ 方步，化为 3705760 方寸，则上列方程化为

$$x^2 + 4116x = 3705760, \quad x = 60v$$

开带从平方得 $x = 760$ 寸，以 60 除，即得 $v = 12\dfrac{2}{3}$ 步

　　卷下最后一题是世界有名的百鸡问题。"今有鸡翁一，直钱

五,鸡母一直钱三,鸡雏三直钱一。凡百钱买鸡百只。问鸡翁母雏各几何。"设 x、y、z 为鸡翁、母、雏只数,依据问题,列出方程

$$x + y + z = 100$$

$$5x + 3y + \frac{1}{3}z = 100$$

两个方程有三个未知量,所以是不定方程组。它的整数解应该是 $x = 4t, y = 25 - 7t, z = 75 + 3t, t = 1$、$2$、$3$。本题有三组答案,这是正确的。但术文只写"鸡翁每增四,鸡母每减七,鸡雏每益三"。十五字,说明整数解中参数 t 的三个系数,没有指示整个问题的解法。

四、祖冲之、祖暅

1. 祖冲之、祖暅合传

　　祖冲之,字文远(429—500)是刘宋王朝奉朝请祖朔之的儿子。青年时曾任南徐州(今镇江)从事史(州刺史的属员),后来回建康(刘宋首都,今南京)任公府参军。他以为国家颁行的何承天元嘉历法不够精密,自造大明历法,于大明六年(462 年)建议修改。大明历的主要改革是:废去十九年七闰的古法而另立三百九十一年一百四十四闰的闰周,冬至日所在星度岁岁西移,创立"岁差"每四十五

祖冲之画像
(蒋兆和　作)

年十一月日退一度，其他修订之处也有很多创见。因受当时专制政权的阻挠，他的新法不被采用。他在大明六年和守旧派官僚戴法兴辩论历法时，曾说："臣少钝（传刻本《宋书·律历志》"钝"误作"锐"）愚，尚专攻数术。搜练古今，博采沈奥。唐篇夏典莫不揆量，周正汉朔咸加该验。罄筹策之思，究疏密之辩。至若立员（"员"与"圆"通，指《九章算术》商功章开立圆术）旧误，张衡述而弗改，汉时斛（指王莽铜斛，传刻本"斛"误作"解"）铭，刘歆诡谬其数：此则算氏之剧疵也。乾象（东汉末刘洪所撰历法）之弦望定数，景初（曹魏时杨伟所撰历法）之交度周日，匪谓测候不精、遂乃乘除翻谬，斯又历家之甚失也。及郑玄、阚泽、王蕃、刘徽并综数艺而每多疏舛。臣昔以暇日撰正众谬，理据炳然易可详密。此臣以俯信偏识不虚推古人者也。"那时，他只有三十三岁，对于数学和天文学都曾仔细钻研而各有深造。他这种不迷信纬候图谶，不虚推古人，实事求是的科学精神是值得我们学习的。此后，曾外放做娄县（今昆山县东北）令，又回建康任谒者仆射。到萧齐朝升到长水校尉，享受四品俸禄。永元二年（500年）卒，年七十二。曾造指南车，欹器，千里船，水碓磨等机械，经过试验都有成效。

　　祖冲之的儿子祖暅，也是一个博学多才的人。他的生卒年代无可查考。他在梁朝初年曾两次建议修改历法（504年、509年），提出他父亲所造的大明历，说可以纠正何承天元嘉历法的疏远。经过太史令等实测天象，考验新旧历法后，政府于510年起，用大明历法推算历书。祖暅曾钞集古代星占记录，撰《天文录》三十卷，又撰《漏刻经》一卷。514年祖暅任材官将军，服务治淮工程。516年秋天，因新筑成的拦水坝被洪水冲坍，有罪，受过徒刑（《梁书》卷十八康绚传）。525年他在豫章王萧综幕府。萧综投奔元魏,他被魏方拘执,留住在徐州魏安丰王元延明宾馆中。不久,即被放还南朝(《梁书》卷三十六江革传)。在元延明处曾和北方的天文学家信都芳讨论天文学和数学(《北史》卷八十九,信都芳传)。《南史》文学传说祖暅"位至太府卿"。颜之推《颜氏家训》杂艺篇说,"算术亦是六艺要事……江南此学殊少,惟范阳祖暅精之。位至南康太守"。关于祖暅最后的官职,现在无法得到结论。

2. "缀述"和"缀术"

唐初立于学官的"十部算经"之一《缀术》为祖冲之、祖暅父子在数学方面的辉煌成就。因为《缀术》书早已失传,它的具体内容很难详考。我们知道关于祖冲之、祖暅父子二人的数学著作有下列几条史料:《南齐书》祖冲之传和《南史》文学传都说祖冲之"注九章,造缀述数十篇"。王孝通上《缉古算术》表说:"祖暅之《缀术》,时人称之精妙,曾不觉方邑进行之术,全错不通,刍甍、方亭之问于理未尽。"《隋书·律历志》论备数节说,祖冲之"所著之书名为缀术,学官莫能究其深奥"。《隋书·经籍志》记录:"缀术六卷",不注作者姓名。《旧唐书·经籍志》记录"缀术五卷,祖冲之撰"。根据这些史料,我们要问,①祖冲之注解《九章算术》和他的"缀述"数十篇有什么关系?②《缀术》是祖冲之的,还是祖暅的著作?我们的初步意见是:祖冲之钻研了《九章算术》刘徽注之后,认为数学还应该有所发展,他写成了数十篇专题论文,附缀于刘徽注的后面,叫它"缀述"。也就是他的九章注。他在三十三岁以前,对于圆周率和球体积已有深入的研究,这些无疑是"缀述"的重要部分。祖暅继承他父亲的教训,写成《缀术》六卷(或五卷)。《缀术》和《九章算术》等传统数学书一样,是一部数学问题集。《缀术》书中包含他们二人的精心杰作,问题解法比较深奥,唐朝的算学学生要花费四年的工夫去研究它。祖冲之、祖暅都可以说是《缀术》的作者。

不幸,《缀术》书早经失传,北宋元丰七年(1084年)所刻算经中就没有《缀术》。《宋史》方技传说,楚衍"于九章、缉古、缀术、海岛诸算经尤得其妙"。楚衍是十一世纪初年的天文学家,他有没有看到《缀术》是有问题的。沈括(1031—1095)《梦溪笔谈》卷十八说"北齐祖亘有缀术二卷"[①]肯定是没有见过《缀术》的。沈括又说:"求星辰之行、步气朔消长谓之缀术,谓不可以形察,但以算数缀之而已。"南宋秦九韶《数书九章》序(1247年)也说"数术之书三十余家。天象历度谓之缀术"。沈括、秦九韶的所谓"缀术"绝不是祖暅《缀术》的内容。祖冲之所造的大明历,无疑是一个进步的历法。他在天文学方面的创作和他的"缀述数十篇"同是科学发展中的辉煌成就,但不应混为一谈。

3. 祖冲之在数学方面的重大贡献

《缀术》失传以后,祖冲之在数学方面的成就,现在我们知道的不多。仅据后人征引的资料,我们知道他对于圆周率,球体积和开带从立方,都有重大贡献。现在就将这三点加以论述。

《隋书·律历志》论备数节说:"古之九数,圆周率三,圆径率

___

① 祖暅不是北齐人,《缀术》不是二卷。

一,其术疏舛。自刘歆、张衡、刘徽、王蕃、皮延宗之徒各设新率,未臻折衷。宋末,南徐州从事史祖冲之更开密法。以圆径一亿为一丈,圆周盈数三丈一尺四寸一分五厘九毫二秒七忽,朒数三丈一尺四寸一分五厘九毫二秒六忽,正数在盈朒二限之间。密率:圆径一百一十三,圆周三百五十五。约率:圆径七,周二十二。"

根据上引资料,我们以为,第一,刘徽割圆术以圆半径一尺为1000000忽,祖冲之以为不够精密,他用圆半径一丈等于100000000微,内接正多边形的边长都准确到微(误差小于$\frac{1}{2}$微)。

圆周的"盈数"和"朒数"就是它的过剩近似值和不足近似值。他很可能利用了刘徽的不等式 $S_{2n} < S < S_{2n} + (S_{2n} - S_n)$。《缀术》失传,祖冲之推算圆周率的方法难以详考。假定他采用和刘徽割圆术相仿的方法,那么,他可以算出 $S_{12288} = 3.14159251$ 方丈,$S_{24576} = 3.14159261$ 方丈。两数相差 0.00000010 方丈,加入 S_{24576} 得 3.14159271 方丈。因而得

$$3.1415926 < \pi < 3.1415927$$

第二,在十进小数概念没有得到充分发展之前,数学家和天文学家都要用分数来表示常量的近似值。祖冲之取 $\frac{22}{7}$ 为圆周"约率",$\frac{355}{113}$ 为圆周"密率"。实际上,这个"约率"是何承天(370—447)的创作(和希腊数学家阿基米德的圆周率暗合)。何承天说,"周天 $365\frac{75}{304}$ 度,天常西转,一日一夜过周一度。南北二极相去 $116\frac{65}{304}$ 度强,即天径也"。以"天径"除"天周"得周率 $\frac{365 \times 304 + 75}{116 \times 304 + 65} =$

$\dfrac{111035}{35329} = 3.142885$ 与 $3\dfrac{1}{7}$ 很近。以 $\dfrac{22}{7}$ 除 111035 适得 35329 强。《隋书·律历志》讨论圆周率,说有皮延宗率而遗漏了何承天率大概是错记的。皮延宗是一个刘宋官僚,尝与何承天辩论历法,对于圆周率未必有所创见。

第三,祖冲之以 $\dfrac{355}{113}$ 为圆周"密率"。这个近似分数值是怎样得来的呢? 我们以为在祖冲之前不久,何承天有取用"强率""弱率"调节"日法""朔余"的方法,祖冲之用这个方法造圆周"密率"是很可能的。已知 π 小于何承天率 $\dfrac{22}{7}$ 而大于刘徽率 $\dfrac{157}{50}$,就以 $\dfrac{22}{7}$ 为圆周的"强率",$\dfrac{157}{50}$ 为"弱率"。将"强率""弱率"的分子、分母、各各相加得一新分数 $\dfrac{157+22}{50+7} = \dfrac{179}{57}$ 约等于 3.1404,比周率"正数"小。再以 $\dfrac{179}{57}$ 和 $\dfrac{22}{7}$ 的分子、分母相加得 $\dfrac{201}{64}$ 还是太小。由此类推,求得 $\dfrac{157+9\times22}{50+9\times7} = \dfrac{355}{113}$,约等于 3.1415929,与周率"正数"很能相近。就以 $\dfrac{355}{113}$ 为圆周"密率"。这是分子、分母在 1000 以内的表示圆周率的最佳近似分数。德国人奥托(Valentinus Otto)也于 1573 年得到这个近似分数值,但比祖冲之迟了一千一百多年。

《九章算术》少广章开立圆术李淳风等注释,引祖暅之开立圆术"以二乘积,开立方除之即立圆径……"约有四百余字,大概是祖暅《缀术》书中的一节。用现在代数学符号和几何图形叙述如下。刘徽通过具体分析,已知球体积是外切牟合方盖体积的 $\dfrac{\pi}{4}$,但不知

牟合方盖体积的计算方法。祖暅《缀术》取牟合方盖全体的八分之

一，如图 1 中的 $C-OAEB$。设 $OP=x$，经 P
作平面 $PQRS$ 与 $OAEB$ 平行。正方形 $PQRS$
的面积是牟合方盖的一个水平剖面面积的
四分之一。因 $OS=OQ=OA=r$，故 $PS=$
$PQ=\sqrt{(r^2-z^2)}$，正方形 $PQRS$ 的面积是
r^2-z^2，因而牟合方盖的水平剖面积是 $4r^2-$
$4z^2$。这里 $4r^2$ 是一个常量，就是内切球径的

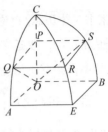

图　　1

平方 D^2；$4z^2$ 是一个变量，从 $z=0$ 时 $4z^2=0$ 到 $z=\dfrac{D}{2}$ 时，$4z^2=D^2$。牟
合方盖的任何水平剖面积既然是两个面积，D^2 和 $4z^2$ 的差，它的体
积也可以理解为两个立体积的差。这两个立体积：一个是水平剖
面积 D^2 而高为 D 的正立方体体积，另一个是两个正方锥所组成的
体积，正方锥的底面积为 D^2 而高为 $\dfrac{1}{2}D$。两个正方锥体积是 $2\times$

$\dfrac{1}{3}D^2\cdot\dfrac{D}{2}=\dfrac{1}{3}D^3$，所以牟合方盖的体积是 $D^3-\dfrac{1}{3}D^3=\dfrac{2}{3}D^3$。如果

取 $\pi\approx3$，则直径为 D 的球体积是 $\dfrac{3}{4}\cdot\dfrac{2}{3}D^3=\dfrac{1}{2}D^3$。取用圆周"约

率" $\dfrac{22}{7}$ 计算，则球体积等于 $\dfrac{11}{21}D^3$。

　　祖冲之和戴法兴辩论历法时曾说过"立圆旧误，张衡述而弗
改"，在他的"缀术"中很可能有一篇讨论牟合方盖和立圆体积的计
算方法，提出了"幂势既同则积不容异"的原则。这个原则和在他
一千一百余年后，意大利数学家卡瓦利里（B. Cavalieri）所提出的公
理有相仿的意义。

　　《隋书·律历志》于叙述祖冲之圆周率后，又说："又设开差幂，

开差立,兼以正圆参之。指要精密,算氏之最者也。"我们以为"开差幂"是已知长方形的面积和长、阔的差,用开平方法求阔或长。开差立是已知长方柱体的体积和长、阔、高的差,用开立方法求它的一边。设 x 为阔,$x+k$ 为长,$x+l$ 为高,A 为长方形面积,V 为长方柱体积,则

$$x(x+k) = A$$

或
$$x^2 + kx = A$$

是一个"带从平方",

$$x(x+k)(x+l) = V$$

或
$$x^3 + (k+l)x^2 + klx = V$$

是一个"带从立方"。《九章算术》勾股章第 20 题和赵爽"勾股圆方图"说中都说到开带"从法"的平方积。开带从立方法似乎是祖冲之所创立。王孝通于上《缉古算术》表中批评祖暅缀术"方邑进行之术全错不通,刍甍、方亭之问于理未尽"。《九章算术》勾股章第 20 题是一个"方邑进行"的问题,须用开带从平方法去解它。《缀术》中也有一个"方邑进行"问题,用为开带从平方法的实例,是很可能的,但有什么欠通之处就不得而知了。刍甍、方亭都是立体积名词,《九章算术》"商功"章有它们的求积方法。如果已知它的体积和长、阔、高的和差关系,求它的一边,就要用开带从立方法。《缀术》中"刍甍、方亭之问"可能是开带从立方法的实例。"兼以正圆参之"中的"圆"字我们以为本来是一个"负"字。从"负"字误作"员"字,又从"员"字改写成"圆"字。《九章算术》"方程"章建立了正负数的概念,和正负数加减法则。如果带从平方或带从立方的开方算式中容许有负数项,那么开平方或开立方时必须参通正负数加减法则去解决它。

第四章　从甄鸾到李淳风

一、甄鸾

甄鸾,字叔遵,无极(今河北无极县)人。在北周王朝,任司隶大夫,汉中郡守。信佛教,尝撰《笑道论》三卷。通天文历法,撰天和历法,于天和元年(566年)起被采用颁行。

甄鸾所撰数学书有《五曹算经》《五经算术》和《数术记遗》三种。

1.《五曹算经》

这是一部为地方行政人员所写的应用算术书。全书五卷,用田曹、兵曹、集曹、仓曹、金曹五个项目标题,所有算术问题都能切合当时实际,解题方法都很浅近,数字计算不须要分数的概念。田曹卷的主题是田地面积的量法。除长方形、三角形、梯形、圆、圆环的面积公式和《九章算术》"方田"章各术相同外,有许多很不准确的面积公式。例如"蛇田"其形如蛇。设它的"头广""胸广""尾广"为 a_1、a_2、a_3，它的"从"（长）为 h，则面积 $A = \dfrac{1}{3}(a_1 + a_2 + a_3)h$。

因此，"鼓田"和"腰鼓田"它们的"两头广"和"中央广"不相等的也用上述公式计算面积。这个公式对于中央广不够重视，中央广比较大的所得面积太小，中央广比较小的所得面积太大。"弧田"有弦 c，矢 v 则面积 $A = \dfrac{1}{2}cv$，显然是粗疏的。又如"四不等田"是四边互不相等的四边形。设四边长依顺序为 a、b、c、d，则面积 $A = \dfrac{a+c}{2} \cdot \dfrac{b+d}{2}$。用这个公式求得的面积显然太大。

兵曹算术大都是兵队的给养问题。集曹问题和《九章算术》粟米章问题相仿。仓曹算术解决粮食的征收、运输和储藏问题。金曹问题以丝、绢、钱币等物资为对象，也是简单的比例问题。

兵曹第9题："今有军粮米三千二百四十六斛八斗七升，每斛直钱四百八十二文，问计几何。""答曰：一千五百六十四贯，九百九十一文，三分四厘。""术曰：列米三千二百四十六斛八斗七升，以四百八十二文乘之，即得。"这是以"八斗七升"作为斛以下的十进小数，故共价钱数，文以下也有"三分四厘"的十进小数。又，金曹最后一题"今有钱二百三十八贯五百七十三文足，欲为九十二陌，问得几何"。"答曰：二百五十九贯三百一十八文，奇足钱四分四厘。"这个问题说明当时的官府有取九十二个足钱当一百钱用的剥削行为。答案中"奇足钱四分四厘"表示不足一文的余数。这两个问题的解法对于十进小数的概念有了新的发展，这是中国数学史一个应予重视的事件。

2.《五经算术》

甄鸾撰《五经算术》二卷对于《尚书》《诗经》《周易》《周官》《礼记》《论语》等经籍,有需要数学知识或计算技能的地方,都作了详细的注解。《尚书》尧典有"以闰月定四时成岁"这句话,他用后世的四分历法去解释它。《尚书》吕刑篇"兆民赖之",《诗经》伐檀篇"胡取禾三百亿兮",丰年篇"万亿及秭",有兆、亿、秭三个大数名称。他批判了毛苌、郑玄等的古注,但他提出的大数进法也不是这三个字的原本意义。他在解释《论语》学而篇"道千乘之国"时,认为千乘之国的面积是100000方里,用开方法,知道是方边长316里68$\frac{62576}{189737}$步的正方形。他用勾股定理去解释《周官·考工记》车盖法,用等比级数去解释《仪礼》丧服经带法。因注释《礼记》月令所记的黄钟、大吕等十二律,他计算了十二律管的长度,又计算了京房六十律的管长。《左传》中有很多有关历日的记录,他用六种四分历中的周历去解释它。这些注释对于数学毫无贡献,对于经学是否有所裨益,也是有问题的。

3.《数术记遗》

《数术记遗》一卷,卷首题"汉徐岳撰,北周汉中郡守、前司隶,臣甄鸾注"。书中称刘洪为"刘会稽",又引天目山隐者的话,用"刹那""大千"等佛经词汇和后汉末年的历史事实不合。本书绝不是徐岳的原著。书中叙述各种记数法时,本文非常简略,如果没有甄鸾的注解，实在不能了解作者的原意。因此，我们认为《数术记遗》是甄鸾的依托伪造而自己注释的书。

大数进法，在秦以前早有万、亿、兆、经、姟等名目，都从十进，就是说十万曰亿，十亿曰兆，等等。汉以后人改从万进，就是说万万曰亿，万亿曰兆等等。《孙子算经》卷上"量之所起"节所用大数名目，是万万为亿而亿以上，兆、京、垓、秭、壤、沟、涧、正、载都从十进。和《诗经》丰年篇"万亿及秭"毛苌注"数万至万曰亿，数亿至万曰秭"相合。甄鸾《数术记遗》说："黄帝为法，数有十等。及其用也乃有三焉。十等者，亿、兆、京、垓、秭、壤、沟、涧、正、载。三等者谓上、中、下也。其下数者十十变之，若言十万曰亿，十亿曰兆，十兆曰京也。中数者万万变之，若言万万曰亿，万万亿曰兆，万万兆曰京也。上数者数穷则变，若言万万曰亿，亿亿曰兆，兆兆曰京也。"如果"下数十十变之"是十进法，那么"中数万万变之"应当是万进法。但书中举例却是万万曰亿，亿以上兆和京都用万万进，和兆、京二字的古义不合。《数术记遗》又说："下数浅短，计事则不尽。上数宏廓世不可用。故其传业惟以中数耳。"甄鸾就用这个中数法批判了毛苌、郑玄等的经注。从此以后，直到宋元时代，数学家多用《数术记遗》的中数法记大数。又，论大数进法节注中有"备加董氏三等术数加"一句，不知作何解释。《三等数》和《数术记遗》都是唐朝算学馆学生必读之书。《旧唐书·经籍志》"历算类"著录"《三等数》一卷，董泉撰，甄鸾注"。《三等数》现在没有传本，它的内容就难以查考了。

《数术记遗》也讨论记数方法，列举了十四种不同的记法。第一种是"积算"，就是用普通的算筹。甄鸾注说："今之常算者也。以竹为之，长四寸以效四时，方三分以象三才。"第十四种是"计数：

既舍数术,宜从心计",根本用不着记数法。其他各种记数法是太一算、两仪算、三才算、五行算、八卦算、九宫算、运筹算、了知算、成数算、把头算、龟算和珠算。这些记数方法或用少数着色的珠,由珠的位置表示各位数字,或用少数特制的筹,由筹的方向表示各位数字。当时人们熟悉的算筹记数要同时应用很多算筹,布置各位数字时又有纵横相间的规则。甄鸾提出各种办法来简化记数法是可以理解的。但这些杜撰的方法不是从实践中产生出来,也不能应用到计算工作中去,因而在后世数学的进展中没有起任何作用。例如第十三种"珠算"甄鸾注说:"刻板为三分,其上、下二分以停游珠,中间一分以定算位。位各五珠,上一珠与下四珠色别。其上别色之珠当五,其下四珠,珠各当一。"因板中没有设置横梁,故上边记五的珠和下边记一的珠需要用不同的颜色。这样用珠代替算筹也可以表示任何多位数字,但实际运算时究竟有多少便利是有问题的。有人以为明朝人的珠盘是甄鸾"珠算"的改进,我们找不到什么证据。

甄鸾又为几部数学经典著作做些注解。根据现有的资料,我们认为他的注解对于读者实在很少帮助。传刻本《周髀算经》二卷,有"赵君卿注"和"甄鸾重述"。《周髀》书中有很多数字计算,赵爽注说明计算的方法,甄鸾就依傍赵注,详细叙述演算步骤和逐步所得的数字。没有数字计算的经文他就不加注解。赵爽的勾股图说原是一篇精简的勾股算法纲要。它虽然是《周髀》首章中的一个附注,所有命题的正确性原来不限于"勾三、股四、弦五"的勾股形。甄鸾却依据"勾三、股四、弦五"的特例去检验勾股图说中的各个命题,并且有很多误解,连检验的工作也没有做好。《隋书·经籍志》记录"九章算术二卷,徐岳(注),甄鸾重述",又"九章算术二十九卷,徐岳甄鸾等撰"《旧唐书·经籍志》记录"夏侯阳算经三卷甄鸾注"。现在原书都已失传,甄鸾怎样加注也无法考证。现在有传本的《张邱建算经》,各卷的第一页上都有"汉中郡守前司隶臣甄鸾注经"一行。实际上书中没有甄鸾的注解。

二、王孝通《缉古算术》

《缉古算术》一卷,卷首题"唐通直郎太史丞臣王孝通撰并注"。王孝通的生卒年代不详。根据《新唐书·历志》记载,他在唐朝初年为算历博士。武德二年(619年)起国家颁行的傅仁均戊寅元历预推的日、月食屡次不能准确。武德六年(623年)吏部郎中祖孝孙和王孝通批评戊寅元历的缺点。王孝通在天文学方面是守旧派,他认为颁行的历书不当用定朔,天文计算中也不应有岁差,因而遭到傅仁均的反驳。武德九年又同大理卿崔善为一起,对戊寅元历作了许多校正工作。他在上《缉古算术》表内说:"臣长自闾阎,少小学算。镌磨愚钝,迄将皓首。钻寻秘奥,曲尽无遗。代乏知音,终成寡和。伏蒙圣朝收拾,用臣为太史丞。比年已来,奉敕校勘傅仁均历,凡驳正术错三十余道,即付太史施行。"可见王孝通上表年代是在武德九年之后,而《缉古算术》的写成年代是相当早的。

王孝通在数学方面,的确是一个先进的作者。隋朝统一中国后,展开了筑长城、开运河等大规模的工程建设,对于数学知识和计算技能提出了比前代更高的要求。《缉古算术》介绍开带从立方法(求三次方程的正根),解决了工程上存在的问题,它的成就是辉煌的。《缀术》失传后,《缉古算术》是一本中国人开带从立方最古的书。

毛氏影宋抄本《缉古算经》

（采自《天禄琳琅丛书》）

说明《缉古算术》里开带从立方法的应用,举第3题为例。这个问题相当繁复,用二百九十个字写成。因原题古文不容易了解,解题方法用文字说明也很简略,改用现代语摘要说明如下:

假如从甲、乙、丙、丁四县征派民工各若干人,建造一个堤防。这个堤防的垂直剖面是等腰梯形。因西头地面低,东头地面高,堤防的底面是一个斜面,西头梯形剖面的高 h_2 大于东头梯形剖面的高 h_1,堤的上

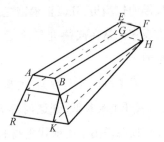

面广是 a_1，东头梯形的下底广是 b_1，西头梯形的下底广是 b_2，堤长是 l（两头梯形面间的平距离）。如上页下图。这个问题的解法分三个部分：

第一部分是：已知，如果四县民工一齐动工，这个堤防用一个整天可以造成，求这个堤工的体积。从每人每日挖土多少，每人每日运输多少，每人每日填土方多少，计算每人自己穿土，运输，填土平均筑成堤工立方尺数。用四县民工总人数乘，即得堤工的体积 V。这是一个算术问题。

第二部分是：已知 b_2-b_1，b_1-a_1，h_2-h_1，a_1-h_1，$l-h_1$ 和 V，求 h_1、h_2、a_1、b_1、b_2 和 l。解法：通过东头梯形的下底 GH 作平面 $GHIJ$，与堤的顶面 $EFBA$ 平行。在这个平面之上是一个平堤，它的体积是 $\frac{1}{2}(a_1+b_1)h_1 l$。在这个平面之下是一个羡除，它的体积是堑堵体积 $\frac{1}{2}b_1(h_2-h_1)l$ 与鳖臑体积 $\frac{1}{6}(b_2-b_1)(h_2-h_1)l$ 之和。所以堤工的全部体积是

$$V = \left[\frac{1}{2}(a_1+b_1)h_1 + \frac{1}{2}b_1(h_2-h_1) + \frac{1}{6}(b_2-b_1)(h_2-h_1)\right]l。$$

因问题所求各数中以东头高 h_1 为最小，故用 h_1 为未知量，令

$$a_1 = h_1 + (a_1-h_1)$$

$$b_1 = h_1 + (a_1-h_1) + (b_1-a_1)$$

$$\frac{1}{2}(a_1+b_1) = h_1 + (a_1-h_1) + \frac{1}{2}(b_1-a_1)$$

$$l = h_1 + (l-h_1)$$

代入得

$$\left\{\left[h_1 + (a_1 - h_1) + \frac{1}{2}(b_1 - a_1)\right]h_1 + \right.$$

$$\frac{1}{2}\left[h_1 + (a_1 - h_1) + (b_1 - a_1)\right](h_2 - h_1) +$$

$$\left.\frac{1}{6}(b_2 - b_1)(h_2 - h_1)\right\}\left[h_1 + (l - h_1)\right] = V$$

或

$$(h_1^2 + mh_1 + n)(h_1 + p) = V$$

$$h_1^3 + (m + p)h_1^2 + (n + mp)h_1 = V - np$$

式内

$$m = (a_1 - h_1) + \frac{1}{2}(b_1 - a_1) + \frac{1}{2}(h_2 - h_1)$$

$$n = \frac{1}{2}(a_1 - h_1)(h_2 - h_1) + \frac{1}{2}(b_1 - a_1)(h_2 - h_1)$$

$$+ \frac{1}{6}(b_2 - b_1)(h_2 - h_1)$$

$$p = l - h_1$$

开带从立方,求得方程 $x^3 + (m + p)x^2 + (n + mp)x = V - np$ 的正根, 就是所求的 h_1。因此, h_2、a_1、b_1、b_2 和 l 都可以求出,并且应用勾股 定理又可以求出"斜袤",$KH = \sqrt{l^2 + (h_2 - h_1)^2}$。

　　第三部分是:假如让甲县民工先从东头做起,求他们完工后验 收时,筑成的堤应有多少长。这是说已知 a_1、b_1、h_1、b_2、h_2、l 和甲县 民工应负责筑成的堤工体积 V_1 以后,求甲县民工筑成的堤长 x。 设 h'、b' 为甲县民工所筑堤西头梯形的高和底广,那么

$$\left[\frac{1}{2}(a_1 + b_1)h_1 + \frac{1}{2}b_1(h' - h_1) + \frac{1}{6}(b' - b_1)(h' - h_1)\right]x = V_1$$

因

$$h' - h_1 = \frac{x(h_2 - h_1)}{l}, \quad b' - b_1 = \frac{x(b_2 - b_1)}{l}$$

故

$$\frac{1}{2}(a_1 + b_1)h_1 x + \frac{b_1(h_2 - h_1)}{2l}x^2 + \frac{(b_2 - b_1)(h_2 - h_1)}{6l^2}x^3 = V_1$$

或

$$x^3 + \frac{3b_1 l}{b_2 - b_1}x^2 + \frac{3(a_1 + b_1)h_1 l^2}{(b_2 - b_1)(h_2 - h_1)}x$$

$$= \frac{6V_1 l^2}{(b_2 - b_1)(h_2 - h_1)}$$

开带从立得上列三次方程的正根,就是所求的长。仿此可求乙、丙县民工应负责筑成堤工的长。

《九章算术》商功章第 7 题求开凿一条渠道的土方体积,附带问"一千人先到,当受袤几何",就是问用一千个人工开凿的渠道应有多少长。因渠道的剖面面积不变,这个问题是很容易解答的。王孝通上《缉古算术》表说:"伏寻《九章》商功篇有平地役功受袤之术。至于上宽下狭,前高后卑,正经之内阙而不论。致使今代之人不达深理,就平正之间同欹邪之用。斯乃圆孔方枘,如何可安。臣昼思夜想,临书浩叹,恐一旦瞑目将来莫觌。遂于平地之余,续狭斜之法,凡二十术,名曰缉古。"他能结合工程实际,创用开带从立方法解决一般工程的土方计算和验收工作中之问题。上面所举的第三题解法的第三部分就是一个上狭下宽,前高后卑的堤防工程,役工受袤的例题。王孝通批评"祖暅之缀术"中"刍甍、方亭之问于理未尽"。在《缉古算术》中就有他创设的刍甍问题和方亭问题,都用着开带从立方法来解答。

《缉古算术》的最后六个问题是勾股问题。例如第 15 题，已知"勾股相乘幂"$ab = 706\dfrac{1}{50}$，"弦多于勾"$c - a = 36\dfrac{9}{10}$，求勾 a、股 b、弦 c。按照他的自注，这个问题是这样解决的：

因
$$\frac{(ab)^2}{2(c-a)} = a^2\frac{c+a}{2} = a^2\left(a + \frac{c-a}{2}\right) = a^3 + \frac{c-a}{2}\cdot a^2$$

开带从立方
$$x^3 + \frac{c-a}{2}x^2 = \frac{(ab)^2}{2(c-a)}$$

上列三次方程的正根就是所求的 a。加 $c - a$ 得 c，除 ab 得 b。

王孝通所立的带从立方开方式 $x^3 + px^2 + qx = r$ 中，p、q、r 都不是负数，有时 $q = 0$。他称 r 为"实"、q 为"方法"、p 为"廉法"，这和《九章算术》少广章刘徽注用语相同。

三、隋唐"算学"与李淳风等注释"十部算经"

《隋书·百官志》记载："国子寺祭酒（国立大学校长）……统国子、太学、四门、书（学）、算学，各置博士、助教、学生等员。""算学"相当于现在大学中的数学系，这个学系的成员是博士二人，助教二人，学生八十人。

唐初国子监内没有设立"算学"。显庆元年（656 年）始添设算学馆，国子监内就有了国子、太学、四门、律学、书学、算学六个学馆。唐《六典》卷二十一记载："算学博士掌教文武官八品以下及庶人子之为生者。二分其经以为之业，习九章、海岛、孙子、五曹、张邱建、夏侯阳、周髀、五经算十有五人，习缀术、缉古十有五人，其记遗、三等数亦兼习之。孙子、五曹共限一年业成，九章、海岛共三年,张邱建、夏侯阳各一年,周髀、五经算共一年。缀术四年,缉古三年。"显庆三年又废去算学馆,以博士以下人员并入太史局。龙朔二年(662年)又在国子监内添设"算学",但学生名额由三十人减为十人。

隋唐王朝于国子监中设立"算学"是第五世纪以后数学获得高度发展的反映,但当时的算学博士、助教和学生等对于数学发展的推动作用是十分微弱的。查唐朝国子监中,国子学有学生三百人,太学、四门各有学生五百人,而算学只有学生三十人(后来减少到十人)。国子博士的官阶是正五品上,算学博士的官阶是从九品下(官阶中最低的一级)。算学生学习的"十部算经"年数过多,教学效率不会很高。由此可见,在专制政权之下,数学教学是不够重视的。

《新唐书·选举志》说:"唐制,取士之科多因隋旧。然其大要有三:由学馆者曰生徒,由州县者曰乡贡,皆升于有司而进退之……其天子自诏者曰制举,所以待非常之才焉。"国家每年举行考试一次,应试的生徒或乡贡分明经、进士、明法(律)、明字(书)、明算等科,当时称为科举。明算科考试章程,据《新唐书·选举志》记载:"凡算学;录大义本条为问答,明数造术详明术理然后为通。试九章三条,海岛、孙子、五曹、张邱建、夏侯阳、周髀、五经算各一条,十通六,记遗、三等数贴读十得九,为第。试缀术、缉古,录大义为问答者,明数造术详明术理,无注者合数造术不失义理,然后为通。缀术七条,缉古三条,十通六,记遗、三等数贴读十得九,为第。落经者虽通六不第。"经过考试及第后,送吏部铨叙(分配工作),给以从九品下的官阶。明算科及第的出身既然很差,应试的人就不会多。杜佑《通典》说:"士族所趋唯明经、进士二科而已。"大概在晚唐时期明算科考试早已停止了。

　　李淳风,岐州雍人,明天文、历算、阴阳之学,高宗朝官太史令。《旧唐书》李淳风传说:"显庆元年复以修国史功封昌乐县男……与国子监算学博士梁述、太学助教王真儒等受诏注五曹、孙子十部算经。书成,高宗令国学行用。"现在有传本的算经十书每卷的第一页上都题"唐朝议大夫、行太史令、上轻车都尉臣李淳风等奉敕注释"。可见李淳风受诏注十部算经是显庆元年以前的事情,那时还没有被封为昌乐县男。

　　《周髀》虽被尊称为"算经",但经文和赵爽、甄鸾的注都有美中不足之处,李淳风等重点批判这部书存在的缺点。①《周髀》作者认为南北相去一千里,日中测量八尺高标杆的影子常相差一寸,他们批评它不合实际。②赵爽所修改的二十四气八尺高标杆的日中影子长,用等差级数计算也和实际不符。③甄鸾对赵爽的"勾股圆方图"说有种种误解,他们逐条加以校正。他们的注释只有上列三项,但都能明辨是非,并且提示正确的见解,对于读者是有很大帮助的。

　　《九章算术》用刘徽注本为底本。原有刘徽注意义十分明确的不再补注,盈不足、方程二章就没有他们的注释。南宋鲍澣之说:"李淳风之注见于唐志凡九卷,而今之盈不足、方程之篇咸阙淳风注文。意者,此书岁久传录,不无错漏。"他把李淳风等注释的残缺归罪于抄书的人,是没有根据的。

　　《九章算术》方田章圆田术刘徽注之后,李淳风等注说:"径一周三,理非周密。盖术从简要,举大纲略而言之。刘徽特以为疏,遂乃改张其率。但周径相乘,数难契合。徽虽出斯二法,终不能究其纤毫也。祖冲之以其不精,就中更推其数。今者修撰,攈摭诸家,考其是非,冲之为密。故显之于徽术之下。冀学者之所裁焉。"

祖冲之在刘徽后,为圆周率"更开密法"创立密率$\frac{355}{113}$和约率$\frac{22}{7}$,固然是他的辉煌成就。但刘徽创立割圆术的功绩也不应抹杀。李淳风等缺少历史发展的认识,有意轻视刘徽割圆术的伟大意义,徒然暴露他们自己的无知。圆周率近似值$\frac{22}{7}$比徽率$\frac{157}{50}$误差较小,但$\frac{22}{7}$究竟是祖冲之的"约率"而不是"密率"。李淳风等于《九章算术》有关圆面积的问题答案下,添上"按密率"计算所得的答案,而所取的圆周率是$\frac{22}{7}$。后世人误认$\frac{22}{7}$为"密率"的很多,这都是李淳风等注释的谬种流传。

少广章开立圆术李淳风等注释引祖暅之说,介绍球体积公式的理论基础是一件大好事。《缀术》书失传后,祖冲之父子对于球体积的研究,幸有李淳风等征引而得流传到现在。

《海岛算经》原本是刘徽附于《九章算术》之后的"重差"一卷。原著解题方法,文字简括,不容易理解。李淳风等注释详细指示演算步骤,对于初学是有些帮助的。

唐朝立于学官的《张邱建算经》有刘孝孙细草。刘孝孙是北齐朝和隋朝的天文学家。传本《张邱建算经》每卷的第一页上都标明"汉中郡守前司隶臣甄鸾注""唐算学博士臣刘孝孙撰细草"。实际上,本书并没有甄鸾的注,"唐算学博士"又是"隋算学博士"的误文。

《张邱建算经》解题术文有过于简略之处,李淳风等依据《九章算术》为它补立术文。卷上第19题,已知圆径二尺一寸,求内接正方形的边长,张邱建用"方五斜七"计算,得方边长一尺五寸。李淳

风等以为方边应是 $14\frac{21}{25}$ 寸，这个答案是比较准确的。第20题：

"今有泥方一尺，欲为弹丸，令径一寸、问得几何。"张邱建原术，径

1寸的弹丸的体积是 $\frac{9}{16}$ 立方寸，李淳风等认为应依祖暅球积公式计

算，它的体积是 $\frac{11}{21}$ 立方寸，补立"依密率术"和"依密率草"于刘孝

孙细草之后。但卷下第30、31题球体积的计算就不加校正。有关

圆面积和圆锥体积的问题，张邱建用 $\pi=3$ 计算，李淳风等也不加

校改。

甄鸾《五经算术》原是一部讨论经传中有关数字计算的书，和

一般的算术书体例本不相同。李淳风等在第一条注释中说："此

《五经算》一部之中多无设问及术，直据本条略陈大数而已。今并

加正术及问，仍旧数相符。其有汎说事由不须者，并依旧不加。"

实际上，这样作注也是不必要的。

传本《孙子算经》和《五曹算经》，每卷的第一页上都标明"李

淳风等奉敕注释"，但这两部书，都没有他们的注释。《夏侯阳算

经》早已失传不知有无李淳风等的注释。

《隋书》中的律历志原本是长孙无忌、于志宁、李淳风等编纂的

《五代史志》的一部分。在律历志里，于叙述祖冲之的主要的数学

成就后，说"所著之书名为《缀术》，学官莫能究其深奥，是故废而不

理。"可见当时的"算学"里就没有精通《缀术》的人。《缀术》大概

和王孝通《缉古算术》一样，没有李淳风等的注释。

总之，李淳风等的注释工作对于《周髀》确有很大的贡献，其他

四种(《九章算术》《海岛算经》《张邱建算经》《五经算术》)注解的

质量并不很高。

第五章 隋唐天文学家的内插公式

东汉末天文学家刘洪造乾象历法（206 年），开始重视月球绕地的不等速运动，创立了推算定朔、定望时刻的公式。刘洪测量月球在一近点周内每日的经行度数，列出表格显示在近地点后整日数 n 与共行度数 $f(n)$ 的对应关系。设 $\Delta = f(n+1) - f(n)$，$0 < s < 1$，刘洪用下列公式：

$$f(n+s) = f(n) + s\Delta$$

计算在近地点后 $n+s$ 日时月球共行度数。因为在一整日的时间内，月球的速度变动很大，上列公式只能得出 $f(n+s)$ 的不很精密的近似值。此后，曹魏杨伟、姚秦姜岌、刘宋何承天、祖冲之等各家历法都用刘洪公式计算月行度数。

到六世纪末，测量日、月、五星的黄道经度比以前更能精密，推算定朔、定望的时刻也要求更加准确。隋朝天文学家刘焯在他的杰作《皇极历》（600 年）中创立了一个推算日、月、五星行度的，比以前更加精密的公式。设 $f(t)$ 是时间 t 的函数，l 为 t 时间内每一个分段的时间，n 为正整数，$0 < s < l$。已知 $n = 1, 2, 3, \cdots$ 时 $f(nl)$ 的各个对应值，求 $f(nl+s)$ 的值。设 $\Delta_1 = f(nl+l) - f(nl)$，$\Delta_2 = f(nl+2l) - f(nl+l)$。刘焯创立下列内插公式：$f(nl+s) = f(nl) + \dfrac{s}{l}\dfrac{\Delta_1 + \Delta_2}{2} + \dfrac{s}{l}(\Delta_1 - \Delta_2) - \dfrac{s^2}{2l^2}(\Delta_1 - \Delta_2)$。求太阳视行度数时，$l$ 为

一个节气的时间,求月行度数时 l 为一日的时间。在 $l = 1$ 时,上述公式简化为

$$f(n + s) = f(n) + s\frac{\Delta_1 + \Delta_2}{2} + s(\Delta_1 - \Delta_2) - \frac{s^2}{2}(\Delta_1 - \Delta_2)$$

我们依照《隋书·律历志》所记《皇极历》的条文,并利用几何图形显示这个公式的根据。如图 1,设以梯形 $ACDB$ 的面积表示 Δ_1,梯形 $CEFD$ 的面积表示 Δ_2。$AC = CE = l$,$AM = s$。G 为 AC 的中点,I 为 CE 的中点。故 $GI = AC = l$。

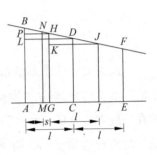

图　1

$$GH = \frac{\Delta_1}{l}, \quad IJ = \frac{\Delta_2}{l}$$

$$CD = \frac{1}{2}(GH + IJ) = \frac{\Delta_1 + \Delta_2}{2l}$$

$$LB = KH = GH - IJ = \frac{\Delta_1 - \Delta_2}{l}$$

$$AB = CD + LB = \frac{\Delta_1 + \Delta_2}{2l} + \frac{\Delta_1 - \Delta_2}{l}$$

$$PB = \frac{AM}{AC} \cdot LB = \frac{s}{l^2}(\Delta_1 - \Delta_2)$$

$$MN = AB - PB = \frac{\Delta_1 + \Delta_2}{2l} + \frac{\Delta_1 - \Delta_2}{l} - \frac{s(\Delta_1 - \Delta_2)}{l^2}$$

梯形 $AMNB$ 的面积 $= \frac{1}{2}(AB + MN)AM$

$$= \left[\frac{\Delta_1 + \Delta_2}{2l} + \frac{\Delta_1 - \Delta_2}{l} - \frac{s(\Delta_1 - \Delta_2)}{2l^2}\right]s$$

故

$$f(nl+s) = f(nl) + \frac{s}{l}\frac{\Delta_1+\Delta_2}{2} + \frac{s}{l}(\Delta_1-\Delta_2) - \frac{s^2}{2l^2}(\Delta_1-\Delta_2)$$

刘焯在推算日、月、五星的经行度数时都用着上列的内插公式。如果在 $t=nl$ 到 $t=nl+2l$ 的时间内，太阳、月亮或五星的视运动是等加速（或等减速）的，那么，$f(t)$ 是一个二次函数，上列公式是理论上正确的。但实际上，日、月、五星在任何时间内的速度都不是等加速，函数 $f(t)$ 不是二次函数。刘焯内插公式仅能得出 $f(t)$ 的近似值，但比刘洪求月行度数的公式确是精密得多。

僧一行画像

（蒋兆和　作）

僧一行于开元十五年（727 年）草成《大衍历法》。他在求太阳经行度数时主张用"定气"计算。两个节气间的时间 l 不是常量。因此，他在刘焯内插公式的理论基础上，创立自变量不等间距的内插公式。

在图 2 内 $AC = l_1$，$CE = l_2$，G、I 为 AC、CE 的中点，设 C' 为 AE 的中点，则 $AC' = GI = \dfrac{1}{2}(l_1 + l_2)$。

图　2

$$GH = \frac{\Delta_1}{l_1}, \quad IJ = \frac{\Delta_2}{l_2}$$

$$C'D' = \frac{\Delta_1 + \Delta_2}{l_1 + l_2}$$

$$LB = KH = \frac{\Delta_1}{l_1} - \frac{\Delta_2}{l_2}$$

$$AB = C'D' + LB = \frac{\Delta_1 + \Delta_2}{l_1 + l_2} + \frac{\Delta_1}{l_1} - \frac{\Delta_2}{l_2}$$

$$PB = \frac{AM}{AC'} \cdot LB = \frac{2s}{l_1 + l_2}\left(\frac{\Delta_1}{l_1} - \frac{\Delta_2}{l_2}\right)$$

$$MN = AB - PB = \frac{\Delta_1 + \Delta_2}{l_1 + l_2} + \frac{\Delta_1}{l_1} - \frac{\Delta_2}{l_2} - \frac{2s}{l_1 + l_2}\left(\frac{\Delta_1}{l_1} - \frac{\Delta_2}{l_2}\right)$$

梯形 $AMNB$ 的面积 $= \dfrac{1}{2}(AB + MN) \cdot AM$

$$= \left[\frac{\Delta_1 + \Delta_2}{l_1 + l_2} + \frac{\Delta_1}{l_1} - \frac{\Delta_2}{l_2} - \frac{s}{l_1 + l_2}\left(\frac{\Delta_1}{l_1} - \frac{\Delta_2}{l_2}\right)\right]s$$

如果已知 $f(t)$，那么

$$f(t + s) = f(t) + s\frac{\Delta_1 + \Delta_2}{l_1 + l_2} + s\left(\frac{\Delta_1}{l_1} - \frac{\Delta_2}{l_2}\right) - \frac{s^2}{l_1 + l_2}\left(\frac{\Delta_1}{l_1} - \frac{\Delta_2}{l_2}\right)$$

这就是一行的自变量不等间距的二次函数内插公式

一行又假定五行星的视行为等加速运动，从而每日经行的路程是等差级数,计算某行星在 n 日内共行度数 ϕ,取用公式 $\phi = n\left[a + \frac{1}{2}(n-1)d\right]$,式内 a 为第一日经行度数,d 为每日比前一日多行的度数。在已知 ϕ,a,d 求日数 n 时,他用公式 $n = \frac{1}{2}\left(\sqrt{\left(\frac{2a-d}{d}\right)^2 + \frac{8\phi}{d}} - \frac{2a-d}{d}\right)$。这显然是二次方程 $n^2 + \frac{2a-d}{d}n = \frac{2\phi}{d}$ 的正根。一行不用传统的开带从平方法而采用上述算法,在中国数学史上是一个特殊的例子。

晚唐时期徐昂造《宣明历》(822 年)由定气时刻的太阳在黄道上的经度推算任何指定时刻的经度,所用内插公式比一行的公式形式上更为简便。它的正确性可以理解如下:在上面第二个图内

$$AB = GH + \frac{AG}{GI} \cdot KH = \frac{\Delta_1}{l_1} + \frac{l_1}{l_1 + l_2}\left(\frac{\Delta_1}{l_1} - \frac{\Delta_2}{l_2}\right)。$$

$$MN = AB - PB = AB - \frac{AM}{GI}KH$$

$$= \frac{\Delta_1}{l_1} + \frac{l_1}{l_1 + l_2}\left(\frac{\Delta_1}{l_1} - \frac{\Delta_2}{l_2}\right) - \frac{2s}{l_1 + l_2}\left(\frac{\Delta_1}{l_1} - \frac{\Delta_2}{l_2}\right)$$

梯形 $AMNB$ 的面积 $= \frac{1}{2}(AB + MN) \cdot AM$

$$= \left[\frac{\Delta_1}{l_1} + \frac{l_1}{l_1 + l_2}\left(\frac{\Delta_1}{l_1} - \frac{\Delta_2}{l_2}\right) - \frac{s}{l_1 + l_2}\left(\frac{\Delta_1}{l_1} - \frac{\Delta_2}{l_2}\right)\right]s$$

故 $f(t+s) = f(t) + s \cdot \frac{\Delta_1}{l_1} + \frac{sl_1}{l_1 + l_2}\left(\frac{\Delta_1}{l_1} - \frac{\Delta_2}{l_2}\right) - \frac{s^2}{l_1 + l_2}\left(\frac{\Delta_1}{l_1} - \frac{\Delta_2}{l_2}\right)$。徐昂推算月球离近地点后 $n+s$ 日经行度数,所用公式是

$$f(n + s) = f(n) + s\Delta_1 + \frac{s}{2}(\Delta_1 - \Delta_2) - \frac{s^2}{2}(\Delta_1 - \Delta_2)$$

也比刘焯的公式简明。如果把它写成

$$f(n + s) = f(n) + s\Delta f(n) + \frac{s(s - 1)}{2}\Delta^2 f(n)$$

式内 $\Delta f(n) = \Delta_1 = f(n + 1) - f(n)$,$\Delta^2 f(n) = \Delta_2 - \Delta_1 = f(n + 2) - f(n + 1) - [f(n + 1) - f(n)]$,这样就同在 $\Delta^3 f(n) = 0$ 的条件下的牛顿内插公式(1670 年)完全一致。

第六章　中印数学交流

从前汉时期开始,中国与中亚细亚各国间的文化交流逐渐展开。佛教经典最初由中亚各国传入中国,译成汉文。中国皈依佛法的逐渐增多。400 年以后,中国僧人亲往印度取经的很多,印度人到中国传道的也复不少。随着中国僧人的到印度取经与印度僧人的到中国来传道,中国与印度两国的文化交流有着巨大的发展。但不能认为唯心主义的宗教推动了中印两国的文化发展。应该肯定的是:随着佛教徒的来往,那些非宗教性的东西,如医学、天文学、数学、艺术、音乐等的交流,丰富了中印两国的文化。《洛阳伽蓝记》卷五记载:元魏时宋云奉胡太后命陪伴僧惠生于 518 年往天竺取经,次年到印度西北部的乌场国。宋云见国王递国书时,那边有能解汉语的人做翻译,因得向国王宣传中国古代文化。于此可见,前往印度的中国人,不仅仅是取经的和尚,还有中国的使臣与其他人士。中国文化的流传印度,主要是这些人的活动。

印度古代婆罗门教经典中有一种专讲祭祀礼仪的修多罗,包含勾股定理、方圆面积等数学知识。它的撰著时代大约在 200 年以前,这些数学知识与中古时期的印度数学很少联系。

500 年以后印度数学在世界数学史上占有极重要的地位。算术、代数、三角等各门数学俱由印度经阿拉伯国家传入欧洲,促进欧洲中古时期数学的发展。五世纪末出生于恒河下游的阿耶波多

（Āryabhata Ⅰ,499），七世纪初乌场国的婆罗门笈多（Brahmagupta，628）是印度的天文学家兼数学家,在他们的天文著作里都有专章阐述数学。八世纪以后,印度始有数学专书。著名的数学书作者有释聿陀罗（S'ridhara,八世纪）,摩诃吠罗（Mahāvīra,九世纪）,拜斯卡拉（Bhāskara,十二世纪）等,而拜斯卡拉的著作最为丰富多彩。中古时期印度数学中保留着不少希腊数学与中国数学的影响,但由于结合当时的生产实践,印度古代数学家也提供了很多伟大成就。下面我们特别提出两个问题：中国数学对印度数学的影响和印度数学传入中国,加以叙述。

一、中国数学对印度数学的影响

中国古代数学流传印度虽然没有可靠的历史记录,但从印度中古时期保存下来的数学著作中我们可以找到不少与中国数学极相类似的算法,它们很可能是受到中国数学的影响。

1. 位值制数码

现代算术中用着的位值制数码是印度人创造的。印度在很古的时期里就有记数的符号,但和西方国家一样,用不同的符号表示一、十和一百,不像我们今天可以用同一个 1 在不同的数位上表示一、十和一百。大约在第六世纪中,随着印度数学的高度发展,印度人创造了位值制数码,从而建立了他们的土盘算术。西洋数学史家一般不了解中国古代的筹算法,认为古印度的天文学家接受了托勒玫的天文学说和角度的六十进位制,而六十进位制中原来有位值概念和用字母 o(omicron)作为表示空位的符号,印度的包含零号的位值制数码是取法于巴比伦与古希腊的。中国古代的算筹记数法遵从位值制比巴比伦、古希腊的六十进位制更为彻底。如果说印度位值制记数法是间接的取法于巴比伦、古希腊,那么它的取法中国的筹算制度是更有可能的。

2. 四则运算

从六世纪以后,印度人在铺满沙土的盘上,利用位值制数码做数字计算工作。他们的四则运算方法一般都和中国筹算法相仿。加法、减法从加数或减数的左边第一位数字做起。二数相乘时,把其中一数的位置逐步向右移动求得部分乘积,随即并入前所已得的数。做除法时也把除数的位置向右移动,于被除数内逐步减去部分乘积。所有计算步骤,原则上都与中国筹算法一致。古印度的土盘算术很可能是受到了中国的筹算术的影响。对于乘法,中古印度人还创立了与现代算术相似的各种形式,那是中国筹算乘法所没有的。

3. 分数

在五世纪以后,印度各家天文书和数学书中都用普通分数表示数字的奇零部分。普通分数的记法是写分母于分子之下,中间没有分线。如果是带分数,它的整数部分又写在分子之上。例如,

$\dfrac{\boxed{7}}{\boxed{2}} = \dfrac{7}{2}, \dfrac{\boxed{3}}{\boxed{\dfrac{1}{2}}} = 3\dfrac{1}{2}$。这和中国筹算分数记法相同。分数四则运算取

用下列方式：

$$\frac{a}{b} + \frac{c}{d} = \frac{ad+cb}{bd} \qquad \frac{a}{b} - \frac{c}{d} = \frac{ad-cb}{bd}$$

$$\frac{a}{b} \times \frac{c}{d} = \frac{ac}{bd} \qquad \frac{a}{b} \div \frac{c}{d} = \frac{ad}{bc}$$

也与中国分数算法相同。

4. 三项法

中古印度数学对于比例问题的解法同中国《九章算术》中的"今有术"相仿，他们称它为"三项法"，英文译作 The rule of three. 阿耶波多（499 年）说："在三项法中，phala 以 iccha 乘，以 pramana 除，所得的商是与 iccha 对应的果实。"婆罗门笈多（628 年）说："在三项法中，有 pramana，phala，iccha 三个项，第一项与第三项必须是同类的（单位相同的数量）。第二项、第三项相乘，以第一项除得结果。"他们所谓 phala，原意是果实，相当于"今有术"中的"所有数"，iccha 原意是要求，相当于"所求率"，pramana 原意是尺度，相当于"所有率"。

5. 弓形面积与球体积

九世纪中摩诃吠罗平面积量法中有计算弓形面积的公式，

$A = \dfrac{1}{2}(c + v)v$,式内 c 为弦长,v 为矢长①。立体积量法中有计算球

体积的公式,$V = \dfrac{9}{16}d^3$,式内 d 为球径。这两个公式是《九章算术》

中误差很大的近似公式,很可能是摩诃吠罗因袭了中国的算法。

6. 联立一次方程组

婆罗门笈多书中叙述联立一次方程组的解法。因为是笔算,不是筹算,所以用不同的颜色形容词如"黑""蓝""黄""红"等代替不同的未知量。

7. 负数

婆罗门笈多书中在立代数方程时引用负数。表示负数的梵文也有欠债的意义,与汉文的"负"字相同。

8. 勾股问题

婆罗门笈多书中有一个问题:"竹高十八尺,为风吹断,竹的尖梢到地离根六尺,求两段的长",与《九章算术》勾股章第 13 题体例

---

① 五世纪末,阿耶波多已经有两个计算弓形面积的公式,$A = \sqrt{\dfrac{10}{9}} \dfrac{(c + v)v}{2}$ 和

$A = \dfrac{22}{21} \dfrac{(c + v)v}{2}$,这是用 $\pi = \sqrt{10}$ 或 $\pi = 3\dfrac{1}{7}$ 来修改《九章算术》弧田术的。

相同。众所周知的所谓"印度莲花问题"是拜斯卡拉写下来的,它和《九章算术》勾股章第6题的体例相同。勾股定理的证明,在拜斯卡拉书中,所用的几何图形与赵爽《周髀》注中的"弦图"完全相同。

9. 圆周率

阿耶波多曾介绍过 $\pi = 3\,\frac{177}{1250}$ 而没有说明它的来历。拜斯卡拉以 $\frac{3927}{1250}$ 为"准确的圆周率",以 $\frac{22}{7}$ 为"不准确的圆周率"。很可能,$\frac{3927}{1250}$ 的圆周率是从《九章算术》的刘徽注中得来的。

10. 重差术

婆罗门笈多书中有一个测量问题与《海岛算经》的第 1 题相同。

11. 一次同余式问题

婆罗门笈多与摩诃吠罗书中都有一次同余式问题与《孙子算经》"物不知数"问题相同。

12. 不定方程问题

摩诃吠罗书中有一个不定方程问题与《张邱建算经》的"百鸡

问题"体例相同。

13. 开方法

古希腊算术中有开平方法而没有开立方法。印度阿耶波多书中叙述了开平方与开立方的数字计算步骤。他创设的开立方法可能受到中国数学的影响。但阿耶波多和后世印度数学家的开平方法与开立方法，在计算步骤上与《九章算术》少广章法略有不同。

14. 正弦表的造法

印度在很早的时期里接受了希腊天文学家的球面三角法。古希腊人在球面三角计算中用着两倍弧的通弦，印度天文学家创立了正弦表来代替希腊人的倍弧通弦表，这样加强了后世三角学的基础。六世纪中叶伏拉罕密希拉（Varāhamihira）造正弦表时从 $\sin30° = \dfrac{1}{2}$ 出发，递求 $15°$、$7°30'$、$3°45'$ 的正弦，用着下列公式：

$$\sin^2 \frac{\alpha}{2} = \frac{1}{4}\sin^2\alpha + \frac{1}{4}\text{versin}^2\alpha$$

这个公式的正确性可以用几何图形显示出来。在图 1 中，可以看出

$$AN^2 = \frac{1}{4}AP^2 = \frac{1}{4}(MP^2 + MA^2)$$

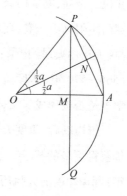

图　1

刘徽《九章算术》圆田术注：从圆内接正六

边形起,递求内接正十二、二十四、四十八边形的边长,在已知圆内接正 n 边形的边长求内接正 $2n$ 边形的边长时也用着同样的方法。伏拉罕密希拉很可能知道刘徽的割圆术,由于它的启发而创立正弦表,是可以理解的。

此外,中古时期印度数学对于数与量没有显明的界限。有关量的实际问题一概用数字计算来解决,在这一方面,与中国古代数学也是一致的。

二、印度数学传入中国

六世纪以后,印度天文学与数学有着显著的进步,天文数学书也和佛经一起流传到中国。《隋书·经籍志》著录的天文家书有"婆罗门天文经二十一卷(婆罗门舍仙人所说),婆罗门揭伽仙人天文说三十卷,婆罗门天文一卷";历数家书有"婆罗门算术三卷,婆罗门阴阳算历一卷,婆罗门算经三卷"。据隋费长房《历代三宝记》与《大唐内典录》记录:《婆罗门天文》二十卷系北周武帝天和年间(566—570 年)达摩流支为大冢宰宇文护译成汉文。其他天文数学书是否被译成汉文,因书早经失传,现在无法考证。

唐初以后,印度天文学家服务于司天监的很多,印度数学的流传获得更多的机会。瞿昙悉达任职太史监,曾于开元六年(718 年)翻译印度的九执历法。在他编辑的《开元占经》一百二十卷中,第一百〇四卷是《天竺九执历经》,其中有关数学的部分有下列三端:

1. 数码

《开元占经》卷一百○四于叙述九执历法之前,先介绍印度的位值制数码,原文照录如下:

算字法样　一字　二字　三字　四字　五字　六字
□　　□　　□　　□　　□　　□

七字　八字　九字　点
□　　□　　□　　□

右天竺算法用上件九个字乘除,其字皆一举□而成。凡数至十进入前位。每空位处恒安一点。有间咸记,无由辄错,运算便眼。

传刻本《开元占经》脱落了当时传入的印度"算字法样",用十个□形补它们的空缺。"一举□而成"当是这些数码字每一个都屈曲连续可以一笔写成。用一点填补数字的空位,正和早期的印度的记数制度相合。中国天文工作者习惯于用算筹演算,不能体会数码的优越性。这九个数字符号和代表空位的点流传于伊斯兰国家,受到彼方人士的赞美。传入中国后,没有引起人们的重视,两种情况是不同的。

2. 圆弧的量法

印度天文学家继承古希腊人的弧度量法,分圆周为360度,每

度分为 60 分。中国天文工作者因太阳的视运动约于 $365\frac{1}{4}$ 日内绕

地一周,就用平均每日太阳经过的弧长为一度,故周天为 $365\frac{1}{4}$

度。《开元占经》介绍的弧度单位也没有被中国天文工作者重视。

3. 弧的正弦

　　九执历法用球面三角法推算月食时月球离黄道的度数,《开元
占经》介绍了公式

$$\sin\beta = \sin(\lambda - \Omega) \times \frac{4\Delta\lambda}{40341}$$

式内 λ 为月望时的黄经,Ω 为升交点的黄经,$\Delta\lambda$ 为月在一日时间
内实行度数,β 为月球离黄道的度数。因此,《开元占经》介绍了一
个正弦表。这个正弦表列成现在函数表的形式如下:

x	$3438\sin x$	差数
3°45′	225	224
7°30′	449	222
11°15′	671	219
15°	890	215
18°45′	1105	210
22°30′	1315	205
26°15′	1520	199
30°	1719	191
33°45′	1910	183
37°30′	2093	174
41°15′	2267	164
45°	2431	154

（续）

x	$3438\sin x$	差数
48°45′	2585	143
52°30′	2728	131
56°15′	2859	119
60°	2978	106
63°45′	3084	93
67°30′	3177	79
71°15′	3256	65
75°	3321	51
78°45′	3372	37
82°30′	3409	22
86°15′	3431	7
90°	3438	

因一周天是 $360° = 21600′$，以 2π 除 $21600′$ 应得 $3437′,75$，就用 $3438′$ 为圆半径长。$90°$ 的正弦线段等于半径，故等于 $3438′$，$30°$ 的正弦线段等于半径的一半，故等于 $1719′$，其他正弦线段的误差也都在 $1′$ 以内。求指定弧度的正弦线段用比例插值法。例如求 $10°$ 的正弦线段。检表得 $7°30′$ 的正弦线段为 449，差数为 222。因 $10° - 7°30′ = 2°30′ = 150′$，$11°15′ - 7°30′ = 3°45′ = 225′$。故 $10°$ 的正弦线段等于 $449 + \dfrac{150}{225} \times 222 = 449 + 148 = 597$。

《新唐书·历志》不载九执历法，只说"其算皆以字书，不用筹策。其术繁碎，或幸而中，不可以为法。名数诡异，初莫之辩也"。印度天文算法，因和中国传统的算法体系不同，在中国古代天文学上和数学上都没有引起应有的作用。

南北朝时期译成汉文的《佛本行经》《华严经》《俱舍论》等佛教经典都涉及印度大小数名目和各种进法。《大唐内典录》著录

"外内傍通比较数法一卷"为隋翻经学士泾阳刘凭所撰。从他的自序中可以知道这部书说明各种佛经中所见的大数记法和中国大数记法的对比。唐慧琳《一切经音义》卷二十二也解释了印度大数名称的意义。在现存的唐宋数学书中我们看不到关于大数记法的外来影响。元朱世杰撰《算学启蒙》（1299 年）始于亿、兆、京、垓、秭、壤、沟、涧、正、载之上，添加极、恒河沙、阿僧祇，那由他、不可思议、无量数，六个大数名目，都从万万进。"极"以上的五个大数名称都借用佛经中的大数名称，但它们表示的数量和印度数名原来的意义有了改变。

《摩登伽经》卷下"明时分别品第七"叙述印度度量衡单位名称，单位以下都有极细微的分析。其他经典如《大般若波罗蜜多经》《大方广佛华严经》《大宝积经》等也有细微单位的名称。南宋秦九韶《数书九章》卷十二有一个计算复利息的问题，它的答案是："末后一月钱二万四千七百六贯二百七十九文，三分四厘八毫四丝六忽七微（无尘）七沙（无渺）三莽一轻二清五烟。"用现在小数法记出来是 24706279.3484670703125 文。元朱世杰《算学启蒙》"小数之类"一、分、厘、毫、丝、忽、微、纤、沙、尘、埃、渺、漠、模糊、逡巡、须臾、瞬息、弹指、刹那、六德、虚、空、清、净。从沙到一都从十进，从净到沙都从万万进。沙以下许多小数名称也是借用佛教经典中度量衡和时间单位的名目。

第三编

唐代中期到明末时期的
中国数学

本编叙述从唐肃宗至德元年（756 年）到明神宗万历二十八年（1600 年），八百四十四年间中国数学的发展，主要是计算技术的改进，与宋元时期代数学的高度发展。

唐朝中叶的安史之乱虽不久就被平定，但它对于唐朝的政治、经济、文化发生巨大的影响。唐朝初年施行的均田法逐渐破坏，庄田制逐渐发展，这使封建土地占有形式发生变化。德宗建中元年（780 年）为了适合当时的具体情况，普遍推行两税法的赋税制度，废除了旧有的租庸调法。在这个时期里，手工业和商业获得一定程度的发展。工商业的发展促进了数学知识和计算技能的普及。劳动人民简化了筹算乘除的演算手续，减轻了数字计算的工作。唐中叶以后，出现了很多种实用算术书，对于乘除算法力求简捷，现在有传本的韩延算术是其中的一部。

唐朝末期政治黑暗，人民陷于严重灾难中。农民起义和军阀混战促使唐王朝的灭亡。唐朝亡后，所谓五代十国仍是军阀混战的继续。

宋朝统一中国，建立起一个高度集权的封建国家，对于安定社会秩序，发展经济，起了一定的积极作用。北宋初一百多年农业生产力有了显著的提高，工商业有了显著的发展。手工业如冶炼、军器、纺织、瓷器、造纸、印刷等都具有相当的规模。这为科学的发明、创造提供了物质条件。当时的三大发明（火药、指南针、活字印刷术）就是在这种经济高涨的情形下，人民发挥巨大创造力的成果。在数学方面，十一世纪中贾宪的《黄帝九章算法细草》和沈括的《梦溪笔谈》提出了许多新的数学概念和计算技术。

　　1126 年,金兵攻陷汴梁,皇帝被掳,北宋灭亡。次年,赵构逃亡江南,在杭州建立南宋朝廷。南宋和东晋差不多,社会经济也有了新的发展,出现了一个暂时小康的局面。全国的文化中心从北方移到江南。十三世纪中叶,秦九韶和杨辉在北宋数学的基础上,贡献出他们自己的研究成果,丰富了传统数学的内容。

　　中国印刷术发明极早,但雕版印书的工业到北宋朝才得蓬勃地发展。十一世纪以后,古典的和新著的数学书可以有印刷本在全国各地流通,这当然有普及数学教育和促进数学研究的效果。元丰七年(1084 年)秘书省校刻算经。那时祖冲之《缀术》已经失传。《夏侯阳算经》也没有找到原本,以唐朝韩延所撰的算术书来顶替。《周髀》和《九章算术》二书都附录李籍的《音义》。南宋鲍澣之又将北宋秘书省刻本的几部算经在杭州翻刻(1212—1213 年)。明朝永乐大典(1403—1408 年)中也将这几部算经全部抄录。现在传刻本"算经十书"是南宋刻本和永乐大典抄本的辗转翻印本。宋、元、明三朝新著的数学书,当时有刻本的很多。杨辉《续古摘奇算法》(1275 年)和明程大位《算法统宗》(1592 年)都有刻本数学书的目录,可惜现在这些书大都失传了。

　　南宋初荣棨翻刻《黄帝九章算法》撰序(1148 年)说,宋朝南渡后,书坊刻本的算术书有"或隐问答以欺众,或添歌象以炫己"的风气。他以为这种表达计算技术的歌谣形式违反了数学的传统思想,这是他对于新事物认识不够,从而产生的保守思想。用歌谣体语言来表达数学问题可以增加学习的兴趣;用来说明解题方法也可使学生便于记忆。后来的数学家如南宋末杨辉,元朱世杰、丁巨、贾亨等,明刘仕隆、吴敬、程大位等所撰书中都有诗歌形式的算法与应用问题。

十二世纪中叶,中国北方在金朝统治下,农业经济遭到损害,工商业也比较衰落,科学文化呈现停滞不前的状态。到十三世纪初年,在社会比较安定的情形下,山西和河北的知识分子掀起了一个数学研究的高潮。金朝于 1234 年为元朝所灭。汉族士人在这个改朝换代的日子里,受着"以暴易暴"的迫害,隐居讲学的风气很盛。有些知识分子成为专业的数学家,数学获得了进一步的发展。

数学的发展有着相对的独立性。数学内在矛盾的对立和统一也能推动数学本身的发展。在平面积与立体积概念的基础上,出现了四次幂和更高次幂的概念。高次幂的概念虽是非常抽象,但不难证明,它是有现实意义的。十一世纪中贾宪撰《黄帝九章算法细草》,在少广章里介绍了一张世界上最古老的二项式定理系数表和开任何高次幂的"增乘开方法"。十三世纪中数学家们又将这个增乘开方法用来求任何数字高次方程的正根,很多有实际意义的应用问题就得到了解答。

根据实际问题中的已给条件,建立一个代数方程是一件相当困难的事情。北方的数学家在十三世纪初发明了一个建立方程的新方法,任何代数问题都可以利用这个方法迎刃而解。他们"立天元一"为所求的未知量,依据已给的条件立出一个开方式,同现在我们设 x 为未知量,立方程的演算程序相仿,后人称它为"天元术"。由此进一步的发展是联立多元高次方程的解法,后人称它为"四元术"。十三世纪中叶用天元术或四元术解答应用问题的书很多,但现在有传本的只有李冶与朱世杰的著作。这一时期的数学家们在代数学方面取得了辉煌的成就,比欧洲人的代数学超前了几个世纪。

天文学的不断发展对数学提出了更高的要求,也促进了数学的发展。南宋秦九韶《数书九章》(1247年)总结了天文学家推算"上元积年"的经验,写出他的"大衍求一术"使一次同余式问题解法成为系统化的数学理论。元王恂、郭守敬等的授时历法(1280年)应用招差法发明三次函数的内插法,朱世杰又将招差法解决高阶等差级数的求和问题。这正是数学发展必须理论联系实际的一个很好的证明。

元朝统一中国一方面全靠武力,在另一方面蒙古族统治者笼络汉族大地主巩固它的政权,从而对农民的剥削比前朝更加严重。十四世纪中叶全国各地农民起义推翻了元朝的统治。1368年,朱元璋在农民起义胜利的基础上,建立中央集权的封建国家,采取了一些发展经济、缓和阶级矛盾的开明措施,因而十五世纪中叶社会经济得到一定的发展。

从唐中叶到元末,六百年中的实用算术,在改进数字计算方面有着显著的成就。在这个时期里,十进小数概念发展了,位值制数码产生了,归除歌诀逐渐完备了,比算筹更便利的计算工具——珠算盘发明了。明初到万历初年是明朝强大和稳固的时代。社会经济的发展、国家的统一导致了海外贸易的扩大,在商品交换上出现了繁荣气象。在数学领域内,商业算术由于客观上的需要得到很快发展。具有代表性意义的吴敬《九章算法比类大全》于1450年出版,在数字计算方面总结了宋元算术的成就。十六世纪中叶,有很多的商业算术书提倡用珠算盘计算,珠算术从此得在全国范围内广泛传布。珠算盘代替了算筹,直到现在还是数字计算的有效工具。

为了加强培养封建国家的官僚,奴役人民思想,明朝的科举制度规定专取四书五经命题,用八股文程式考试。应试的人为了做官,死记硬背朱熹的四书集注,没有任何独立思考。1415 年,明成祖又颁布了《四书大全》《五经大全》和《性理大全》大力提倡宋儒理学。十六世纪初王守仁在哲学方面开创新学派,认为心是天地万物的主宰,天下没有心外的事,也没有心外的理。数学在商业算术方面尽管有新的发展,在这种极端反动的主观唯心论盛行的年代里,当时所谓儒者认为一切专门学问都是"玩物丧志",前一时期在代数学方面的辉煌成就,如增乘开方法、天元术等,在明朝几乎成为绝学。

　　宋朝的所谓理学家研究宇宙起源的精神(理)和物质(气)的依存关系,他们一方面从《周易·系辞传》中吸取了朴素的辩证法因素,另一方面也沾染了它的神秘主义色彩,从而在他们的哲学中也包含了"象数"神秘主义思想。《系辞传》说"河出图,洛出书,圣人则之",这是说伏羲画八卦是取法河图、洛书的。河图、洛书是什么东西,汉朝儒家有各种说法,未尝统一。《系辞传》说:"天数五,地数五,五位相得而各有合。"东汉末郑玄注以为"天数五"是 1、3、5、7、9 五个奇数,"地数五"是 2、4、6、8、10 五个偶数,"五位"是五行(水、火、木、金、土)的方位(北、南、东、西、中)。根据他的注解,可以画出一个"天地生成之数"的图,略如左下图。又易纬《乾凿度》说:"太一取其数以行九宫,四正四维皆合于十五。"郑玄也有注解,它的大意是:太帝所居的紫宫在中央,八卦神所居的宫在八方,太一神依照一定的顺序巡行于九宫。如前页右图,九个小方格里注明的数码是太一神巡行的次第。如果把这九个数码当作自然数,那么,九宫是一个三行的纵横图(幻方),在任何一条直线上三

　　　7
　　　2
8　3　5-10　4　9
　　　1
　　　6
天地生成数　　　　九宫数

个数的和都是15。天地生成数与九宫数虽都和《周易》有联系，但和河图、洛书没有丝毫关系。北宋初道士陈抟始以天地生成数为河图。北宋神宗时人阮逸假托后魏关朗伪撰《易传》始以九宫数为洛书。南宋朱熹撰《易本义》就以天地生成数与九宫数解释河图、洛书。《周易》本来是一本卜筮书，《系辞传》里的"象数"神秘主义思想原与数学毫无关系。说八卦由河图、洛书产生是他们起课先生的谎言。宋朝的理学家们以天地生成数与九宫数解释河图、洛书更是无稽之谈。

秦九韶《数书九章》自序（1247年）对于数的起源有"爰自河图、洛书闿发秘奥"的说法。莫若为朱世杰《四元玉鉴》撰序（1303年），也说"河图、洛书泄其秘，黄帝九章著之书"。秦九韶和莫若受着理学的影响，有意识地把数的概念神秘化起来。到了明朝，唯心主义哲学思想笼罩着整个学术文化，数学书如王文素《算学宝鉴》（1524年）、程大位《算法统宗》（1592年），都在书的开始，图示河图、洛书，认为是"数有本原"。王文素和程大位，他们自己是商人身份，所著的书是结合社会需要的商业算术，都不能摆脱唯心主义思想的羁绊。他们将数起源于河图、洛书的迷信思想传布开来，流毒很大。

在另一方面，九宫数本来是汉朝人发明的三行纵横图。这种连续自然数的巧妙排列可以推广到 $n > 3$ 的 n 行纵横图，把 1 到 n^2 的连续自然数放在有 n^2 个小方格的正方形里，使在同一行、同一列或同一对角线上 n 个数的和都是 $\frac{1}{2}n(n^2+1)$。南宋杨辉揣摩了洛书的构造，仿制成四行、五行、六行、七行、八行、九行、十行的纵横图，发表在他的《续古摘奇算法》（1275年）里。王文素

《算学宝鉴》和程大位《算法统宗》也记载了很多纵横图式,大致与杨辉的雷同。

在本编所叙述的时期内,中国和西亚伊斯兰国家之间数学知识的交流,得到了发展。中国数学书还流传到朝鲜和日本,产生了一定程度的影响。

第七章 计算技术的改进

一、韩延算术

现在有传本的"算经十书"都是北宋元丰七年（1084年）秘书监刻本的辗转翻刻本。其中"夏侯阳算经"三卷，不是唐初立于学官的《夏侯阳算经》，而是一部中唐时代的实用算术书。我们认为元丰七年刻书时，原本《夏侯阳算经》二卷已无传本，因见这部实用算术的第一节有"夏侯阳曰，夫算之法，约省为善"等，就认为它是真的《夏侯阳算经》。查《新唐书·艺文志》（1060年）于甄鸾注《夏侯阳算经》三卷之外，又记录"韩延夏侯阳算经一卷"，韩延很可能是这部算术书的作者。据《唐书·经籍志》《新唐书·艺文志》《宋史·艺文志》和诸家目录所记

毛氏影宋抄本《夏侯阳算经》

（采自《天禄琳琅丛书》）

录,唐宋数学家遗留下来的算术书很多。但从李淳风等注释十部算经(656年)以后,南宋秦九韶《数书九章》(1247年)以前,五百九十一年中唐宋人的数学著作现在都没有传本,只有韩延的算术书因宋朝人给它带上一顶《夏侯阳算经》的帽子,附在"算经十书"里流传到现在,从而保存了不少宝贵的史料。

《韩延算术》自序说:"五曹、孙子述作滋多,甄鸾、刘徽为之详释。稽之往古妙绝其能,储(殊)校今时,少有闻见。余以总角志好其文,略寻古今,备览差互。"又说,"况今令式与古数不同""是以跋涉川陆、参会宗流,纂定研精,刊繁就省,祛荡疑惑,括诸古法,烛尽毫芒。"因此,本书征引前朝各家算术和当代法令的地方很多,略为叙述如下。

卷上"明乘除法"章引《夏侯阳(算经)》和《时务(算术)》二书,这两部书现都失传。"辨度量衡"章、"言斛法不同"章、"论步数不等"章引"田曹""金曹""仓曹"各节为现传本《五曹算经》所缺。《五曹算经》在唐朝可能另有传本。"辨度量衡"章引"仓库令""课租庸调"章引"赋役令""论步数不等"章引"田令"和"杂令",这些令都是唐朝刑部颁布的法令。"课租庸调"章所引"赋役令"中的户调法,和每丁"庸布"的丈尺数都和杜佑《通典》"食货六"所载的"开元二十五年定令"相同。

卷中"求地税"章有按亩税谷二题,"定脚价"章有"两税米"和"两税钱"各一题,卷下"说诸分"又有"两税钱"三题。据《唐书·食货志》,唐初以来原有岭南诸州税米,蕃胡内附者税钱的规定。代宗即位(762年),以御史大夫为税地钱物使,岁以为常,均给百官。并且开始按亩定税,有夏税、秋税名目。《新唐书·食货志》说:"租庸调之法以人丁为本。自开元以后,天下户籍久不更造,丁口转死,田亩卖易,贫富升降不实……而租庸调法弊坏。自代宗时始以亩定税而敛以夏秋。至德宗相杨炎遂作两税法。夏输无过六月,秋输无过十一月。置两税使以总之。"据此可知代宗时代(762—779 年)已征收两税米,两税钱与租庸调法并行。韩延算术卷上重点叙述租庸调的计算法,卷中、卷下又列出两税米、两税钱的问题,它的编写时代大约是在 770 年前后。

唐朝州县官吏有"职田"租米和官本利息等收入。韩延算术卷中"分禄料"章有分配官本利息的例题:"今有官本钱八百八十贯文,每贯月别收息六十①,计息五十二贯八百文。内六百文充公廨食料,五十二贯二百文逐官高卑共分。太守十分,别驾七分,司马五分,录事参军二人各三分,司仓参军三分,司法参军三分,司户参军三分,参军二人各二分。问各钱几何。"题中列举的官吏人数与《唐书·职官志》所载"下州"佐吏相合,分配息钱的比率也和《通典》"职官第十七"所载的制度相合。又《通典》"职官第十五"说:"天宝元年改州为郡,刺史为太守。自是州、郡,史、守更相为名,其实一也。"州、郡属员中的别驾曾于天宝八年废去,代宗时又添设。《新唐书·百官志》说"别驾一人,从四品下",小注说"上元二年(761 年)诸州复置别驾,德宗时复省"。本题所列职官有太守,有别驾,可以认为是代宗时代的实际情况。

《韩延算术》三卷共计有八十二个例题,其中一小部分和《五曹算经》《孙子算经》题相同,其他例题都结合当时实际需要,对于地方官吏和普通人民提供了应有的数学知识和计算技能。

古代筹算乘除法都要排列上、中、下三层算筹。乘法、列相乘

---

① 传刻本"六十"讹作"六分"。

数于上层、下层,乘积列于中层。除法列"实"(被除数)于中层,"法"(除数)于下层,除得的商数列在上层。演算手续相当繁重。唐朝劳动人民为了简化演算手续,想尽方法使乘除可以在一个横列里演算。《新唐书·艺文志》著录"江本一位算法二卷"。南宋王应麟《玉海》说:"江本撰《三位乘除一位算法》二卷,又以一位因、折进退,作《一位算术》九篇,颇为简约。"可惜这部《一位算法》早已失传,它的内容如何,和著作年代都无法详考。《韩延算术》提出了许多在一个横列里演算乘除的例子,是应得重视的史料。"课租庸调"章"求有闰年每丁(庸调)布二端(1端 = 5 丈)二丈二尺五寸法:置丁数七而七之,退一等,折半。"假如该地区丁数是 a,求征收闰年庸调布的端数。因每丁应纳庸调布 2.45 端,a 丁共纳端数是,$a \times 2.45 = a \times 7 \times 7 \div 10 \div 2$,用两次 7 乘,和 10 除又 2 除来替代 2.45 乘,这就可以在一个横列里演算了。《韩延算术》卷下,问题解法中用一位乘除来替代多位乘除的例子很多。例如,乘数为 35 时,以 5 乘后再以 7 乘,或以 70 乘后折半;乘数为 42 时,以 7 乘后再以 6 乘;除数为 12 时,折半后再以 6 除;化斤数为两数时用 2 乘,8 乘;化两数为铢数时用 3 乘 8 乘。这种分解乘数(或除数)为两个(或多个)一位因数,先后乘(或除)的方法在宋朝算术书中叫做"重因","因"是一位乘的代名词。

卷下第 19 题:"今有绢二千四百五十四匹,每匹直钱一贯七百文。问计钱几何。""术曰:先置绢数,七添之,退位一等,即得。"这是说,先列算筹表示绢匹数的十倍,添上七倍,再以 10 除,即得共值钱贯数。又如乘数为 14 时可用"身外添四"法;乘数为 144 时可用"身外添四四"法;乘数为 102 时可用"隔位加二"计算。凡乘数的首位数码为 1 的都可采用此法,在宋朝算术书中叫作"加法"。

同样,除数的首位数码为 1 的,可用"减法"替代除法。卷下第 27 题436752÷12,用"身外减二"法计算。"加法"代乘,"减法"代除都可以在一个横列里演算。

二、十进小数

古人记数,碰到整数之下还有奇零部分,通常用分数来表示。十进小数的普遍应用是相当迟的。刘徽在他的《九章算术》少广章注中,曾主张用一位或多位十进小数表示无理数平方根或立方根的奇零部分,但这个超时代的宝贵意见没有被一般数学工作者采纳。唐朝统一中国以后,人民生活比较安定,农业、手工业和商业都有蒸蒸日上之势,数学知识和计算技能有了相应的发展。就在这个时期里,十进小数逐渐获得广泛应用,但它的发展过程还是迂回曲折的。

古代天文学家都用分数来表示天文数据的奇零部分,繁琐的计算工作在所难免。唐中宗朝太史丞南宫说撰神龙历法(705年),创用百进小数来记数据的奇零部分,以 1 日为 100"余",1"余"为 100"奇"。例如"期周 365 日,余 24,奇 48"就是 1 回归年为 365.2448 日,"月法 29 日,余 53,奇 6"就是 1 朔望月为 29.5306日。一行大衍历法(729 年)以 365743/3040 日为一回归年,但他在"中气议"中说,他的回归年日数的奇零部分是 10000 分之 2444日,并将以前各家历法中回归年日数的分数部分化为四位小数,互相比较。德宗建中时(780—783 年)曹士劳撰符天历,又称万分历,无疑是用 10000 为天文数据里分数的共同分母。符天历只行于民间，没有被当时司天监官员们所重视。到元朝王恂、郭守敬等的《授时历》规定 1 日为 100 刻，1 刻为 100 分，1 分为 100 秒；周天弧度：1 度为 100 分，1 分为 100 秒。"分""秒"虽仍是名数，但和十进小数相近了。

古代货币以钱一文为最低单位，一文以下事实上不用再分。第六世纪中《五曹算经》有两个例题的答案创用"分""厘"为一文以下两位十进小数的名称。唐代宗时（八世纪）《韩延算术》一文以下的十进小数推广到分、厘、毫、丝、忽五位。南宋秦九韶《数书九章》卷十二有一个计算复利息的问题，它的答案是："末后一月钱，二万四千七百六贯二百七十九文，三分四厘八毫四丝六忽七微（无尘）七沙（无渺）三莽一轻二清五烟。"用现在小数法记出来是：24706279.3484670703125 文。

古代度量衡制各级单位的进法相当紊乱，秦兼并六国后始有统一规定，据《汉书·律历志》所记是

长度：1 引 = 10 丈 = 100 尺 = 1000 寸 = 10000 分，

容量：1 斛 = 10 斗 = 100 升 = 1000 合 = 2000 龠，

重量：1 石 = 4 钧 = 120 斤，1 斤 = 16 两，1 两 = 24 铢。

后世又在长度"分"以下添设厘、毫、丝、忽四个单位（1 分 = 10 厘 = 100 毫 = 1000 丝 = 10000 忽），容量"合"以下添设抄、撮、圭、粟四个单位（1 合 = 10 抄 = 100 撮 = 1000 圭 = 6000 粟），重量"铢"以下添设絫、黍两个单位（1 铢 = 10 絫 = 100 黍）。这些添设的单位实际上都是由十进小数概念派生的。

唐初武德四年（621 年）开始铸"开元通宝"钱，明白规定每枚重二铢四絫，凡十枚共重一两。开元通宝钱通行得很久，到晚唐时期，人民以一"钱"作为等于十分之一两的单位名称，并且借用分、

厘、毫、丝、忽等为钱以下十进小数名目。北宋初,政府明令规定钱、分、厘、毫、丝、忽为衡制单位,与铢、絫、黍制参用。

宋朝人民又以分、厘、毫、丝、忽为土地面积亩以下的十进小数名称。

唐朝人民以布五丈为一端,绢四丈为一匹。韩延算术在例题解答中,化三丈七尺为 0.74 端,二丈七尺为 0.54 端;又化三丈七尺五寸为 0.9375 匹,一丈三尺四寸为 0.335 匹,就不为这些端或匹以下的十进小数另立名目,这和现在的小数法相仿。《宋史·艺文志》著录,龙受益《求一算术化零歌》一卷,张祚注《法算三平化零歌》一卷。所谓"化零"疑是化非十进的度量衡单位为一个大单位下的十进小数。

度量衡制逐渐改进为十进位后,一斤十六两还保留旧时进法,计算时还有麻烦。杨辉《日用算法》(1262 年)为了简化计算,编造有斤价求两价的歌诀:"一求,隔位六二五;二求,退位一二五;三求,一八七五记;四求,改曰二十五;五求,三一二五是;六求,两价三七五;七求,四三七五置;八求,转身变作五。"朱世杰《算学启蒙》(1299 年)里叙述"斤求两法"十五勾如下:

　　一退六二五,二留一二五,三留一八七五,四留二五,五留三一二五,六留三七五,七留四三七五,八留单五,九留五六二五,十留六二五,十一留六八七五,十二留七五,十三留八一二五,十四留八七五,十五留九三七五。

杨辉、朱世杰歌诀所说明的是 $\frac{1}{16} = 0.0625$,$\frac{2}{16} = 0.125$,$\frac{3}{16} = 0.1875$,

等等,这些"六二五""一二五""一八七五"等数字无疑是十进小数。

秦九韶《数书九章》(1247 年)卷十二
"囷积量容"题,在算草中以 𝄞⊥ 表示 9.6
寸,以 ⊤𝄞⊟‖ 表示 15.92 寸,并且立开方
式(如 142 页之算筹图式),表示方程

$$16x^2 + 192x - 1863.2 = 0$$

用增乘开方法,开方得"商" ⊤☰𝄞,也就是 $x \approx 6.35$ 寸。秦九韶将
"寸"字注在整数部分的个位下,这样表示在个位右边的数字是十
进小数。系数为十进小数的数字方程的解法,实际上和整数系数
方程的解法完全一致。所求平方根、立方根为无理数时,第三世纪
中刘徽首创继续开方计算"微数"的方法,秦九韶把它推广到高次
方程无理根的求法。用十进小数表示无理数的近似值,它的发展
过程在中国数学史上差不多有一千年之久,虽然是十分迟缓,但在
世界数学史上还是最先进的辉煌成就。此后李冶《益古演段》
(1259 年),郭守敬《授时历经》(1280 年)朱世杰《四元玉鉴》
(1303 年)也都解决了系数为十进小数的数字方程。

三、求一算术与归除歌诀

1. 求一算术

在本章第一节,我们介绍了乘数的第一位数码是 1 的,可以用

"加法"来代乘;除数的第一位数码是 1 的,可以用"减法"来代除,这在实际乘除时确能减少运算工作,并且能在一个横列里演算。对于第一位数码不是 1 的乘数或除数而言,唐宋的数学工作者把乘数或除数加倍或折半,使它的第一位数码变成 1,同时把被乘数或被除数作相应的变化,然后用"加法"或"减法"代替乘或除。这种变通办法叫做"得一",又叫"求一"。《新唐书·艺文志》著录,陈从运《得一算经》七卷,早经失传。据《宋史·律历志》说:"唐试右千牛卫胄曹参军陈从运著《得一算经》,其术以因、折而成,取损益之道且变而通之,皆合于数。"所谓"因、折"当是将乘数或除数加倍或折半,所谓"损益"当是"加法"或"减法"。《新唐书·艺文志》记录,贞元时(785—805 年)人龙受益《算法》二卷。《宋史·艺文志》记录,龙受益《算法》二卷,《求一算术化零歌》一卷,《算范要诀》二卷。又李绍谷《求一指蒙算法玄要》一卷,程柔《五曹算经求一法》三卷,鲁靖《五曹乘除见一捷利算法》一卷,任宏济《一位算法问答》一卷。上述这些书现在都没有传本。但在南宋杨辉《乘除通变算宝》中可以了解求一算术的内容。

杨辉字谦光,钱塘(今浙江杭州市)人。陈几先为杨辉的《日用算法》撰跋,称赞他能"以廉饬己,以儒饰吏"。据此可知,杨辉是当过地方官员的。他所撰的数学书有《详解九章算法》附《九章算法纂类》共十二卷(1261 年),《日用算法》二卷(1262 年),《乘除通变本末》三卷(1274 年),《田亩比类乘除捷法》二卷(1275 年),《续古摘奇算法》二卷(1275 年)五种。现在的传刻本中第一、第二、第五种都已残缺。

杨辉在他的《乘除通变本末》的第二卷《乘除通变算宝》中,系统地叙述了唐宋相传的"加法""减法"与求一代乘除说。他列举

了"加法代乘"五法:①乘数是 11、12……19 的"加一位",②乘数是
111、112……199 的"加二位",③乘数可分解为两个因数,例如
247＝13×19,都可用"加法"代乘的叫"重加",④乘数是 101、
102……109 的"隔位加",⑤乘数是 21、22……29,或 201、202……
299 的"连身加"。此外,杨辉还有"身前因法",乘数是 21、31……
91 的可以用这个方法。"减法代除"有四法。它们是①"减一位",
②"减二位",③"重减",④"隔位减"。

　　《乘除通变算宝》中,"求一乘""求一除"各有歌诀八句。"求
一乘"歌:"五、六、七、八、九,倍之数不走。二、三当折半,遇四两折
纽。倍、折本从法,实即反其有(原注:'倍法必折实,倍实必折
法')。用加以代乘,斯数足可守。"歌内的"法"是乘数,"实"是被
乘数。例如以"法"56 乘"实"237,见"法"的第一位是5,将它加倍
成112,同时将"实"折半得118.5用"加二位"(加一二)法代乘得
13272。"求一除"歌的前四句与"求一乘"歌相同,后四句是:"倍
折本从法,为除积相就(原注:'倍法必倍实,折法必折实')用减以
代除,定位求如旧。"这里的"法""实"指除数与被除数。例如
13272÷56,将"法""实"同时加倍。得 26544÷112,用"减二位"法
代除得商 237。实际上,"减法"代除并不简捷,十四世纪中归除歌
诀简化后,"求一除"法就被淘汰。

2. 归除歌诀

　　北宋科学家沈括(1031—1095)在他的《梦溪笔谈》卷十八中论
乘除速算法说:"算术多门,如求一、上驱、搭因、重因之类,皆不离
乘除。唯增成一法稍异其术,都不用乘除,但补亏就盈而已。假如

欲九除者增一便是,八除者增二便是,但一位一因之。若位数少则颇简捷,位数多则愈繁,不若乘除之有常。然算术不患多学,见简即用,见繁即变,不胶一法乃为通术也。"沈括所谓"上驱"疑是杨辉的"身前因"法。"搭因"不知作何解释。《宋史·律历志》说:"复有徐仁美作增成玄一法九十三问以立新术。"徐仁美的书早已失传,著作年代无考。"增成"代除法的产生大概是在北宋初年,沈括以为它比较新奇,所以在《梦溪笔谈》中写这一条笔记。除数为一位数时,"增成"法确是简便,它就是后来九归口诀的前身。沈括所谓"九除者增一"后来变为"九一下加一,九二下加二"等口诀。除数为多位数时用增成法就不很方便了。

杨辉在《乘除通变算宝》中,叙述他的"九归捷法",他在当时流传的四句九归"古括"的基础上,添注了新的口诀三十二句,抄录如下:

归数求成十:九归,遇九成十;八归,遇八成十;七归,遇七成十;六归,遇六成十;五归,遇五成十;四归,遇四成十;三归,遇三成十;二归,遇二成十。

归除自上加:九归,见一下一,见二下二,见三下三,见四下四;八归,见一下二,见二下四,见三下六;七归,见一下三,见二下六,见三下十二,即九;六归,见一下四,见二下十二,即八;五归,见一作二,见二作四;四归,见一下十二,即六;三归,见一下二十一,即七。

半而为五计:九归,见四五作五;八归,见四作五;七归,见三五作五;六归,见三作五;五归,见二五作五;四归,见二作五;三归,见一五作五;二归见一作五。

定位退无差。

被除数的各位数码,自左而右依照九归口诀逐位改变后,所得的结果退一位,就是应有的商数。上列七归口诀中,依照"见一下三","见二下六"的例,见三应得"下九",但因下一位的"九"中还可以"遇七成十",所以改作"见三下十二"(后来的七归口诀又改作"七三四十二")。六归的"见二下十二",四归的"见一下十二"三归的"见一下二十一"都可以仿此解释。

杨辉以为除数是二位数时,也可编造特殊的口诀来做除法。例如他的"八十三归"口诀是:"见一下十七,见二下三十四,见三下五十一,见四下六十八,见四一五作五,退八十三成百。"例如,有被除数‖〓Ⅲ〇Ⅲ,以83除,补草如下:

见被除数首位为‖即"下三十四"得2 ⊥Ⅲ〇Ⅲ。见次位⊥,即减"四一五作五",余二别求,得2 $\overset{5}{=}$‖〓Ⅲ。见所余的二,"下三十四"得27 Ⅲ≟Ⅲ,又"见四一五作五",得275 ≟Ⅲ。"退八十三成百",得276为所求的商数。这种利用特制的口诀作多位除法,杨辉叫它"穿除",又叫"飞归"。飞归法虽是容易理解,但不如后来归除法能够广泛应用。

元朱世杰《算学启蒙》(1299年)卷上记录九归口诀三十六句,和现在通行的珠算口诀大致相合。抄录如下:

一归如一进,见一进成十,二一添作五,逢二进成十。三一三十一,三二六十二,逢三进成十。四一二十二,四二添作五,四三七十二,逢四进成十。五归添一倍,逢五进成十。六一下加四,六二三十二……(中略)……九归随身下,逢九进成十。

元朝人的归除法,以22908÷83用"八归三除"演算为例,补草如下：

　　列被除数〢〓〣〇〤。见首位〢呼"八二下加四"得 2 ⊥〣〇〤，除去"二三如六"得 2 ⊥〣〇〤。见余数首位⊥，呼"八六七十四"，得 27 〢〢〇〤，减去"三七二十一"得 27 〣〓〤。见余数首位〣，呼"八四添作五"得 275 〓〤，减去"三五十五"得 275 〓〣见余数〓，呼"逢八进成十"，又除去"一三如三"得 276 为商数。

　　除数为多位数时，由首位数字依九归口诀所得的"商数"有时太大，被除数内不能"除去"除数后面各位的倍数，须将"商数"适当地减小。朱世杰《算学启蒙》卷上，"九归除法"门有确定商数的方法，他说："但遇无除还头位，然将释九数呼除。"这是说，如果用除数首位数码初次"归"得的"商数"a 是太大，那么将 a 减少 1，于被除数残存部分的第一位上，增加除数的首位数码，然后除去除数其他各位的倍数。朱世杰决定商数之方法是正确的，但没有明白写出运算的口诀，实际归除时还是不很便利。

　　十四世纪中叶丁巨撰《算法》八卷（1355 年），有"二归撞归九十二，三归撞归九十三"……等口诀。撞归的意义是：如果除数的首位是 3，见被除数的首位也是 3，本应"逢三进成十"，但被除数的后面几位数字不够"除去"除数的后面几位数字，那么将原本被除数的首位 3 改成 9，并于次一位上加上 3，这个 9 就是由撞归所得的"商数"。

　　元朝末年，长沙人贾亨，字季通，著《算法全能集》二卷。贾亨将朱世杰的"无除还头位"和丁巨的"撞归法"结合在一起，编成歌括如下：

　　　唯有归除法更奇，将身归了次除之。有归若是无除数，起一回将原数施。或值本归归不得，撞归之法莫教迟。若还识得中间法,算者并无差一厘。

又,元末何平子著《详明算法》二卷,有明洪武六年(1373 年)江西吉安李氏明经堂刊本。卷首有"安止斋"所撰的序,不详著作年代,"安止斋"似是何平子的别号。卷上有归除歌括与贾亨的歌括文字大体相同。唯撞归口诀改为:(二归)见二无除作九二,(三归)见三无除作九三……(九归)见九无除作九九,较丁巨,贾亨的口诀更为显明。除数首位为 1 的,丁巨、贾亨、何平子等都主张用"定身除"法,也就是"减法代除",所以不用撞归法。

例如,22908÷276 利用撞归法、起一法归除,补草如下:

列被除数‖二〒〇〓。见首位是‖,与除数首位相同,而次二位二〒小于除数的次二位,不够"除",呼"见二无除作九二",得 9〓〒〇〓。余数还是不够"除"76 的 9 倍,起一,下位还二,得 8 ⊥〒〇〓,"除"去"七八五十六",再除"六八四十八"得 80 〒二〒。见余数首位是〒,呼"逢八进四十"得 840 二〒,余数二〒不够"除",起一还二得 83 ‖二〒,除去"三七二十一","三六一十八"除尽。得商数 83。

有了撞归法、起一法以后,筹算的多位除法确实是简化了。唐宋相传的求一算术和杨辉的飞归法等捷法,只在解特殊问题时有用处,不需要多费工夫熟练它了。

四、吴敬《九章算法比类大全》

吴敬,字信民,浙江仁和(今杭州市)人。根据《九章算法比类大全》1488 年刊本的项麒序文，我们知道吴敬担任过几次浙江布政使司的幕府，掌管全省田赋和税收的会计工作。吴敬于 1450 年写成他的杰作《九章算法比类大全》十卷。他自己说，费了十多年的工夫才写成这部书的。

《九章算法比类大全》第一卷的前面有一个"首卷"，列举大数记法、小数记法、度量衡制单位，与乘除算法中用字的解释，整数四则运算、分数四则运算等项。第一卷到第九卷是一千多个应用问题解法的汇编。这些应用问题分别隶属于方田、粟米、衰分、少广、商功、均输、盈朒、方程、勾股九类。各卷的最初几个问题主要引用杨辉的《详解九章算法》，也引用了刘徽《海岛算经》、王孝通《缉古算术》的问题，称为"古问"。以结合当时人民生活实践的应用问题作为"比类"问题。第十卷专论"开方"，所谓"开方"包括开平方、开立方，以及开高次幂、开带从平方与开带从立方。吴敬开立方与求其他高次幂的正根法，不用增乘开方法而用立成释锁法。明朝一般数学家都不了解增乘开方法的优越性，他们只能利用"开方作法本源"图（二项式定理系数表），仿照《九章算术》少广章的开方术、开立方术，求出高次幂的正根。一直到清初梅文鼎所用的开方法还是继承这方面的工作。

在吴敬书中，有二个特点应予注意。

（1）中国古代数学的经典著作《九章算术》有北宋元丰七年秘书监本和南宋鲍澣之翻刻本。明朝研究古典数学的人很少，宋版《九章算术》几乎失传。《永乐大典》虽有抄本，但一般读者不容易参考。吴敬似乎没有看见过原本《九章算术》，他从杨辉《详解九章算法》中摘录了许多问题，间接的引用了《九章算术》，并且把他自己收罗的应用问题按照"九章"的名义分类。他认为一切适合当时社会生活的应用问题都是《九章算术》问题的演变,数字计算程序尽管有所改进,解题方法在原则上还是与传统的数学方法一致的。他这样有意识地提倡古代经典数学起着后来数学著作的规范作用。在吴敬后,许荣的《九章详注算法》(1478年)(已失传)、程大位《直指算法统宗》(1592年)等书都以"九章"名义为应用问题的分类标志。

吴敬 像

(采自明本《九章算法比类大全》)

(2)商业经济的发展推动商业算术的发展。明朝的商业较宋元时期有更进一步的发展,反映在吴敬《九章算法比类大全》里,就有不少与商业资本有关的应用问题。十五世纪中叶欧洲南部各城市的商业经济也很发达,从而商业算术也有相应的发展。在吴敬书写成后28年(1478年),意大利第一本印剧本的算术书在威尼斯附近的脱雷维沙(Treviso)出版。因这书的作者佚名,被称为"脱雷维沙算术"。这本算术的主要内容是三项法(De la regula deltre)的应用,这和吴书中的"异乘同除"法,从求解的问题及所用的算法来看,基本上是相同的。脱雷维沙算术中有所谓 tara 法,相当于吴书的"就物抽分",是以货物作价抵补运费或加工费等的计算方法。有所谓 compagia,相当于吴书的"合伙经营"。有所谓 battaro,相当于吴书的"互换乘除",是商品交换时货物的定价。有所谓 metallo,相当于吴书的"金、铜、铁、锡炼镕"。这些相同并非意味着彼此相袭。很好说明,西方与东方一样,在资本主义萌芽前一个时期里商业经济反映到数学上有类似的步伐。

五、珠算术的发生和发展

十六世纪中叶,出现了很多介绍珠算方法的实用算术书,珠算术就在全国广泛地流传。一直到现在,珠算盘仍旧是数字计算的优良工具,受到广大人民的喜爱。

我们认为,珠算盘不是某个天才数学家的个人创作,而是劳动人民在生产实践中不断革新的成果。从唐中叶以后,社会经济稳步前进,实用算术成为人民大众必须掌握的知识,从而乘除算法逐渐简化。乘法、除法原来都需要布置三列筹码,简化后可以在一个横列里演算。十四世纪中叶产生的撞归起一歌诀,又改进了多位除法的计算程序。我国数字是单音节字,九九口诀和归除口诀都是用字极少而意义完整的句子。乘除演算时,念出这些熟练的口诀,便意识到手中的算筹运用起来不太灵便,在计算过程中产生了得心不能应手的矛盾。事物内部的矛盾性是事物发展的动力。就在这个时期里,劳动人民根据他们的实际经验,创造出珠算盘来减轻演算工作,这并不是偶然的。

用位值制记数,任何数位上的数码都不大于9,在珠算盘里,似乎只要每一档上边有一珠,下边有四珠,就足够了。但是,应用乘除口诀,在多位数乘、除的演算过程中,有时有某一位数码大于9而不便进入左边一位的情况,在筹算术中需要多用表5的算筹来表示这个数码,例如 Ⅲ 或 $\triangleq$ 表示14。因此,创制珠算盘时就采取上边安放二珠,下边安放五珠的制度,使每档的算珠表示的数码可以多到15,这样对于一般的乘除演算就没有困难了。日本的珠算盘横梁的上边只放一颗算珠,实际乘除时是有许多不便的。算珠的上二下五制另有一个作用是便于斤、两(一斤＝16两)的加、减法。程大位《算法统宗》卷四有"一退十五成斤""二退十四成斤"等"积两成斤"的口诀。

珠算盘的记载最早见于元末陶宗仪的《南村辍耕录》(1366年)。卷二十九,"井、珠喻"条说,"凡纳婢仆,初来时曰擂盘珠,言不拨自动,稍久曰算盘珠,言拨之则动。既久曰佛顶珠,言终日凝然,虽拨亦不动。此虽俗谚,实切事情"。我们对于陶宗仪的这条笔记有下列二点可以断定:①有几条东西把算盘珠珠贯串起来,拨弄它时这颗珠能在一定方向内移动,不像擂盘珠的自由转动;②陶宗仪说,俗谚中有这个比喻,可见当时珠算盘的运用在松江一带已有相当长的时间。《辍耕录》书中也有讲到算筹的笔记,当时珠算盘虽已产生,但算筹还没有废掉。

十五世纪中叶《鲁班木经》内有制造珠算盘的规格:"算盘式:一尺二寸长,四寸二分大。框六分厚,九分大,起碗底。线上二子,一寸一分;线下五子,三寸一分。长短大小,看子而做。"《鲁班木经》内有一篇叙述鲁班仙师源流,有"皇明永乐间"这样的话,可见这本书的写成是在永乐末年(1425年)之后。《鲁班木经》里的算盘式样还是比较原始型的。上二珠与下五珠的中间还没有横梁,只用一条绳隔开。柯尚迁《数学通轨》(1578年)有一个十三档的珠算盘图,称为"初定算盘图式",上二珠与下五珠之间用木制的横梁隔开,已与现在通行的算盘相同。这种式样的算盘,它的产生年代大概在1578年以前不久,所以称为"初定"。

吴敬《九章算法比类大全》(1450年),与王文素《算学宝鉴》(1524年)是两部主要介绍筹算方法的书,但也提到算盘这个计算工具。并且叙述加、减法口诀时有"一起四作五"，与"无一去五下还四"两句，都是珠算的口诀。上一句讲 4＋1＝5，下一句讲 5－1 ＝4。在筹算术中，有"五不单张"的规定，四筹加上一筹就是 5，用不着"起四作五"；在五筹内拿去一筹就是 4，用不着"去五下还四"。吴敬、王文素撰书的年代，珠算术已经通行，而他们不愿意直接爽快地介绍珠算术，这只能说明他们对于珠算术的优越性还没有充分的认识。

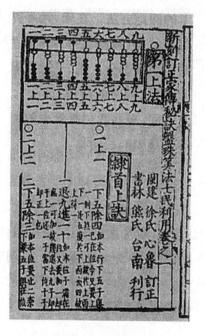

徐心鲁《盘珠算法》

（明万历刊本，藏于日本内阁文库）

明朝人所撰的珠算术书失传的很多。现在还有传本的有徐心鲁《盘珠算法》（1573 年），柯尚迁《数学通轨》（1578 年），朱载堉

《算学新说》(1584年)，程大位《直指算法统宗》(1592年)，黄龙吟《算法指南》(1604年)等书。其中以程大位的《直指算法统宗》十七卷流传最广，翻刻本也最多。

珠算盘发明后，一切筹算的加、减、乘、除运算方法就转变为珠算术的四则方法。在宋元筹算术书中不记录加法和减法的口诀。珠算术的加、减法比筹算术更为便利，加、减法口诀形成了珠算术的重要组成部分。宋元时期筹算术中有"加法代乘""减法代除"两个项目，那时的所谓"加法""减法"和现在算术里的加法、减法意义不同。现在我们算术中的加法、减法，明朝珠算术中称为上法、退法。他们的口诀是：

上法诀：

一，上一；一，下五除四；一，退九进一十；

二，上二；二，下五除三；二，退八进一十；等等。

退法诀：

一，退一；一，退十还九；一，上四退五；

二，退二；二，退十还八；二，上三退五；等等。

珠算术的乘法口诀（就是九九口诀）、九归口诀与元朝的筹算术口诀完全相同。在程大位《算法统宗》卷一中明确地指示"九九合数"应"呼小数在上，大数在下"；"九归歌"应"呼大数在上，小数在下"。例如，"六八四十八"是乘法口诀，"八六七十四"是九归口诀。

除数为多位数时，商数的数码有时不容易肯定，在实际演算中发生周折。元朝筹算术中用撞归、起一口诀来解除这种困难，对于任何多位数除数的除法都是有利的。但在筹算术中，除数的第一位数码是一的，一般应用"定身除法"也就是"减法代除"，从而二归到九归都有撞归起一歌诀而一归没有。王文素《算学宝鉴》（1524 年）开始有一归的撞归、起一口诀。程大位《直指算法统宗》的撞归起一口诀是

　　一归：见一无除作九一，起一下还一；
　　二归：见二无除作九二，起一下还二；
　　三归：见三无除作九三，起一下还三；
　　等等。

六、程大位与他的《直指算法统宗》

　　程大位，字汝思，号宾渠，安徽休宁人，生于 1533 年。少年时，读书极为广博，对文字学和数学颇感兴趣。20 岁以后在长江中、下游地区经营商业，随时随地留心数学这个学科，收罗了很多古代与当代的数学书。于他六十岁的那一年（1592 年）完成他的杰作《直指算法统宗》十七卷。自序说，这部书是"参会诸家之说，附以一得之愚，纂集成编"。书中五百九十五个数学题中的大部分是从传本数学书中摘录的。但解题时必需的数字计算工作都在珠算盘里演算，和用筹算计算有所不同。1598 年，程大位又对《直指算法统宗》"删其繁芜，揭其要领"约束为《算法纂要》四卷，与十七卷本先后在屯溪刊行。

　　《直指算法统宗》卷一、卷二的主要内容是：数学名词与词汇的解释，大数、小数和度量衡单位，珠算口诀，并举例说明在珠算盘上的用法。卷三到卷十二为应用问题解法的汇编。各卷以九章章名为标题，但粟米改称"粟布"，盈不足改称"盈朒"。卷三"方田"里

记录了他自己创造的测量田地用的"丈量步车"。它是用竹篾做的,类似现在测量用的皮尺。在卷六、卷七中,程大位首先提出开平方、开立方的珠算方法。所有计算步骤与筹算术相同。只要把开方术中的"方法"放在被开方数的右边,所得方根放在被开方数的左边,把原来的上、下陈列改为左右并列,就可以依术演算。卷十三到卷十六为"难题"汇编。所谓"难题"的解法都很简单,不过题目用诗歌形式表达,意义比较隐晦罢了。卷十七为"杂法"是一切不能归入前面几卷里的各种算法。最后附录"算经源流"著录了北宋元丰七年(1084年)以来的刻本数学书籍五十一种。其中只有十五种现在还有传本,余均失传。程大位于吸取各家算法的精华的同时,也无批判地接受了一些错误的见解。例如,《算法统宗》

首篇"揭河图洛书,见数有本原",有数字神秘主义思想;卷三"方圆论"说,"圆象法天,动而无形,故不可以象数求之",有不可知论倾向;卷六,已知球体积求径,用了《九章算术》开立圆术的错误公式;又已知勾股相乘积与勾弦差求股,用解二次方程来凑到答数,等等。但尽管存在某些缺点,《算法统宗》在明代末年还是一部比较完备的应用算术书。出版后不久,就在国内、外广泛地流传。十七世纪初年,李之藻编译《同文算指》,他摘录了很多《算法统宗》的应用问题,来补充西洋算法的不

程大位　像

（采自康熙丙申本《算法统宗》）

足部分。

　　《算法统宗》书流传的广泛和久长，在中国数学史上是罕有的。康熙五十五年（1716 年）程大位的族孙程世绥翻刻了这部书，撰序说："风行宇内，迄今盖已百有数十余年。海内握算持筹之士，莫不家藏一编，若业制举者之于四子书、五经义，翕然奉以为宗。"清代编《古今图书集成》把《算法统宗》全部辑录。清代末年各地书坊出版的珠算术书，不是《算法统宗》的翻刻本，就是它的改编本。流通量的大是空前的。

七、中国数码

　　古人演算用筹，不用纸笔，没有数码和表示空位的零号，也很方便。无论用算筹记数，或文字说明，都遵从位值制，也没有用数码记数的要求。唐朝敦煌石室中所藏的抄本《立成算经》用三丅、⊥丅、≝　、丨Ⅲ、丨二　、丨二丅表示 36、66、90、108、120、126 等数，各个数字都遵守算筹记数纵横相间规则。但笔画长短不等，高下不齐，可能是一种没有零号的数码。我们现在还找不到唐朝人使用数码演算的历史资料，因此，只能说这种象形数码是唐朝人用来记数的。北宋司马光（1019—1086）撰《潜虚》，用丨 Ⅱ Ⅲ Ⅲ ╳丅 Ⅱ Ⅲ Ⅲ 十，作为记 10 以内数目的符号。除用古文字的╳字和隶书的十字外，其他都是算筹记个位数的象形。

　　现在有传本的，1200 年以前的数学书都没有演算时布置算筹的图。十三世纪中叶，中国数学有着高度发展，演算程序比较繁复，数学书的作者要指示演算的途径，常常摹绘逐步算草用筹的形式。演算时,碰到数字计算简单的,还可以从图上的筹式直接演草。纸上演算时,算草中每一个不同的个位数字,加上一个表示空位的零号,就组成一套数码。

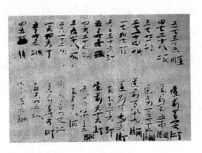

敦煌卷子:唐《立成算法》(片断)
(原件藏伦敦大英博物馆)

十三世纪四十年代,李冶在河北,秦九韶在浙江,二人各自著书,详草都用数码,并且都用○表示数字的空位。由此可知,○的采用与中国数码的创立,必在 1240 年以前。印度—阿拉伯数码用 0 表示空位。我国十三世纪中数码用○,会不会是从外国传入的?根据考证,这个○号是宋朝天文学家的创作,不需要有外来影响。《唐书》《宋史》叙述各家历法都用"空"字表示天文数据的空位。南宋蔡沈《律吕新书》记录林锺律管的"律数"118098 作"丑,林锺十一万八千□九十八",南吕律管的"律数"104976 作"卯,南吕十□万四千九百七十六"。《金史》记录的"大明历"数据有"四百○三""五百○五""三百○九"等例子。中国古代原有用□形表示脱落的文字的习惯。记数的时候,就用□形表示数字的空位。后来为书写方便,将这个□形顺笔改成○形。在数码中间的○形就是一个表示零的符号,这和印度阿拉伯数码的 0 号是殊途同归的。

元李冶《测圆海镜》(1248 年)《益古演段》(1259 年)、朱世杰《算学启蒙》(1299 年)《四元玉鉴》(1303 年)等书演天元术详草所用数码都取算筹记数的形式,仅添设一个〇号表示空位,但为了便于书写,横画和直竖是长短不齐的。

天元术数码：纵式： | || ||| |||| ||||| 丅 帀 帀 帀 〇
　　　　　　横式： 一 二 三 三 三 ⊥ ⊥ ⊥ ≐ 〇

和李冶著作的同一时代,南宋秦九韶《数书九章》(1247 年)和杨辉的数学著作(1262 年、1274 年、1275 年),所用的数码中将||||或三改作Ⅹ,|||||改用〇,三改作ㅂ,帀改作Ⅹ,≐改作Ⅹ。

南宋数码：纵式： | || ||| Ⅹ 〇 丅 帀 帀 Ⅹ 〇
　　　　　横式： 一 二 三 Ⅹ ㅂ ⊥ ⊥ ≐ Ⅹ 〇

十六世纪商业算术书提倡珠算术,算筹记数的纵横相间制就很少有人注意。在需要数码记数的时候,除表示 1、2、3 的数码兼用纵横二式外,其他数码都单用南宋数码的横式,叫它"暗码"。后来的商用暗码在个别数码的写法上又略有改变,一直沿用到现在。

暗码： | || ||| Ⅹ 〥 ⊥ ⊥ ≐ Ⅹ 〇
　　　 一 二 三

中国人画圆圈,习惯上从右上角起顺时针向旋转一周,因而到清朝,数码ㅂ由笔顺写成〥,数码Ⅹ也由笔顺写成Ⅹ。

第八章 高次方程的数值解法

一、贾宪"增乘开方"法

在叙述宋元时期中国的数学成就的时候,首先我们应该提到的就是高次方程的数值解法。

我们知道,在中国古代,早在《九章算术》中便已经记载有开平方、开立方的开方方法。这些开方问题与求解两项方程,如求解 $x^2 = A$, $x^3 = B$ 正根的方法是一致的。在中国古代,把方程的数值解法都称之为"开方术"。其所以如此称呼,主要是因为这些解法和开平方、开立方等方法都是一脉相承的。例如一般的二次方程和一般的三次方程的数值解法,分别被称为"开带从平方"和"开带从立方",它们都是从开平方和开立方的方法中推衍出来的。

在古代开平方、开立方、"开带从平方""开带从立方"等算法的基础上,创造出一种新的方法——具有中国古代数学独特风格的高次方程的数值解法,这是 11—13 世纪中国数学家的杰出贡献。他们所用的方法,基本上和现在通常所谓的鲁斐尼-霍纳[1]方法是相同的。

根据现在已有的材料,在叙述 11—13 世纪中国古代的高次方程的数值解法时,首先应该提到的是贾宪。

关于贾宪的生平,我们知道的很少。《宋史·艺文志》载:贾宪曾撰有《黄帝九章算法细草》九卷;但是这书早已失传了。与贾宪同时代的王洙(997—1057)曾谈到过贾宪。王洙说:"近世司天算,楚衍为首。既老昏,有弟子贾宪、朱吉著名。宪今为左班殿值,吉隶太史。宪运算亦妙,有书传于世,而吉驳宪弃去余分,于法未尽。"[2]楚衍,开封胙城(今河南省延津县境内)人,"于《九章》《缉古》《缀术》《海岛》诸算经尤得其妙",于天圣元年与宋行古等同修《崇天历》[3]。根据这些记载,可以推定贾宪著书年代大致是在天圣元年(1023 年)之后 1050 年以前这段时间。

可喜的是,在二百年后的杨辉的著作中记录有贾宪的一部分工作。杨辉在《九章算法纂类》(1261 年)序中说道:"向获(九章算法)善本……以魏景元元年刘徽等,唐朝议大夫行太史令上轻车都尉李淳风等注释,圣宋右班(殿)直贾宪撰草。"可知贾宪著的《黄帝九章算法细草》是用刘徽、李淳风等人的注本为底本,而杨辉的《详解九章算法》又曾参考了贾宪的细草。

杨辉在其所著《九章算法纂类》中记录有"贾宪立成释锁平方

---

① 霍纳:即 William George Horner(英,1786—1837),于 1819 年发表一论文,即:《连续近似求解任意次方的数值方程的新方法》亦即现代通常所谓的霍纳方法;鲁斐尼:即 Paolo Ruffini(意,1765—1822),于 1804 年也曾建立一种与霍纳方法相类似的方法,因此霍纳方法亦通称为鲁斐尼—霍纳方法。

② 《王氏谈录》,宝颜堂秘笈广集第二十秩。

③ 《宋史》卷四六二,《方技》下,楚衍条;《宋史》卷七一,《律历》四。

法""增乘开平方法""贾宪立成释锁立方法""增乘(开立)方法"
四种"开方"的方法。

"释锁"是宋元数学家开方或解数字方程的代用名词。"立成"
是唐以后天文学家推算各种数据时所用的算表的通称。"立成释
锁平方法""立成释锁立方法"可以看作是运用某种算表来进行开
平方和开立方的方法。推想起来,这种算表可能就是贾宪自己的
"开方作法本源",所谓的"立成释锁",就是利用"开方作法本源"
来进行开方(包括任意高次幂的开方)的方法。

"立成释锁平方法""立成释锁立方法,它们的演算步骤和《九
章算术》少广章所引用的方法基本上是相同的。但是"增乘开平方
法""增乘(开立)方法"则引入了一种新的方法。

下面,我们举出一个具体例子来详细说明"增乘(开立)方法"
的各个步骤。为了和"立成释锁"方法——即《九章算术》沿用下来
的方法互相比较对照,我们仍采用第二章第四节的例题。这个例
题选自《九章算术》少广章第19题:"今有积一百八十六万八百六
十七尺,问为立方几何?"亦即求 1860867 的立方根,或求方程 $x^3 =$
1860867 的正根。为了清楚,我们把"增乘(开立)方法"的"术"交
置于下列各筹式之旁,最后再稍加解释:

商	1
实	1 8 6 0 8 6 7
方	
廉	
下法	1

(1)实上商置第一位得数。

图 1

商	1
实	8 6 0 8 6 7
方	1
廉	1
下法	1

图　2

（2）以上商乘下法置廉，乘廉入方，
　　　除实讫。

商	1
实	8 6 0 8 6 7
方	3
廉	2
下法	1

图　3

（3）复以上商乘下法入廉，乘廉
　　　入方。

商	1
实	8 6 0 8 6 7
方	3
廉	3
下法	1

图　4

（4）又乘下法入廉。

商	1
实	8 6 0 8 6 7
方	3
廉	3
下法	1

图　5

（5）其方一、廉二、下三退。

商	1 2
实	1 3 2 8 6 7
方	3 6 4
廉	3 2
下法	1

图　6

（6）再于第一位商数之次，复商第二
　　　位得数，以乘下法入廉，乘廉入
　　　方，命上商除实讫。

177

商		1 2
实	1 3 2 8 6 7	
方	4 3 2	
廉	3 4	
下法	1	

（7）复以次商乘下法入廉，乘廉入方。

图　7

商		1 2
实	1 3 2 8 6 7	
方	4 3 2	
廉	3 6	
下法	1	

（8）又乘下法入廉。

图　8

商		1 2
实	1 3 2 8 6 7	
方	4 3 2	
廉	3 6	
下法	1	

（9）其方一、廉二、下三退，如前。

图　9

商		1
实	8 6 0 8 6 7	
方	3	
廉	3	
下法	1	

（10）上商第三位得数，乘下法入廉，乘廉入方，命上商除实适尽，得立方一面之数。

图　10

上述运算步骤相当于先用算筹布置"实"1860867，"方"空，"廉"空，"下法"1000000，如图1。我们的问题是要解方程 $x^3 = 1860867$。因 x 是三位数，故设 $x = 100x_1$，将原方程改作 $1000000x_1^3 = 1860867$。商议得 $1 < x_1 < 2$，即在"实"数的百位之上置"上商"1。此后，术文中（2）（3）（4）……（10）各步演算的筹码布置如图2、3、

4……10。

图 4 所表示的方程是

$$1000000(x_1 - 1)^3 + 3000000(x_1 - 1)^2$$
$$+ 3000000(x_1 - 1) = 860867$$

在图 5 中把方程改成

$$1000x_2^3 + 30000x_2^2 + 300000x_2 = 860867$$

式内 $x_2 = 10(x_1 - 1)$。又议得 $2 < x_2 < 3$。即在"实"数十位之上,置"次商"2。图 8 的方程是

$$1000(x_2 - 2)^3 + 36000(x_2 - 2)^2$$
$$+ 432000(x_2 - 2) = 132867$$

图 9 改成

$$x_3^3 + 360x_3^2 + 43200x_3 = 132867$$

式内 $x_3 = 10(x_2 - 2)$。从图 10 我们得 $x_3 = 3$,因而得

$$x = 1 \times 100 + 2 \times 10 + 3 = 123$$

以上逐步演算仿照霍纳方法用数码演算如下:

$$
\begin{array}{llll}
1000000 + \quad 0 \quad + \quad 0 & 1860867(1\,(\text{首商}) \\
\underline{\quad\quad + 1000000 + 1000000} & 1000000 \\
1000000 + 1000000 + 1000000 & 860867 \\
\underline{\quad\quad + 1000000 + 2000000} & \\
1000000 + 2000000 + 3000000 & \\
\underline{\quad\quad + 1000000} & \\
1000000 + 3000000 & \\
\\
1000 + 30000 + 300000 & 860867\,(2\,(\text{次商}) \\
\underline{\quad\quad + 2000 \;+ 64000} & 728000 \\
1000 + 32000 + 364000 & 132867
\end{array}
$$

$$\frac{+\ 2000\ +\ 68000}{1000\ +\ 34000\ +\ 432000}$$

$$\frac{+\ 2000}{1000\ +\ 36000}$$

$$\frac{1\ +\ 360\ +\ 43200 \qquad 132867（3（末商）}{}$$

$$\frac{+\ 3\ +\ 1089 \qquad\qquad 132867}{1\ +\ 363\ +\ 44289 \qquad\qquad 0}$$

很明显地可以看出"增乘方法"与旧方法不同之处是在于：每当求得一位商数之后，旧的方法是利用 $(x+a)^3$ 的系数 1、$3a$、$3a^2$、a^3 来进行方程式的减根变换，而新的方法则是用随乘随加的方法求出减根后的新方程的。我们注意到现代通常所用的霍纳算式也正是用这种随乘随加的方法来求出减根后的新方程式的。正因为如此，我们说增乘方法和霍纳方法基本上是相同的。通过下面各节的叙述，我们将更明确地认识到这一点。

二、"开方作法本源"和开高次方

实际上，在贾宪那里我们不仅可以看到开平方和开立方的新方法——"增乘开平方、开立方法"，同时还可以看到，至迟在 11 世纪中叶，中国中世纪的数学家已经可以进行任意高次幂的开方计算了。

在杨辉《详解（九章）算法》中载有如下的"开方作法本源"图[①]，并指明这图系"出释锁算书，贾宪用此术"。同时还附有"增

---

① 载《永乐大典》，原书被掠至英国，现藏剑桥大学。此处系据中华书局影印本《永乐大典》卷一六三四四，第六页。

乘方法求廉草", 并指明这个"草"系"释锁求廉本源"。这都说明至迟在贾宪(约 1050 年)的著作中, 可以看到有关开高次幂的记载。

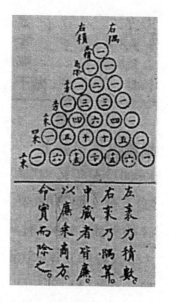

下面先来说明一下"开方作法本源"图, 其次再说明一下"增乘方法求廉法草"。

如图所示, "开方作法本源"中每一横行恰好都是现代通称为某次幂的二项展开式中的各项系数, 即:

$$(x + a)^0 = 1$$
$$(x + a)^1 = x + a$$
$$(x + a)^2 = x^2 + 2ax + a^2$$
$$(x + a)^3 = x^3 + 3ax^2 + 3a^2x + a^3$$
$$(x + a)^4 = x^4 + 4ax^3 + 6a^2x^2 + 4a^3x + a^4$$
$$(x + a)^5 = x^5 + 5ax^4 + 10a^2x^3 + 10a^3x^2 + 5a^4x + a^5$$

$$(x + a)^6 = x^6 + 6ax^5 + 15a^2x^4 + 20a^3x^3 + 15a^4x^2 + 6a^5x + a^6$$

在朱世杰所著《四元玉鉴》(1303年)中还可以看到同样的图表,朱世杰已经把它推至8次幂(见下图)。

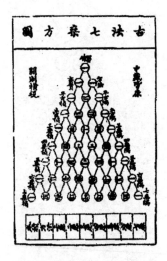

(采自罗士琳《四元玉鉴细草》)

我们知道,二项展开式的系数是可以用来进行开方的。贾宪"开方作法本源"图下的五句注解,正是对如何应用图中各行系数来进行高次幂开方的一个说明。

注解中的头两句:"左袤乃积数,右袤乃隅算。"其中"袤"本应作"衺"(古"邪"字,通"斜"),是指最外边的左右两斜线上的数字,都分别是各次开方的积(a^n)的系数和隅算(x^n)的系数。第三句:"中藏者皆廉",是说明图中间所藏的《二》《三、三》《四、六、四》等分别可以作开二次、三次、四次幂的"廉"。第四句:"以廉乘商方",是说明以各廉法乘商(一位得数)的相应次方,第五句:"命实而除之",和以前所述开方、开立方的类似的步骤作同样的解释。

可以看出,同样的步骤可以适用于任意高次幂的开方。这也就是说,利用"开方作法本源"中所列各廉,贾宪已将自古沿用下来的开平方、开立方法推广至任意高次幂的开方。

现在的问题是:"开方作法本源"图中所列各廉是如何求得的?

贾宪"开方作法本源"图之后附有用增乘方法来进行计算的"增乘方求廉法草",我们可以推断贾宪就是用这种方法来求各廉的。现将"求廉草"原文抄录如下:

增乘方求廉法草曰释锁求廉本源:列所开方数如前,五乘方列五位,隔算在外,以隔算一自下增入前位,至首位而止首位得六,第二位得五,第三位得四,第四位得三,下一位得二。复以隔算如前升增,递低一位求之。

求第二位

六旧数	五加十而止	四加六为十	三加三为六	二加一为三

求第三位

六	十五并旧数	十加十而止	六加四为十	三加一为四

求第四位

六	十五	二十并旧数	十加五而止	四加一为五

求第五位

六	十五	二十	十五并旧	五加一为六
上廉	二廉	三廉	四廉	下廉

草中开首处小字系说明本草乃是"求廉本源"。下面"列所开方数"下的注文"如前,五乘方列五位……"可见贾宪原书尚有"四乘方列四位","三乘方列三位"之类的"草"。"五乘方列五位,隔算

在外"，若改排横行并置隅算于右时，这相当于列出：

隅算

1　1　1　1　1　（1）

"以隅算一自下增入前位，至首位而止"相当于将1自右而左增入，得：

6　5　4　3　2　（1）

同样再以隅算1自右而左增入，但每递减低一位乃止，即可得各廉如：

求第二位：6　15(止)10　　6　　　3　　（1）累增至第二位止

　第三位：6　15　20(止)　10　　4　　（1）累增至第三位止

　第四位：6　15　20　　15(止)　5　　（1）累增至第四位止

　第五位：6　15　20　　15　　6(止)　（1）仅加隅算（1）于
第五位

这样就求得了开六次幂（当时称开五乘方）时需用的各廉。

　　显而易见，同样的方法可以推广至求开任意高次方的"廉"。

　　然而"增乘开方法"不仅可以用来求各廉，同样的步骤可被用来直接进行开方。只要把求廉草中递次增入的"隅算"改为以商数乘"隅算"，再如上节所述增乘开平、开立方法累乘商数分别增入各廉即可。

　　在《永乐大典》中辑有杨辉《详解（九章）算法》中的"递增三乘开方法"一题，这个问题相当于求解方程：

$$x^4 = 1336336 \quad (x = 34)$$

其中所用的方法正就是增乘开方法。这个问题很可能也是杨辉引自贾宪算书的。其解法原文如下："……上商得数，乘下法生下廉，乘下廉生上廉，乘上廉生立方，命上商除实。作法商第二位得数：

以上商乘下法入下廉，乘下廉入上廉，乘上廉入方；又乘下法入下廉，乘下廉入上廉；又乘下法入下廉。方一、上廉二、下廉三、下法四退。又于上商之次续商置得数，以乘下法入廉，乘下廉入上廉，乘上廉并为立方，命上商除实尽，得三乘方一面之数。"

如果用上述霍纳算式来表示，这相当于：

$$10000 + \qquad\qquad\qquad\qquad -1336336 \ \underline{|3}$$

$$\underline{\qquad +30000 +90000 +270000 +810000}$$

$$10000 +30000 +90000 +270000 -526336$$

$$\underline{\qquad +30000 +180000 +810000}$$

$$10000 +60000 +270000 +1080000$$

$$\underline{\qquad +30000 +270000}$$

$$10000 +90000 +540000$$

$$\underline{\qquad +30000}$$

$$10000 +120000 +540000 +1080000 -526336$$

$$1 +120 \quad +5400 \quad +108000 \quad -526336 \ \underline{|4}$$

$$\underline{+ \ \ 4 \quad +496 \quad +23584 \quad +526336}$$

$$1 +124 \quad +5896 \quad +131584 \quad +0$$

这样，我们可以看到与沿用古代开方、开立方方法而发展起来的任意高次幂开方法一道，又有一种与之并行的新的以"增乘方法"开任意高次幂的方法。后一种方法较诸前者有很明显的优越性，它不但比古法简单，而且经过刘益、秦九韶等人的工作（将于下节叙述），更发展成为在我国数学史上大放光彩的任意高次方程的数值解法。

"开方作法本源"图，于贾宪（约 1050 年），杨辉（1261 年），朱世杰（1303 年）之后，吴敬（1450 年）、周述学（1558 年）、程大位（1592 年）等人均曾引用。中亚细亚的数学家阿尔·卡西（西方译音通常为 al-Kāshī)于其所著《算术之钥》(1427 年)中也曾记载有高至 9 次幂的图表①西方国家通常把这个"开方作法本源"图称之为巴斯噶三角,以为它乃是法国数学家巴斯噶(Pascal,1623—1662)所发明,这是极不正确的。

"开方作法本源"图是宋元时期中国数学家的一项杰出贡献。

三、刘益"正负开方术"

由上节所述,我们可以看到贾宪虽然引入了一种新的"增乘开方法",但是他的问题仍只是限于求解 $x^2 = A, x^3 = B, x^4 = C$ 之类的二项方程。

流传至今的,对一般方程(系数可正可负)首先加以考虑的乃是刘益。

刘益曾著有《议古根源》,现已失传。但其中的某些问题,曾被杨辉编入《田亩比类乘除捷法》(1275 年)一书之中。通过这些问题,我们可以了解到刘益的某些工作。杨辉在《田亩比类乘除捷法》序中写道:"中山刘先生作《议古根源》……辉择可作关键题问者,重为详悉著述,推广刘君垂训之意。"北宋徽宗政和三年(1113 年)将河北西路定州(今河北定县)起升为中山府,杨辉称:"中山

---

①　值得注意的是,在阿尔·卡西的书中曾提出了两种造表的方法,其中之一即由左右肩上二数相加得出下面的数(亦即现在通常被人们熟悉的方法),而另一种方法则是与贾宪的"增乘方法"相同,由下而上利用逐乘逐加的方法求出所需各"廉";在阿尔·卡西的书中举出了一个计算 5 次方的两项展开式各项系数的例题。参见本书十二章一节。

刘先生",可见《议古根源》之作当在此后。又:明程大位《算法统宗》(1592 年)一书附有"元丰(1078—1085 年)、绍兴(1131—1162),淳熙(1174—1189 年)以来刊刻算书"的书目,其中列有《议古根源》。由以上种种理由,我们可以推定,《议古根源》的写作年代当在十二世纪中叶,恰好是在贾宪(约 1050 年)之后,秦九韶著《数书九章》(1247 年)之前。

杨辉《田亩比类乘除捷法》卷下引用了《议古根源》中的 22 个问题。其中仅及乘除而未用开方算法者有 4 题,二次的两项方程共 7 题,值得注意的是其中有如下二问。这两个问题相当于求解方程。

$$7x^2 = 9072$$

$$4x^2 = 144$$

亦即它们的二次项系数不为 1,就现有的史料看来,这还是这种类型问题的首次出现。

一般二次方程,首项系数为 1,各项系数均为正者共有三题。其中也出现了一次项系数为负和首项系数为负(益隅)的情况,如:

$$x^2 - 12x = 864$$

$$-5x^2 + 228x = 2592$$

$$-3x^2 + 228x = 4320$$

最值得注意的则是一题四次方程:$-5x^4 + 52x^3 + 128x^2 = 4096$。我国古代,很早就有了一般二次方程 $x^2 + Ax = B(A, B > 0)$ 的解法。唐王孝通《缉古算术》(七世纪初)中还曾讨论到三次方程 $x^3 + Ax^2 + Bx = C$。但不论二次或三次的方程其中系数 A、B、C 均为正数。

刘益已经可以求解一般方程式,并不拘系数正负,这实在是一项杰出的成就。所以杨辉说:"……刘益以勾股之术治演段锁方,撰《议古根源》二百问带从益隅（首项为负者）开方实冠前古。"[1]在另一个地方杨辉又说：刘益"引用带从开方正负损益之法，前古之所未闻也"。[2]

刘益求解二次方程的解法有两种：即"减从"开方和"益积"开方。如设 $A,B>0$，α 为根之第一位得数时，方程：

$$x^2 - Ax = B$$

的解法，其进行 $x = \alpha + y$ 的代换时两种开方法的布式可表示之如下：

"益积"：$y^2 + 2\alpha y - Ay = (B + A\alpha) - \alpha^2$

"减从"：$y^2 + \{(\alpha - A) + \alpha\}y = B - (\alpha - A)\alpha$

"益积"乃是先以商乘从法 $(A\alpha)$ 加入积 (B) 中，故称为"益积"。"减从"乃是先以隅减从法 $(\alpha - A)$ 再乘商除实，故称之为"减从"。刘益认为："若不益积，便用减从；或有不可益积者，需用减从开之。""减从"开方和"增乘开方"有极其相似的地方。"减从"后乘商除实，和"增乘"法中的"乘隅入方，乘方除实"很相近，但实际演算时不如增乘开方法简捷。

			川		上商矢
三	〇	丄	丅		乘倍之积 积自
实为	乘二	上			三乘方法
法至	此	廉商			
除	此	增命			
			I 二 皿		上廉 下廉
			三 ‖		负隅

更值得注意的是，杨辉所录刘益问题之中，还载有四次方程式一题：$-5x^4 + 52x^3 + 128x^2 = 4096$，$(x = 4)$ 其中所用方法，已与"增

---

① 杨辉《算法通变本末》上卷。

② 杨辉《田亩比类乘除捷法》序。

乘"开方法完全一致了。虽然方程的根只是一位数字,但这仍然可以算是把"增乘开方"法推广至一般高次方程解法的最初的例子。按照霍纳布式,这一问题相当于列出算草:

$$
\begin{array}{r}
-5 +52 +128 +\quad\ \ 0 -4096 \ \bigg|\ 4 \\
-20 +128 +1024 +4096 \\
\hline
-5 +32 +256 +1024 \qquad\quad 0
\end{array}
$$

最后,关于刘益的工作我们还必须提到下列两点。

(1)在对 $f(x)=0$ 进行 $x=a+y$ 代换后, $\varphi(y)=0$ 的常数项符号有所改变时,如方程 $-x^2+60x=864$,求得商的第一位数值 $a=30$ 之后,经过 $x=30+y$ 的代换,方程变为: $-y^2=-36$;常数项系数改变了符号,刘益便称之为"翻积"。又如方程: $-8x^2+312x=864$,求得 $a=30$ 后,方程变为: $-8y^2-168y=-1296$,常数项和一次项都改变了符号,刘益分别称之为"翻积""翻从"。这说明刘益已经认识到代换中的方程常数项符号的改变。对这类情况,秦九韶《数书九章》(1247年)中有更详尽的讨论("翻积"秦九韶又称它为"换骨",详见下节)。

(2)在杨辉所录刘益的二十二个问题中,有着如下相邻的两个问题。其一是:"直田积864步,只云长阔共60步,欲先求阔步得几何?"接下去的一题是"欲先求长步,问得几何?"。这两个问题所列出的方程均为 $-x^2+60x=864$,它的两个根刚好就是同一个方程的解答,虽然刘益和后来的杨辉都没有特别指出这一点。

四、秦九韶"正负开方术"

增乘开方法经过贾宪、刘益等人的工作,至十三世纪它已经发展成为一般方程的数值解法。

十三世纪中叶秦九韶撰《数书九章》，系统地叙述了宋元数学的这一杰出成就。下面我们将从几个方面来叙述一下秦九韶在高次方程数值解法方面的工作。

首先，我们先来叙述一下秦九韶的高次方程的表示方法，以及他对高次方程的分类方法。

秦九韶仍然沿用了前人在开方中所使用的列筹方法：把常数项——"实"——置于第二层，留下最上面一层来放置得数——开方所得的"商"。之后，再由上向下依次放置 x 的一次项，二次项等各项的系数（各"廉"），最下一层放置最高次项系数——"隅"。如右图所示的筹式，它相当于列出了方程：

α	商
a_n	实
a_{n-1}	方
a_{n-2}	上廉
a_{n-3}	二廉
⋮	各廉
a_1	下廉
a_0	隅

$$f(x) = a_0 x^n + a_1 x^{n-1} + a_2 x^{n-2}$$
$$+ a_3 x^{n-3} + \cdots + a_{n-1} x + a_n = 0 \, (a_n < 0)$$

秦九韶以前的数学家们，因为所计算的大都是长度、面积之类，因而开方式的"实"——即常数项常是正数，而于求得根的各位得数以后，由下向上推算，再把最后算得的结果由常数项中减去。秦九韶觉得这样不方便，他规定了"实常为负"（$a_n < 0$）而把 a_n 和各项系数列在一道，计算时只要按增乘开方法累乘累加直至最后。这就是说，古代数学家们所列筹式相当于：

$$a_0 x^n + a_1 x^{n-1} + \cdots + a_{n-1} x = A \quad A > 0$$

而秦九韶则列出了：

$$a_0 x^n + a_1 x^{n-1} + \cdots + a_{n-1} x + a_n = 0$$

而其中 $a_n = -A$ 常是负数。

除了 a_n 之外，其他项的系数，在秦九韶的所有问题中有时正，有时负，它们是不受任何限制的。

清李锐称："秦道古（即秦九韶）《数学九章》卷四上开方图，负算画黑，正算画朱。"[1] 但是现传刊本中已经看不见这种黑赤两色的记录了。现传刊本中只记有"上廉负""下廉正"等等。方程的缺项，则于应列筹处划入零号"〇"，并于其旁记入"虚方""虚下廉"等等。

秦九韶正负开方法算草
（采自宜稼堂丛书本《数书九章》）

秦九韶《数书九章》中有二十多个需要进行"开方"——求解方程的问题。按各问题原有的名目看来，这些问题都是和测量降雪深度，求各种形状的田地的面积，测量问题，粮仓计算等实际应用问题有关的。在这些问题中，次数最高的有十次方程。

秦九韶曾把高次方程按其系数的情况定为若干名目：如 $|a_0| \neq 1$ 时，则称之为"开连枝某乘方"，如：

$$400x^4 - 2930000 = 0$$

$$\left(x = 9\frac{764}{3439}, \text{第4卷"竹器验雪"题}\right)$$

① 《知不足斋丛书》之《益古演段》卷上。

称之为"开连枝三乘方"。若某方程的奇次幂系数皆为零时,则称之为"开玲珑某乘方"。如:

$$x^{10} + 15x^8 + 72x^6 - 864x^4 - 11664x^2 - 34992 = 0$$

$$(x = 3,\text{第八卷"遥度圆城"题})$$

则称之为"开玲珑九乘方"。

以上便是秦九韶的开方式列筹方式和他对方程进行的简单分类。下面,我们想简单叙述一下秦九韶的"正负开方术"——任意高次方程的数值解法的具体运算步骤。

这一解法的步骤和"增乘开方法"完全一致。今以《数书九章》卷五"尖田求积"一问为例,简单叙述如下:

"尖田求积"一问需要求解方程:

$$- x^4 + 763200x^2 - 40642560000 = 0$$

秦九韶在二十多个开方问题中,除了系数数字比较庞大的两个问题外,都附有算草和解说运算每一步骤的筹图。在"尖田求积"一问中就附有二十一个图式——"正负开三乘方图"——来详细说明运算的每一个步骤。为了简洁起见,我们把二十一个筹算图式精简为八个图式,并为了便于使人了解,将原图下附有的全部注文,附注于 8 个图式之旁。

商	① [列算如图]①。
−40642560000 实	
0 虚方	
+763200 从上廉	
0 虚下廉	
−1 益隅	

```
                800 商
-40642560000 负实
              0 虚方
       +763200 从上廉
              0 虚下廉
             -1 益隅
```

②上廉超一位,益隅①超三位,商数进一位;上廉再超一位,益隅再超三位,商数再进一位;上商八百为定。

```
                800 商
+38205440000 正实
   +98560000 [从]方
     +123200 [从]上廉
        -800 [益]下廉
          -1 益隅
```

③以商生[即乘]隅入益下廉,以商生下廉消[指正负相消]从上廉,以商生上廉入方,以商生方得正积,乃与实相消。以负实消正积,其积乃有余为正实,谓之"换骨"。

```
              商
            800
+38205440000 [正]实
 -826880000 [益]方
   -1156800 [益]上廉
      -1600 [益]下廉
         -1 益隅
```

④以商生隅入下廉——一变:以商生下廉入上廉内,相消——以正负上廉相消,以商生上廉入方内相消——以正负方相消。

```
              商
            800
+38205440000 [正]实
 -826880000 [益]方
   -3076800 [益]上廉
      -2400 [益]下廉
         -1 [益]隅
```

⑤以商生隅入下廉——二变:以商生下廉入上廉。

① 秦九韶在本题"正负三乘方图"之前题有:"商常为正,实常为负,从常为正,益常为负",故文中"益下廉""从上廉"等系指"负下廉""正上廉"而言。

```
                商
              8 0 0
+ 3 8 2 0 5 4 4 0 0 0 0 [正]实
 - 8 2 6 8 8 0 0 0 0    [益]方
   - 3 0 7 6 8 0 0      [益]上廉
     - 3 2 0 0          [益]下廉
       - 1              [益]隅
```

⑥ 以商生隅入下廉——
三变。

```
                商
              8 0 0
+ 3 8 2 0 5 4 4 0 0 0 0 [正]实
 - 8 2 6 8 8 0 0 0 0    [益]方
   - 3 0 7 6 8 0 0      [益]上廉
     - 3 2 0 0          [益]下廉
       - 1              [益]隅
```

⑦ 方一退,上廉二退,下
廉三退,隅四退;商续置——
四变。

```
                续
                商
              8 4 0
0 0 0 0 0 0 0 0 0 0 0 0 实空
 - 9 5 5 1 3 6 0 0 0    [益]方
   - 3 2 0 6 4 0 0      [益]上廉
     - 3 2 4 0          [益]下廉
       - 1              [益]隅
```

⑧ 以方约实,续商置四
十,生隅入下廉内,以商生下廉
入上廉内,以商生上廉入方内。
以续商四十命方法,除实适尽。
所得商数八百四十步为田积
[即 $x = 840$]。

　　秦九韶的正负开方术和现代通常所谓的霍纳方法基本上是一致的,二者的运算步骤都采用了随乘随加的方法。在上列八个筹式中:图①相当于列出了方程:

$$- x^4 + 763200 x^2 - 40642560000 = 0 \qquad (1)$$

图②相当于对上式(1)进行 $x = 100 x_1$ 的变换,得

$$- (10)^8 x_1^4 + 763200 \cdot (10)^4 x_1^2 - 40642560000 = 0 \qquad (2)$$

当求得 $8 < x_1 < 9$,确定出第一位得数为 8 之后,图③至图⑥就是用和霍纳算法完全一致的步骤求出进行 $x_2 = x_1 - 8$ 的代换后所应得出的新方程(即图⑥)

$$- (10)^8 x_2^4 - 3200(10)^6 x_2^3 - 3076800(10)^4 x_2^2$$

$$- 826880000(10)^2 x_2 + 38205440000 = 0 \qquad (3)$$

图⑦相当于对上列（3）式进行了 $x_3 = 10x_2$ 的换变之后得出的新的方程：

$$- (10)^4 x_3^4 - 3200(10)^3 x_3^3 - 3076800(10)^2 x_3^2$$

$$- 826880000(10) x_3 + 38205440000 = 0 \qquad (4)$$

最后求得 $x_3 = 4$，故得：

$$x = 100x_1 = 100(8 + x_2) = 100\left(8 + \frac{x_3}{10}\right) = 840$$

我们注意到，秦九韶在续求第二位得数时，采用了"以方约实"的试除法，用以求出第二位得数的估值。"以方约实"就是以方程的一次项系数除常数项，其得数与第二位得数的真值很相近。值得指出的是，在现代通常所应用的霍纳算法中也使用这种试除法。

秦九韶还对运算过程中所产生的某些特殊情况进行了讨论。例如他曾讨论到"换骨""投胎"等情形。

我们知道，在通常情况下，进行 $x = a + y$ 的代换后，方程的常数项符号不变，同时其绝对值逐渐减少。但也会有特殊情况发生。假如代换后常数项的符号由负变正时，秦九韶称之为"换骨"，并将其开方式称为"开翻法某乘方"。上述"尖田求积"题中即有"换骨"的情况产生。这种情况是因为方程存在有两个正根而所求者恰好是其中大者时所产生的，假若所求的是其中的小者，则不会有"换骨"的情况产生。如"环田三积"（卷六），"望敌圆营"（卷八），虽都可能有两个正根，但因所求乃是其中的小者，故而都没有"换骨"的情况产生。

所谓"投胎"则是指常数项符号不变，但其绝对值增大的情况。

如"古池推元"（卷八）：$0.5x^2 - 152x - 11552 = 0$ 得第一位商 300 进行代换后，常数项的绝对值反而增至 12152，故谓之"投胎"，但继续求得第二位商 6 并进行代换之后，常数项绝对值反而大减至 1472，最后求得 $x = 366\dfrac{412}{429}$。

当方程之根不为整数时，秦九韶采取了下列办法：

（1）按原有步骤继续求其小数，即所谓"进退开除"之法，如卷十二"囤积量容"一问 $16x^2 ＋ 192x - 1863.2 = 0$ 的答数为 $x = 6.35$，同一问中还有方程 $36x^2 + 360x - 13068.8 = 0$，其答数为 $x = 14.7$[①]。

（2）"命分"的方法：如卷六"环田三积"：$-x^4 + 15245x^2 - 6262506.25 = 0$ 求得初商进行减根变换后，秦九韶便以方、廉、隅各数（即减根变换后所得方程之一次、二次……至四次项的各系数）相并为分母，余实（常数项最后所余）为分子，即得：

$$x = 20 + \frac{324506.25}{-1 - 80 + 12845 + 577800} = 20\frac{1298025}{2362256}$$

假如所求解的是一个二次方程，这种方法和《九章算术》刘徽注中所提出的"以借算加定法而命分"的方法相同。我们可以认为秦九韶的这种方法乃是古已有之的"命分"方法在高次方程解法中的推广。值得注意的是，中世纪伊斯兰国家的数学家也采用了这种命分方法，在阿尔·卡西的《算术之钥》（公元 1427 年）一书中便记有这样的例子。

（3）当方程为两项方程，且其首项系数 $|a_0| \neq 1$ 时，秦九韶又

---

① 值得注意秦九韶书中关于小数的应用，参见第七章第二节。

有所谓"连枝同体术"。若 $a_0x^2 - a_1 = 0$ 中的系数 a_0 和 a_1 都是平方数时,则方程可以化为 $(\alpha x)^2 = \beta^2$,从而可以立即得出 $x = \dfrac{\beta}{\alpha}$。此外还可以首先进行 $x = \dfrac{y}{a_0}$ 的变换,把首项系数变为 1。秦九韶用首项系数乘常数项即得出变换后的方程 $y^2 - a_0a_1 = 0$,则 $y = \sqrt{a_0a_1}$ 代入 $x = \dfrac{y}{a_0}$ 中即可求得 x 之值。如卷七"临台测水"一题中有方程 $24649x^2 - 41912676 = 0$,其系数均为平方数,则得 $(157x)^2 = (6474)^2$,从而得出 $x = \dfrac{6474}{157} = 41\dfrac{37}{157}$;而在卷六"漂田推积"一问中有方程 $121x^2 - 43264 = 0$,以二次项系数乘常数项得变换后的方程为 $y^2 - 121 \times 43264 = 0$,开方得 $y = 2288$,代入 $x = \dfrac{y}{a_0}$ 得 $x = \dfrac{2288}{121} = 18\dfrac{10}{11}$。

五、秦九韶及其《数书九章》

秦九韶,字道古,自称是鲁郡人,其实他本人生于四川。他的生卒年代大约是 1202—1261 年[1]。

---

[1] 宋代周密《癸辛杂识》载:"秦九韶……年十八在乡里为义兵首……"以《宋史》卷四十"宁宗纪"考之,这次兵变可能是"嘉定十二年(1219 年)三月乙亥兴元军士权兴等"所领导的士兵暴动,以此递推可确定秦九韶的生年大约是在 1202 年。又,《宋史》卷四十五《理宗纪》有"景定三年(1262 年)……诏吴潜党人永不录用",秦属吴党,但《癸辛杂识》载秦九韶卒于任,由此推定秦当卒于景定二年(1261 年)。

　　"性极机巧,星象音律算术以至营造等事,无不精究。"①——这是当时人们对他的评论。

　　"早岁侍亲中都(南宋都城,即今之杭州),因得访习于太史,又尝从隐君子受数学"——这是关于自己所受数学教育的自述(《数书九章》序)。

　　宝庆年间(1225—1227年),跟随他父亲回到四川。稍后,秦九韶本人也曾在四川做过县尉官。端平三年(1236年)以后,北方元兵攻入四川,《数书九章》序中有"际时狄患历岁遥塞,不自意全于矢石间,尝险罹忧,荏苒十禩,心槁气落,信知夫物莫不有数也。乃肆意其间,旁诹方能,探索杳渺,粗若有得焉……窃尝设为问答,以拟于用"。从这里我们可以看出,《数书九章》是经过长时期的积累写成的。这个较长的时期,大约正是上述序文中所指的十年。

　　淳祐四年(1244年),他因母丧解官在家守孝,七年(1247年)九月写成《数书九章》序,完成了这部流传至今的杰出著作。在家守孝这三年,或许正是他从事编辑、删改和最后写定《数书九章》的时期。

　　除数学之外,秦九韶对天文历法也颇有研究。

　　关于他的哲学思想,没有更多的材料流传下来,只有通过他自己写的《数书九章》序还可以约略地看出他对数学的理解,对数学的对象以及对数学与实践的关系的理解。

　　他认为:"夫物莫不有数""数与道非二本也"。由这种观点出发有他正确的一面,如他认为"数术之传,以实为体"亦即承认数学与实践的密切联系,认为数学可以"经世务,类万物"。

---

　　①　周密《癸辛杂识》。

　　但是从这种观点出发，也有其错误的一面。如他认为"爰自河图洛书闿发秘奥，八卦九畴错综精微，极而至于大衍皇极之用，而人事之变无不该，鬼神之情莫能隐"，在这里他把数学和易经象数卜筮等等混淆在一起了。他还说：数学"其用本太虚生一而周流无穷，大则可以通神明、顺性命，小则可以经世务，类万物"。在这里他把数学神秘化起来，把与实践的密切联系，数学的广泛应用称之为"小"者。

　　这种思想上的矛盾和混乱，是秦九韶所不能解决的。最后他自己也不能不承认，虽研究多年，但"所谓通神明顺性命固肤末于见"，只能是"若其'小'者，窃尝设为问答以拟于用"，所搜集到的问题都是一些与"世务""万物"有关的"小"者。

　　尽管如此，他仍是把有关卜筮的例题作为全书之首来叙述有名的"大衍求一术"，并且把与天文历法有密切关系的一次同余式解法，和《周易·系辞传》"大衍之数"联系起来了。

　　所有这一切都说明，一方面秦九韶对中世纪的中国数学作出了杰出的贡献，他主张"数术之传，以实为体"，他著书立说是为了"以拟于用"；另一方面他对数学的理解对数学解释又是唯心主义的。这种情况，不能不使他在思想上有一定的束缚，从而具有特定历史条件下的局限性。

　　现传本《数书九章》①，共八十一题，分为九大类，每类各九题，九题又各立名目。这九个大类即：

----

　　① 陈振孙《直斋书录解题》卷十二，记有《数术大略》并称："此书本名《数术》，而前二卷'大衍'，'天时'二题于治历测天最详。"周密《癸辛杂识》作《数学大略》，疑均为指此书而言者。《永乐大典》抄本题为《数学九章》，宜稼堂丛书本则据明抄本《数书》而改题《数书九章》，这便成了现传本的书名。

（1）大衍类：叙述"大衍求一术"；

（2）天时类：有关历法推算、降雨降雪量的计算；

（3）田域类：土地面积；

（4）测望类：勾股重差问题；

（5）赋役类："均输"以及税收等问题；

（6）钱谷类：粮谷转运和仓库容积问题；

（7）营建类：工程施工问题；

（8）军旅类：营盘布置及军需供应等问题；

（9）市易类：粮谷、布匹的交易以及利息计算等问题。

就其写作形式来看，《数书九章》仍受到《九章算术》等经典著作的传统影响，以问题集的形式成书。但于每个问题之后多附有演算的步骤和解释这些步骤的算草图式，从而可以有助于了解各种算法的具体步骤。

《数书九章》中所搜集的问题，有许多是比较复杂的。如十三卷"营建类""计定筑城"一题的已知数据曾多至八十八条，而九卷"赋役类"中"复邑修赋"一题的答案竟有一百八十条。

从书的内容上讲，《数书九章》则远远超过了古代的经典著作，在一定意义上讲，可以把它看作是中世纪中国数学的一个高峰。尽管本书从题设到演算都存在缺点和错误①，但通过本书，人们不难看出中世纪中国数学的高度发展了的水平。这是一部具有代表性意义的著作，是值得人们珍贵的一部著作。

---

① 宋景昌有《数书九章札记》四卷附于宜稼堂丛书本《数书九章》之后，对原书中的许多错误有所驳正；但仍有不足之处。如"大衍类""行程相及"一题的题设是不合理的，"测望类"的数据均由"表矩"算起，忽视了人目的高度等等都是错误的。

　　高次方程的数值解法，是《数书九章》中所记载的最主要的成就。书中还记载了"大衍求一术"——古代历法中的重要算法之一，我们将于第十一章一节中专门介绍。

　　除开上述两项重要内容之外，《数书九章》还记载有许多值得注意的创造，下面两点比较突出。

　　首先值得人们注意的是，《数书九章》对联立一次方程组解法的改进。我们知道，古代《九章算术》中是用"直除"来求解的，即以第（1）式中的 x 项系数遍乘（2）式再连续减去（1）式相应各项以消去 x 项系数。《数书九章》中秦九韶改用"互乘法"，即令两个方程的 x 项系数互乘各方程，用一次相减即可达到消去 x 项之目的。从而免去直除法连续相减的麻烦，而这种互乘法和今天人们普遍应用的方法是完全一致的。秦九韶的这种改进对明朝的数学家有一定的影响。

　　其次，秦九韶关于已知三角形三边之长求其面积的问题，也得出了一般的解法。设三角形面积为 A，三边之长分别为 a,b,c 时，秦九韶的公式相当于列出：

$$A = \sqrt{\frac{1}{4}\left[a^2b^2 - \left(\frac{a^2+b^2-c^2}{2}\right)^2\right]}$$

这就是秦九韶《数书九章》卷五所载的"三斜求积"术。我们知道这个公式和西方有名的海伦（Heron，古希腊）公式是等价的。

第九章 "天元术"和"四元术"

一、"天元术"

我们知道,运用方程来求解实际问题,一般说来要分两个步骤。首先要根据问题给出的条件列出一个包括未知数的方程,第二步才是解方程求出它的根来。12—13世纪的中国数学家,不仅创造了求解任意高次方程的"正负开方法",同时也创造了根据问题给出的条件来列方程的方法。一般说来,在没有这种普遍的方法之前,列方程并不是一件简单的事。例如唐初时候的王孝通为了列出某些三次方程,就花费了不少的心血。

到了宋元时代,中国数学家们终于找到了一种普遍的列方程的方法。这就是"天元术"。在流传至今的数学著作中,首先对天元术进行系统叙述的乃是李冶(1192—1279)所著的《测圆海镜》(1248年)和《益古演段》(1259年)二书。朱世杰的《算学启蒙》(1299年)和《四元玉鉴》(1303年)两书也都曾用到天元术。特别是《四元玉鉴》还记述了多元高次方程的列方程的方法。

天元术和现代通常的代数教科书中列方程的方法极为相类。

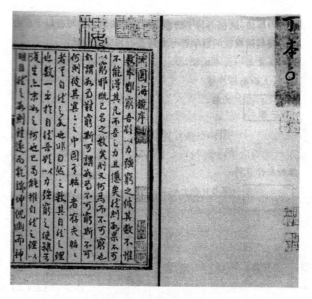

《测圆海镜》最早抄本

（现藏于北京图书馆）

它首先是"立天元一为某某"，也就是现代的"设x为某某"的意思。其次再根据问题给出的条件列出两个相等的多项式，令二者相减即可得出一个一端为零的方程。这种以相等二多项式相减以列出方程的步骤，被称为"同数相消"或"如积相消"。

在天元术中写出一个多项式，常常是在一次项旁记入一个"元"字，或是在常数项旁记一个"太"字。下面举李冶《测圆海镜》卷七第 2 题为例具体说明一下列方程的方法。

这个问题的原文是："（假令有圆城一所，不知周径，四面开门）或问丙出南门直行一百三十五步而立，甲出东门直行一十六步见之（问径几里？答曰：城径二百四十步）。"李冶在这一问题之后，给出了五种解法，现在把其中的第二种解法的原文抄写在以下左边，

在右边我们用现代的数学符号对照进行相应的解释：

草曰:立天元一为半城径,副置
之,上加南行步得

为股,

设 x 为圆城半径则

$$OA(股) = x + 135$$

$$OB(勾) = x + 16$$

下位加东行步得

为勾,

勾股相乘得

为直积一段,

$$OA \cdot OB = (x + 135)(x + 16)$$
$$= x^2 + 151x + 2160$$

以天元除之得

为弦,

以 $x = OC$ 除之得

$$AB(弦) = \frac{OA \cdot OB}{OC}$$
$$= x + 151 + 2160x^{-1}$$

$(\because AB \cdot OC = OA \cdot OB)$

以自之得

为弦幂著左。

自乘之得: $(AB)^2 = (弦)^2$

$$= x^2 + 302x + 27121$$
$$+ 652320x^{-1} + 4665600x^{-2}$$

置于左边。

乃以勾自之得 　　元，

又: $(勾)^2 = \overline{OB}^2$

$$= x^2 + 32x + 256$$

又以股自之得 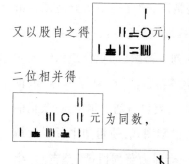 ，

二位相并得

$$(股)^2 = \overline{OA}^2$$

$$= x^2 + 270x + 18225$$

则 $(弦)^2 = (勾)^2 + (股)^2$

$$= 2x^2 + 302x + 18481$$

与左相消得

与前式相减得：

$$-x^2 + 8640 + 652320x^{-1}$$

$$+ 4665600x^{-2} = 0$$

亦即

$$-x^2 + 8640x^3 + 652320x$$

$$+ 4665600 = 0$$

开益积(首项系数是负数的)三乘方,得一百二十步,即半城径也。

解之得 $x = 120$,即为圆城半径。

从以上左右对照的叙述中,我们可以看出天元术列方程的方法,"立天元一为某某",和现代通常列方程的代数方法是相同的。欧洲的数学家们,严格一些说,只有到了十六、十七世纪才做到了这一点。

从以上的叙述中还可以看到宋元时期数学家们已经熟练地掌握了多项式的加、减、乘、除(只限用 x 的整数幂来除)。其中多项式的乘法是用"增乘"(随乘随加)的方法进行的。我们在这还必须指出的是用天元式表示出的方程都是有理整式。在无理式的情况下,总是用乘方消去根号;在分式的情况下,总是通分化为整式之后再来进行求解①。

① 见《测圆海镜》卷7第2问的第一个解法。

关于在李冶之前天元术的发展情况,现在还不十分清楚。祖颐在《四元玉鉴》后序中称:"平阳蒋周撰《益古》,博陆李文一撰《照胆》,鹿泉石信道撰《钤经》,平水刘汝谐撰《如积释锁》,绛人元裕细草之,后人始知有天元也。"李冶《益古演段》自序中有"近世有某者,以方圆移补成编,号《益古集》,真可与刘李相颉颃,余犹恨其闭匮而不尽发,遂再为移补条段,细翻图式,使粗知十百者便得入室唉其文。"其中所指的《益古集》当即为蒋周所撰《益古》。李冶在《测圆海镜》中,有时还引用了《钤经》中的解法。《钤经》当即为祖颐《四元玉鉴》序文中所引石信道所撰之《钤经》。

由此可见,在李冶之前就已经出现了不少的关于天元术方面的著作,特别是李冶的《益古演段》更不外乎是在别人的著作的基础上"移补条段,细翻图式"而已。

由此可见,不能把天元术的产生时代限于李冶两部著作的成书年代(1248年、1259年)。还可以把它更推早一些时候,甚至可以推早一个世纪①。

天元术既不始自李冶,用天元来记写多项式和方程,"元""太"等名目当然也不自李冶开始。同时这许多名目以及天元式的记法,各书中也不尽相同。如李冶所著《敬斋古今黈》卷三中记有:"予至东平得一算经,大概多明如积之术。以十九字志其上下层数。曰:仙、明、霄、汉、垒、层、高、上、天、人、地、下、低、减、落、逝、泉、暗、鬼。"这大概是以"人"为常数项,上下各列八项"天、上、

---

① 明程大位《算法统宗》(1592年)书中所引元丰、绍兴、淳熙以来(1078—1189年)刊刻的各种算书中列有:《益古算法》《钤经》《钤释》等,这些书的成书年代可能是要早一些的。可惜现在均已失传,无从详考。

高……"表示 x、x^2、x^3……，"地、下、低……"表示 x^{-1}、x^{-2}、x^{-3}…

在《敬斋古今黈》的同一条里，李冶还叙述了当时关于多项式的记法，各项的排列顺序问题。他说："予遍观诸家如积图式（按即天元多项式），皆以天元在上，乘则升之，除则降之。独太原彭泽彦材法，立天元在下。凡今之印本《复轨》等书俱下置天元者悉踵习彦材法耳。彦材在数学中亦入域之贤也，而立法与古相反者，其意以为天本在上，动则不可复上，而必置于下，动则徐上。亦犹易卦，乾在下，坤在上，二气相交而为太也。故以乘则降之，除则升之。"

从中可以看出，李冶刚好处在人们把"天"在上的记法改为"天"在下的记法的时代，并且对这种改变还附会一个《易经》上的解释。但是推想起来，其所以要把 x 项依次记入常数项之下，很可能是为了和传统的解方程时所用的开方式取得一致。

李冶本人在其关于天元术的第二本著作《益古演段》中，便采用了 x 项在下的新记法。如《益古演段》第 23 问所列出的方程：

$$25x^2 + 280x - 6905 = 0$$

则记如：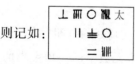。这和秦九韶《数书九章》中所记开方式的形式完全一致。

二、李冶及其所著《测圆海镜》

我们说天元术最初并不是从李冶开始，但却丝毫也不想贬低李冶在发展天元术的过程中所起的作用。不是通过其他人的著作，而正是通过李冶的著作才使我们有可能对天元术有一个比较系统的了解。李冶的功绩是不容低估的。

李冶（1192—1279），原名李治，号敬斋，真定栾城人（现属河北石家庄专区藁城县），生于1192年。曾任钧州（今河南禹县）知事。1232年（壬辰）钧州被蒙古军攻破，他便逃到北方，先后在山西崞县的桐川、太原、平定、河北元氏等地隐居。1251年定居于元氏县封龙山下。李冶是当时北方的著名学者，与元裕、张德辉等学者有密切的往来，号称"龙山三友"。元世祖忽必烈曾多次召见，但李冶多次辞官不受，仍回封龙山隐居。

李冶读书的兴趣很广泛，有很多人跟随着他学习。他曾在山上草堂讲学，其中也有些人跟随着他学习数学。

李冶死于至元十六年（1279年），享年八十八岁。

李冶生平有很多著述，如《泛说》（四十卷）《敬斋古今黈》（四十卷）《壁书丛削》（十二卷）。可惜大部都已失传。流传至今的只有《敬斋古今黈》（十二卷本）——这是他历年读书的杂记，其体例与宋沈括的《梦溪笔谈》相类。

李冶的两部数学著作——《测圆海镜》（1248年）和《益古演段》（1259年）一直流传到现在，成为我国宋元数学的一项宝贵的文化遗产。

通过李冶自己所写的"《测圆海镜》序"，我们多少可以窥视出李冶本人对数学的一些看法。李冶说："数本难穷，吾欲以力强穷之，彼其数不惟不能得其凡，而吾之力且惫矣。然则数果不可以穷耶？既已名之数矣，则又何为而不可穷也！故谓数为难穷，斯可；谓数为不可穷，斯不可。何则，彼其冥冥之中，固有昭昭者存；夫昭昭者,其自然之数也。非自然之数,其自然之理也。数一出于自然,吾欲以力强穷之,使隶首复生,亦未如之何也已。苟能推自然之理,以明自然之数,则虽远而乾端坤倪,幽而神情鬼状,未有不合者矣。"

李冶在这里正确地指出了,"数"是客观存在的反映。在许多错综复杂的现象中,自有"昭昭者存",这里所谓的"昭昭者",就是"自然之数",而它正是"自然之理"的反映。它是可"穷"的,而不是不可"穷"的;是可知的,而不是不可知的。同时正因为它是"自然之理",所以只能是按着它的本来面目去推演而不能"以力强穷"。他的这些论点都是正确的。

李冶又在《益古演段》一书的自序中写道:"术数虽居六艺之末,而施之人事,则最切务。"在《测圆海镜》的序文中他还批判了以数学为"九九贱技"以及"玩物丧志"等谬论,他还表示即使是"其悯我者当百数,而笑我者当千数",仍然要继续研究数学。

《测圆海镜》(1248年)《益古演段》(1259年)两书的成书年代很相近,大概都是李冶在封龙山讲学一段时期内写成的。其中《益古演段》一书是专为初学天元术的人而编写的。李冶在《益古演段》一书的自序中写道:"近世有某者以方圆移补成编,号《益古集》,真可与刘(徽)李(淳风)相颉颃。余犹恨其闷匮而不尽发,遂再为移补条段,细翻图式,使粗知十百者,便得入室嗛其文,顾不快哉……吾所述虽不敢追配作者,诚令后生辈优而柔之,则安知轩隶之秘不于是乎始!"《益古演段》确实是关于天元术的一部很好的入门书籍。全书共三卷,六十四题。

《测圆海镜》中则包括有李冶的更多的工作。全书十二卷,共一百七十问。所讨论的问题都是已知直角三角形三边上各个线段而求内切圆、傍切圆等的直径之类的问题。他在"自序"中写道:

"余自幼喜算数,恒病夫考圆之术,例出于牵强,殊乖于自然……老大以来,得洞渊九容之说,日夕玩绎,而响之病我者,使爆然落去,而无遗余。山中多暇,客有从余求其说者,于是乎又为衍之,遂累一百七十问。既成编,客复目之《测圆海镜》,盖取夫天临海镜之义也。"由此可见《测圆海镜》乃基于"洞渊九容"之说,衍之而成者。但"洞渊"是人名或书名都已不可考。《测圆海镜》卷十一第18题"又法"中题有:"此问系是洞渊测圆门第一十三,前答亦依洞渊细草,用勾外容圆术……然其数烦碎婉转费力,今别草一法,其廉、从与前不殊,而中间段络径捷明白,方之前术极为省易,学者当自知也。"这都说明《测圆海镜》受了"洞渊"的很大影响,也说明了李冶于"洞渊"旧法之外,还费了不少的心血,下了许多功夫。正如李冶临死时对他儿子所讲的那样:"《测圆海镜》一书,虽九九小数,吾尝精思致力焉,后世必有知之者。"

对我们讲来,《测圆海镜》的意义更重要的还是在于它能够一直流传到现在。从而使得我们对十三世纪中叶中国的数学面貌,特别是人们对天元术能有一个比较系统的了解。

《测圆海镜》于第一卷之首便列出了一张"圆城图式"(如下页图),于第二卷之首有:"假令有圆城一所,不知周径,四面开门,门外纵横各有十字大道,其西北十字道头定为乾地。其东北十字道头定为艮地;其东南十字道头定为巽地;其西南十字道头定为坤地;所有测望杂法,一一设问如后。"全书170个问题都是和这一圆城图式有关的各种问题。

李冶由假设直角三角形(即图中的△天地乾)的各边为680、320、600起算,算得下述十五个三角形的各边之长并且给出了各该三角形的容圆公式:

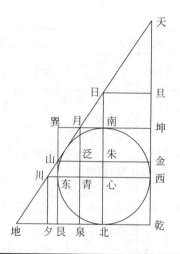

	弦 c	勾 a	股 b	三边的名称	九容名称及容圆半径公式
△天地乾	680	320	600	通弦、通勾、通股	通率：勾股容圆 $d = \dfrac{2ab}{a+b+c}$
△天川西	544	256	480	边弦、边勾、边股	边率：勾上容圆 $d = \dfrac{2ab}{b+c}$
△日地北	425	200	375	底弦、底勾、底股	底率：股上容圆 $d = \dfrac{2ab}{a+c}$
△天山金	510	240	450	黄广弦、黄广勾、黄广股	
△月地泉	272	128	240	黄长弦、黄长勾、黄长股	
△天日旦	255	120	225	上高弦、上高勾、上高股	
△日山朱	255	120	225	下高弦、下高勾、下高股	
△月川青	136	64	120	上平弦、上平勾、上平股	
△川地夕	136	64	120	下平弦、下平勾、下平股	

（续表）

	弦 c	勾 a	股 b	三边的名称	九容名称及容圆半径公式
△天月坤	408	192	360	大差弦、大差勾、大差股	大差率：勾外容圆 $d=\dfrac{2ab}{b+c-a}$
△山地艮	170	80	150	小差弦、小差勾、小差股	小差率：股外容圆 $d=\dfrac{2ab}{a+c-b}$
△日川心	289	136	255	（皇）极弦、（皇）极勾、（皇）极股	皇极率：勾股上容圆 $d=\dfrac{2ab}{c}$
△月山巽	102	48	90	（太）虚弦、（太）虚勾、（太）虚股	太虚率：弦外容圆 $d=\dfrac{2ab}{a+b-c}$
△日月南	153	72	135	明弦、明勾、明股	明率：勾外容圆半 $d=\dfrac{2ab}{c-a}$
△山川东	34	16	30	重弦、重勾、重股	重率：股外容圆半 $d=\dfrac{2ab}{c-b}$

同时还算出了每个三角形的"勾股和""勾股较（即勾股差）""勾弦和""勾弦较（即勾弦差）"等。

值得特别指出的是，李冶《测圆海镜》于"图式""名号"之后，还列出了图中各线段之间以及各线段的和、差、乘积等等之间的相互关系，共分七类692条。其中的每一条都相当于一个几何定理。李冶把这许多条汇总起来置于全书之首，名之曰"识别杂记"。正如清代数学家李锐所说："杂记数百条，乃是书之纲领，非此不能立算。"书中许多问题的解法，都要用到这些"杂记"。

书中并没有明确的指出这些"杂记"都是怎样推得的。有人推断它们就是根据前面所述诸三角形的特定边长数值（如△天地乾的三边设为680、320、600）而推算出来的。李锐就曾另外假设了三套数值（如设△天地乾三边之长分别为：600、360、480；780、300、

720；1400、392、1344）来验证"识别杂记"。李冶原书中并没有附以任何证明，但经李锐的校算，原692条的"杂记"其中误谬并不是很多的（现经严格证明，错误者只有8条）。

李冶的《测圆海镜》，其目的主要是在于利用天元术来列出方程，而对方程的解法——开方术，就没有详细的介绍。但是下面两点是我们必须指出的。

（1）李冶所列出的方程已无秦九韶"实常为负"的限制——即其常数项已无任何限制，是正数可以，是负数也可以。如：

$$-x^2 + 204x + 8640 = 0（"明重前"第1问）$$
$$4x^3 - 2640x^2 + 264960x + 6156000 = 0（"大和"第4问）$$

（2）当求得方程的根的第一位得数 a 进行 $x = a + y$ 的变换时，若方程的常数项其符号不变但绝对值增加时，李冶称之为"益积"。在这里，李冶的"益积"和秦九韶的"投胎"意义相同，但和刘益所谓的"益积"完全不同。若变换后常数项符号改变时，李冶称之为"倒积"或"翻法"[①]。"倒积"和"翻法"相当于秦九韶所谓的"换骨"。此外，还指出有所谓"倒积倒从开平方"的情况。如《益古演段》第24问：$1.75x^2 - 108x + 1449 = 0$，求得根的第一位数值40进行 $x = 40 + y$ 的变换后得出的新方程为 $1.75y^2 + 32y - 71 = 0$，其中常数项和一次项的符号都与原式相反，故而称之为"倒积倒从"。

三、"四元术"

把天元术由一个未知数推广到二元、三元以及四元的高次联

---

① 如《测圆海镜》"底勾"第5问，"明重前"第3问，"三事和"第8问，"大股"第9问，等等。

立方程组,乃是中国中世纪数学家们继天元术之后的又一项杰出的创造。

我们知道,早在《九章算术》中就已经详细地叙述了多元一次联立方程组的解法。当十三世纪的数学家们掌握了列方程的天元术之后,这种方法很快地被推广到求解多元高次联立方程组问题中去,这是很自然的事情。

祖颐在《四元玉鉴》后序中曾谈到天元术到四元术的发展情况,他说:"平阳蒋周撰《益古》,博陆李文一撰《照胆》,鹿泉石信道撰《钤经》,平水刘汝谐撰《如积释锁》,绛人元裕细草之,后人始知有天元也。平阳李德载因撰《两仪群英集臻》兼有地元,霍山邢先生颂不高弟刘大鉴润夫撰《乾坤括囊》末仅有人元二问,吾友燕山朱汉卿(即朱世杰)先生演数有年,探三才之赜,索九章之隐,按天地人物立成四元……"可惜的是,祖颐这里所提到的许多书籍都没能流传到现在。流传至今并且是对这一杰出的创造进行了系统叙述的,乃是元朝朱世杰所著的《四元玉鉴》(1303 年)。

关于朱世杰的生平,现有的资料并不多。根据《四元玉鉴》的莫若、祖颐二人的序文我们知道:朱世杰,字汉卿,自号松庭,寓居"燕山"(即今之北京附近)。他曾"以数学名家周游湖海二十余年",当他游扬州时"四方之来学者日众,先生遂发明九章之妙,以淑后学"[①]。"大德己亥(1299 年)编辑《算学启蒙》,赵元镇已与之版而行",不久以后,朱世杰所著《四元玉鉴》也由赵元镇(赵城)刊刻印行了。书前有临川莫若的序,序文是大德癸卯(1303 年)年写的,现在通常就把 1303 年视之为《四元玉鉴》的成书年代。书后还

[①]　祖颐后序中亦有"周流四方,复游广陵,踵门而学者云集"之句。

附有祖颐的后序。

　　《四元玉鉴》全书共三卷,二十四门,二百八十八问。其中,在
"假令四草""或问歌象""两仪合辙""左右逢元""三才变通"、"四
象朝元"等六门中,计有二元的高次联立方程三十六题,三元者十
三题,四元者七题。

　　莫若于序文中说道:"《四元玉鉴》,其法以元气居中,立天元一
于下,地元一于左,人元一于右,物元一于上,阴阳升降,进退左右,
互通变化,错综无穷。其于盈朒隐互,正负方程,演段开方之术,精
妙元绝。其学能发先贤未尽之旨,会万理而朝元,统三才而归极,
乘除加减,钩深致远,自成一家之书也。"祖颐后序中也有:"按天地
人物立成四元,以元气居中,立天勾(x)、地股(y)、人弦(z)、物黄
方(w),考图明之,上升下降,左右进退,互通变化,乘除往来,用假
象真,以虚问实,错综正负,分成四式。必以寄之、剔之,余筹易位,
横冲直撞,精而不杂,自然而然,消而和会,以成开方之式也。"这两
段文字介绍出来了四元术的主要内容。

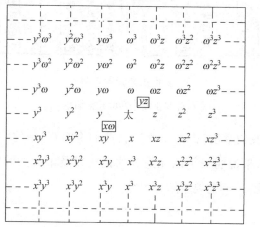

四元式筹算的摆法，显而易见是在天元式的筹算摆法的基础上发展起来的。如分别以 x、y、z、w 代表朱世杰所指的天、地、人、物各元，则"元气居中，立天元一于下，地元一于左，人元一于右，物元一于上"的表示方法相当于令常数项居中，而将相应的各项系数记入图中相应的格子中；由不相邻二未知数的乘积所构成的各项（如 yz、xw），则记入图中相应的夹缝的位置上（如前页之图）。

朱世杰四元术算草

（采自罗士琳《四元玉鉴细草》）

下面我们举出《四元玉鉴》卷首"假令四草"中的"三才运元"一题为例，来说明一下四元筹式的记法以及朱世杰的四元消法。"三才运元"一问需要求解方程组：

$$\begin{cases} -x - y - xy^2 - z + xyz = 0 & \cdots 今式 \\ x - x^2 - y - z + xz = 0 & \cdots 云式 \\ x^2 + y^2 - z^2 = 0 & \cdots 三元之式 \end{cases}$$

按四元筹式的记法则为："今式 [筹式图]、云式 [筹式图]、三元

之式 [筹式图]"。朱世杰的四元消法,按《四元玉鉴》所载的

原文是:"以云式①剔而消之,二式皆人易天位,前得 [筹式图],后

得 [筹式图];互隐通分相消左得 [筹式图],右得 [筹式图];内二行

得 [筹式图],外二行得 [筹式图],内外相消,四约之,得开方式 [筹式图],三

乘方开之得弦五步,合问。"

朱世杰的消法大致可以分为"剔而消之""人易天位""互隐通分相消""内外行乘积相消"等步骤。

其中"内外行乘积相消",是朱世杰四元消法中的最后一步,亦

---

① 陈棠认为"云式"应为"三式"。

即二元二行式——这是二元式中最简单的形式,其中包括了朱世杰四元消法的基本思想。如上所举"三才运元"一题最后消至"左

得 $\begin{array}{cc} 7 & -6太 \\ 3 & -7 \\ -1 & -3 \\ & 1 \end{array}$,右得 $\begin{array}{cc} 13 & -14太 \\ 11 & -13 \\ 5 & -15 \\ -2 & -5 \\ & 2 \end{array}$ "这相当于求解:

$$\begin{cases} (7 + 3z - z^2)x + (-6 - 7z - 3z^2 + z^3) = 0 \cdots \quad （左得） \\ (13 + 11z + 5z^2 - 2z^3)x + (-14 - 13z - 15z^2 \\ \qquad - 5z^3 + 2z^4) = 0 \cdots \qquad\qquad （右得） \end{cases}$$

左右两式并立时, $-6 - 7z - 3z^3 + z^3$ 和 $13 + 11z + 5z^2 - 2z^3$ 是"内二行", $7 + 3z - z^2$ 和 $-14 - 13z - 15z^2 - 5z^3 + 2z^4$ 是"外二行",内、外行各自相乘再相消得:

$$4(-5 + 6z + 4z^2 - 6z^3 + z^4) = 0$$

如果把上述左右二式概括地写成

$$\begin{cases} A_1 x + A_0 = 0 \cdots & （1） \\ B_1 x + B_0 = 0 \cdots & （2） \end{cases}$$

(其中 A_0、B_1 是内二行, A_1、B_0 是外二行,都是仅含 z 而不含 x 的多项式)

则内二行相乘,外二行相乘,再相减,即可消去 x 得:

$$F(z) = A_0 B_1 - A_1 B_0 = 0$$

"互隐通分相消"是一般二元方程组(即不限于二行式)的消去法。可以举三行式(即含 y 的二次项)为例,其一般写法为:

$$\begin{cases} A_2 y^2 + A_1 y + A_0 = 0 \cdots & （3） \\ B_2 y^2 + B_1 y + B_0 = 0 \cdots & （4） \end{cases}$$

（其中 A_2、A_1、A_0、B_2、B_1、B_0 为均不含 y 项的关于 x 的多项式）如想消去 y^2 项，则可以 A_2 乘（4）中除 B_2y^2 以外各项，再以 B_2 乘（3）中 A_2y^2 以外各项，相消，得

$$C_1y + C_0 = 0\cdots \qquad (5)$$

以 y 乘（5）再与（3）或（4）联立，依同样消法可另得

$$D_1y + D_0 = 0\cdots \qquad (6)$$

（5）（6）即为"二元二行式"，可用前述方法最后消去含 y 各项。

"互隐通分相消"也可以从尾项（即不含 y 项）开始进行，依同样步骤，仍可逐次降低含 y 项次数，直至消成"二元二行式"。

我们已经可以看出在上述消法中需要进行以 y 乘全式，或以 y 除全式的步骤，在朱世杰四元术中，这种乘除法可以用把全式左移或右移的方法来实现。这也正是莫若"前序"中所谓的"左右进退"和祖颐"后序"中所谓的"横冲直撞"。

三元、四元的问题则首先需要"剔而消之"。正如罗士琳所指出："凡立两元恒不须剔消，以太字可以升降进退故也（即全式可用待消未知数的任意次幂乘除）。若立三元则太字左有地元，右有人元，只可上下升降而不可左右进退……若立四元，则天地人物环抱于太字之四旁，使太字动有牵制。"因此才有"剔消"之法。

关于"剔消"之法，朱世杰原草中几乎毫无指示。许多清代数学家都把"剔"理解为"剔分为二"，这是对的。但在具体的"剔"法上又各有不同。如"三才运元"中消去地元（y）为例，沈钦裴①主张

---

① 沈钦裴著有《四元玉鉴细草》，但并未刊刻传世。现存有两种抄本：其一为王萱铃的学生白桂贞、白锟所抄，共五册，只到《四元玉鉴》卷中，书后有道光七年（1827年）王萱铃跋。这个抄本现藏于北京图书馆。另一为全部完整的，共六册、书前附有《今古开方会要之图细草》一卷，并有道光九年（1829年）序言，亦藏于北京图书馆。

将待消二式以"太"所在一行为准,剔分为二(以"太"所在一行属右半)。(3)式左半以 y 除之乘(4)式右半,(4)式左半以 y 除之乘(3)式右半,二积相消,即可降低方程的含 y 项次数。如此反复施之,即可消去一切含 y 项。如有:

$$\begin{cases} A_2y^2 + A_1y + A_0 = 0\cdots(3) \\ B_2y^2 + B_1y + B_0 = 0\cdots(4) \end{cases} \quad \begin{array}{l}(A_2A_1A_0B_2B_1B_0 \text{ 均为只含}\\ x,z \text{ 而不含 } y \text{ 的多项式})\end{array}$$

可将(3)、(4)两式写成

$$\begin{cases} (A_2y + A_1)y + A_0 = 0\cdots & (3') \\ (B_2y + B_1)y + B_0 = 0\cdots & (4') \end{cases}$$

沈钦裴的方法相当于以 A_0、B_0 互乘(3')、(4')式括号中多项式,相消,得:

$$C_1y + C_0 = 0\cdots \quad (7)$$

$$(\text{其中 } C_1 = A_2B_0 - A_0B_2, C_0 = A_1B_0 - A_0B_1)$$

(5)式再与(3')或(4')联立,依同样方法又可得:

$$D_1y + D_0 = 0\cdots \quad (8)$$

$$(\text{其中 } D_1 = A_2C_0 - A_0C_2, D_0 = A_1C_0 - A_0C_1)$$

联立(7)(8),依同样步骤即可最后消去含 y 项得

$$E = 0$$

而 $E = C_0D_1 - C_1D_0$ 为只含 x、z 的多项式。

沈钦裴的解释相当于"互隐通分相消"之法的又一次推广。罗士琳[1]和陈棠[2]的方法则相当于代入法。比较起来,还是沈钦裴的方法更近于朱世杰的原意。

---

[1] 罗士琳《四元玉鉴细草》(1838 年)。

[2] 陈棠《四元消法易简草》(1899 年)。

最后,我们再解释一下"人易天位"。所谓"易位"经常需要在"剔消"完成之后来施行。在三元式中,假如消去的是人元,则无须"易位",若消去的是地元,则需将所余二元(天、人)式以"太"为中心转90°,使二元式由第四象限转至第三象限——这就是所谓的"人易天位"。四元式如消去者为天元时,则需将所余三元式转180°,使它们处于第三、四象限的位置上——这就是"物易天位"。显然这只是各项位置的转动,方程本身并不改变。

以上便是对四元消法的一个简单的说明。

十分明显,在诸如上述的消元过程中需要应用到多项式,而且是多元多项式的加、减、乘等运算。可惜的是,在《四元玉鉴》中没有关于这方面的详细记载。

关于消元最后得到的一元高次方程的解法,朱世杰也没有进行详细的介绍,据推断,他所用的方法,和秦九韶、李冶等人的方法大致是相同的。

朱世杰亦有"翻法开之"之说,但却不仅限于常数项的变号(如秦九韶),代换后未知数的一次项符号若有改变时,朱世杰也称作"需翻法开之"。

开方不得整数——即方程无整根时,朱世杰有下列方法。

(1)继续用"开方"法以求其小数(《算学启蒙》中有一题,《四元玉鉴》中有三题)。

(2)"开之不尽命分",其内容与秦九韶的命分方法完全一致。

(3)"连枝同体术"或称"之分法":朱世杰的"连枝同体术"与秦九韶、李冶稍有不同。秦李二人都是在求解方程(首项系数 $a_0 \neq$ 1)一开首处便以 $x = \dfrac{y}{a_0}$ 的代换将方程最高次项系数化为1,而朱世杰则是求得根的整数部分之后"（开方）不尽，以连枝同体术求之"，如"端匹互隐"第 1 题：求解 $-8x^2 + 578x - 3419 = 0$，乃是在求得其根的整数部分 65，以 $x = 65 + x_1$ 进行代换得 $-8x_1^2 - 462x_1 + 351 = 0$，之后才以"同体术"进行 $x_1 = \dfrac{y}{8}$ 的代换将方程化为 $y^2 - 462y + 2808 = 0$，解之 $y = 6$，从而 $x = 65 + x_1 = 65\dfrac{6}{8} = 65\dfrac{3}{4}$。

在一些问题中，朱世杰还把这种"同体术"称为"之分法"。如"和分索隐"门中的许多问题就是如此的。

在秦九韶和李冶书中，"同体术"的应用还只是见于二次方程和某些两项的三次方程，而朱世杰则把这种以 $x = \dfrac{y}{a_0}$ 的变换的方法推广到任意三次或四次方程[①]中去了。

①　见朱世杰《四元玉鉴》"和分索隐"第 12、13 两问。

第十章　"垛积术""招差术"
——高阶等差级数方面的工作

一、沈括"隙积术"与杨辉"垛积术"

中国古代的数学家,很早就注意到等差级数的问题。《九章算术》《张邱建算经》中都记载有这一方面的问题。从宋代伟大的科学家沈括起,许多数学家进一步对高阶等差级数的求和问题进行了研究,并取得了辉煌的成就。

北宋时期的沈括(1031—1095)是一位博学的科学家,曾用笔记的形式写成《梦溪笔谈》一书。在第十八卷第四条中记载着他所提出的长方台形垛积的一般求和公式——"隙积术"。

沈括说道:"算术求积尺之法,如刍薨、刍童、方池、冥谷、堑堵、鳖臑、圆锥、阳马之类,物形备矣。独未有'隙积'一术。""'隙积'者,谓积之有隙者,如累棋层坛及酒家积罂之类,虽似复斗四面皆杀,缘有刻缺及虚隙之处,用刍童法求之,常失于数少。"

沈括说像累棋、层坛、酒家积罂之类的垛积问题,是不能套用"刍童"体积的公式的。

设一个长方台垛积的顶层宽（上广）为 a 个物体，长为 b 个物体，底层宽（下广）为 c 个，长为 d 个，高共有 n 层；如视物体的个数为长度整尺数（例如 a 个物体视为 a 尺），按求解刍童（长方台）体积的公式来计算，其体积当为

$$\frac{n}{6}\big[\,(2b+d)a+(2d+b)c\,\big] \text{ 立方尺。}$$

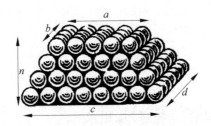

假如把这一结果就算作是垛积总和的物体数目时，正如沈括所指出："常失于数少"。沈括提出了正确的垛积公式："予思而得之，用刍童法为上行，下行别列下广，以上广减之，余者以高乘之，六而一，并入上行。"这相当于给出公式：

$$S = ab + (a+1)(b+1) + (a+2)(b+2) + \cdots$$
$$+ (a+\overline{n-1})(b+\overline{n-1}) = \frac{n}{6}\big[\,(2b+d)a$$
$$+ (2d+b)c\,\big] + \frac{n}{6}(c-a)$$

即垛积个数比长方台体积立方尺数多 $\dfrac{n}{6}(c-a)$。

至于沈括是用什么方法求得这一正确公式的，《梦溪笔谈》没有详细说明。很可能是对不同长宽高的垛积进行多次实验，用归纳的方法得出的。

沈括的这一研究构成了其后二三百年关于垛积问题研究的开

端。正如清代数学家顾观光所说:"堆垛之术详于杨(辉)氏、朱(世杰)氏二书,而创始之功,断推沈氏。"[1]

作为体积问题的比类题目,把各种垛积问题附之于相应的体积计算问题之后来加以说明,除开上述沈括之外,在南宋末,还可以在杨辉的著作中看到。

杨辉在《详解九章算法》(1261年)商功第五中,于体积问题之后附有垛积问题的共有六问,其中与级数求和有关的共有四问即:

(1)果子垛(附于"刍童"之后,与沈括刍童垛相同):

$$S = a \cdot b + (a+1)(b+1) + (a+2)(b+2)$$

$$+ \cdots + (c-1)(d-1) + c \cdot d = \frac{h}{6}\left[(2b+d)a \right.$$

$$\left. + (2d+b)c \right] + \frac{h}{6}(c-a)$$

(2)又,果子垛(附于"方锥"之后):

$$S = 1^2 + 2^2 + 3^2 + \cdots + n^2 = \frac{n}{3}(n+1)\left(n+\frac{1}{2}\right)$$

(3)方垛(附于"方亭"之后):

$$S = a^2 + (a+1)^2 + (a+2)^2 + \cdots + (b-1)^2 + b^2$$

$$= \frac{h}{3}\left(a^2 + b^2 + ab + \frac{b-a}{2}\right)$$

(4)三角垛(附于"鳖臑"之后):

$$S = 1 + 3 + 6 + 10 + \cdots + \frac{n(n+1)}{2}$$

$$= \frac{1}{6}n(n+1)(n+2)$$

---

[1] 顾观光《九数存古》卷五。

其中的(1)式正就是沈括的"刍童"垛公式,当(1)式中 $a=b=1$,$c=d=n$,此时 h 亦 $=n$,即可得(2)式;当(1)式中 $a=b$,$c=d$ 时即可得出(3)式;当(1)式中 $a=1$,$b=2$,$c=n$,$d=n+1$ 时,由(1)式可知:

$$1\cdot 2+2\cdot 3+3\cdot 4+\cdots+n(n+1)=\frac{1}{3}n(n+1)(n+2)$$

两端除以 2,即可得出(4)式。这就是说杨辉书中的各种公式均可由沈括长方台垛公式导出。

　　杨辉所编《算法通变本末》(1274 年)中收有三角垛二题,四隅垛一题。所用公式与上述(4)式、(2)式全同。

二、《授时历》中的"招差术"

　　在中国古代数学的发展过程中,由于天文历法计算方面的需要,曾不断地向数学提出许多问题,从而推动了数学的发展。反之,数学中新方法的不断出现,也为天文历法的计算工作提供了更加精确的数学方法,从而也把天文学和历法的计算工作推进一大步。元朝《授时历》的编制过程,便很好地证明了这一点。

　　经过 10—13 世纪而逐渐发展起来的高次方程的数值解法,以及逐渐积累起来的关于高阶等差级数求和方面的知识,都被运用到授时历中来了。《授时历》用高阶等差级数方面的知识来解决天文计算中的高次招插问题,取得了辉煌的成就。

　　《授时历》完成于元朝至元十七年(1280 年),至元十八年正月一日起正式使用。它是当时优秀的天文学家兼数学家王恂(1235—

1281)、郭守敬(1231—1316)、杨恭懿(1225—1294)等人集体编写的。其中王恂和郭守敬出力居多。王恂负责计算,郭守敬负责各种测量仪器的制造①。至元十八年《授时历》正式颁行后不久,王恂病故,当时《授时历》的推步法则和各种表格都还没有最后定稿。最后的工作都是郭守敬独立完成的。郭守敬"比次编类,整其分秒,裁为推步七卷,立成二卷,历议拟稿三卷"。至元二十三年(1286年)郭守敬任太史令时又写成《时候笺注》、《修改源流》及天文测量方面的著作多种。由于郭守敬自始至终参与了《授时历》的编制,并且最后的工作又都主要是由他来完成的,因而人们经常在《授时历》前冠以郭守敬的名字。

下面,我们对《授时历》,主要是对其中所使用的高次招插法——平、立、定三差术——进行介绍。

正如郭守敬等人在上《历议》中所说,《授时历》"创法凡五。一曰:太阳盈缩用四正定气,立为升降限,依立招差求每日行分初末极差积度比古为密;二曰:月行迟疾,古历皆用二十八限,今以万分日之八百二十分为一限,凡析为三百三十六限,依垛迭招差求得转分进退,其迟疾度数逐时不同,盖前所未有。"其中"依立招差""依垛迭招差"都是高阶等差级数方面的知识在招差法方面的应用。

招差法是我国数学史上具有世界意义的伟大成就。《授时历》用招差法来推算太阳逐日运行的速度以及它在黄道上的经度,还用招差法来推算月球在近地点周内逐日运行的速度。

古代的中国天文学家,最初认为太阳在黄道上日行一度,其运

---

① 参见《元文类》卷十七杨桓:"太史院铭"。

动是匀速的。到了六世纪北齐时候，天文学家张子信根据长时期的观测，发现太阳的运动并不是匀速的。在冬至点前后比较快，在夏至前后比较慢。隋朝的刘焯在其所编《皇极历》（600 年）中，认为太阳的运动是匀加速的，也就是说太阳所行走的距离，对所经历的时间讲来，是一个二次函数。根据这种理解，他创立了自己的内插法公式。他把冬至到春分的时间分成六段。假设其每段之长为 l①，刘焯通过观测测得太阳在时间为 $0, l, 2l, 3l, \cdots$ 等处时太阳距冬至点的距离为 $f(0) = 0, f(l), f(2l), f(3l), \cdots$ 假如我们用现代一般通用的数学符号 Δ_n^1 表示 $f(nl + l) - f(nl)$——称为 $f(nl)$ 的一级差分（$n = 0, 1, 2, 3, \cdots$），以 Δ_n^2 表示 $\Delta_{n+1}^1 - \Delta_n^1$——称为 $f(nl)$ 的二级差分（$n = 0, 1, 2, 3, \cdots$）。利用在时间为 $0, l, 2l, 3l, \cdots$ 各点上所观测得到的数值 $0, f(l), f(2l), f(3l), \cdots$ 和 $\Delta_n^1 \cdot \Delta_n^2$（$n = 1, 2, 3, \cdots$），根据二次差的内插公式就可以求出太阳逐日所行距离。因为刘焯假定 f 是时间的二次函数，显而易见诸 Δ_n^2 都是相等的，而诸 Δ_n^3——三差都是 0。

但是太阳的视运动对时间讲来并不是一个二次函数，也就是说三差并不等于 0。唐时僧一行已经注意到这个问题，并列出一个包括三差的表格，但由于当时数学发展水平所限，一行还没有能够列出正确的三次差内插公式。

一直到《授时历》，这一问题方才被王恂、郭守敬等人解决了。

《授时历》认为从定冬至到定春分只有 88.91 日，也就是说在这期间太阳只经过了 88.91 日便运行了一个象限（91.31 度，一周

---

① 见本书第五章。

天按365.25度计算)。若按太阳每日平均运行一度计算,太阳在这段时间内已经有了"盈积"2.40度。由春分到夏至,太阳用93.71日运行一个象限,按平均每日一度计算,则有"缩积"2.40度。其后两个象限的情况又和上述前两个象限的情况全同。就其所用的算法而论,四个象限都是相同的。下面举第一象限88.91日为例,对其推算太阳逐日运行的情况进行一些介绍。

《授时历》把88.91日分成6段,每段各为14.82日,亦即 $l =$ 14.82。他们观测了 $0, l, 2l, 3l, \cdots, 6l$(《授时历》称之为"积日")各点上太阳的实际运行度数。从这个数目中减去按每日平均运行一度的平行度数,算出在 $0, l, 2l, 3l, \cdots, 6l$ 各点上的"积差"(累积下来的差数),并计算"积差"的各级差分如下表①:

	"积日"	"积差"	一差 Δ	二差 Δ^2	三差 Δ^3	四差 Δ^4
初段(0)	0	0				
			7058.0250			
第一段(l)	14.82	7058.0250		-1139.6580		
			5918.3670		-61.3548	
第二段($2l$)	29.64	12976.3920		-1201.0128		0
			4717.3542		-61.3548	
第三段($3l$)	44.46	17693.7462		-1262.3676		0
			3454.9866		-61.3548	
第四段($4l$)	59.28	21148.7328		-1323.7224		0
			2131.2642		-61.3548	
第五段($5l$)	74.10	23279.9970		-1385.0772		
			746.1870			
第六段($6l$)	88.92	24026.1840				

---

① 表中各数系以万分之一日,即以一分为单位。

因为表中三差均相等而四差均为 0,可知"积差"是"积日"的三次
函数。设其为 $f(x) = d + ax + bx^2 + cx^3$,因 $f(0) = 0$,故知式中 d 实
际上是等于 0 的,从而这一函数关系仅由三项式,如 $f(x) =$
$ax + bx^2 + cx^3$ 即可表达。显而易见,只要对 $\dfrac{f(x)}{x}$ 进行考虑亦可求出
a、b、c 的数值,同时函数式可减低一次——变成二次式,如:

$$F(x) = \frac{f(x)}{x} = a + bx + cx^2$$

实际上《授时历》也正是这样做的。

《授时历》用"积日" x 去除"积差" $f(x)$,将其结果称之为"日平
差"。显而易见,"日平差"仅是"积日"的二次函数。《授时历》列
出了"日平差"的各级差分,如下表:

	"日平差" (="积差"/"积日")	逐级差分		
		一差	二差	三差
冬至当时(0)	$F(0) = (513.32)$			
		(-37.07)		
第 1 段(l)	$F(l) = 476.25$		(-1.38)	
		-38.45		(0)
第 2 段($2l$)	$F(2l) = 437.80$		-1.38	
		-39.83		0
第 3 段($3l$)	$F(3l) = 397.97$		-1.38	
		-41.21		0
第 4 段($4l$)	$F(4l) = 356.76$		-1.38	
		-42.59		0
第 5 段($5l$)	$F(5l) = 314.17$		-1.38	
		-43.97		
第 6 段($6l$)	$F(6l) = 270.20$			

表中原来是没有冬至当时的"日平差"和一差的,但根据二差均相等,
可知冬至当时的二差亦为 -1.38;再根据第一段的一差可求出冬至

当时的一差$[\Delta_0^1 = \Delta_1^1 - \Delta_1^2 = -38.45 - (-1.38) = -37.07]$；根据求得的一差和第一段的"日平差"即可求出冬至当时的"日平差"$[F(0) = F(l) - \Delta_0^1 = 476.25 - (-37.07) = 513.32]$。

由冬至当时的"日平差"、一差和二差，根据古代早已有之的二次差内差公式立即可以得出：

$$F(nl) = \frac{f(nl)}{nl} = 513.32 + n(-37.07)$$

$$+ \frac{1}{2}n(n-1)(-13.8)$$

当n等于分数时，上述公式仍然成立。

设x为冬至后的日数，则$\frac{x}{14.82}$即将日数化成段数，根据上述公式则第x日当时的"日平差"$F(x)$可由下列公式给出：

$$F(x) = 513.32 + \frac{x}{14.82}(-37.07)$$

$$+ \frac{1}{2}\frac{x}{14.82}\left(\frac{x}{14.82} - 1\right)(-1.38) = 513.32$$

$$- 2.46x - 0.0031x^2$$

因而可知x日的"积差"$f(x)$为：

$$f(x) = x \cdot F(x) = 513.32x - 2.46x^2 - 0.0031x^3$$

式中三数即为前设$f(x) = ax + bx^2 + cx^3$中的a、b、c，《授时历》分别把它们称为"定差""平差""立差"。

假如将日数$1, 2, 3, \cdots$逐次代入上式，当然可以求出逐日的"积差"，但这样逐次的代入在计算上是不胜其烦的。在这里，《授时历》巧妙地应用了表格计算的方法，简化了复杂的计算而没有应用逐日代入的计算方法。

实际上，由 $f(x) = ax + bx^2 + cx^3$ 中就可以看出，当 x 逐日采取 $1,2,3,4,\cdots$ 数值时，$f(x)$ 的第一项系数按 $1,2,3,4,\cdots$ 的倍数增加，第二项则按 $1,4,9,16,\cdots$ 平方的倍数增加，第三项按 $1,8,27,64,\cdots$ 立方的倍数增加（b、c 被称为"平差"和"立差"也正是由于这种原因）。亦即：

$$f(0) = 0$$
$$f(1) = a + b + c$$
$$f(2) = 2a + 4b + 8c$$
$$f(3) = 3a + 9b + 27c$$
$$f(4) = 4a + 16b + 64c$$

$\cdots\cdots$

据此可以列出逐日"积差"和它的各级差分，如下表：

	"积差"	一差	二差	三差	四差
初日	$f(0) = 0$				
		$a + b + c$			
第一日	$f(1) = a + b + c$		$2b + 6c$		
		$a + 3b + 7c$		$6c$	
第二日	$f(2) = 2a + 4b + 8c$		$2b + 12c$		0
		$a + 5b + 19c$		$6c$	
第三日	$f(3) = 3a + 9b + 27c$		$2b + 18c$		0
		$a + 7b + 37c$		$6c$	
第四日	$f(4) = 4a + 16b + 64c$		$\cdots\cdots$		0
		$\cdots\cdots$		$\cdots\cdots$	
	$\cdots\cdots$				

假如把冬至当时"积差"的一差、二差、三差分别设为 a、β、γ，通过上表可知

$$\alpha = a + b + c = 510.8569 \quad （授时历称之为"加分"）$$

$$\beta = 2b + 6c = -4.9386 \quad （"平立合差"）$$

$$\gamma = 6c = -0.0186 \quad （"加分立差"）$$

已知冬至当时的各次差,如下表:

	"积差"	一差	二差	三差	四差
初日	0				
		510.8569			
第一日			-4.9386		
第二日				-0.0186	
第三日					0

按招差的原则仅用加减法即可填满这张表,很容易便可列出逐日"积差"的表格来。即:

	"积差"	一差	二差	三差	四差
初日	0				
		510.8569			
第一日	510.8569		-4.9386		
		505.9183		-0.0186	
第二日	1016.7752		-4.9572		0
		500.9611		-0.0186	
第三日	1517.7363		-4.9758		0
		495.9853		-0.0186	
第四日	2013.7216		-4.9944		0
		……		……	
……	……		……		
		……			

这正就是《授时历》中的数表。

《授时历》中,关于月亮在近点周内按日运行的度数和关于五星运动的推算也应用了同样的方法。

三、朱世杰的"垛积招差术"

朱世杰在其所著《四元玉鉴》（1303 年）一书中，把中国宋元数学家在高阶等差级数求和方面的工作更向前推进了一步。在朱世杰的著作中可以看到更为复杂的求和问题，对这一类问题也有了较系统的、普遍的解法。

《四元玉鉴》卷中"茭草形段"（共七题）、"如象招数"（5 题）和卷下"果垛叠藏"（21 题）三门之中，所有的问题都是已知各种高阶等差级数总和反求其项数的问题。解决这些问题需要按照级数求和的公式列出一个高次方程来，然后再用"正负开方术"求出方程的根。正如清代数学家李善兰在《垛积比类》一书序文中所说："朱氏《玉鉴》茭草形段、如象招数、果垛叠藏诸门为垛积术。然其意在发明天元一，故言之不详，亦无条理。"《四元玉鉴》是一部专门讲述天元术和四元术的著作，因而对高阶等差级数——垛积术和招差术——的叙述，看上去似乎条理不是很清楚的。但经过逐题推演排比之后，便可以认识到朱世杰对高阶等差级数已经有了比较丰富的知识，并且这些知识又都是自有其系统的。

在朱世杰的许多求和问题中，下述的一串三角垛公式有着重要意义，其他的求和公式都可以从这串公式演变得出。这串公式即是：

茭草垛①(或称茭草积)②

$$\sum_1^n r = 1 + 2 + 3 + \cdots + n = \frac{1}{2!}n(n+1)$$

三角垛③(或落一形垛)④

$$\sum_1^n \frac{1}{2!}r(r+1) = 1 + 3 + 6 + \cdots + \frac{1}{2}n(n+1)$$

$$= \frac{1}{3!}n(n+1)(n+2)$$

撒星形垛⑤(或三角落一形垛)⑥

$$\sum_1^n \frac{1}{3!}r(r+1)(r+2) = 1 + 4 + 10 + \cdots$$

$$= \frac{1}{4!}n(n+1)(n+2)(n+3)$$

三角撒星形垛⑦(或撒星更落一形垛)⑧

$$\sum_1^n \frac{1}{4!}r(r+1)(r+2)(r+3) = 1 + 5 + 15 + \cdots$$

$$= \frac{1}{5!}n(n+1)\cdots(n+4)$$

三角撒星更落一形垛⑨

---

① 见"菱草形段"第6、7问,"如象招教"第1问。
② 朱世杰所著《算学启蒙》卷下"堆积还原"第1、3问。
③ "果垛叠藏"第1问,第14—20问等。
④ "菱草形段"第1问。
⑤ 同上,第2问。
⑥ "如象招数"第2、3、5问。
⑦ 同上,第5问。
⑧ "菱草形段"第4问。
⑨ "果垛叠藏"第6问。

$$\sum_{1}^{n} \frac{1}{5!}r(r+1)\cdots(r+4) = 1 + 6 + 21 + \cdots$$

$$= \frac{1}{6!}n(n+1)\cdots(n+5)$$

从这一串公式,不难归纳得下列公式,即:

$$\sum_{r=1}^{n} \frac{1}{p!}r(r+1)(r+2)\cdots(r+p-1)$$

$$= \frac{1}{(p+1)!}n(n+1)(n+2)\cdots(n+p) \qquad (\text{A})$$

上述一串三角垛公式恰好是(A)式当 $p = 1,2,3,\cdots,5$ 时的情况。

(A)式在朱世杰的书中是一个非常重要的公式。今天,我们可以用严格的数学归纳法来证明它的成立。而当时朱世杰是用什么方法推得的,因为缺乏这方面的材料,一时尚难弄清。推断它很可能是用并不十分严密的归纳法得到的。因为想要推得(A)式的规律并不困难,只要注意在这一串三角垛公式中,下一个公式的结果是由前一公式结果再乘以 $\dfrac{n+p}{p+1}$ 即可得到,再经过当 $p = 1,2,\cdots,6$ 时的实际计算的验证(清罗士琳《四元玉鉴细草》就曾用这种方法来进行验证),得到(A)式并不困难。

其次,我们还注意到在(A)式所代表的这一串三角垛公式中,前式的结果,恰是后式的一般项,也就是说,后式乃是:求以前式的结果为一般项的级数求和问题。从垛积的意义上讲来,这相当于把前式至第 r 层为止的垛积,落为一层,作为后式所表示垛积中的第 r 层(即式中第 r 项)假如我们把这一点和各公式的名目对照起来看时,不难看出朱世杰经常将后式称为前式的"落一形"的意义。如:

将三角垛($p=2$)称为茭草垛($p=1$)的落一形垛，

撒星形垛($p=3$)称为三角落一形垛，

三角撒星形垛($p=4$)称为撒星更落一形垛，

$p=5$ 时则直接称为三角撒星更落一形垛。

"落为一层"，这大概就是朱世杰所用各种名目中"落一"的意义。这也证明了朱世杰曾对这一串三角垛公式的前后式之间的关系进行了研究和比较。

我们还可以注意到上述一串三角垛公式与"开方作法本源"图之间的关系。在这些公式中，其左侧求和各项恰好依次是"开方作法本源"图中第 p 条斜线上的前 n 项数字，而各式右侧的结果则刚好等于第 $p+1$ 条斜线上第 n 项数字。第 p 条斜线上的第 r 个数目可以用 $\dfrac{1}{(p-1)!}r(r+1)(r+2)\cdots$

$(r+p-2)$ 表示，而第 $p+1$ 条斜线上的第 n 个数可以用 $\dfrac{1}{p!}n(n+1)$

$(n+2)\cdots(n+p-1)$ 表示。这就是说"开方作法本源"图所显示的这种性质刚好就是公式：

$$\sum \frac{1}{(p-1)!}r(r+1)(r+2)\cdots(r+p-2)$$

$$=\frac{1}{p!}n(n+1)(n+2)\cdots(n+p-1)$$

《四元玉鉴》"如象招数"（卷中之十）一门共有五问，都是和招差有关的问题。在这里，朱世杰在中国数学史上第一次正确地列出了高次招差的公式;这正是因为他比较完善地掌握了级数求和方面的知识,特别是掌握了各种三角垛求和方面知识的缘故。

在"如象招数"最后一问的朱世杰自注中,他曾附有一个题目,并注有解法。这一问一答,显然是为了解释招差术而附设在这里的。这个问题就是:"或问……依立方招兵,初招方面三尺,次招方面转多一尺……今招一十五方……问招兵……几何?"

设日数为 x,$f(x)$ 为第 x 日共招兵数,则逐日招兵人数为 $\Delta f(x) = (2+x)^3$,现在分别计算当 $x = 1,2,3,4,\cdots$ 时 $f(x)$ 之值及 $f(x)$ 的逐级差分如下

日数	累日共招兵人数	每日招兵人数(上差,Δ)	(二差,Δ^2)	(三差,Δ^3)	(四差,Δ^4)
1(初日)	27	$3^3 = 27$	37	24	6
2(二日)	91	$4^3 = 64$	61	30	6
3(三日)	216	$5^3 = 125$	91	36	……
4(四日)	432	$6^3 = 216$	127	……	
5(五日)	775	$7^3 = 343$	……		
……	……	……			

即初日的逐差为:上差(Δ) = 27,二差(Δ^2) = 37,三差(Δ^3) = 24,下差(Δ^4) = 6。

朱世杰在求第 n 日招兵人数时,他的解法是:"求得上差二十七、二差三十七、三差二十四、下差六。求兵者:又今招为上积,今招减一为菱草底子积为二积,又今招减二为三角底子积为三积,又今招减三为三角落一积为下积。以各差乘各积,四位并之,即招兵

数也。"即：

上积 = n

二积 = 以$(n-1)$为茭草底子的茭草垛的积

$\qquad = \dfrac{1}{2!}n(n-1)$

三积 = 以$(n-2)$为三角底子的三角垛的积

$\qquad = \dfrac{1}{3!}n(n-1)(n-2)$

下积 = 以$(n-3)$为三角落一底子的三角落一形垛的积

$\qquad = \dfrac{1}{4!}n(n-1)(n-2)(n-3)$

"以各差乘各积，四位并之"就相当于列出了招差公式：

$$f(n) = n\Delta + \frac{1}{2!}n(n-1)\Delta^2 + \frac{1}{3!}n(n-1)(n-2)\Delta^3$$
$$+ \frac{1}{4!}n(n-1)(n-2)(n-3)\Delta^4$$

可以看出，这一公式，在形式上已经与现代通用的形式完全一致了。朱世杰正确地指出了招差公式中各项系数恰好依次是各三角垛的"积"，这正是他突出的贡献。根据这一点，人们有理由推断他已经有可能正确地写出任意高次的招差公式来。

招差术，通过郭守敬等人的工作，最后由朱世杰把它推进到更加完善的地步。在欧洲，首先对招差术加以说明的是格列高里（J. Gregory）（1670年），在牛顿的著作中（1676年、1678年）方才出现了招差术的普遍公式。

在"如象招数"门五个问题中，除一题为四次招差外，还有三次差（"平面招兵""圆箭招兵"）三题，二次差者一题。不论二次差还

是一次差,朱世杰仍是依照招差术的方法,先求各差,再以各三角
垛公式求各积,各差与各积相乘相并,得出招差公式。

"如象招数"门中,除了上述用招差术求其末日招兵人数之外,
还有求其逐日招兵人数总和——即求其总人次的问题,一如前题:
"或问……依立方招兵,初招方面三尺,次招方面转多一尺……今
招十五日,每人日支钱二百五十文,问招兵及支钱各几何?",求支
钱总数时,必须先求出总人次,即求出 $\sum_{1}^{n} f(r)$ 来。根据 $f(n)$ 的招
差公式有:

$$
\begin{aligned}
\sum_{r=1}^{n} f(r) &= \sum_{1}^{n} \left[r\Delta + \frac{1}{2!}r(r-1)\Delta^2 + \frac{1}{3!}r(r-1)(r-2)\Delta^3 \right.\\
&\quad \left. + \frac{1}{4!}r(r-1)(r-2)(r-3)\Delta^4 \right]\\
&= \Delta\Sigma r + \Delta^2\Sigma\frac{1}{2!}r(r-1) + \Delta^3\Sigma\frac{1}{3!}r(r-1)(r-2)\\
&\quad + \Delta^4\Sigma\frac{1}{4!}r(r-1)(r-2)(r-3)\\
&= \frac{1}{2!}n(n+1)\Delta + \frac{1}{3!}(n-1)n(n+1)\Delta^2\\
&\quad + \frac{1}{4!}(n-2)(n-1)n(n+1)\Delta^3\\
&\quad + \frac{1}{5!}(n-3)(n-2)(n-1)n(n+1)\Delta^4
\end{aligned}
$$

这一结果正是"解法术曰"中所说的"求支钱者,以今招为菱草积为
上积,又以今招减一为三角底子积为二积,又今招减二为三角落一
积为三积,又今招减三为三角撒星积为下积,以各差乘各积,四位
并之,所得(即总人次)又以每日支钱乘之,即得支钱之数也"。

在《四元玉鉴》中还有其他一些较复杂的垛积问题。

如下的四角垛,作为沈括刍童垛的特例($a = b$),在杨辉的著作中早已有之,即

四角垛①

$$\Sigma r^2 = 1^2 + 2^2 + \cdots + n^2 = \frac{1}{3!}n(n + 1)(2n + 1)$$

《四元玉鉴》中还记载有以上述四角垛结果为一般项的求和问题。这问题可以化为三角垛来解决,亦即:

四角落一形垛②

$$\Sigma \frac{1}{3!}r(r + 1)(2r + 1)$$

$$= \Sigma \frac{1}{3!}r(r + 1) \cdot 2r + \Sigma \frac{1}{3!}r(r + 1)$$

$$= \frac{2}{3}\Sigma \frac{1}{2!}r(r + 1) \cdot r + \frac{1}{3}\Sigma \frac{1}{2!}r(r + 1)$$

$$= \frac{2}{3} \cdot \frac{1}{4!}n(n + 1)(n + 2)(3n + 1) + \frac{1}{3} \cdot \frac{1}{3!}n(n + 1)(n + 2)$$

$$= \frac{1}{12}n(n + 1)(n + 1)(n + 2)$$

这里,又引出了一种形如 $\Sigma \frac{1}{2!}r(r + 1) \cdot r$,即以三角垛之积再乘以项数为一般项的求和问题,它的一般形式可以写成如下的形式,并仍然可以用三角垛公式求积。亦即:

$$\Sigma \frac{1}{p!}r(r + 1)(r + 2)\cdots(r + p - 1) \cdot r$$

① 见"果垛叠藏"第13—20各问。
② 见"果垛叠藏"第3问。

$$= \sum \frac{1}{p!} r(r+1) \cdots (r+p-1) \{(r+p) - p\}$$

$$= (p+1) \sum \frac{1}{(p+1)!} r(r+1) \cdots (r+p-1)(r+p)$$

$$- p \sum \frac{1}{p!} r(r+1) \cdots (r+p-1)$$

$$= (p+1) \frac{1}{(p+2)!} n(n+1) \cdots (n+p)(n+p+1)$$

$$- p \frac{1}{(p+1)!} n(n+1) \cdots (n+p-1)(n+p)$$

$$= \frac{1}{(p+2)!} n(n+1)(n+2) \cdots (n+p) [(p+1)n+1] \quad (B)$$

朱世杰显然是通晓（B）式的规律的。他把这种类型的垛积称之为"……岚峰形垛"。如：

"岚峰形垛"①（$p = 2$）

$$\sum \frac{1}{2!} r(r+1) \cdot r = \frac{1}{4!} n(n+1)(n+2)(3n+1)$$

三角岚峰形垛②（$p = 3$）

$$\sum \frac{1}{3!} r(r+1)(r+2) \cdot r$$

$$= \frac{1}{5!} n(n+1)(n+2)(n+3)(4n+1)$$

"如象招数"第 4 问："……依平方招兵……每人日给米三升，次日

---

① 见"菱草形段"第 3 问。
② "果垛叠藏"第 4 问。或称为"岚峰更落一形垛"如"菱草形段"第 5 问。

转多三升……"求总米数时，便需用(B)式①求解。

《四元玉鉴》中还有着如下的"茭草值钱"之类的求和问题，它们乃是依次以一个等差级数(递增或递减)各项乘以三角垛各项而成的。这类问题，与上述各种类型的问题一样，依然可以从三角垛公式导出。如：

"茭草值钱(正)"②(茭草垛各项乘一个递增的等差级数各项)

$$\Sigma r\{a + (r-1)b\} = \frac{1}{3!}n(n+1)\{2bn + (3a-2b)\}$$

"茭草垛值钱(反)"③——乘以一个递减的等差级数各项：

$$\Sigma r(a + \overline{n-r} \cdot b) = \frac{1}{3!}n(n+1)\{bn + (3a-b)\}$$

"三角垛值钱(正)"④

$$\Sigma \frac{1}{2!}r(r+1) \cdot (a + \overline{r-1} \cdot b)$$

$$= \frac{1}{4!}n(n+1)(n+2)\{3bn + (4a-3b)\}$$

"四角垛值钱(反)"⑤

$$\Sigma r^2 \cdot (a + \overline{n-r} \cdot b) = \frac{1}{3!}n(n+1)(2n+1)a$$

$$+ \frac{2n}{4!}(n-1)n(n+1)b$$

---

① "岚峰形"只有一个例外，不能以(B)式给出，即"四角岚峰形垛"：$\Sigma(\Sigma r^2) \cdot r = \Sigma \frac{1}{3!}r(r+1)(2r+1) \cdot r = \frac{1}{6!}n(n+1)(n+2) \cdot \{2(4n+\frac{3}{2}) + (4n+\frac{1}{2})\}$。

② "茭草形段"第6问。

③ "茭草形段"第7问。

④ "果垛叠藏"第1问。

⑤ 同上第2问。

第十一章　"大衍求一术"及其他

一、"大衍求一术"

"大衍求一术"是中国中世纪数学家的一项杰出创造。其中所涉及的理论，和现代通常所谓的一次同余理论颇相类似。

关于一次同余式理论，最早的记载是《孙子算经》卷下"物不知数"一题。原题是："今有物不知其数，三三数之剩二，五五数之剩三，七七数之剩二，问物几何？"，若设按 A_i 数之其剩余为 R_i（$i=1$，$2,3,\cdots$）则问题相当于求解同时满足诸一次同余式：

$$N \equiv R_i(\bmod A_i), \quad i = 1,2,3,\cdots,n$$

的所有 N 中的最小正数。

假如诸 A_i 两两互素，我们若能求得一串数值 $k_1,k_2,\cdots,k_n$，使 k_i 分别满足：

$$k_i \frac{M}{A_i} \equiv 1(\bmod A_i), \quad i = 1,2,3,\cdots,n$$

其中 $M = A_1 \cdot A_2 \cdot A_3 \cdot \cdots \cdot A_n$，则十分明显

$$N \equiv R_1 k_1 \frac{M}{A_1} + R_2 k_2 \frac{M}{A_2} + \cdots + R_n k_n \frac{M}{A_n} \quad (\bmod\ M)$$

即

$$N = \sum R_i k_i \frac{M}{A_i} - pM$$

（p 为一正整数，其可令 N 成为最小正数）

即为问题的解答。

如本书第三章第三节中所述，这种算法和中国古代历法中关于"上元积年"的计算有着密切关系。但历代的各家历法都只是给出了"上元积年"的数据，而对计算的方法则从未加以叙述。据现有材料来看，首先对这一算法进行系统叙述的乃是秦九韶。在其所著《数书九章》的第一、二两卷中，秦九韶系统的介绍了这种算法。他还用大衍求一术来计算"上元积年"以外的一些问题。

"大衍求一术"的关键就在于求出满足

$$k_i \frac{M}{A_i} = 1 (\bmod\ A_i), \quad i = 1, 2, 3, \cdots, n$$

的 k_i。

假如题设的数据都像"孙子问题"一样简单，那么 k_i 可仅依试猜的方法即能解决。但在比较复杂的数字条件下，仅用试猜的方法就显得很不够了。秦九韶《数书九章》中的"大衍求一术"是用了一种和欧几里得辗转相减法相同的方法来进行计算的。下面简单地叙述一下秦九韶的方法。

由 $\frac{M}{A_i}$ 中屡减 A_i，求得余数 $G < A_i$，则 $G \equiv \frac{M}{A_i} (\bmod\ A_i)$。秦九韶在《数书九章》中所记述的方法是：把 G 置于右上，A_i 置于右下，左上置 1，左下空位（如图）。然后"先以右上

1	G
	A_i

除右下,所得商数与左上相生(即相乘)入左下。然后乃以右行上下以少除多,递互除之,所得商数随即递互累乘归左行上下,需使右上末后奇一而止。乃验左上所得,以为乘率(即 k_i)"。

如设辗转相除时历次商数为 $q_1,q_2,q_3,\cdots,q_n$,历次剩余为 r_1, $r_2,r_3,\cdots,r_n$ 时,则上述图式中左右行历次的变化可用如下左右两串等式表出:

$$A_i = Gq_1 + r_1 \qquad\qquad c_1 = q_1$$
$$G = r_1q_2 + r_2 \qquad\qquad c_2 = q_2c_1 + 1$$
$$r_1 = r_2q_3 + r_3 \qquad\qquad c_3 = q_3c_2 + c_1$$
$$\cdots\cdots \qquad\qquad\qquad \cdots\cdots$$
$$r_{n-2} = r_{n-1}q_n + r_n \quad (r_n = 1) \quad c_n = q_nc_{n-1} + c_{n-2}$$

左行最后得到的 c_n 即为所求的 k_i[①]。

若想证明 $k_i \dfrac{M}{A_i} = 1 (\bmod A_i)$ 并不困难。

设 $l_2 = q_2, l_3 = q_3l_2 + 1, l_4 = q_4l_3 + l_2, \cdots, l_n = q_nl_{n-1} + l_{n-2}$,则由上述两串等式可以推出:

$$r_1 = A_i - Gq_1 = A_i - c_1G$$
$$r_2 = G - q_2r_1 = G - q_2(A_i - c_1G) = c_2G - l_2A_i$$
$$r_3 = r_1 - q_3r_2 = (A_i - c_1G) - q_3(c_2G - l_2A_i)$$
$$\qquad = l_3A_i - c_3G$$
$$\cdots\cdots$$

---

① 辗转相除直至 $r_n = 1$ 时止,此处 n 必须是一个偶数。假如 r_{n-1} 已经等于 1 时,则仍以 r_{n-1} 除 r_{n-2},令商 $q_n = r_{n-2} - 1$,即可仍使 $r_n = 1$。

$$r_{n-1} = l_{n-1}A_i - c_{n-1}G$$

$$r_n = c_n G - l_n A_i$$

当 $r_n = 1$ 时,显然由这串等式中的最后一式可以推出:

$$c_n G \equiv 1 \quad (\bmod A_i)$$

再根据 $G \equiv \dfrac{M}{A_i} (\bmod A_i)$ 即可知:

$$c_n \frac{M}{A_i} = 1 \quad (\bmod A_i)$$

因为求解 c_n 要辗转相除直到最后余数为 1 时止,所以秦九韶把它称为"求一术",他还把这一算法和《周易·系辞传》中的"大衍之数"牵合起来,把它称为"大衍求一术"。有人根据其中"大衍"两个字,把这一算法和唐代僧一行所编的《大衍历》混淆起来,这是极不正确的[①]。

在各种计算问题中,A_i 不可能都是整数。秦九韶举出了"元数""收数""通数""复数"四种不同情况。其中"元数"指的是诸 A_i 是一般正整数时的情况;"收数"是指 A_i 为小数时的情况;"通数"指的是分数时的情况;"复数"是指诸 A_i 皆为 10^n 的倍数(即这些数目皆以 0 结尾)时的情况。秦九韶都是把后三种化为第一种,然后再进行计算。

当诸 A_i 并非两两互素时,秦九韶则采用了下述的方法:若诸 A_i 的最小公倍 $m = a_1 \cdot a_2 \cdot a_3 \cdots a_n$,其中诸 a_i 乃是在求最小公倍数过程中由诸 A_i 中约去相应的公因子而成,此时诸 a_i 可以作到两两互素,当即可根据这些 $a_1, a_2, \cdots, a_n$ 按"大衍求一术"进行计算,即可

---

① L. E. Dickson. *History of the Theory of Number*. Vol. 2. 1952. p58. Newyork.

求解出相应的 c_n 来。

我们知道有时 $m = a_1 \cdot a_2 \cdot a_3 \cdots a_n$ 的表示方式不是唯一的,即 $a_1, a_2, a_3, \cdots, a_n$ 这串数值中的每个数值不都是唯一的。但秦九韶都有相应的方法来处理。由于中国古代数学中缺乏对素数以及将一正整数用其素因子连乘积形式表出等概念,秦九韶关于这方面的叙述显得有些烦琐。

"大衍求一术"和其他宋元时期的重要数学成果相同,在明中叶以后几乎失传。直到十九世纪,由于进行研究中国古代数学的一些学者们的研究,和"天元术"一样,"大衍求一术"又重新被挖掘出来。特别是黄宗宪《求一术通解》(1874 年)对秦九韶书中诸 A_i 不两两互素情况下所产生的问题,有了更进一步的严正方法[①]。

二、宋元数学家的割圆术

1.《授时历》弧矢割圆术

古希腊,在很早的时候起便开始使用球面三角法来解决天文学方面的计算问题。其后,印度和阿拉伯国家的数学家对球面三角法也作出了很大的贡献。

隋唐以后,印度天文学和数学开始传来我国。《开元占经》

---

①　见本书第十九章,二。

（718 年）所载《九执历》中就曾介绍过印度的正弦表,但是并没有引起中国数学家的注意。

宋初的大科学家沈括,是我国第一个对弧、弦、矢之间的关系加以考虑的数学家。他给出了我国数学史上第一个由弦和矢的长度来求弧长的近似公式。这就是沈括的"会圆术"。

沈括的"会圆术"和前此已叙述过的"隙积术"一道,被记载于沈括所著的《梦溪笔谈》卷十八第四条之中。沈括"会圆术"的原文是:"置圆田径,半之以为弦;又以半径减去所割数,余者为股;各自乘,以股除弦,余者开方为句,倍之为割田之直径。以所割之数自乘,倍之①,又以圆径除所得,加入直径为割田之弧。"

如图,若设圆之直径 $= d$,

半径 $= r$,

BE 弦 $= c$,

DK 矢 $= v$,

BDE 弧 $= s$;

则沈括的结果相当于公式

$$c = 2\sqrt{r^2 - (r-v)^2}$$

$$s = c + \frac{2v^2}{d}$$

沈括只是给出了这两个公式,但未给予任何证明。我们知道第一个公式可以由勾股定理直接推得(《九章算术》"勾股"章中已有),而第二个公式只不过是一个近似公式。它是从《九章算术》弧田术推导出来的。

---

① 原文"退一位倍之""退一位"三字系刻本内的衍文应删除。

郭守敬等人于《授时历》中多次反复地应用了沈括的"会圆术"，并配合使用了相似三角形各线段间的比例关系，从而在推算"赤道积度""赤道内外度"方面创立了一个新的方法。从数学意义上讲来，新的方法相当于开辟了通往球面三角法的途径。

这一算法相当于现代的，已知太阳位置的黄经度数求其赤经度数和赤纬度数。但是由于中国古代是把冬至点和夏至点做为黄道度数的起点，从而问题所求即是相当于：已知黄经余弧，求其赤经余弧和赤纬度数。

如下图：

A 点——春分点，

D 点——夏至点，

AD 弧——黄道象限弧，

AE 弧——赤道象限弧，

ED 弧——"黄赤大距"；

若设太阳位置行至 B 点，则

BD 弧即为"黄道积度"——太

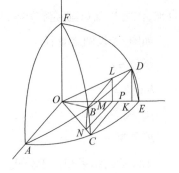

阳在点 B 时的黄经余弧

CE 弧——"赤道积度"——太阳在点 B 时的赤经余弧

CB 弧——"赤道内外度"——太阳在点 B 时的赤纬。

《授时历》中，周天取 365.25 度，按 $\pi = 3$ 计算，除得周天直径为 121.75，故在计算中半径数据取 60.875 度[①]。

下面，先举出关于求"黄赤大距"——ED 弧上之矢 KE 为例，说明会圆术的具体应用。在《授时历》中，是取 ED 弧 = 24 度来计算

---

① 按 $\pi = 3$ 计算，这是《授时历》的一个缺点，影响它的精密度。

的。问题亦即为:已知 ED 弧 $= 24$ 度,求矢 DK 为若干?

如图在 ODE 扇形中,DE 弧为半弦 DK 上所张之半弧,若设:

$$DE \text{ 弧} = s$$

$$\text{周天径} = d$$

$$\text{半径} = r$$

$$\text{矢 } KE = v(\text{相当于正矢})$$

$$DK = p(\text{相当于正弦})$$

$$OK = q(\text{相当于余弦})$$

则由会圆术公式可有:

$$\begin{cases} p = \sqrt{r^2 - (r-v)^2} = \sqrt{dv - v^2} \\ s = p + \dfrac{v^2}{d} \end{cases}$$

消去 p,得:

$$v^4 + (d^2 - 2ds)v^2 - d^3 v + d^2 s^2 = 0$$

亦即根据 $d = 121.75$ 度,$s = 24$ 度,按上式解方程即可求得:

$$v = 4.8482 \text{ 度}$$

从而可得:

$$q = r - v = 56.0268 \text{ 度}$$

$$p = \sqrt{dv - v^2} = 23.8070 \text{ 度}$$

《授时历》求"黄道各度下赤道积度和赤道内外度",就是从已知的 BD 弧求 CE 弧和 CB 弧的度数。

从 B 点作 BL 垂直于 OD,根据会圆术应用上述求解四次方程的方法,即可求得:

BD 弧上的矢 $LD = v_1$

BD 弧上的半弦 $LB = p_1$(亦即 BD 弧之正弦)

BD 弧上的余弦 $OL = q_1$（亦即 BD 弧之余弦）

又从 L 作 LM 垂直于 OE，从 B 作 BN 垂于 OC，联结 MN，则不难知道 $MN = LB = p_1$，如设：

$$BC \text{ 弧上之半弦 } BN = p_2$$

$$BC \text{ 弧之余弦 } ON = q_2$$

$$BC \text{ 弧之矢 } NC = v_2$$

则因直角三角形 OML 与 OKD 相似，我们可以得到

$$BN = LM = \frac{OL}{OD} \cdot DK \qquad \text{亦即} \qquad p_2 = \frac{q_1 p}{r} \qquad (1)$$

$$OM = \frac{OL}{OD} \cdot OK \qquad \text{即} \qquad \frac{q_1 q}{r}$$

$$ON = \sqrt{OM^2 + MN^2} \qquad \text{即} \qquad q_2 = \sqrt{\left(\frac{q_1 q}{r}\right)^2 + p_1^2}$$

$$NC = OC - ON \qquad \text{亦即} \qquad v_2 = r - q_2$$

由 BC 弧的矢 v_2 和半弦 p_2，根据会圆术即可求得：

$$BC \text{ 弧——“太阳在 } B \text{ 时的赤道内外度”} = p_2 + \frac{v_2^2}{d}$$

求"赤经积度"——CE 弧的方法和上述推算过程大致类同。

作 CP 垂于 OE，因直角三角形 OPC 与 OMN 相似，如设：

$$CE \text{ 弧上之半弦 } CP = P_3$$

$$CE \text{ 弧上之余弦 } CP = q_3$$

$$CE \text{ 弧上之矢 } PE = v_3$$

则我们可以得出：

$$CP = \frac{OC}{ON} MN \qquad \text{亦即} \qquad p_3 = \frac{r p_1}{\sqrt{\left(\frac{q_1 q}{r}\right)^2 + p_1^2}} \qquad (2)$$

$$OP = \frac{OC}{ON}OM \qquad \text{即} \quad q_3 = \frac{qq_1}{\sqrt{\left(\dfrac{q_1q}{r}\right)^2 + p_1^2}} \tag{3}$$

$$PE = OE - OP \qquad \text{亦即} \quad v_3 = r - q_3$$

由 p_3、v_3，根据会圆术即可求得：

CE 弧——太阳在 B 时的"赤道积度" $= p_3 + \dfrac{v_3^2}{d}$

求"赤道内外度"和"赤道积度"两算法，实际上，是相当于球面三角法中求解直角三角形的方法。假设以 c 表示黄经 AB 弧，b 表示赤经 AC 弧，a 表示赤纬 CB 弧，α 表示黄赤交角 $\angle EOD$，以半径 r 除（1）（2）（3）式两端，便可得出下列的球面三角公式：

$$\sin a = \sin c \sin \alpha \tag{4}$$

$$\cos b = \frac{\cos c}{\sqrt{\sin^2 c \cos^2 \alpha + \cos^2 c}} \tag{5}$$

$$\sin b = \frac{\sin c \cos a}{\sqrt{\sin^2 c \cos^2 \alpha + \cos^2 c}} \tag{6}$$

中国古代的天文计算虽不用球面三角法，但却独立自成系统，如上述黄赤道积度的计算，历代各家历法大都是利用二次差的内插法来进行近似计算[①]。郭守敬等人的授时历虽引入了新的方法，但因会圆术弧矢公式误差很大，并且以 $\pi = 3$ 入算，推得的周天直径不够精确，因而其结果也就不十分精确。然而他们在数学上，却引入了新的——球面三角的方法，他们在推算上述（1）（2）（3）式时所用的方法，他们推算的步骤，都是正确无误的。

————————

① 严敦杰："中国古代的黄赤道差计算法"，《科学史集刊》，1958 年第 1 期。

但是，球面三角法并没能从此发展起来。在天文计算方面对球面三角的全面应用，一直要推迟到十七世纪，西洋数学输入之后（《崇祯历书》）。

2. 赵友钦的割圆术

我们从上节的叙述已经知道，郭守敬等人在《授时历》中用 $\pi = 3$ 入算，从而使得（太阳的赤经赤纬）误差很大。赵友钦关于圆周率的研究和讨论，或者正是为了驳正《授时历》的这一缺点的。

赵友钦[①]，字子公，鄱阳人。他的生卒年月已不可考，据推断，他的活动时代大致是稍后于郭守敬。赵友钦曾著有《革象新书》[②]五卷。在第五卷"乾象周髀"篇内记载着他的关于圆周率的研究。

赵友钦是从周天直径的计算开始他的讨论的。他叙述了历代各家所取用的 π 之值。如 $\pi = 3$，$\pi = \dfrac{157}{50}$，$\pi = \dfrac{22}{7}$，$\pi = \dfrac{355}{113}$，等等。他认为："圆径一尺而周围三尺，则三尺尚有余，围三尺而中径一尺为不足，盖围三尺径一尺是六角之田也。""径一尺而周三尺一寸四分犹自径多围少，径七尺而周二十二尺却是径少周多。径一百一十三而周围三百五十五最为精密。求日周天径是此法也。"

他用与刘徽大致相同的方法，但却由内接正方形起算，证明 $\pi = \dfrac{355}{113}$ 确实比较精确。

---

① 关于赵友钦可参见：余嘉锡著《四库提要辩证》卷二，科学出版社，1958 年，第 686 页。或参见：柯劭忞《新元史》卷 34，志第 1；卷 241，列传 138，"赵友钦"条。

② 现传本《革象新书》是修四库全书时由《永乐大典》中抄出者，此外还有明王炜的删节本，称《重修革象新书》。

赵友钦由圆内接正方形算起,顺次求出正 8、正 16、正 32 边形等的一边之长,其方法可略述之如下。

已知直径 AB(赵友钦取 1000 寸为直径),则正方形一边之长为:

$$BC(大股) = \frac{AB}{\sqrt{2}}$$

如图,在小直角三角形 ADE 中,

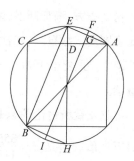

$$DE(小勾) = \frac{1}{2}(EH - BC)$$

$$AD(小股) = \frac{1}{2}AC$$

则按勾股定理可求得正 8 边形一边之长为:

$$AE(小弦) = \sqrt{DE^2 + AD^2}$$

其次,根据勾股定理,由直角三角形 ABE 中求出 BE。根据同样的方法

$$FG(小勾) = \frac{1}{2}(FI - BE)$$

$$AG(小股) = \frac{1}{2}AE$$

再由小直角三角形 AFG 中即可求得正 16 边形之一边 AF。

赵友钦用这种方法求出了 $4 \times 2^{12} = 16384$ 边形的一边之长为"三千一百四十一寸五分九厘二毫有奇,即是千寸之围也""降呼作三尺一寸四分一厘五毫九丝二忽有奇,以一百一十三乘之,果得三百五十五尺。"从而证得 $\pi = \frac{355}{113}$ 十分精确。赵友钦于"乾象周髀"

篇之首所列出的：赤道周天 = 365. 2575，中径 = 116. 2651，就是按

$\pi = \dfrac{355}{113}$ 入算的。

　　赵友钦说："围自四角之方增为八角曲圆，为第一次，若第二次则求为曲十六，若第三次则求为曲三十二，若第四次则求为曲六十四。加一次，则曲必倍。至十二次则为曲一万六千三百八十四。其初之小方，渐加渐展，渐满渐实。角数愈多而其为方者不复为方而为圆矣。故自一、二次求之以至一十二次，可谓极其精密，若节节求之，虽至千万次，其数终不穷。"这也正是刘徽思想的一种继续。

　　赵友钦所讨论的只是内接多边形，因而他所求出的应只是不足近似值。但是 $\pi = \dfrac{355}{113}$ 却是一个过剩近似值，赵友钦没有能够指出。

第十二章　宋元时期的中外数学交流

一、中国和伊斯兰国家间的数学交流

1. 中国数学对伊斯兰国家数学的影响

中国和"西域"各国的接触，早在汉朝时候便已经开始了。到了宋元时期，有了更进一步的发展。

在七世纪初期，穆罕默德创立了伊斯兰教。从622年（即回历纪元元年）起，十年之内统一了阿拉伯半岛；在数十年之内便把势力向北、向东发展到叙利亚、伊朗，直到中国的西部边境，建立起一个以哈里发为最高执政者（他兼有军、政、教三权）的封建王国。先后出现了奥米雅王朝（奠都于大马士革，661—750年）和阿拔斯王朝（迁都于巴格达，750—1055年）。阿拔斯朝是阿拉伯哈里发统治的极盛时代。首都巴格达是当时世界上著名的商业城市和文化中心。在商人中间有拜占庭人、印度人、非洲人，也有不少的中国人。在波斯湾，中国商船是东方航线上的主要船队。哈里发和中国皇帝之间也经常有使者往还。1055 年塞尔柱——土耳其人攻入巴格达，建立了塞尔柱王朝，从此哈里发仅保有教权，而巴格达仍然是伊斯兰国家的文化中心。

阿拔斯朝的第五代哈里发——马蒙，在巴格达创立了一个科学研究机构，其中附设有藏书丰富的图书馆，还附设有天文台。一时，四方学者云集。1258 年蒙古军队攻入巴格达。巴格达遭到了彻底的破坏。直到被毁于蒙古军队之前，巴格达一直是伊斯兰国家的数学中心。

十三世纪中叶，由成吉思汗的孙子旭烈兀所率领的蒙古军队，征服了原来阿拉伯哈里发在亚洲西部地区的全部领地，创立了伊儿汗国。到了十四至十五世纪，又出现了另一个蒙古帝国——帖木耳帝国。帖木耳是成吉思汗的远枝后裔，曾于战争中脚部受伤，故以跛脚帖木耳称著。帖木耳帝国奠都于撒马尔罕，于是继巴格达之后撒马尔罕便成了伊斯兰国家的另一个文化中心。

这些蒙古的统治者，当他们征服了这些伊斯兰国家之后，不久他们自己也都皈依了伊斯兰教。在九至十五世纪这段时期，正如同阿拉伯人带来的伊斯兰教变成了这一地区的主要宗教一样，阿拉伯文也变成了这一地区通用的官方文字。科学著作，包括绝大部分的数学著作在内，都是用阿拉伯文写的。目前，在世界上许多著名的图书馆中，都保存有这种用阿拉伯文写的各种数学著作。它们都是手抄本。

在九至十五世纪期间，在伊斯兰国家中陆续出现了不少杰出的数学家。其中比较重要的有：阿尔·花剌子模（al-Khowārizmī，约830 年），他是阿拔斯朝哈里发马蒙的司书官，曾著有名的《代数学》（al-jabr w'al-muqâbalah）。在十至十二世纪有：阿尔·巴塔尼

（al-Battānî,？—929）、阿波维法（Abū'l-Wefâ, 940—998）、奥玛尔·海牙姆（Omar-Khayyam,1044—1123?）等人。旭烈兀汗率领蒙古军队攻占了巴格达之后,在巴格达东北蔑拉哈山麓修建天文台,著名的天文学者兼数学家纳速剌丁·徒思（Nasir ed-din al-tūsi, 1201—1274）在这里工作。在纳速剌丁的领导下编出了著名的伊儿汗历。十五世纪,帖木耳的后代兀鲁伯在撒马尔罕建天文台,编著有名的兀鲁伯星表。著名的天文学家兼数学家阿尔·卡西（al-Kashî,？—1436）是撒马尔罕天文台的主持人。

上述伊斯兰数学家的工作,在世界数学史上占有一定的地位。他们在算术、代数学、几何学、三角学、圆周率计算等方面都有所建树。

由于这些伊斯兰国家所处的地理位置,恰好是处在希腊、印度和中国三者之间,并且和三方面都一直保持着经济的和政治的相互交往,因此它在文化上也就不可避免地要受到三方面的影响。

从九世纪中叶时起,古希腊著名数学家的著作,如欧几里得、阿基米德、阿波罗尼等人的著作便被译成阿拉伯文。到了十世纪古希腊晚期数学家丢番都、海伦以及天文学家多禄某的著作,也被译成阿拉伯文。许多伊斯兰数学家曾对这些古希腊的数学著作进行注释和研究,写出了各种著作。当古希腊的原本失传之后,这些阿拉伯文的译著,就成了后来的欧洲人了解古希腊数学的主要来源。许多古希腊时期的著作都是通过它们的阿拉伯文译本才得以流传下来。

伊斯兰国家的数学和印度数学之间的接触也是很早的。在八世纪末期,印度数学家兼天文学家婆罗门笈多的著作便被译成了阿拉伯文。后来,印度的数学知识不断地传入了伊斯兰各国。

因此,古希腊和印度与伊斯兰数学之间的关系是经常被人们所强调的。与此同时,伊斯兰国家和中国数学之间的关系则常常被人们忽视。其实这种交流的关系是存在着的。和古希腊以及印度数学同样,中国数学也曾给予伊斯兰国家的数学以一定的影响。

首先我们必须看到,在经由印度传入伊斯兰国家的数学知识中,可能有许多是渊源于中国的。特别是十进地位制记数法以及与此相联系的四则运算方法,分数的记法及其四则运算,"三率法(即比例算法)"以及《张邱建算经》中的"百鸡问题"等等,就可能是由中国传至印度(见本书第六章第一节)再转而传入伊斯兰国家的。"重差术"也曾经由印度传入伊斯兰国家。伊斯兰国家曾由印度传入正弦和余弦三角函数,到了阿尔·巴塔尼又开始应用了正切和余切。正切和余切的采用,很可能受到中国"重差术"的影响。

除以上所述之外,"盈不足术"也曾传入伊斯兰国家。在九世纪阿尔·花剌子模的著作中就有着关于"盈不足"问题的叙述。在这以后,直到十五世纪阿尔·卡西时止,在许多数学著作中,"盈不足术"常常被称为"al-Khataayn",其中语根——"Khata"和"契丹"的音十分相近。在这里,我们必须提到中国历史上的西辽国。在1125 年辽亡于金的前一年,辽国的贵族耶律大石率部西迁,在中央亚细亚一带,建立了一个与塞尔柱——土耳其人的苏丹国家为邻的国家,在历史上把它称作西辽(1124—1211 年)。西辽统治阶级是契丹族人,自称为"哈喇契丹",即"黑契丹"。北宋时期的一些重要发明,如火药,印刷术等等,就是经过西辽传入伊斯兰国家的。在这些国家里,火药常被称为"契丹火花",当时的历史学家也常把中国人称为"契丹"(Khatai 或 Khitai)。我们认为伊斯兰算书中的"al-Khataayn"也就是"契丹算法"的意思。

　　值得注意的是这种"契丹算法"在十三世纪之初还曾传至欧洲。意大利的数学家菲波拿契(Fibonacci Leonardo)所著《算法之书》(Liber Abaci,1202 年)中的第十三章即为"契丹算法"(regulis elchatayn)。菲波拿契生于意大利的比萨城,曾至希腊、埃及、叙利亚等地游学,这使他有机会学习东方数学,特别是伊斯兰国家的数学。他是系统地把东方数学介绍到欧洲去的第一个人。在菲波拿契书中还有着"物不知数问题"(数据与《孙子算经》全同)"百鸡问题"(30 第纳尔买 30 只禽)等。这显然也可能都是一些中国数学由伊斯兰国家传入欧洲的。

　　到了十三世纪中叶蒙古军队攻陷巴格达之后,旭烈兀汗在纳速剌丁·徒思的建议下,在蔑拉哈山麓筑造了天文台。"旭烈兀曾自中国携有中国天文家数人至波斯,其中最著名者为 Fao-moun-dji 博士,即当时人称为先生(Singsing)者是已。纳速剌丁之能知中国纪元及其天文历数者,盖得之于是人也"。① 蒙古的统治者,为了占卜军事发展的顺利与否,因而经常在自己的军营之中携带着一些星占学家,为了统治上的需要,也从四处搜罗一些通晓历法的人。十五世纪帖木耳时期,在兀鲁伯所编天文表中,有一编是专门叙述中国历法的。伴随着历法的西传,中国的数学知识也肯定会在一定程度上传入伊斯兰国家。

　　最后,我们在十五世纪著名的数学家阿尔·卡西的著作中可以看到显著的中国数学的影响。阿尔·卡西于 1427 年写成了一

---

　　① 见冯承钧译《多桑蒙古史》,下册,中华书局,1962 年,第 91 页。关于 Fao-moun-dji,冯承钧认为"后二字疑为蛮子之对音,其人或者姓包姓鲍";还有人把 Fao-moun-dji 音译为傅穆斋。

部杰出的数学著作——《算术之钥》[①]。在这部著作中,除四则运算、开平方、开立方、"契丹算法""百鸡问题"等显然是直接或间接受到中国影响之外,在其中还可以看到中国宋元数学的迹象。

在《算术之钥》第一卷第五章"开方法"中,阿尔·卡西除介绍了开平方、开立方的算法之外,还进一步介绍了开任意高次幂的方法。经过仔细研究之后不难发现,这一高次幂开方法,从划分小节(即"超×等步之"之类)起,到求出根的各位数值之后进行减根的变换,一直到最后开方不尽的命分方法止,几乎完全和贾宪、秦九韶的增乘开方法相同的。例如阿尔·卡西书中曾有如下的例题:

$$\sqrt[5]{44240899506197}$$

书中有详细的算草,其开方步骤即与增乘开方法全同。阿尔·卡西算得的结果是

$$\begin{array}{r} 536 \\ 21 \\ 414237740281 \end{array}$$

,亦即开五次方所得的根是

$536\dfrac{21}{414237740281}$。这种分数的记法和中国的记法也完全一致。在最后命分过程中,他也使用了公式:

$$\sqrt[n]{a^n + \gamma} \approx a + \frac{\gamma}{(a+1)^n - a^n}$$

这和宋元数学家开方不得整根时的命分公式是相同的。

值得特别指出的是,阿尔·卡西在书中同一个地方还提出了一个二项式定理系数表(如246页之图)。我们知道这正是十一世

① 有 Б. А. Розенфельд 的俄文译本,书名为《Ключ арифметики》,莫斯科国立技术理论出版社,1956 年。

纪在中国出现的贾宪"开方作法本源"图。阿尔·卡西在书中叙述了两种造表方法，一种方法是以肩上两数之和作为后行中之一数，另一种方法则和杨辉书中所引贾宪"增乘方法求廉草"全同。他还举出一个五次方的例子，即求出 1、5、10、10、5、1 的算图（如 247 页之图）。

9							
36	8						
84	28	7					
126	56	21	6				
126	70	35	15	5			
84	56	35	20	10	4		
36	28	21	15	10	6	3	
9	8	7	6	5	4	3	2

（上图中之数表）

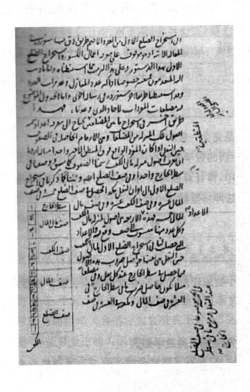

最高次项	1
	5
四次方项	4
	1
	10
	6
三次方项	4
	3
	1
	10
	4
	6
二次方项	3
	3
	2
	1
	5
	4
一次方项	3
	2
	1

（左图中之数表）

如按中国的"增乘方法求廉草"，则如

最高次项	四次方项	三次方项	二次方项	一次方项	
1	1	1	1	1	1
	$1+4=5_{(止)}$	$1+3=4$	$1+2=3$	$1+1=2$	1
		$4+6=10_{(止)}$	$3+3=6$	$2+1=3$	1
			$6+4=10_{(止)}$	$3+1=4$	1
				$4+1=5$	1

可以看出这两种方法是完全一致的①。

此外,在阿尔·卡西的数学著作中还应用了十进制小数。例如在其另一名著《圆书》中,曾计算圆周长(亦可视为计算圆周率)准确到 16 位小数,其记法即将整数与小数分开,记如:

整数部分	小数部分
6	2 8 3 1 8 5 3 0 7 1 7 9 5 8 6 5

阿尔·卡西的十进制小数虽较西欧为早,但比中国宋元数学为迟,其间很有可能也受到了中国数学的影响。

2. 传入中国的伊斯兰国家的数学知识

随着文化交流的发展,伊斯兰国家的数学知识也陆续传来我国。据《元史》所载,元世祖忽必烈尚未即位之前,曾"有旨征回回为星学者,扎马剌丁等以其艺进"②。忽必烈即位之后"至元四年(1267 年)西域扎马鲁丁(即扎马剌丁)撰万年历,世祖稍颁行之"③,"至元八年(1271 年)始置(回回)司天台"④。编制回历供伊斯兰教民使用。明朝时候,在司天监中也设有回回科,直到清初康熙帝时才将回回科废去不用,前后共有四百余年。

据元朝王士点、商企翁《秘书监志》第七卷"回回书籍"条内所记,在至元十年(1273 年)时候,曾藏有下列数学书籍:

---

① 参照本书第八章,二。
② 《元史》卷 90。
③ 《元史》卷 52。
④ 《元史》卷 90。

（1）兀忽列的四擘算法段数十五部；

（2）罕里速窟允解算法段目三部；

（3）撒唯那罕答昔牙诸般算法段目并仪式十七部；

（4）呵些必牙诸般算法八部。

其中第一种，有人认为其字音与欧几里得相近，但也有人认为和"花剌子模"的字音相近。第三种"罕答昔牙"一词按阿拉伯文的意思是"几何学"。但是所有这许多书籍都没有流传下来，因此对其内容究竟如何还很难有十分确切的了解。

1956 年冬，在西安市郊元代安西王府旧址发掘出五块铁板，上面都有着用东方阿拉伯数码刻画出的六行"纵横图"（如下页图）。这是阿拉伯数码传入我国的最早期的物证。据《秘书监志》中的记载，至元十五年（1278 年）扎马剌丁曾为安西王推算历法，同时还有回回司天台的三位官员在王府作"见习随侍"。这一"纵横图"可能就是这些人制作的。

当时在伊斯兰国家中，虽已把印度的土盘算改为笔算，但仍然把这种算法称为"土盘算法"。明永乐年间贝琳所编《七政推步》中谈到明初翻译回历的情况时曾说："去土盘译为汉算"；唐顺之在一首诗中提到明朝天文学家周相熟知伊斯兰国家的各种算法时说他"沙书暗译西番历"[①]其中"土盘""沙书"所指的都是由伊斯兰国家传入的各种算法。

---

① 《荆川先生文集》卷三，"寄周台官二首"。

28	4	3	31	35	10
36	18	21	24	11	1
7	23	12	17	22	30
8	13	26	19	16	29
5	20	15	14	25	32
27	33	34	6	2	9

安西王府铁板拓片　　　　　　（左图译为现代数码）

　　当时伊斯兰国家的"格子算"也传入了我国。最早的记载
见于吴敬所编写的《九章算法比类大全》（1450 年）。吴敬把它
称之为"写算"。"格子算"把被乘数按格记入右行，把乘数记
入上行，然后以乘数每位数字依次乘被乘数各位数字，将结果
记入相应的格中，最后按斜行加起来，即得所求之数。其中的
算法和格式和阿尔·卡西《算术之钥》一书中所介绍的完全相
同。在程大位《算法统宗》（1592 年）中，这种格子算法又被称
为"铺地锦"。

　　虽然在元朝时候已经有一些伊斯兰国家的数学和完整的回回
历法传入我国，但在郭守敬等人所编《授时历》中还看不到任何伊
斯兰数学和回历的影响。到了明朝，贝琳在其所编《七政推步》中，
方才介绍了用球面三角法来计算月亮的黄纬。《七政推步》中也介
绍了 60 进制，如 1 度 = 60 分，1 分 = 60 秒，1 秒 = 60 微，1 微 = 60
纤等等。

267

二、中国和朝鲜、日本之间的数学交流

中国和朝鲜，中国和日本之间的文化交流也是很早便开始了。中国数学也很早便传至朝鲜和日本，对两国数学的发展都产生了很大的影响。

在朝鲜，按金富轼所编《三国史记》，新罗早在七至八世纪时期，便曾在"国学"（相当于中国的国子监）中设立了算学科，置"算学博士若助教一人，以《缀经》（即祖冲之《缀术》）《三开》《九章》《六章》教授之"[1]。其教育制度和采用的算书，与唐国子监算学科相类似。高丽在十至十四世纪时期也有着类似的制度[2]。

郭守敬等人所编《授时历》（1280 年）编好之后，高丽忠宣王（1308—1313 年在位）派崔诚之来学。其后崔诚之的学生姜保还编成了《授时历捷法立成》一书[3]。在朝鲜，曾经有相当长的一段时期，直接采用中国的历法，如《授时历》和明朝的《大统历》。

到了十四至十六世纪李氏朝鲜的时候，还翻刻了宋元算书，如朱世杰的《算学启蒙》和杨辉的《杨辉算法》等。到了十九世纪初期，当《算学启蒙》在中国已经失传，《杨辉算法》已经残缺不全的时候，正是由于这些朝鲜刻本，这两部数学著作才得以完整地保存下来。

---

① 金富轼《三国史记》卷 38，职官上。
② 朝鲜《增补文献备考》卷 188，选举考五。
③ 朝鲜《授时历捷法立成》，有 1346 年孙嗣光序。

在日本,从六至七世纪的飞鸟、奈良时代起,中国的历法和数学就直接,或是经由朝鲜间接传入日本了。

据日本养老二年(718 年)公布的《养老令》以及其释义书《令义解》(833 年)中的记载,可以了解到日本也曾采用过和唐国子监算学科相类似的制度。宽平年间(889—897 年)藤原佐世奉日皇之命修撰《日本国见在书目》,记录了当时在日本可以见到的各种书籍。在其中的"历数家"一门中,除记载了《周髀》《九章》等汉唐"十部算书"之外,还记录了一些由朝鲜传去的算书,如《六章》《三开》等。此外也还有一些既不见于中国历代算学书目,也不见于朝鲜历代书目的算书,如《五行算》《新集算法》《元嘉算术》《要用算例》等。

日本在相当长时期之内也直接行用中国历法,如《元嘉历》《麟德历》《大衍历》《宣明历》等等。

中国数学传入日本,以隋唐数学的传入为第一阶段,以元明数学的传入为第二阶段。这第二阶段的传入,是由十六至十七世纪的元和年间起到江户时代的初期止。

当时传入日本的元明数学书籍有:《杨辉算法》《算学启蒙》、何平子所著《详明算法》、吴敬的《九章算法比类大全》、徐心鲁《盘珠算法》、柯尚迁的《数学通轨》《铜陵算法》、程大位《算法统宗》等。这些书都保存到现在。其中《铜陵算法》一书乃中国历代书目中都不曾载录的。

第一阶段传入的隋唐数学对日本数学的发展影响不如第二阶段元明数学的传入更为重要。朱世杰《算学启蒙》传入之后,1658年久田玄哲曾为之注解,写成《算学启蒙训点》。1672 年星野实宣著《新编算学启蒙注解》,1696 年建部贤弘著《算学启蒙谚解》。

《算学启蒙》一书全面地介绍了中国宋元数学,包括天元术在内的一切内容,这对日本数学的发展产生了比较大的影响。在十七世纪之初,日本数学家开始写出自己的著作,到了十八世纪,通过关孝和(1640?—1708)等人的工作,逐渐形成了具有独特风格和体系的日本数学——和算。

第四编

明末至清末的中国数学

　　本编叙述明万历二十八年（1600 年）至清代末年（1911 年）三百余年的中国数学的发展，主要内容是西洋数学的输入，古代数学的复兴与中西数学的融会贯通。

　　隋及唐初时期印度婆罗门天文算法曾传入中国，当时中国天文历法和数学的发展并未受到它的影响。元世祖时在上都设立回回司天台和回回司天监，明代钦天监内设回回科，元明两代天文历法和数学的发展也很少受到它的影响。明代末年接受西洋数学和其他科学，与隋唐时期对印度数学、元明时期对阿拉伯数学的情况绝然不同。隋唐时期和元代中国数学俱有高度的发展，而当时从印度或阿拉伯输入的数学水平比较低，没有受到重视。明代末期输入的西洋科学一般地说确有"他山之石可以攻玉"的好处，当代学者就乐于接受了。这是中国数学史上一个比较重要的问题，我们还应从当时的社会条件去研究它的内在因素和外在因素。

　　明代中叶以后，农业和手工业的发展出现了不平衡的情况，农业生产的发展一般地处于极端缓慢而手工业生产则有比较普遍的进一步的发展。在江南地区的纺织业中已开始出现了一些带有资本主义性质的新的生产关系的萌芽。在地主与农民之间，官僚集团与工商者之间有着交错复杂的矛盾。随之而起的就有王艮、李贽等为代表的王学左派，他们发表了一些民主性的理论对唯心主义的道学进行了针锋相对的斗争。许多自然科学的研究工作也逐渐展开了，李时珍的《本草纲目》、徐光启的《农政全书》、宋应星的《天工开物》、徐宏祖的《徐霞客游记》、方以智的《物理小识》等科学著作都反映了不少唯物主义思想。

　　明代初年以后占统治地位的思想不是客观唯心主义的程、朱派理学,就是主观唯心主义的陆、王派心学。地主阶级知识分子一般蔑视包括数学在内的一切自然科学。宋、元时期里的数学书籍大都散佚,到万历年间汇刻古书的《秘册汇函》和《津逮秘书》中有关数学的书仅有《周髀算经》和《数术记遗》两种。明代商业繁荣,珠算术有着飞跃的进步,明代中叶以后出版了很多商人所写的珠算读本。这些珠算书中虽保存了一些《九章算术》问题,对比较高深的宋、元数学只能付之阙如。中国古代传统数学到明代几乎失传,正如徐光启在"刻同文算指序"中所说"算数之学特废于近世数百年间尔。废之缘有二:其一为名理之儒,土苴天下之实事;其一为妖妄之术,谬言数有神理,能知来藏往,靡所不效。卒于神者无一效,而实者亡一存。"徐光启不仅揭示出数百年来数学不能全面发展的真实原因,并且在"条议历法疏"(1629 年)中提出"度数旁通十事":"于民事似为关切……盖凡物有形有质莫不资于度数故耳。此须接续讲求。若得同事多人,亦可分曹速就。"徐光启对数学的看法足以说明明末时期数学有新发展的内在因素。

　　16 世纪末西方殖民国家的先遣部队天主教的耶稣会教士开始到中国来进行活动,他们的目的是要奴役中国人民的思想。最早到中国内地的是意大利人利玛窦(Matteo Ricci,1552—1610)。他为了便于传教,学习中国语言文字,参考儒家经籍,结交官僚地主阶级人士,宣扬西洋科学文化。经过许多周折,他于万历二十八年(1600 年)由太监马堂引进北京,见到万历皇帝,得到国家供养,并准许他自由传教。利玛窦是德国数学大师克拉维斯的弟子,到中国带来了克拉维斯所撰的几种数学讲义。他与徐光启合译了《几何原本》前六卷,与李之藻合编了《同文算指》,在中国数学发展史上是为西方数学传入中国之始。

明代大统历法继承了元代的授时历,到十七世纪初已施行了三百余年,预推的天象多与实际观测不能密合。钦天监官员不能修改历法。崇祯帝于 1629 年采纳徐光启等的建议,设立新法历局,聘请通晓天文数学的西洋人,一面翻译专门书籍,一面制造测量仪器,企图在数年后修订一个超胜的历法,"镕彼方之材质入大统之型模"。到 1634 年冬罗雅谷、邓玉函、汤若望等西洋人译成天文学参考书籍一百三十七卷,总名《崇祯历书》,其中有球面三角法、西洋筹算、比例规等数学书二十卷。崇祯末年(1643 年)新历法编成后,因农民起义军攻入北京而未能颁行。1645 年清顺治帝即以"依西洋新法"的时宪历书颁行。

顺治中波兰教士穆尼阁在南京传教,又介绍用对数解球面三角形的方法,有薛凤祚的中文译本《历学会通》。

利玛窦、罗雅谷、邓玉函、汤若望、穆尼阁等主要从事于宗教活动,对天文学、数学等专门科学未必有深湛的研究,但他们介绍到中国来的西洋天文学与数学却能迎合当时的需要,并对清代数学的发展产生了不小的影响。

明末清初封建统治阶级对农民起义血腥镇压,社会经济遭到极大的破坏。由于人民的英勇斗争和辛勤劳动,社会生产得到恢复和进一步的发展。但在当时的社会条件下,封建势力有着压倒的优势,资本主义萌芽不能得到较快的发展。

清初的统治者对进步的文化和思潮采取了反动的扼杀政策,一方面提倡封建理学,另一方面大兴文字狱,对进步思想加以残酷的镇压。在思想统治极其严厉的环境下,有些地主阶级知识分子对明代末期传入的西洋数学颇感兴趣,研究有心得而著书传世的不少。梅文鼎(1633—1721)以毕生精力专攻天文学和数学,他将西洋输入的新法尽量消化彻底理会,所撰书务在显明,不辞劳拙,使读者不待详求而义可晓,对清代中期数学研究的高潮是有积极影响的。

清康熙帝玄烨爱好科学研究。他于1689年特召法国教士张诚、白晋等进宫,传授西洋数学。张诚、白晋等将法文的几何学、代数学和算术书译成中文。1712年康熙帝命梅瑴成、陈厚耀、何国宗、明安图等为《律历渊源》汇编官,1721年完成《历象考成》四十二卷,《律吕正义》五卷,《数理精蕴》五十三卷,共一百卷。《数理精蕴》对后一时期的数学发展也有重大影响。

雍正元年(1723年)清王朝统治者认为西洋人来中国传教对封建统治不利,除在钦天监供职的外,传教的西洋人都被驱逐到澳门,不许擅入内地。从此以后一百余年中,西方数学的传入暂告停止。

乾隆三十八年(1773年)开始编辑《四库全书》,收罗私家藏书和辑录《永乐大典》,得唐末以前古典数学书十种及宋秦九韶、元李冶的数学著作。此后又陆续发现宋杨辉、元朱世杰等的数学名著。《算经十书》和宋元数学书有了很多的翻刻本,引起了研究古典数学的高潮。汪莱、李锐等钻研宋元数学家的高次方程解法,从而在方程论方面有着优越的成就。李潢、沈钦裴、罗士琳等整理古典数学书,特别对《九章算术》《海岛算经》《缉古算术》《四元玉鉴》四书,作出了注疏和解题详草。康熙末年法国人杜德美将正弦、正矢及圆周率的级数展开式传入中国,但没有图说证明。明安图、董祐诚、项名达等先后相继深入研究三角函数和反三角函数的幂级数展开式而获得辉煌的成就。戴煦、李善兰等又在对数函数、指数函数的幂级数方面作出了巨大的贡献。从1750—1850年这100年间中国数学家们通过刻苦钻研取得不少研究成果，如汪莱、李锐的方程论，项名达的椭圆求周术，戴煦的二项式定理展开式，李善兰的"尖锥求积术"等都是创造性的工作。上述的许多卓越成就，从其具体的数学成果讲来，大都较西欧数学的同样成果迟了一百余年，但由于当时中西文化没有交流的机会，中国数学家们取得这些成果都是在不受西方近代数学的影响下，经过独立钻研得到的。他们使用了各自独具一格的方法取得和西欧数学家殊途同归的结果。他们这种独创精神是值得表扬的。

1842年鸦片战争失败，清朝统治阶级向英帝国主义侵略军妥协投降，订立了《南京条约》，开放上海、广州等五个沿海城市为商埠，被迫放弃百余年以来的闭关政策。从此以后100年间欧美殖民国家以商埠为基地肆行经济掠夺和文化侵略。中国的社会逐渐沦为半封建半殖民地性质的社会，从经济基础到文化、教育和科学研究都经历了极大的变化。1850年以后，西洋资本主义国家的近代数学教科书被介绍进来了。当时有卓越成就的数学家李善兰应了英国人经营的墨海书局的招聘，与英人伟烈亚力合译《几何原本》后九卷，《代数学》《代微积拾级》等书。李善兰在他的《几何原本》序中说："道光壬寅（1842年）国家许息兵与泰西各国定约，此后西士愿学中国经史，中士愿习西国天文算法者听，闻之心窃喜。"这些话表达了当时一般知识分子不顾民族危机，而只顾盲目追求西方学术的思想。1868年江南制造局附设翻译馆，华蘅芳与英人傅兰雅合译《代数术》《微积溯源》《三角数理》《决疑数学》等书。

上述各书的英文原本不过是当时流行的教科书，不足以代表十八、十九世纪中欧洲人的数学研究工作，很难设想这些中文译本对中国数学研究工作会有多少积极作用。在另一方面，自代数学和微积分学传入以后，中国古代的天元术和前一时期内的幂级数研究更无进一步发展的余地，传统数学研究工作就停滞不前了。经过 1911 年的辛亥革命和 1919 年的"五四运动"，数学教育的逐渐推广和逐渐加深，数学研究的情况才有所改变，1949 年新中国成立后才有蓬勃的发展。

第十三章 明清之际西方数学的传入

一、最早的数学翻译与明末学者对西方数学的研究

明清之际,欧洲数学经耶稣会传教士之手传入我国。这些新的数学知识,吸引了我国一些求知欲旺盛的学者,他们积极地跟随耶稣会传教士学习,作了许多数学翻译工作与数学研究工作,使落后的明代数学又转入一个新的时期。

明末应用的大统历与回回历,误差愈来愈大,修改历法已成为当时一件迫切的大事,但由于缺乏精通历法的人才,因此迟迟未能实现。"明神宗万历二十四年(1596年)按察司签事邢云路奏:大统历刻差宜改。钦天监正张应候等疏诋其诬。礼部上言应从云路所请,即令督钦天监事,仍博访通晓历法之士酌定,未果行。"①耶稣会传教士利玛窦到中国以后,很快就看到了这一点,并立即要求罗马耶稣会寄来天文数学书籍及派遣精通历算的人来华,企图通过协助改历的途径,来实现他们传教的目的。

---

① 见《明史纪事本末》。

利玛窦,字西泰,意大利人。1572 年到 1577 年在罗马神学院从名师克拉维斯学习数学,1582 年来华。1583 年到 1599 年先后在肇庆、韶州、南京、南昌等地进行传教活动。1600 年第二次到北京,以报时自鸣钟、万国图志、西琴、天主图像、十字架等贡品,谋得了立足之地。到北京以后,先后与徐光启、李之藻共译了《几何原本》与《同文算指》等著作,是为欧洲数学传入我国的开始。

《几何原本》是根据德国数学家克拉维斯(C. Clavius,1537—1612)注的欧几里得《原本》译出,卷首题"利玛窦口译,徐光启笔受"。全书共十五卷,译文只前六卷。徐光启要求全部译完它,但利玛窦却认为适可而止,毋须译完。清代数学家梅文鼎(1633—1721)说:"言西学者,以几何为第一义,而传只六卷,其有所秘耶?抑为义理渊深翻译不易而姑有所待耶?"[①]其实不是等待什么,也没有什么秘密,主要是因为利玛窦的宗旨不是在于传授数学。《几何原本》的翻译,从 1603 年便开始筹划,1606 年秋开始翻译,次年 5 月译完前六卷。就在这筹备译书的过程中,利玛窦在 1605 年 5 月 10 日向罗马报告中称:现在只好用数学来笼络中国的人心[②]。其动机十分明显。已经译出的前六卷也只是原书的拉丁文译文,至于克拉维斯的注解以及他收集的欧几里得《原本》研究者的工作,几乎全部略去。

虽然如此,《几何原本》的传入对我国数学界仍有它一定的影响。译者徐光启在《几何原本杂议》中对这部著作曾给予高度的评价,他说:"此书有四不必:不必疑,不必揣,不必试,不必改。有四

---

① 梅文鼎:《几何通解》。
② 《利玛窦通讯集》第二卷,1911 年玛塞来塔(Macertta)印本,第 275—276 页。

徐光启手迹："刻几何原本序"（首末叶）

（采自《天学初函》本《几何原本》）

不可得：欲脱之不可得，欲驳之不可得，欲减之不可得，欲前后更置之不可得。有三至三能：似至晦，实至明，故能以其明明他物之至晦；似至繁，实至简，故能以其简简他物之至繁；似至难，实至易，故能以其易易他物之至难。易生于简，简生于明，综其妙在明而已。"又说："此书为益，能令学理者祛其浮气，练其精心，学事者资其定法，发其巧思，故举世无一人不当学。"清代许多数学工作者都学习过这部书，专门讨论有关《几何原本》内容的著作也很多，如方中通的《几何约》（1661 年）、李子金的《几何易简录》（1679 年）、杜知耕的《几何论约》（1700 年）、梅文鼎的《几何通解》等。《几何原本》中逻辑推理的论证方法在徐光启的《测量异同》《勾股义》与杜知耕的《数学钥》等著作中都有所反映。清代数学家李锐在《畴人传》"传论"中①曾说:西方传入的数学著述,"当以《几何原本》为最,以其不言数而颇能言数之理也。如云'自有而分,不免为有。两无不能并为一有'。非熟精度数之理,不能作此造微之论也。"

　　《同文算指》主要是根据克拉维斯的《实用算术概论》(1585年)与程大位的《算法统宗》(1592年)编译的。这是介绍欧洲笔算的第一部著作,对后来的算术有巨大的影响。《同文算指》的内容分"前编""通编"(1613年)和"别编"(未题年月)。"前编"主要论整数及分数的四则运算,其中加法、减法和乘法与分数除法和现今的运算方法基本上相同;整数除法是十五世纪末意大利数学家应用

《同文算指》书影

(采自《海山仙馆丛书》本)

的"削减法",十分繁复。在这一编中还值得提出的是验算法与分数记法。验算法是印度土盘算法中由于数码随时被抹去因而要求检验结果的正确性而产生的,它在笔算中已逐渐失去作用而终被淘汰,李之藻也认为它"繁碎难用",只是"录之备玩"而已。关于分数记法,李之藻把分母置于分线之上,分子置于分线之下,恰与我国古代筹算记法或欧洲笔算记法颠倒过来,后来学者也多盲从此法。"通编"的内容有比例(包括正比、反比和复比)、比例分配、

---

① 阮元《畴人传》卷四十三《欧几里得传》。

盈不足问题、级数(包括等差级数和等比级数)、多元一次方程组、开方(包括开平方、立方与多乘方)与带从开平方等,其中多元一次方程组、开带从平方与开多乘方是克拉维斯原书所没有的。所有这些,都没有超出我国古代数学的范围。此外,"通编"还辑入《算法统宗》中的一些难题,徐光启的《勾股义》与利玛窦和徐光启合译的《测量法义》等。"别编"只有截圜弦算一节,全书似未译完,且只有抄本流传下来。

七世纪初,印度算法随着印度的天文学说传入我国,但当时人嫌它繁琐,没有采用。《新唐书历志》批评印度九执历时说:"其算皆以字书,不用筹策,其术繁碎,或幸而中,不可以为法。"1450 年,吴敬在《九章详注比类算法大全》介绍了一种阿拉伯人的"铺地锦"乘法,程大位《算法统宗》也有"铺地锦"乘法和"一笔锦"算法,但这些笔算与现今的笔算仍相差很远。《同文算指》介绍的笔算,与现今的算法十分相近,清代数学工作者很重视它,并不断克服了它的缺点,使笔算渐臻完善,笔算的应用也逐渐普遍起来。

本书译者李之藻(1565—1630),字振之,仁和人。万历二十六年(1598 年)进士,官南京工部员外郎。他很早就跟随利玛窦学习西洋历算,积极主张西法。1613 年向万历皇帝上奏西洋天文学说十四事,请亟开馆局,翻译西法。他除了翻译天文历算的著作外,还翻译了一本著名的哲学著作——《名理探》。1629 年诏与徐光启同修历法,次年逝世。他在世时,曾将当时传入的西洋著作,编成《天学初函》二十种,此书在明末流传极广,在清代也有相当影响。

除这两本较为重要的著作以外,当时传入的数学尚有《圆容较义》(1608 年,题利玛窦授,李之藻演)《测量法义》(题利玛窦口授,徐光启笔受)与《欧罗巴西镜录》(现有传钞本)。《圆容较义》

是一部比较图形关系的几何学,其中包括多边形之间、多边形与圆之间、锥体与棱柱体之间、正多面体之间、浑圆与正多面体之间的关系。它的一般结论是:周长相同,则边长相等的正多边形面积恒大于边长不等的多边形面积;边数较多的正多边形面积恒大于边数较少的正多边形面积,故圆的面积为最大。同样可以得到,表面积相同,则球的体积最大。这些结论是由公元前二世纪中希腊数学家季诺多鲁斯(Zenodorus)发现并为三世纪派帕司(Pappus)保留下来的。到十六世纪初的欧洲,这门知识又得到进一步的发展。《圆容较义》的内容无疑是译自这类著作,它不是利玛窦与李之藻的创造。《测量法义》是一部关于陆地测量方面的数学著作,其内容没有超出我国古代勾股测量的范围,不同的是每一个结论都用《几何原本》的定理加以注释。《欧罗巴西镜录》与《同文算指》的内容相仿,并且有些题目完全一样(译文不同),疑是同出一源。

在学习与翻译欧洲数学著作的同时,我国学者也开始了初步的研究,其中留下著作的有徐光启、孙元化等。

徐光启(1562—1633),字子先,上海人。万历二十五年(1597年)举人,三十二年(1604年)进士。天启三年(1623年)授为礼部右侍郎。在崇祯年间,先后做过礼部尚书、翰林除学士、东阁学士,最后做到文渊阁大学士(1632年)。徐光启出身于商人家庭,他的政治立场是代表新兴商人阶级的利益的。在保卫国防、发展农业、兴修水利、修改历法等方面都有相

徐光启像
(采自《徐光启手迹》)

当的贡献,在介绍西洋历算方面亦不遗余力。他与利玛窦译完《测量法义》(约 1607—1608 年)以后,接着就写出了《测量异同》与《勾股义》。在《测量异同》中,徐光启比较了中西方的测量方法,他认为我国古代的测量方法与西洋的测量方法基本上是相同的,理论的根据实际上也是一致的。他用《几何原本》的定理解释了这种一致性。《勾股义》是仿照《几何原本》的方法,企图给我国古代的勾股算术加以严格的论述。这本著作,可以表明徐光启在一定程度上已经接受了《几何原本》的逻辑推理思想。从《勾股义》序可以知道,徐光启还想给李冶的《测圆海镜》以同样的论述,但由于职务繁重而没有实现。

徐光启对数学的认识和对待数学研究的方法都提出了他独特的见解。首先,他分析了明代数学没有充分发展的原因,得到了两个结论:"其一为名理之儒,土苴天下之实事;其一为妖妄之术,谬言数有神理。"前者指当时一般学者名儒鄙视一切实用之学,后者指数学研究陷入神秘主义泥坑。徐光启认为:"盖凡物有形有质,莫不资于度数故耳。"他在"度数旁通十事"中指出,数学在历法、水利、测量、音乐、国防、建筑、财政、机械、地图、医学、统计等方面,都有重要的应用。对于较为理论化的数学,徐光启也十分重视,他把讲究数学原理的《几何原本》看成为一切数学应用的基础。徐光启认为,一切用数学推得的结论应该用实践来检验。1629 年五月初一日日蚀,徐光启说:"论救护可以例免通行,论历法正宜详加测验,盖不差不改,不验不用。"这就是说,数学理论应该在实践中不断改善,在实践中求得发展,经实践证明是错误的理论,就不应再应用它。所有这些,都是十分正确的。

孙元化,字初阳,嘉定人,徐光启的学生。他著有《几何体论》

一卷、《几何用法》一卷(1608 年)《泰西算要》一卷,这些都是西洋数学传入后才写的著作,可惜都已失传,内容已无可查考。

二、《崇祯历书》中的数学

1629 年五月初一日日蚀,徐光启的西法推算较合。同年七月,礼部决定于宣武门内"首善书院"开设历局,命徐光启督修历法。徐光启接任后,立即保举李之藻来局工作,并推荐龙华民(Nicolaus Longobardi,1559—1654,意大利人,1597 年来华)、邓玉函(Jean Terrenz,1576—1630,瑞士人,1621 年来华)同修历法。次年,也是由于徐光启的推荐,汤若望(Jean Adam Schall Von Bell,1591—1666,德国人,1622 年来华)、罗雅谷(Jacqaes Rho,1593—1638,意大利人,1622 年来华)先后来局修历。1633 年徐光启死去,继由山东参政李天经(1579—1659 年)主持历局工作。从历局成立时开始到 1634 年末止,历局的中心工作就是编译一部作为修改历法根据的《崇祯历书》。

《崇祯历书》卷帙浩繁,共有一百三十七卷。它的主要内容是介绍当时欧洲天文学家第谷(Tycho Brahe)的地心学说。全书分节次六目和基本五目。节次六目是将历法分成六个部分,包括日躔、恒星、月离、日月交会、五纬星、五星交会等,基本五目是指法原、法数、法算、法器、会通等。法原部分进呈的书共有四十卷,约占全部进呈历法书的 30%,其中数学理论著作就是属于这一部分的。很明显,编译者的目的是企图给历法计算的方法建立一个有力的数学理论基础。在法数中属于数学的有三角函数表。在法器中有测量仪器及计算工具。下面我们介绍一下其中的主要内容。

当时欧洲的天文学主要建立在几何学与三角学的基础上，因此《崇祯历书》中的数学也大多是属于几何学与三角学，尤以平面三角学和球面三角学为最多。《崇祯历书》中介绍平面三角学与球面三角学的专门著作有邓玉函编的《大测》二卷和《割圆八线表》六卷，罗雅谷撰的《测量全义》十卷。

《大测》二卷，邓玉函编译（1631 年）。序言说："大测者，测三角形法也……测天者所必须，大于他测，故名大测。"从《大测》的名义看来，这部书应是球面天文学或球面三角法，但本书仅有"解义"六篇，主要说明三角八线的性质、造表方法和用表方法。关于三角测量方面，根本不谈球面三角法。本书所述的造表方法有所谓"六宗"、"三要法"和"二简法"。所谓"六宗"是指求内接正六边形、正四边形、正三边形、正十边形、正五边形、正十五边形的边长，也就是求 30°、45°、60°、18°、36°、12°的正弦值。前三种的求法十分明显，后三种是引《几何原本》卷十三第九题、第十题与卷四第十六题的结果。所谓"三要法"是指：

（1）正弦与余弦的关系式

$$\sin^2 A + \cos^2 A = 1$$

（2）倍角公式

$$\sin 2A = 2\sin A\cos A$$

（3）半角公式

$$\sin\frac{A}{2} = \frac{1}{2}\sqrt{\sin^2 A + (1 - \cos A)^2}$$

后来《数理精蕴》对"六宗""三要法"又重加讨论，其中要法三的捷

法把半角公式写成 $\sin\dfrac{A}{2} = \sqrt{\dfrac{1}{2}(1 - \cos A)}$。《大测》书中说："有前六宗率为资,有后三要法为具,即可作大测全表。"这就是说,以"六宗"为材料,以"三要法"为工具,就可以造出三角函数表。例如,取半径为 1,则正十五边形的边长为 0.4158234,故有 $\sin12° = 0.2079117$,$\cos12° = \sqrt{1 - \sin^2 12°}$,根据要法三即可求出 $\sin6° = \dfrac{1}{2}$

$\sqrt{\sin^2 12° + (1 - \cos12°)^2} = 0.1045285$,$\sin3° = \dfrac{1}{2}\sqrt{\sin^2 6° + (1 - \cos6°)^2} = 0.0523360$,… 根据要法二即可求出 $\sin24° = 2\sin12°\cos12°$,$\sin48° = 2\sin24°\cos24°$,… 依此类推,便可求出正弦与余弦的一部分数值。

所谓"二简法",是指下列二公式:

（1）$\sin A = \sin(60° + A) - \sin(60° - A)$

（2）$\sin(A \pm B) = \sin A\cos B \pm \cos A\sin B$

利用这两个公式,可以计算一些用"三要法"不能计算的正弦的数值。

此外,还有所谓"四根法",是一些平面三角学的基本方法与定理,其中主要的有

（1）正弦定理

$$\frac{a}{\sin A} = \frac{b}{\sin B} = \frac{c}{\sin C}$$

（2）正切定理

$$\tan\frac{A - B}{2} = \frac{a - b}{a + b}\tan\frac{A + B}{2}$$

《割圆八线表》是一个有度有分的五位小数三角函数表,其中包括正弦、正切线、正割线、余弦、余切线、余割线六线,另外二线是

正矢与余矢,可由余弦与正弦推得。

《测量全义》十卷,罗雅谷撰(1631 年)。其中,所介绍的三角学较《大测》为多。平面三角学除正弦定理与正切定理外,尚有:

(1) 同角的三角函数的关系

$$\sin A \cdot \csc A = 1 \quad (《测量全义》卷七,一)$$

$$\cos A \cdot \sec A = 1 \quad (《测量全义》卷七,一)$$

$$\tan A \cdot \cot A = 1 \quad (《测量全义》卷七,二)$$

$$\tan A = \frac{\sin A}{\cos A} \quad (《测量全义》卷七,三)$$

$$\cot A = \frac{\cos A}{\sin A} \quad (《测量全义》卷七,三)$$

(2) 余弦定理(《测量全义》卷一第十五题第二支)

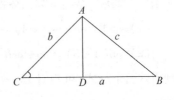

已知:$AC = b$,$BC = a$ 和夹角 C。

求:对边 AB。

先求 $CD = b\cos C$,次求

$$AD = b\sin C$$

然后
$$AB^2 = (BC - CD)^2 + AD^2$$

即得
$$c^2 = (a - b\cos C)^2 + (b\sin C)^2$$

如果将上式化简,就得到我们的余弦定理。

(3) 积化和差(prosthaphaeresis)公式

$$\sin A \sin B = \frac{1}{2}\left[\cos(A - B) - \cos(A + B)\right]$$

(《测量全义》卷一,十二)

《测量全义》中属于球面三角学的基本公式有:

(1) 直角三角形(公式中的 a、b、A、B 可以同时换成 b、a、B、A)

① $\sin b = \sin c \sin B$　（《测量全义》卷七，一）

② $\cos c = \cos a \cos b$　（《测量全义》卷七，二）

③ $\cos B = \sin A \cos b$　（《测量全义》卷七，三）

④ $\tan b = \tan B \sin a$　（《测量全义》卷七，四）

⑤ $\cos c = \cot A \cot B$　（《测量全义》卷七，四，系二）

⑥ $\tan a = \tan c \cos B$　（《测量全义》卷七，四，系六）

（2）一般三角形

① $\dfrac{\sin A}{\sin a} = \dfrac{\sin B}{\sin b} = \dfrac{\sin C}{\sin c}$　　　　　（《测量全义》卷七，一）

② $\dfrac{1}{\sin b \sin c} = \dfrac{\operatorname{ver} A}{\operatorname{ver} a - \operatorname{ver}(b - c)}$　（《测量全义》卷七，三）

即 $\cos a = \cos b \cos c + \sin b \sin c \cos A$

③ $\dfrac{1}{\sin B \sin C} = \dfrac{\operatorname{ver} a}{\operatorname{ver} A - \operatorname{ver}(B - C)}$（《测量全义》卷七，三，系二）

即 $\cos A = \cos B \cos C + \sin B \sin C \cos a$

上述这些平面三角学与球面三角学，是经十五世纪欧洲数学家玉山若干（Regiornontanus，Johnnes，1436—1476）所发明增补的，但介绍得不很完整。对于平面三角中的一般三角形已知三边求三角的问题以及球面三角中的一般三角形问题，《崇祯历书》往往是把它分成两个直角三角形，利用直角三角形公式来计算。尽管如此，这些知识的传入仍是很有意义的，它不仅有助于当时的球面天文学，并且在数学方面开辟了新的研究领域，清代数学家梅文鼎在这方面就有相当的研究成绩。

在《崇祯历书》中介绍圆锥曲线的著作有《测量全义》和邓玉函编的《测天约说》。《测量全义》卷六中称："截圆角体（圆锥）法有五：从其轴平分直截之，所截两平面为三角形，一也，横截之，与底平行,截面为平圆形,二也。斜截之,与边平行,截面为圭窦形(抛物线形),三也。直截之,与轴平行,截面为陶丘形(双曲线形),四也。无平行任斜截之,截面为椭圆形,五也。"①接着指出,其中第一、第二、第五的量法,本书已有讨论,至于第三、第四,则说"亚几米德备论其法,然非测量所必须"因此没有介绍。《测天约说》卷上第一题给出椭圆的定义为"首至尾之径大于腰间径",并指出它是斜截圆柱而得来的。

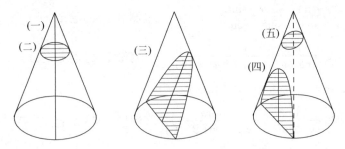

其次,《崇祯历书》还介绍了阿基米德(Archimedes,约公元前282—公元前212年)在《圆书》及《圆球圆柱书》中的求圆面积(包括圆周率)、椭圆面积、球体积与椭圆旋转体体积,德阿多西阿(Theodosius)在《圆球原本》中的球面几何,派帕司(Pappus)的求方曲线(quadratrix)和海伦(Heron)的已知任意三角形三边长求三角形面积公式等;在《测量全义》第六卷中又介绍了《几何原本》中一些立体几何的知识,其中包括四面体、六面体、八面体、十二面体与二十面体的体积计算公式。

上述这些几何学,大多数是我国古代所没有的,但由于内容十

①　其中第四点的定义范围太小,而第五点的范围则又太大。因为"无平行任斜截之"的截面也可能是双曲线形。

分零碎,讨论也很不充分,因此对我国的数学影响不大。只有个别内容(如椭圆、多面体等)曾引起我国一些学者的研究。

传入的计算工具主要有纳白尔(J. Napier,1550—1617)的算筹(与我国古代的算筹不同)和伽利略(Galileo Galilei,1564—1642)的比例规。前者用作筹算,后者用作度算或尺算。在十七世纪时代,我国有四算之称:即珠算、笔算、筹算和尺算,后三算都是西方传来的新法,但当时广大人民使用的主要仍是珠算。

三、《历学会通》中的数学

明末清初,传教士汤若望等依赖他们的一些科学知识,取得朝廷的信任和优待以后,便逐渐嚣张起来,他们积极地排挤"东局""大统""回回"三家历法,企图垄断历局工作,终于引起了"新旧之争"。

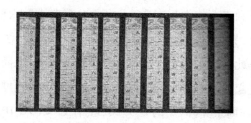

中国式的纳白尔算筹

波兰传教士穆尼阁(J. Nicolas Smogolenski,1611—1656),正在这个斗争将要展开的时候来到我国(1646年),他没有前往北京与他的生平好友汤若望共同工作,而在南京、福建、广东等地进行传

教活动。他在南京时,跟随他学习科学的有
薛凤祚(？—1680),后来有方中通(1633—
1698)。1656 年穆尼阁死后,薛凤祚根据穆
尼阁所传授的科学知识,编成《历学会通》,
1664 年刊行。

《历学会通》共分正集、续集、外集三部
分,内容十分庞杂,主要是介绍天文学,同时
包括数学、医药学、物理学、水利、火器等。取
名"会通",是想把中法西法融会贯通起来。
《历学会通》中的数学主要有《比例对数表》
一卷(1653 年)《比例四线新表》一卷与《三角
算法》一卷(1653 年)。

比例规

(原件均藏于北京

故宫博物院)

《比例对数表》序称:"今有对数表,则
省乘除,而况开方、立方、三、四、五方等法,
皆比原法工力十省六七,且无舛错之患。"穆尼阁所传入的对数表
是一个从一到二万的常用对数,表中的对数有小数六位。全表共
有四十二页,另有四页解法,大意如下:"愚今授以新法,变乘除为
加减……解此别有专书,今特略明其理,如下二表,二同余算,不论
从 1、2、3、4 起或从 5、7、5、11 起,但同余之内,中三连度数,可取第
四。"例如:在同余算(a)中的 8、9、10、11 有 $11 = (9 + 10) - 8$,则比
例算中有 $1024 = (256 \times 512) \div 128$;在同余算(b)中的 11,13,15,
17 有 $17 = (13 + 15) - 11$,则比例算中有 $64 = (16 \times 32) \div 8$。因
此,如果要求 $x = (512 \times 1024) \div 256$,可变为求同余算中的
$(10 + 11) - 9 = 12$,然后找与 12 相当的比例算 2048,即为所求答
数。穆尼阁的解释只说明了变乘除为加减的道理,没有说明比例

算与同余算之间的关系，因而变乘方、开方为乘或除的道理就不大
清楚。

比例算	1	2	4	8	16	32	64	128	256	512	1024	2048
同余算（a）	1	2	3	4	5	6	7	8	9	10	11	12
同余算（b）	5	7	9	11	13	15	17	19	21	23	25	27

《比例四线新表》是正弦、余弦、正切、余切四线的对数表，其中
度以下分为 100 分，每分都有对数，也是小数六位。

这些对数表是英格兰数学家纳白尔所发明并经伦敦大学教授
巴理知斯（H. Briggs，1556—1630）复加增修的，1646 年穆尼阁带到
我国。作为近代数学前驱的对数、解析几何及微积分，只有对数这
一项当时被介绍进来。这是一门很有实用价值的数学，传入以后，
立即便在历法计算上得到了应用。接受对数的除薛凤祚外还有方
中通。方中通在他著的《数度衍》中提到对数，但他用"倍加隔位合
数法"来说明，讲得不很清楚。梅文鼎著了一部《比例数解》，没有
付印。一直到《数理精蕴》内才有比较详细的论述。

《三角算法》中所介绍的平面三角法与球面三角法较《崇祯历
书》更为完整。平面三角中包含有正弦定理、余弦定理、正切定理、
半角定理等。这些公式除余弦定理外都是配合对数来计算。例如
半角定理：

$$\text{logtan}\frac{A}{2} = \frac{1}{2}\{[\log(s-b)+\log(s-c)]$$

$$-[\log s+\log(s-a)]\}$$

其中 $s=\frac{1}{2}(a+b+c)$，球面三角中除《崇祯历书》所介绍的正弦定
理与余弦定理外，尚有：

（1）半角公式

$$\begin{cases} \sin \dfrac{A}{2} = \sqrt{\dfrac{\sin(s-b)\sin(s-c)}{\sin b \sin c}} \\[3mm] \cos \dfrac{A}{2} = \sqrt{\dfrac{\sin s \cdot \sin(s-a)}{\sin b \sin c}} \\[3mm] \tan \dfrac{A}{2} = \sqrt{\dfrac{\sin(s-b)\sin(s-c)}{\sin s \cdot \sin(s-a)}} \end{cases}$$

其中

$$s = \frac{a+b+c}{2}$$

（2）半弧公式

$$\begin{cases} \sin \dfrac{a}{2} = \sqrt{-\dfrac{\cos S \cos(S-A)}{\sin B \sin C}} \\[3mm] \cos \dfrac{a}{2} = \sqrt{-\dfrac{\cos(S-B)\cos(S-C)}{\sin B \sin C}} \\[3mm] \tan \dfrac{a}{2} = \sqrt{-\dfrac{\cos S \cdot \cos(S-A)}{\cos(S-B)\cos(S-C)}} \end{cases}$$

其中

$$S = \frac{A+B+C}{2}$$

或

$$\begin{cases} \sin \dfrac{a}{2} = \sqrt{\dfrac{\sin \frac{1}{2}E \cdot \sin\left(A - \frac{1}{2}E\right)}{\sin B \sin C}} \\[5mm] \cos \dfrac{a}{2} = \sqrt{\dfrac{\sin\left(B - \frac{1}{2}E\right)\sin\left(C - \frac{1}{2}E\right)}{\sin B \sin C}} \\[5mm] \tan \dfrac{a}{2} = \sqrt{\dfrac{\sin \frac{1}{2}E \cdot \sin\left(A - \frac{1}{2}E\right)}{\sin\left(B - \frac{1}{2}E\right)\sin\left(C - \frac{1}{2}E\right)}} \end{cases}$$

其中　　　　　　$E = A + B + C - 180°$　　（球面过剩）

（3）德氏比例式（Delambre's analogies）

$$
\begin{cases}
\tan \dfrac{1}{2}(A + B) = \dfrac{\cos \dfrac{1}{2}(a - b)}{\cos \dfrac{1}{2}(a + b)} \cdot \cot \dfrac{C}{2} \\[4mm]
\tan \dfrac{1}{2}(A - B) = \dfrac{\sin \dfrac{1}{2}(a - b)}{\sin \dfrac{1}{2}(a + b)} \cdot \cot \dfrac{C}{2}
\end{cases}
$$

（4）纳氏比例式（Napier's analogies）

$$
\begin{cases}
\tan \dfrac{1}{2}(a + b) = \dfrac{\cos \dfrac{1}{2}(A - B)}{\cos \dfrac{1}{2}(A + B)} \cdot \cot \dfrac{c}{2} \\[4mm]
\tan \dfrac{1}{2}(a - b) = \dfrac{\sin \dfrac{1}{2}(A - B)}{\sin \dfrac{1}{2}(A + B)} \cdot \cot \dfrac{c}{2}
\end{cases}
$$

由此可见,在此时除 Cagnoli 公式和 Lhuilier 公式外,其余关于球面三角内的各项法则、公式,都已输入我国。所有这些三角学,都是为天文学上的需要而写的,因此不像三角学教科书那样具有图文兼备的论证。

第十四章　梅文鼎的数学著述

一、梅文鼎数学著作评述

梅文鼎(1633—1721),字定九,号勿庵,安徽宣城人。1662年,三十岁,研究大统历法有心得,写成《历学骈枝》二卷(后来增修成四卷)。从此,毕生研究天文学和数学,覃思著述,成书七十余种,在他自撰的《勿庵历算书目》中各有提要。天文学著作四十余种,有阐明古代历法的,有评论《崇祯历书》的,有介绍当时著作的,有说明自己创制的测量仪器的,清朝官修的《明史·历志》采用了他的手稿。数学著作遍及初等数学的各个分门,据《勿庵历算书目》所记,有二十余种。梅瑴成于1761年编辑《梅氏丛书辑要》六十卷,收数学著作十三种共四十卷,占全书的三分之二。这十三种,以著作年代先后为序,是:《方程论》六卷(1672年),《筹算》二卷(1678年),《平三角举要》五卷,《弧三角举要》五卷(1684年),《勾股举隅》一卷,《几何通解》一卷,《几何补编》四卷(1692年),《少广拾遗》一卷(1692年),《笔算》五卷(1693年),《环中黍尺》五卷(1700年),《堑堵测量》二卷,《方圆幂积说》一卷(1710年),

《度算释例》二卷（1717 年）。"其论算之文务在显明，不辞劳拙，往往以平易之语解极难之法，浅近之言达至深之理，使读其书者不待详求而义可晓然。诚以绝业难传，冀欲与斯世共明之，故不惮反复再三，以导学者先路，此其用心之善也。"①下面依算术、代数、几何、三角分类，分别叙述各书的内容：

（1）《笔算》五卷，定稿写成于康熙三十二年（1693 年）。梅文鼎接受了《同文算指·前编》（1613 年）所授的四则算法，但写出的数字一律改为从上而下，算草形式也改横为直。自序说："旁行者西国之书也。天方国（阿拉伯）字自右而左，欧罗巴字自左而右，皆横列为行，彼中文字尽然也。彼之文字既横，故笔算亦横，取其便于彼用耳，非求异于我也。我之文字既直，故笔算宜直，亦取其便于用耳，非矜胜于彼也。""发凡"说："笔算易横为直以便中土，盖直下而书者中土圣人之旧而吾人所习也，与筹算易直为横，其理正同。"他的加、减法算草我们举"钱粮四柱法"为例：假如藩库原存地丁银 120303 两，今于康熙三十年征收 1410055 两 6 钱，节次支放过 1222005 两 6 钱，问该存留若干？答曰 308353 两，算草如左。"旧管"加"新收"得共数后，减去"开除"项，得"实在"（现存数）。

旧管	新收	共	开除	实在
一二〇三〇三	一四一〇〇五五六	一五三〇三五八六	一二二二〇〇五六	〇三〇八三五三〇

梅文鼎《笔算》乘法算草比《同文算指》乘法略繁，除法算草则比较简捷。例如"假如有金九钱八分五厘，每两偿银八两八钱，问该几何？"算草如下页之左图。"假如有银八两六钱六分八厘换金，每金一两该银八两八钱，问换金若干？"算草如下页之右图。

---

① 　阮元《畴人传》卷三十八《梅文鼎传》"论"。

《笔算》卷三"异乘同除"详述四率比例及其应用。卷四"通分"为分数及小数的四则运算方法。卷五"开方"分别叙述开平方，

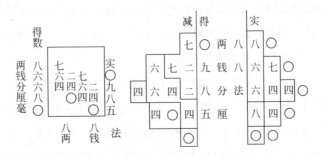

开带从平方，开立方法。附录《方田通法》，及《古算器考》两篇短文。《方田通法》为化田地面积方步数为亩数的捷法，这是梅文鼎早年（1664 年）的论著。《古算器考》是一篇考证文章，他说："今有笔算，遂以珠盘为古。不知古用筹策，故曰'持筹'，其用珠盘起于元末明初，制度简妙，天下习用之而遂忘古法，故为之考。"

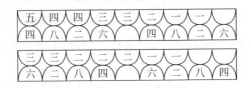

（2）《筹算》初稿原为七卷，在《梅氏丛书辑要》中精简为二卷。《新法历书》中有《筹算》一卷，介绍西洋算筹用法。原术用直筹横写，梅文鼎《筹算》改用横筹直写，并且以两个半圆形代替原有的斜线，应用较便。例如乘法 4096 × 64，置代表乘数 64 的两支算筹如上图。读出 64 × 4000 = 256000，64 × 90 = 5760，64 × 6 = 384。将这三个部分乘积笔算相加，即得相乘积 262144。作除法 262144 ÷ 64 时，只需议定商数的各位数字，也在这两支算筹上读出 256000、

5760、384 三个部分乘积,从被除数内逐步减去。用算筹作开平方、开立方时,另有表示从 1 到 9 的平方数和立方数的两支算筹。《筹算》卷二讨论了开平方、开带从平方、开立方、开带从立方的用筹方法。

(3)《度算释例》二卷。《崇祯历书》中有罗雅谷所撰《比例规解》一卷(1631 年)原无例题显示用法,且书中说理部分有似是而非之处,引用常数也不够准确。明末陈荩谟撰《度算解》,对比例规用法只论平分线不及他线。梅文鼎青年时即自制比例规,与弟文鼐共补算题,并改正了罗雅谷书讹误之处。1717 年,他于八十五岁高龄时又重加校订而出版问世。

(4)《方程论》六卷(1672 年)。程大位《算法统宗》等书讨论"方程"(一次方程组)算法,头绪纷繁,没有一贯的解法,梅文鼎认为"古人立法决不如此"。他自出新意,分类举例说明一次方程组的建立,与互乘对减的原则,"令览者彻底澄清无纤毫之凝滞"。卷四标名"刊误",指出了程大位《算法统宗》,李之藻《同文算指》等书中错误的论点。

(5)《少广拾遗》一卷(1692 年)。梅文鼎依据二项定理系数表说明求高次幂正根的算法,从平方到十二乘方(十三次幂)各举一例用笔算演开方细草。自序说:"尝见(吴敬)《九章比类》(周述学)《历宗算会》(程大位)《算法统宗》俱载有开方作法本原之图而仅及五乘,并无算例。(李之藻)《同文算指》稍变其图,具七乘方算法而不适于用,诠释不无讹误……遂稍取古图细绎,发其指趣,为作十二乘方算例,颇觉详明。"十一世纪中我国数学家发见了"开方作法本源"(二项式高次幂展开式的系数表),从而创立了两种求高次幂正根的算法——立成释锁法和增乘开方法。十三世纪中增乘开方法发展到求数字高次方程的正根,立成释锁法就被扬弃。不幸,宋元数学的光辉成就到明代几乎全部失传,在吴敬、周述学、程大位等的数学著述中只保存了开方作法本源图而没有四次以上高次幂的开方法。梅文鼎的《少广拾遗》依据开方作法本源图,重新发挥了立成释锁法的作用,但仅能为《算法统宗》《同文算指》等书补阙,而不能继承秦九韶的正负开方术而有所发展,这是不无遗憾的。

(6)《勾股举隅》一卷。勾、股、弦与勾股相乘积共四事,如已知其二事则勾股形有法可解。在四事外,更添勾股和、勾股较等六事,弦和和、弦和较等四事,共十四事。已知十四事中的任何二事解勾股形的问题变化多端,本书略举数端以示解题途径。例如,已知勾股积 ab 与弦较较 $c-(b-a)$ 求诸数,解法利用了 $(c-b+a)(c+b-a)=2ab$ 的关系,得 $b-a=\dfrac{2ab-(c-b+a)^2}{2(c-b+a)}$,$c=c-b+a+(b-a)$。已知 $b-a$ 与 c,求 a,b 就很容易了。

又因程大位《算法统宗》勾股章有"度影量竿""隔水量高"二题,"算例图解略具而殊欠详明",梅文鼎用他的几何知识详加分析,古人立法的理由就显著出来了。

(7)《几何通解》一卷。梅文鼎认为我国传统的勾股算术和由西洋传入的《几何原本》形式上虽不相同,而它们的理论可以会通,他撰《几何通解》,依据勾股算术证明了《几何原本》卷二、卷三、卷四、卷六中的很多个命题。例如卷三第三十五题论证:

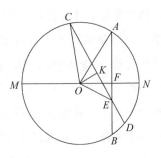

圆内二弦 AB、CD 交于 E，则 $AE \cdot EB = CE \cdot ED$。梅文鼎的证明大致如下：经过圆心 O 作直径 MN 垂直于 AB，交 AB 于 F。联 OA 线。OFA 勾股形以 OF 为勾，FA 为股，OA 为弦，$FN = OA - OF$ 为勾弦较，$MF = OA + OF$ 为勾弦和。因勾弦较乘勾弦和等于股平方，故 $MF \cdot FN = AF \cdot FB$。又设弦 CD 与 AB 交于 E。作 OK 垂直于 CD。联 OC 线。因 $CE \cdot ED = (CK + KE)(CK - KE) = CK^2 - KE^2$，故 $CK^2 = CE \cdot ED + KE^2$，

$$OC^2 = CE \cdot ED + KE^2 + OK^2$$
$$OC^2 = CE \cdot ED + OF^2 + FE^2$$
$$CE \cdot ED = OA^2 - OF^2 - FE^2$$
$$CE \cdot ED = AF^2 - FE^2$$
$$CE \cdot ED = AE \cdot EB$$

又如卷三第三十六题论证：从圆外一点 A 作圆的切线 AB 和割线 AC 与圆交于 D，则 $AC \cdot AD = AB^2$。梅文鼎的证明是：通过 A 和圆心 O 作割线与圆交于 E、F 两点。勾股形 OBA 以 OB 为勾，BA 为股，OA 为弦。AF 为勾弦较，AE 为勾弦和，因知 $AE \cdot AF = AB^2$。再从 O 作 AC 的垂线 OK，联 OD 线。

$$AC \cdot AD = AK^2 - KD^2 = AK^2 - OD^2 + OK^2$$
$$= AO^2 - OD^2 = AF \cdot AE$$

故 $AC \cdot AD = AB^2$。

《几何通解》自序说："惟理分中末线似与勾股异源……而仍出于勾股。信古九章之义包举无方。"一线段被分成中外比，在《几何原本》中称为理分中末线，始见于卷四第十题。设有线段 AB，分割于 C 使 $AC:CB = CB:AB$，或 $AC \cdot AB = CB^2$。梅文鼎以为：假如 AC 为

勾弦较,*AB* 为勾弦和,*CB* 为股,则 *AB* 分成中外比,但那个股 *CB* 必须是勾弦和 *AB* 与勾股较 *AC* 之差等于勾的二倍。因此,他作出一勾股形,使它的勾为股的一半,那么,这个勾股形的勾弦和等于勾弦较加股,勾弦和就分成中外比。如以股为全线,则勾弦较为中外比的大分,弦和较为中外比的小分,也就是说:若 $b = 2a$ 则 $(a + b - c)b = (c - a)^2$。

（8）《方圆幂积说》一卷（1710 年）。梅文鼎在他的《方圆幂积说》中,取 $\pi = 3.14159$ 计算下列各事,附带说明充分的理由:①方中容圆、圆中容方,方边与圆径之比,方面积与圆面积之比;②立方容球、球容立方,立方边与球径之比,立方体积与球体积之比;③方圆面积相等,方

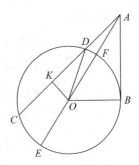

边与圆径之比,方周与圆周之比,并由此说明比例规上"变面线"之理;④球面积与外切圆柱面积之比,球体积与外切圆柱体积之比;⑤截球体的表面积和它的体积。

（9）《几何补编》四卷。梅文鼎自序说:"壬申（1692 年）春月,偶见馆童屈篾为灯,诧其为有法之形,乃复取《测量全义》量体诸率,实考其作法根源以补原书之未备。"徐光启所译的《几何原本》只有前六卷,不言立体几何学,《测量全义》列举了五种正多面体的体积公式,并计算出边长为 100 的各正多面体的体积,但不详这些公式的来历。梅文鼎独力思考四等面体、八等面体、十二等面体、二十等面体的几何性质,从而获得计算各体的内切球半径和体积的方法。他设正多面体每边的长为 100,计算出来的四等面体、八等面体、十二等面体的体积与《测量全义》记录的相同。但对于二十

等面体,他计算得一面的面积为 4330.1250,内切球半径为 75.5761,
体积应得 $20 \times \frac{1}{3} \times 4330.1250 \times 75.5761 = 2181693$,而《测量全
义》所录为 523809,显然是错误的。又计算出当二十等面体的体积
为 1000000 时它的边长约为 77 而罗雅谷《比例规解》"变体线"节
误作 76,亦应据以校正。在计算二十等面体和十二等面体各线段
的比例时用着"理分中末"的比例。自序说:"《几何原本》理分中
末线但有求作之法而莫知所用。今依法求得十二等面体及二十等
面体之体积,因得其各体中棱线及辏心、对角诸线之比例,又两体
互相容及两体与立方、立圆诸体相容各比例,并以理分中末为法,
乃知此线原非徒设。"

《几何补编》于各种正多面体的研究外,提出了两种灯体:其一
是方灯体,以斜线联结立方体相邻两边的中点,"各正方面内成斜
线正方,依此斜线斜剖而去其角则成灯体矣""八等面体有六角,皆
依法剖之成平方面六,而剖之后各存原八等面小三角等边面八,与
立方剖其八角者正同。"这个立体形,梅文鼎的学友孔林宗(兴泰)
称它为二十四等边体,现在我们称它为十四面体。其一是圆灯体,
以线联结十二等面体(或二十等面体)上相邻两边的中点,这六十
条等长的线组成十二个正五边形与二十个正三边形,这三十二个
平面围成的体略近于浑圆,故称为圆灯体,孔林宗称它为六十等边
体。《几何补编》卷三讨论了方灯体、圆灯体的体积和边长的关系,
方灯体与立方形、八等面体相互内接,圆灯体与十二等面体、二十
等面体相互内接的各种情形。

《几何补编》卷四讨论了"大圆容小圆法"。大圆内有几个相等
的小圆切于大圆又各自相切,讨论小圆径与大圆径间的关系。又

兼论大球内容小球的各种情形。讨论大圆容小圆要结合关于圆内接正多边形的知识；与此相仿，讨论大球容小球要结合有关球内接正多面体的知识。

（10）《平三角举要》五卷。卷一，"测量名义"叙录平面三角法名词定义和关于三角形的几何定理。卷二"算例"，举例说明直角三角形解法和一般三角形解法。三角形解法中用着正弦

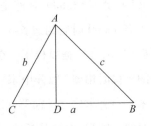

定理与正切定理。已知两边一夹角求对边的问题不直接用余弦定理解而用与《测量全义》卷一第十五题大致相同的解法。设三角形 ABC，已知 a、b 求 c，作 AD 垂直于 BC，解直角三角形 ACD，得

$AD = b\sin C, CD = b\cos C$，因此得 $DB = a - b\cos C$，$\tan BAD = \dfrac{a - b\cos C}{a\sin C}$，

$AB = AD\sec BAD$，卷三讨论三角形面积，内切圆、外接圆与内容正方形。卷四"或问"，自序说："同学好问，事事必求其所以然，故不惮为之详复以畅厥旨。"卷五"测量"，举例说明平面三角法在测量术中的应用。

（11）《弧三角举要》五卷（1684 年）。球面三角形在梅文鼎著作中都被称为弧三角形，本书讨论球面三角形解法。卷一"弧三角体势"略述关于球面三角形的几何定理和它在球面天文学上的应用。卷二"正弧三角形"论直角球面三角形的解法，列举了六个表示两边一角间的关系式。三边的关系和二角一边的关系都留待在卷四里讨论。设直角三角形 ABC，直角在 C，从关系式 $\sin a = \sin c \sin A$ 和 $\sin b = \sin c \sin B$，可以导出直角球面三角形的"弧角同比

例"：$\dfrac{\sin A}{\sin a}=\dfrac{\sin B}{\sin b}=\dfrac{\sin C}{\sin c}$。"弧角同比例"的原则推广到一般球面三角形就是现在教科书中的正弦定理。卷三"垂弧法"。过球面三角形一个角的顶点作大圆弧与对边成直角，分本形为两个直角三角形或补成两个直角三角形，所作的弧简称为垂弧。斜三角形已知两边一角或二角一边求余边余角，可以适当地利用垂弧，用直角三角形解法来解决。延长三角形 ABC 的两边 AB,AC 相交于 A'，得另一三角形 $A'BC$，称为三角形 ABC 的次形，它的 A' 角和 a 边与原三角形的 A 角和 a 边相等，而其他边、角都与原三角形的相当边、角互补。利用垂弧法解三角形 $A'BC$ 也解决了三角形 ABC。卷四"次形法"。除了上述的次形外，卷四还举出其他性质的次形。例如直角三角形 ABC，直角在 C，延长 AB 使 $AD=90°$，延长 CB 使 $CE=90°$，作 DE 弧，这样造成了一个次形 DBE，$\angle D=90°$。$\angle B=\angle B$，$\angle E=90°-b$，$BE=90°-a$，$ED=90°-A$，$BD=90°-c$。

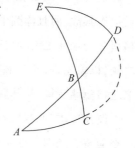

因 $\qquad\qquad \sin BD=\sin BE\sin E$

故 $\qquad\qquad \cos c=\cos a\cos b$

因 $\qquad\qquad \sin ED=\sin BE\sin B$

故 $\qquad\qquad \cos A=\cos a\sin B$

因 $\qquad\qquad \tan ED=\sin BD\tan B$

故 $\qquad\qquad \cot A=\cos c\tan B$

垂弧法不能解"三角求边"的问题，利用"弧角互易"的次形，解已知三边的次形就是解已知三角的本形。本形的极三角形，以本形相当边的补弧为角度，以本形相当角的补角为弧度，是一种非常有用的次形。卷五"八线相当法"讨论简单三角函数列成四率比例的各种形式,以备运用球面三角法时的参考。

（12）《堑堵测量》二卷。《堑堵测量》为阐明球面直角三角形的边角关系而作。《九章算术》商功章刘徽注说"邪解立方得二堑堵,邪解堑堵,其一为阳马,其一为鳖腝"。鳖腝系一四面体,它的三面皆为勾股形,梅文鼎称它为立三角形。立三角形以它的一面为底,其他三面聚于一点为顶点,在顶点旁三侧面的顶角和三侧面间的三个二面角与球面三角形的三弧三角相当。梅文鼎有底面和二侧面皆为勾股形的立三角形来阐明球面直角三角形的边角关系。他说:"八线之在平圆者可以图明,在浑圆者难以笔显。鼎盖尝深思其故,而且浑圆中诸线犁然,有合于古人堑堵之法。乃以坚楮肖之为径寸之仪,而三弧三角各线所成之勾股了了分明,省笔舌之烦,以象相告,于作圆布算不无小补,而又非若浑象之难成。因名之曰堑堵测量,从其质也。"

设 ABC 是球心为 O 的球面上一个直角三角形,直角在 C。过 A 作平面 KAL 与 OA 垂直,与 OB、OC 的延长线交于 K、L。联 KL 线。$\angle ALK$ 为一直角。勾股形 KAL 为立三角形 $O \cdot KAL$ 的底面。

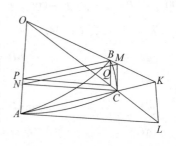

因 $AL = AK\cos KAL$

$\angle KAL = A$

$AK = OA\tan c$

$AL = OA\tan b$

故　　　　　　　　　　$\tan b = \tan c\cos A$

又过 C 作平面 MNC 垂直于 OA，勾股形 MNC 为立三角形 $O \cdot MNC$ 的底面。因 $MC = NC\tan MNC$，$\angle MNC = A$，$NC = OC\sin b$，$MC = OC\tan a$，故

$$\tan a = \sin b \tan A$$

又过 B 作平面 BPQ 垂直于 OA，勾股形 BPQ 为立三角形 $O \cdot BPQ$ 的底面。因 $BQ = BP\sin BPQ$，$\angle BPQ = A$，$BP = OB\sin c$，$BQ = OB\sin a$，故 $\sin a = \sin c \sin b$.

在 AOK 平面上 MN 与 KA 平行，勾股形 MON，KOA 相似，

$$OA : ON = OK : OM$$

$$OA : OC\cos b = OA\sec c : OC\sec a$$

故得
$$\cos c = \cos a \cos b$$

如以 A 为天球上的春分点，$\angle A$ 为黄赤大距，AB 为太阳的黄经，则 AC 为赤经，CB 为赤纬。通过以上四式，可以完全了解 a, b, c 与 A 间的相互关系。

元授时历法计算日躔度数，以冬至点为黄道积度的起点所以是黄经的余弧。赤道积度（赤经的余弧）和赤道内外度（赤纬）俱可用黄道积度和黄赤大距计算出来，它的原理也可用立体图形直接证明。

（13）《环中黍尺》五卷（1700 年）。本书“小引”说：“《环中黍尺》者所以明平仪弧角正形，乃天外观天之法而浑天之画影也。”球面上的弧三角形直角射影于一穿过球心的平面上，得一曲线三角形，梅文鼎称它为“正形”。在“正形”图上，可以用线段的长来表示原弧三角形边、角的正弦、正矢，从而利用一些平面几何知识就可以推导出原弧三角形边角间的关系。依据已给条件，作出一弧三角形的“正形”后，又可以用直尺在图上直接量出所求弧、角的正

弦或正矢。因此,本书题名为《环中黍尺》。

《测量全义》中球面三角形有三边求角或有两边一夹角求对边,用下列关系式

$$\text{versa} - \text{vers}(b-c) = \sin b \sin c \text{vers}A \tag{1}$$

此式在现在教科书中写成

$$\cos a = \cos b \cos c + \sin b \sin c \cos A \tag{2}$$

称为余弦定理。《环中黍尺》主要阐明这个关系式的两种形式。

设 ABD 为球面上弧三角形 ABC 在平面上的"正形",AB 弧仍是圆弧,BD,AD 都成为椭圆弧。作 AK 直径,OE 半径垂直于 OK,与 AD 弧交于 F,EF 当是弧三角形 A 角的正矢,若半径 $OE=1$,则 $EF = \text{vers}A$。

过 D 作 GM 垂直于 AK,GM 为以 M 为圆心的小圆半径,是原弧三角形 AC 弧的正弦,$\sin b$。GD 为 A 角在小圆上的正矢,故 $GD = \sin b \text{vers}A$。

作 OB 半径,GR、DS 垂直于 OB,DU 垂直于 GR。在图上看出 BS 为 BC 弧的正矢 $\text{vers}a$,BR 为 BG 弧的正矢 $\text{vers}(b-c)$。故 $DU = BS - BR = \text{vers}a - \text{vers}(b-c)$。

作 BN 垂直于 AK,BN 为 AB 弧的正弦 $\sin c$。

勾股形 DUG 与 ONB 相似,故

$$OB : BN = GD : DU$$

$$1 : \sin c = \sin b \text{vers}A : (\text{vers}a - \text{vers}(b-c))$$

这就是三边求角公式

$$\text{vers}A = \frac{\text{vers}a - \text{vers}(b-c)}{\sin b \sin c}$$

也就是两边一夹角求对角的公式

$$\text{vers}a = \text{vers}(b-c) + \sin b \sin c \text{vers}A \tag{1}$$

左面所画的"正形"表示 A 为锐角,b 弧大于象限,c 弧小于象

限的弧三角形,但从它推论出来的边角关系式并不局限于具备那些条件的弧三角形。《环中黍尺》讨论了 A 角或钝或锐,b、c 二弧或俱小于象限,或俱大于象限的各种情形,所得结论是一致的。

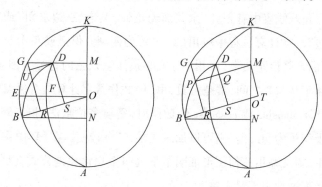

余弦定理 $\cos a = \cos b \cos c + \sin b \sin c \cos A$ 在《环中黍尺》中也用"正形"图来直接证明。如右图,ABD 为球面三角形 ABC 的"正形",$GM = \sin b$,$OM = \cos b$,$BN = \sin c$,$ON = \cos c$,$OA = OB = 1$。过 G、D、M 分别作 GR、DS、MT 垂直于 OB 直径,过 M 作 MP 与 OB 平行,与 GR 交于 P,与 DS 交于 Q。

$$\angle MGP = \angle MOT = \angle AOB = c$$

$$PM = GM \sin MGP = \sin b \sin c$$

$$OT = OM \cos MOT = \cos b \cos c$$

$$OS = \cos a$$

$$MQ = TS = \cos a - \cos b \cos c$$

因勾股形 MGP,MDQ 相似,故

$$MP : MG = MQ : MD$$

又因 $$MG : MD = OE : OF$$

故 $$MP : MQ = OE : OF$$

$$\sin b \sin c : (\cos a - \cos b \cos c) = 1 : \cos A$$

由此得

$$\cos a = \cos b \cos c + \sin b \sin c \cos A \qquad\qquad (2)$$

　　三角八线表中有正弦、余弦而无正矢，无论"三边求角"或"角求对边"。在计算过程中应用（2）式较为便利。但弧或角大于90°时，它的余弦值是负数，应用（2）式必须注意余弦的符号。因正矢值变化于0与2之间，常是正数，用（1）式作数字计算是有优点的。

　　计算 $\sin b \sin c$ 或 $\cos b \cos c$ 的数值时，需要多位乘法，相当繁琐。如将乘积化为和或差，则可以加减代乘，计算较便。在《环中黍尺》卷三中，梅文鼎用几何图形证明了下列四个积化和差公式，以备解弧三角形过程中不时之需。

$$\sin b \sin c = \frac{1}{2}\left[\cos(b-c) - \cos(b+c)\right]$$

$$\cos b \cos c = \frac{1}{2}\left[\cos(b-c) + \cos(b+c)\right]$$

$$\sin b \cos c = \frac{1}{2}\left[\sin(b+c) + \sin(b-c)\right]$$

$$\cos b \sin c = \frac{1}{2}\left[\sin(b+c) - \sin(b-c)\right]$$

　　在应用（1）式时以 $\frac{1}{2}\left[\cos(b-c) - \cos(b+c)\right]$ 代替 $\sin b \sin c$ 计算比较便利。

二、梅文鼎的数学思想

　　明代知识分子崇尚"道学"，不重视科学研究，有卓越成就的古代数学名著大都失传。民间流行的几部珠算读本如吴敬《九章比类算法大全》、程大位《算法统宗》之类,对于古代数学的精华往往"不得其理而强为之解",以致谬种流传而古法不复可用。明末由耶稣会教士传入的西洋数学,又因"译书者识有偏全,笔有工拙",所载图说有难以理解之处。清初的进步人士真能了解《几何原本》或《测量全义》的很少;一般思想保守的人也都不能了解《九章算术》的内容。当时中学西学的争鸣不过是新旧两派间的交哄,都不能从事于实事求是的研究,在学术上有所贡献。梅瑴成为《梅氏丛书辑要》撰序(1761 年),开门见山地说:"象数为钦若授时之要道,帝王所首务也。明季兹学不绝如线。西海之士乘机居奇,借其技以售其学。学其学者又从而张之,往往鄙薄古人以矜创获。而一二株守旧闻之士,因其学之异也,并其技而斥之,以为戾古而不足用,又安足以服其心而息其喙哉?"梅文鼎生当这个时代,认为科学研究应不分中西"技取其长而理唯其是",寝馈不忘于天文学、数学的研究工作,数十年如一日,从而获得卓越的成就,树立了学术研究的模范。他在《堑堵测量》卷二里说:"且夫数者所以合理也;历者所以顺天也。法有可采何论东西,理所当明何分新旧,在善学者知其所以异,又知其所以同。去中西之见,以平心观理,则弧三角之详明,郭(守敬)图之简括皆足以资探索而启深思。务集众长以观其会通,毋拘名相而取其精粹。"《弧三角举要》自序说:"全部《历书》皆弧三角之理,即皆勾股之理……盖于是而知古圣人立法之精,虽弧三角之巧岂能出勾股范围,然勾股之用亦必至是而庶无余蕴尔……盖积数十年之探索而后能会通简易,故亟欲与同志者共之。"于此可以见一代学者的科学精神与著作态度。梅文鼎通过他的辛勤劳动,不遗余力地表彰古代数学,使濒于枯萎的老树发生新芽,又整理和疏解西洋数学,使移植过来的花草长成根干。他的研究工作对清代数学的发展起着很大的推动作用。

梅文鼎于"中西算学通序"文中说①:"数学者征之于实,实则不易,不易则庸,庸则中,中则放之四海九州而准。"他认为数学理论来自客观实际,是颠扑不破的,合符"不偏之谓中,不易之谓庸"②的道理的,所以是普遍真理。这种对数学的见解无疑是唯物主义的。但他生活在崇尚宋儒"道学"的时代里,在他的数学思想中也夹杂了一些数字神秘主义思想。他于《方程论》自序中说:"无理可名,无数可纪乃数之根也,是谓真一,真一者无一也。一且非一而况其分。及其自无之有,无一而忽然有一,有一则有万,万者一之万也。万各其一,一各其万,即万即一,环应无端。"这种"自无之有"的数理哲学反映了周敦颐《太极图说》"无极而太极"的唯心主义思想。他的《方程论》"发凡"说:"自汉以后,史称卓茂、刘歆、马融、郑玄、何休、张衡皆明算术。"又说:"宋大儒若邵康节(雍)、司马文正(光)、朱文公(熹)、蔡西山(元定),元则许文正(衡)、王文肃(恂)莫不精算。"所举汉儒都是兼通算术的经学家,而宋元儒则是掺杂数字神秘主义的道学家,除王恂外,邵雍、司马光等人未必真懂数学。梅文鼎对天文学和数学锲而不舍,数十年如一日,从而有光辉的成就,但由于他的时代局限性,学术观点上的思想矛盾是克服不了的。

---

① 梅文鼎:《绩学堂文钞》。
② 《中庸》。

三、与梅文鼎同一时期的几个数学家

清代初期比较进步的人士接受了新从西洋传来的科学知识，展开了天文学和数学的研究工作，著书立说的很多。但这些著作的内容大都不能如《梅氏丛书》的丰富多彩。现在就数学论著方面，略举几家如下：

王锡阐（1628—1682），字寅旭，号晓庵，江苏吴江人。他是一个杰出的天文学家，数学著作仅有《圆解》一卷，主要讨论三角八线的性质与两角和差的正弦、余弦公式。

方中通（1633—1698），字位伯，安徽桐城人，为哲学家方以智的次子。他收罗中西算法，编成《数度衍》二十四卷（1661年）。

李子金号隐山，河南柘城人。撰《算学通义》五卷（1676年），其中《弧矢论》讨论有弦、矢求弧长的近似算法。又撰《几何易简集》三卷（1679年）。

杜知耕字端甫，河南柘城人。撰《数学钥》六卷（1681年），为九章旧术作图注。又删削徐译《几何原本》作《几何论约》七卷（1700年）。

陈讦（1650—1722），字言扬，浙江海宁人，撰《勾股引蒙》五卷（1722年），顺次介绍笔算四则算法、开平方、开立方、勾股算术与平面三角法。本书原为初学数学的入门书，无甚精义，其勾股算术尤多于理欠通之处。

陈世仁（1676—1722），字元之，浙江海宁人，系陈讦的族侄，1715年进士，入翰林后即回乡不仕。撰《少广补遗》一卷，专论垛积术,如"平尖"$1+2+3+\cdots+n$,"立尖"$1+3+6+\cdots+\frac{1}{2}n(n+1)$,"方尖"$1+4+9+\cdots+n^2$,"再乘尖"$1+8+27+\cdots+n^3$ 诸级数求和术与前人所得相同。它所特有的有:

"倍尖"$1+2+4+\cdots+2^n=2^{n+1}-1$,

"抽偶平尖"$1+3+5+\cdots+(2n-1)=n^2$,

"抽偶方尖"

$$1+9+25+\cdots+(2n-1)^2=\frac{1}{3}n(4n^2-1),$$

"抽偶再乘尖"

$$1+27+125+\cdots+(2n-1)^3=n^2(2n^2-1),$$

等等,但"图说未具,不能使学者窥其立法之意"。

屠文漪,字莼洲,江苏松江人,撰《九章录要》十二卷。

庄亨阳(1686—1746),字元仲,福建南靖人,康熙戊戌(1718年)进士,官至淮徐海道。收集诸家算法,其后人辑其遗稿付印为《庄氏算学》八卷。

年希尧字允恭,锦州人。自刻数学著作有《测算刀圭》三卷,《面体比例便览》一卷,《视学》二卷。《测算刀圭》三卷,卷一为三角法摘要,卷二为八线真数表,卷三为八线假数表。本书似是梅文鼎的原作。卷一中有"此一形《历书》遗之,予所补也,详《堑堵测量》"等语,显系梅文鼎的话,卷首"自序"录入梅氏《绩学堂文钞》内,也系文鼎的手笔。《视学》是介绍西欧画法几何学的最早的一部著作,书中所附版图俱极精美。然此书印数不多,流传至今者甚少。

第十五章 《数理精蕴》

一、《数理精蕴》的编纂经过

1723 年《数理精蕴》的出版是第二阶段西洋数学传入中国的成果。这部五十三卷的数学百科全书,有着康熙"御定"的名义,获得了广泛的流传,从而掀起了乾、嘉时期数学研究的高潮。它在中国数学史上的地位,和十七世纪初年的徐光启《几何原本》、李之藻《同文算指》等书相比是后来居上的。

这一部西洋数学的编译工作,主要是在康熙大力支持下,在清朝皇宫里进行的,从 1690 年开始,到 1721 年脱稿,其间经过 31 年。

康熙二十四年(1685 年),法皇路易十四对中国采取积极的传教方针,派遣洪若翰、白晋、李明、张诚、刘应等到东方来,他们于 1687 年到达中国。康熙是一个爱好自然科学的人,尤其对于数学、天文有特殊兴趣。他知道了张诚(Jean François Gerbillon,1654—1707)、白晋(Joachim Bouvet,1656—1730)等都通数学,就于 1689 年冬天,召见他们,请他们留在宫里学习满洲语,并以满语讲授数学。张诚用法人巴蒂所撰的几何学教科书(P. Pardies:Géometrie practique et théorique,1671 年)译成满文作为讲义。现在故宫博物院藏书中有满文本《几何原本》七卷和汉文本《几何原本》七卷附《算法原本》一卷,都是 1690 年译成的。这部七卷本的《几何原本》缺少有关比例和相似形的部分,从而众所周知的勾股定理也付之阙疑,看来不是译稿的全部。

康熙时宫中的翻译稿本除《几何原本》《算法原本》外还有《算法纂要总纲》《借根方算法节要》《勾股相求之法》《测量高远仪器用法》《比例规解》《八线表根》等,都没有序跋的编译年代。《算法纂要总纲》无卷数,分 15 目:①定位之法(记数法),②加法,③减法,④乘法,⑤除法,⑥三率求四率之法(比例),⑦和较三率法(比例杂题),⑧合数差分法(比例分配),⑨借衰互征法(归一法),⑩迭借互征法(盈不足术),⑪开平方法,⑫三角形总法,⑬各面积总法,⑭开立方法,⑮算体总法。全书各节内容精简,与李之藻《同文算指》相比,互有异同。其他各书也十分简略。在汇编《数理精蕴》时的参考资料当不限于上述的几种译稿。

白晋于 1693 年受康熙命赴法国,争取邀请更多的科学家和携带更多的科学书籍回来。康熙也喜欢同通数学的人讨论学术。1705 年二月在德州召见梅文鼎畅谈历象算法。1711 年召见泰州进士陈厚耀,命他留在南书房供职。1712 年又命梅文鼎的孙子梅毂成到宫中服务。

康熙接受了陈厚耀"请定步算诸书以惠天下"的意见,1712 年赐予梅毂成举人头衔,充蒙养斋汇编官,会同陈厚耀、何国宗、明安图等编纂天文算法书。康熙六十年(1721 年)完成《历象考成》四十二卷,《律吕正义》五卷,《数理精蕴》五十三卷,合称《律历渊源》一百卷。雍正元年(1723 年)出版。

　　《历象考成》是一部天文学书，其中有二卷专论弧三角形，是依据梅文鼎《弧三角举要》（1684 年）写成的。

二、《数理精蕴》各卷的内容

　　《数理精蕴》上编五卷"立纲明体"，下编四十卷"分条致用"，表四种八卷，共五十三卷。它的主要内容是介绍从十七世纪初年以来传入的西洋数学。书中也举了不少中国古代数学书中的应用问题，但解答方法还是依据新法的。只有在第一卷中叙述了"数理本源"和"周髀经解"两节，借以说明中国古代数学的"本源"和它的悠久历史。

　　"数理本源"说"粤稽上古，河出图，洛出书，八卦是生，九畴是叙，数学亦于是乎肇焉"。《数理精蕴》的编纂者和程大位一样，在卷首揭出"河图""洛书"，以见数学的"本源"。事实上，这完全是一种数字神秘主义思想，它是明末清初学者尊崇宋儒理学而产生的一股逆流。

　　"周髀经解"认为《周髀》首章周公和商高对话的二百六十四个字，确实是"成周六艺之遗文"，是最可宝贵的数学文献，因此重为注解。首段称："旧注义多舛讹，今悉详正，弁于算书之首，以明数学之宗，使学者知中外本无二理焉尔。""数之法出于圆方"节注解有"河图者方之象也。洛书者圆之象也。太极者，圆之体，奇也。四象者方之体，偶也。奇数天也；偶数地也"等语。"勾广三、股修四、径隅五"节注解有"易曰参天两地两倚数。天数一，参之则为三；地数二，两之则为四；三、二合之则为五；此又勾三股四弦五之正义也"等语。其他注解也多穿凿附会的说法。

由于《数理精蕴》的编纂者对中国古代数学的辉煌成就了解太少，"数理本源"和"周髀经解"两节文字实在不能说明古代数学理论结合实际的优良传统。《数理精蕴》的主要负责编纂人梅瑴成于他八十高龄时（1760 年）增删程大位的《算法统宗》，以为数学著作不是阴阳术数之书，河图洛书之说应得删去。

《数理精蕴》上编卷二、卷三、卷四为《几何原本》，卷五为《算法原本》。《数理精蕴》中的《几何原本》主要是根据张诚所译法文书修订的，它与上述的七卷本文字稍有异同。《几何原本》分为十二章。第一章包含二十四节，胪列了点、线、面、体、各种角度、圆、平行线等等的定义。第二章十四节列举有关三角形的几个定义和几个定理。仿此第三章论四边形，第四章论圆及内接、外切多边形，第五章论立体几何，第六、七两章论量的比例，第八章论相似形，第九章论勾股定理及其他有关比例的命题。第十章论圆锥体、球与椭圆体的表面积和体积。第十一、第十二章论几何作图法。书中各个命题的逻辑证明不求十分严格。定理的编排次序也不注重它的系统性。全书内容虽与欧几里得《原本》大致相同，但著述体例差别很大，译本题称《几何原本》实在是名不符实的。

《几何原本》第十章在提出了球的体积和表面积的正确公式之后，接着讨论椭圆体的体积和表面积。所得的结论是：椭圆绕它的长径旋转所围的体积是 $\frac{4}{3}\pi ab^2$，表面积是 $4\pi ab$，体积公式是正确的，而表面积公式是错误的。

《数理精蕴》卷五的《算法原本》二章，讨论了自然数的性质，包括自然数的相乘积、公约数、公倍数、比例、等差级数、等比级数等的性质,没有接触到素数、完全数等整数性质,也没有讨论不可通约数的相比。《算法原本》是小学算术的理论基础,欧几里得《原本》第七、八、九三卷则是代表古希腊的"数论",它们的性质是不相同的。

《数理精蕴》下编卷一至卷三十为实用算术。卷一叙述度量衡制度、记数法、整数四则运算。加、减、乘、除法的计算程序和现在教科书相同,但记数以一、二、三、四、五、六、七、八、九为数码,和现在用阿拉伯数码不同。卷二叙述分数运算。分数化简是用辗转相减求公约数。算草中常将分母写在分子之上。中间没有分线,和现在的教科书不同。卷三至卷八讲比例及其应用,包含一般的算术问题。卷八、卷九讲盈朒,借衰互征,迭借互征,取材于《算法纂要总纲》和李之藻《同文算指》。卷十讲方程(联立一次方程),取法于梅文鼎的《方程论》。卷十一讲开平方及开带纵平方,卷十二、卷十三讲勾股,解决有关直角三角形三边的二次方程应用问题,卷十四讲三角形,介绍已知三边长求三角形面积,内切圆径及内容正方方边的公式。卷十五讲"割圆";取圆半径一兆($r = 10^{12}$),从内接六边形起算,计算得内接 6×2^{33} 边形的一边长 121,周6283185307179。又从外切六边形起算,计算相同边数的外切多边形的周也得上述十三位的数字。求内容、外切 4×2^{33} 边形的周也得到同样的结果[①]。卷十六先讲"六宗",取圆径二十万,求圆内容正六边形,四边形,三边形,十边形,五边形,十五边形的一边。新增求内容正十八边形,九边形,十四边形,七边形的一边。求出这些边长,就可以确定许多特殊角的正弦。再通过"三要法""二简法"

---

① 由此可知 $\pi = 3.141592653589$.

和新增的求三分之一弧的正弦法,确定八线表中所有的八线,弧度以 1' 为间距,八线准确到小数五位。

求内容正 18 边形的一边,方法如下:

设 $\angle AOB = \angle BOC = \angle COD = 20°$,则 $AD = AO$,BO 交 AD 于 E,作 BG 线,使 $BG = BE$。

容易证明:$\triangle EBG$、$\triangle BAE$、$\triangle AOB$ 为相似三角形,AO、AB、BE、EG 成为"连比例四率",就是说

$$AO : AB = AB : BE = BE : EG$$

设 $AO = r$,$AB = x$,则

$$BE = \frac{x^2}{r}, \quad EG = \frac{x^3}{r^2}$$

因 $BG \parallel CF$、$FG \parallel BC$,故 $FG = BC = AB$

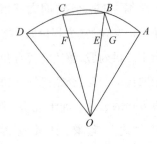

$$FE = FG - EG = AB - EG$$

$$AD = 3AB - EG$$

$$r = 3x - \frac{x^3}{r^2}$$

$$x^3 + r^3 = 3r^2 x$$

令 $r = 100000$,解三次方程得 $x = 34729$,这就是圆径 200000,圆内接正 18 边形的一边。

如果 $AD = c$ 是任意角弧的通弦,则 $AB = c_{1/3}$ 为三分之一弧的通弦。依据上列 $AD = 3AB - EG$ 导出

$$c = 3c_{1/3} - \frac{c_{1/3}^3}{r^2}$$

又设以 s 为半弧的正弦,$s_{1/3}$ 为六分之一弧的正弦,则

$$s = 3s_{1/3} - \frac{4s_{1/3}^3}{r^2}$$

已知 r 和 s,解上列三次方程,可求得 $s_{1/3}$ 的数值。这就是"有本弧之正弦求其三分之一弧之正弦"的方法。

又,求内容正 14 边形的一边:

设 $\angle AOB = \angle BOC = \angle COD = \dfrac{1}{7} \times 180°$

OB 交 AD 于 E,$\triangle BAE$、$\triangle AOB$ 相似

$$OA : AB = AB : BE$$

作 EF、FH、FG,使 $EF = EH = AB$,$OG = OF$。容易证明 $\angle FEH = \angle GFH = \dfrac{1}{7} \times 180°$

$\triangle AOB$、$\triangle FEH$、$\triangle GFH$ 为相似三角形

$$OA : AB = AB : HF = HF : HG$$

OA、AB、$BE(=HF)$,HG 为"连比例四率"。设 $OA = r$,$AB = x$,则 $BE = \dfrac{x^2}{r}$,$HG = \dfrac{x^3}{r^2}$

又因 $\triangle FOG$、$\triangle FEH$ 全等;故 $OG = EH + AB$。

$$OB = OG + EH - HG + BE$$

$$r = 2x - \frac{x^3}{r^2} + \frac{x^2}{r}$$

$$x^3 + r^3 = rx^2 + 2r^2 x$$

令 $r = 100000$,解上列三次方程,得 $x = 44504$。这就是圆径 200000,圆内接正 14 边形的一边。

卷十七讲"三角形边线角度相求",包括直角三角形解法和斜三角形解法。卷十八讲测量,是卷十七各定理的应用。卷十九讲直线形的面积问题。卷二十主要讲圆、弓形和椭圆面积。卷二十

一、卷二十二讲各正多边形的面积,与外切圆径,内容圆径的关系。卷二十三讲开立方,卷二十四讲开带纵立方,即是在 a、b、V 为已知数的条件下,求 $x(x+a)(x+b)=V$ 或 $x(a-x)(b-x)=V$ 的正根。卷二十五讲柱体、棱锥体、棱台体的体积。卷二十六讲圆柱、圆锥、球、截球体,椭圆体的体积。卷二十七、卷二十八、卷二十九讲各种等面体的体积与各种等面体的边长和外接球径、内切球径的关系。最后第三十卷讲各种物质的比重,实物的重量和几个堆垛公式。

下编卷三十一至卷三十六共六卷为《借根方比例》,介绍当时传入中国的代数学知识。首段说:"借根方者,假借根数、方数以求实数之法也……此法设立虚数(未知数),依所问之比例乘除加减,务令根、方之数,与真数相当适等,而所求之数以出,此亦借数之巧也。"这里所谓"根数"就是所求的未知数,"方数"包括平方、立方、三乘方、四乘方等,是根数的正整指数乘幂,所以说"根与方数俱为相连比例率"。这就是这门数学命名为《借根方比例》的来由。

《借根方比例》首先介绍多项式的表达形式,以 + 为加号, – 为减号, = 为等号,例如

$$一 \overset{平}{方} + 二根 \quad 就是 \quad x^2 + 2x$$

$$一 \overset{立}{方} - 二 \overset{平}{方} \quad 就是 \quad x^3 - 2x^2$$

又如

$$三九根 - 一 \overset{平}{方} = 三二四 \quad 即 \quad 39x - x^2 = 324$$

$$一\overset{立方}{} + 二\overset{平方}{} = 二八八〇〇 \quad 即 \quad x^3 + 2x^2 = 28800$$

读作"三十九根少一平方与三百二十四相等""一立方多二平方与二万八千八百相等"。在介绍了多项式的表达式后,分下列五个方面叙述:①多项式的加法、减法、乘法、除法,②数字的开平方、开立方与其他高次幂的开方法,③带纵平方法,④带纵立方法,⑤应用问题解法。

《借根方比例》中的开带纵平方是二次方程的求正根法,方程 $x^2 + bx = c$ 的解法是 $x = \dfrac{1}{2}(\sqrt{4c + b^2} - b)$。开带纵立方是三次方程的求正根法,所介绍的解法与卷二十四所介绍的略有不同。例如求三次方程 $x^3 - 3x^2 + 2x = 12144$ 的正根、它的算草如下:

因常数项 12144 大于 20^3 而小于 30^3,故以 20 为根的初商。它的次商是这样决定的:先以 $12144 - (20^3 - 3 \times 20^2 + 2 \times 20)$ = $12144 - 6840 = 5304$ 为"次商积",继以 $3 \times 20^2 - 3 \times 2 \times 20 + 2 = 1282$ 为"次商廉法",以 1282 除 5304 得商大于 4,即以 4 为根的次商。这种求次商法的理由可以解释如下:设 $x = 20 + r$ 代入原方程,经过整理后,等号左边 r 的系数为 1282,等号的右边常数项为 5304。以 1282 除 5304 可得 r 的约数。

又例如求 $40x^2 - x^3 = 5625$ 的正根,先化原方程为 $x^2 - \dfrac{1}{40}x^3 =$ 140. 625,定初商为 10,继以

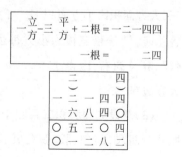

$140.625 - \left(10^2 - \dfrac{1}{40} \cdot 10^3\right) = 65.625$ 为"次商积",以 $2 \times 10 - \dfrac{1}{40} \times$

$3 \times 10^2 = 12.5$ 为"次商廉法",定次商为 5,最后以 $x = 15$ 代入原方程的左边适得 5625,因得原方程之根为 15。

英国 Joseph Raphson 于 1690 年发表的求根法与上述方法完全一致,现在教科书中引用的牛顿法,于解数字高次方程时所起的作用也是相同的。但 Raphson 法或牛顿法在十七世纪末传入中国的机会很少,《借根方比例》中的数字高次方程解法当另有渊源。

卷三十四、三十五、三十六为借根方比例的应用问题解法,各举一例如下:

```
小　一根
大　一根+四
―――――――
　二根+四=一〇
　二根=六
　一根=三
```

（1）"设如有一竹竿长一丈,欲分为大小两分,大分比小分多四尺,问大小分各几何。""法借一根为小分",算草如左,因得小分三尺,大分七尺。在演算过程中,于方程 $2x + 4 = 10$ 的两端各减 4 得 $2x = 6$,各以 2 除得 $x = 3$。

（2）"设如有大小二正方,大方边与小方边之比例同于五与三,大方面积比小方面积多二千三百零四（方）丈。问大小二方边各几何。""法借三根为小方每边之数",算草如右,因得小方边 36 丈,大方边 60 丈。

```
小边　三根　积　九平方
大边　五根　积二五平方
――――――――――――
一六平方=二三〇四
一平方=一四四
一根=一二
```

（3）"设如勾股积二百四十尺,股弦较四尺,问勾、股、弦各几何。""法借一根为股数,则弦为一根多四尺",就是说,设 x 为股长,则弦长为

$x+4$。此后算草,用现代符号表达出来如下:

$$勾^2 = (x+4)^2 - x^2 = 8x + 16$$

$$勾^2 \times 股^2 = (8x + 16)x^2 = 8x^3 + 16x^2 = (2 \times 240)^2$$
$$= 230400$$

故 $\qquad\qquad\qquad\qquad x^3 + 2x^2 = 28800$

求得正根 $\qquad\qquad\qquad\qquad x = 30$

故得股 3 丈,弦三丈四尺,勾一丈六尺。

中国数学家于十三世纪中在传统数学的基础上发展了新的代数方法,建立了天元术和四元术,使祖国数学散发出了美丽的光辉。不幸的是以后的数学工作者忽视了这份数学遗产,以致金元之际的数学名著大都失传,四百年中竟无人能了解增乘开方法和天元术。梅瑴成虽曾涉猎郭守敬《授时历草》及李冶《测圆海镜》二书,知道有"立天元一"的术语,但也不了解天元术的全部内容。他撰"天元一即借根方解"一篇短文说:"供奉内廷蒙圣祖仁皇帝授以借根方法,且谕曰西洋人名此书为阿尔热八达,译言东来法也。敬受而读之,其法神妙,诚算法之指南,而窃疑天元一之术颇与相似。复取《授时历草》观之,乃涣如冰释,殆名异而实同,非徒曰似之已也。"又说天元术在中国长期失传,"犹幸远人慕化,复得故物。东来之名,彼尚不能忘所自"。梅瑴成发现西洋借根方法在我国古代早已有之,这是有贡献的,但由于他对这两种方法研究不够,却又错误地认为它们是同出一源。事实上,花剌子模人摩西之子穆罕默德于九世纪初撰一代数学书名 al-jabr wál-muqābalah 十一世纪中传入西欧,在拉丁文译本中简称 algebra。阿尔热八达无疑是algebra 的音译,西欧人说它来自东方是可以理解的。欧洲文艺复兴以后，代数学有了新的发展，并且由原来用文字说明的演算程序转变为用符号表达出来，奠定了符号代数学的基础。《数理精蕴》中的《借根方比例》就是十七世纪中欧洲代数学的中文译本，它与天元术大同小异。根据现在还有传本的李冶、朱世杰的著作，在天元术中，多项式、方程的表达形式比较简单，数字高次方程的求正根法比较便利，但在理论方面缺乏系统性的叙述。康熙、梅毂成说借根方法导源于中国的天元术是错误的。

《借根方比例》和天元术一样，都只能解决数字方程问题。为了进一步研究方程的根与系数的关系，还需有表示任意常数的符号，使立出来的方程能够一般化。十七世纪初年英国哈里奥特（Harriot，1560—1621），法国笛卡儿（Descartes，1596—1650）等都利用字母来表示已知数和未知数。传入我国的代数学书，译成中文的，在《数理精蕴·借方根比例》外，还有《阿尔热巴拉新法》一书（手抄本）。这书在卷一中用问答形式说明"新法与旧法之所以异"。问"旧法于通融之处有所不及，新法济之，二法何以别乎？答曰：新法与旧法，其规大约相同。所以异者，因旧法所用之记号乃数目字样；新法所用之记号乃可以通融之记号。如西洋即用二十二字母，在中华可以用天干地支二十二字以代之。"《阿尔热巴拉新法》用甲乙丙丁等天干字表示已知数，用申酉戌亥等地支字表示未知数，以八卦的阳爻□为加号，阴爻□□为减号，又以 ⚊ 为等号。例如

亥亥□甲丙 ⚊ 乙亥　　即 $x^2 + ac = bx$

亥亥亥□□甲亥 ⚊ 庚　　即 $x^3 - ax = g$

二戌□四亥 ⚊ 乙　　　即 $2y + 4x = b$

可惜此书编译未完，仅有不足二卷的手抄本，各家书目未见著录。

此书所用术语与《数理精蕴》有所不同，似非出于梅毂成等的手笔，编译年代也难详考。

《数理精蕴》下编卷三十八介绍"对数比例"，首先说："对数比例乃西士若往·纳白尔（John Napier）所作，以假数与真数对列成表，故名对数表。又有恩利格·巴理知斯（Henry Briggs）者复加增修。行之数十年始至中国。"在《数理精蕴·对数比例》中，首先说明"假数"与"真数"二者之间的关系。设 $a,b,c,d,\cdots$ 为真数连比例各率，$a',b',c',d',\cdots$ 为与它们对应的递加的假数，则有：（1）若 $d = \dfrac{bc}{a}$，则 $b' + c' - a' = d'$；（2）若 $c = \dfrac{b^2}{a}$，则 $2b' - a' = c'$；（3）若 $\dfrac{c}{d} = \dfrac{l}{m}$，则 $d' + l' - c' = m'$，或 $d' + l' - m' = c'$。这些说明，完全依靠文字进行，没有表示指数和对数的符号。接着就是介绍造对数表的方法。造对数表是根据"真数"成等比级数，"假数"成等差级数的原则，与一的对数为零，十的对数为一的假设。所介绍的方法有三种：

（1）用中比例求对数。已知 $\log 1 = 0$，$\log 10 = 1$，求其间任何数 $N(1 < N < 10)$ 的对数：选取邻近 N 的两个已知真数（第一次只能取 1 与 10），求其几何中项 N_1。因 $N_1 = \sqrt{1 \times 10} = 3.1622777$，得 $\log N_1 = \dfrac{1}{2}(0 + 1) = \dfrac{1}{2}$。再以 N_1 为首率，10 为末率，求几何中项 $N_2 = \sqrt{3.1622777 \times 10} = 5.6234132$ 得到 $\log N_2 = \dfrac{1}{2}\left(\dfrac{1}{2} + 1\right) = \dfrac{3}{4}$。仿此可求 N_l 和 $\log N_l$，得到 $N_l = \sqrt{N_{l-1} \times 10}$，$\log N_l = \dfrac{1}{2}(\log N_{l-1} + 1)$。如果求得的 N_l 大于 N 时，则以 N_{l-1} 为首率，N_l 为末率，求其几

何中项。如此反复相求，总可求得 N_m 和 $\log N_m$，其中 $N_m \approx N$。例如求 9 的对数，当求到第五次几何平均数时，$N_5 = 9.3057204$，已经大于 9，因此以 N_4 为首率，N_5 为末率，求得 $N_6 = 8.9768713$。再以 N_6 为首率，N_5 为末率，求出 $N_7 = 9.1398170 \cdots \cdots$ 如此求到第二十六次，得到 $N_{26} \approx 9.0000000$，$\log N_{26} = 0.9542425125$。仿照这个方法与根据真数与对数之间的关系，可以求出任何数的对数。

（2）用递次自乘求 N 的对数。根据对数的整数部分随真数的位数而递加的性质，知道当真数相当大时，可以用对数的整数部分来近似地求出 N 的对数。将 N 递次自乘，设 N^k 的位数为 $m+1$，则 N^k 的对数的整数部分为 m，故有

$$\log N^k \approx m$$

$$\log N \approx \frac{m}{k}$$

例如计算 2^{16384} 有 4933 位数码，从而得出 $\log 2 = \dfrac{4932}{16384} = 0.3010$。《数理精蕴》的编译者说："此二法理虽易明而数则甚繁也。"因此又介绍第三法。

（3）用递次开方求对数。将十屡次开平方，到第五十三次得 $10^{2^{-53}} = 1 + 2.556 \times 10^{-16}$，第五十四次得 $10^{2^{-54}} = 1 + 1.278 \times 10^{-16}$，$10^{2^{-54}} - 1$ 略等于 $10^{2^{-53}} - 1$ 的 $\dfrac{1}{2}$。又因 2^{-54} 是 2^{-53} 的 $\dfrac{1}{2}$，故知在 h 相当微小时，$10^h - 1$ 与 h 常成正比例。因此可以求 $1 + 10^{-16}$ 或 $1 + a$ 的对数。立出比例式

$$(10^{2^{-54}} - 1) : 2^{-54} = 10^{-16} : \log(1 + 10^{-16})$$

得

$$\log(1 + 10^{-16}) = 2^{-54} \times 10^{-16} \div (1.278 \times 10^{-16})$$

$$= 0.4342944819 \times 10^{-16}$$

在 a 相当微小时，$\log(1 + a)$ 约等于 $0.4342944819a$，《数理精蕴》没有明确地指出 0.43429448 是 $e = 2.7182818$ 的对数。

例如求 2 的对数。首先将 2 屡次乘幂，使它首位数码是 1，得 $\dfrac{2^{10}}{1000} = 1.024$。将 1.024 屡次开平方，到第四十七次，得

$$(1.024)^{2^{-47}} = 1 + 1.68516 \times 10^{-16}$$

$$\log(1 + 1.68516 \times 10^{-16}) = 0.4342944819 \times 1.68516 \times 10^{-16}$$

$$= 0.7318559 \times 10^{-16}$$

由此得

$$\log(1.024) = 2^{47} \times 0.7318559 \times 10^{-16}$$

$$= 0.010299566$$

最后得 $\qquad\qquad \log 2 = 0.30102999566$

这样得出来的 log2 是非常精密的，但屡次开方到 47 次，计算工作相当艰巨。如果要求一切对数只需准确到十二位或更少位数的小数，那么屡次开方次数可以适当地减少。又因递次开方所得的平方根逐渐减少，递次差数有着一定的规律，开方到相当次以后的累次平方根可以利用这些差数计算，能够减轻开方的工作。

《数理精蕴》下编后有各种数学用表，包括素因数表、对数表、三角函数表和三角函数对数表。素因数表是一张把一至十万的数列分解成因数相乘的数学用表，其中不能分解为因数的素数又分别列于每万的数字之后。这张表无疑是英国数论大家皮勒（John Pell，1610—1685）因数表的翻印本。《数理精蕴》把它称为"对数阐微"，显然纯是为造对数表用的，"对数阐微说"中称："其不由两数相乘而得者，即度不尽之数，命为数根（即是素数）各附于每万之

末。必求得各数根之假数,而十万之假数始备焉……此诚对数之本原,作表之捷要也。"《数理精蕴》的对数表比之清初由穆尼阁传入的对数表来说是更为巨大与更为精密,它的真数是自一至十万,假数的小数位是十位。三角函数表的三角函数有正弦、正切线、正割线、余弦、余切线、余割线,由 0° 至 45°,一度分为六十分,一分分为六十秒,每十秒有函数值,准确到小数七位。三角函数对数表角的度、分、秒数和三角函数表相同,对数值准确到小数十位。这两个表中的正割线与余割线,书中均注明是增补的。

《数理精蕴》下编卷三十九和卷四十为比例规解。这部分工作基本上采自《崇祯历书》中罗雅谷《比例规解》一书,只是编排体例有所不同而已。卷四十内别出两节:一是画日晷法。罗雅谷《比例规解》内虽也有日晷图说,但《数理精蕴》这一节比它详细得多,甚至比梅文鼎《度算》内所介绍的还要详尽。这一节画日晷法影响到后来一些天文学的著作。二是假数尺,即介绍西洋计算尺。这是我国最早关于计算尺的记载,现在故宫博物院还收藏有象牙制的这类假数尺的实物。

第十六章　传统数学的整理和发展

一、从 1723 年到 1840 年的时代背景

从十六世纪末到十八世纪初,这一百余年是接受和消化西洋数学时期;从十八世纪初到十九世纪中期,一百余年是整理和发展传统数学时期。要说明清代中叶(1800 年前后)在数学研究方面何以有这种转变,首先应搞清楚当时的政治现象,和一切学术活动的物质条件。我们认为在这个时期里的数学研究偏向古典数学一路发展有两个主要原因:一是西洋数学不能继续输入中国,一是古典考证学成为一时的风气。

明末清初到中国来的耶稣会教士把他们所知道的自然科学知识介绍到中国来,引诱人们迷信天主教,客观上丰富了各门科学研究的内容。1704 年罗马教皇突然颁布一个教令,对传教方法加以种种限制,教士在中国就不能如过去一样受到士大夫阶级的欢迎。雍正元年(1723 年),采纳了浙闽总督满宝的奏章,除在钦天监供职的外,其他传教的西洋人都被驱逐到澳门,不许擅入内地。从此以后一百多年,由于闭关政策的影响,西洋科学知识不能陆续输入

中国。乾隆七年（1743年）的《历象考成·后编》是主要参照由戴
进贤（Ignatius Kögler）徐懋德（Andreas Pereira）介绍进来的法国天
文学家噶西尼（D. Cassini）的理论，包含些有关椭圆的数学知识，在
中国数学的外来影响方面增加了一些新的内容。但戴、徐二人是
于康熙五十五年（1716年）来华，先后到钦天监佐理历政的，不是
雍正元年以后来华的教士。又，康熙四十年（1701年）法人杜德美
（P. Jartoux）到北京，带来"圆径求周"与"弧求弦、矢"三个级数展
开式而没有证明。1800年前后，明安图、董祐诚、项名达等各自依
据《数理精蕴》中提示的几何方法，对三角函数的幂级数展开式作
出了深入的和相当谨严的研究成果。我们将在下一章里给它比较
详细的叙述。

　　雍正即位以后，一反他父亲康熙笼络汉族地主阶级的怀柔政
策，对汉族士大夫阶层施行高压政策，掀起了几次文字狱，当时人
民的思想自由剥夺殆尽。一般知识分子只能埋头于古代经籍中做
些注释工作，不再讨论经世致用之学。到乾隆中年，经学家提出了
"汉学"这个名目和"宋学"对抗，他们用分析、归纳的逻辑方法研
究十三经中不容易解释的问题。后来又将他们的考证方法应用到
史部与子部书籍研究中去。研治经书或史书都要掌握些数学知识，
所以古典数学为乾嘉学者所重视，许多古典数学书得到了校勘和注
释。十九世纪初，焦循、汪莱、李锐等在代数学方面都有优越的成就。

二、《四库全书》中古典数学书的校勘工作

　　明代文人鄙夷一切实学，古代数学名著大都散佚。清初私家

藏书尽管保存了几种宋元刻本的数学书籍，也是束之高阁，不能提供一般数学家作参考。康熙末年编纂而于雍正四年（1726 年）出版的《古今图书集成》是一部和《永乐大典》性质相仿的类书，其中《历法典·算法部》所收的古典数学书只有原有明刻本的《周髀算经》二卷，《数术记遗》一卷，和程大位《算法统宗》十三卷，共三种，西洋数学书只有《新法算书》内的《大测》二卷，《比例规解》一卷和《几何要法》四卷，共三种。单就数学文献而论，《古今图书集成》是不能与《永乐大典》媲美的。

十八世纪中期从事于古典考证的汉学派在学术界占领优势地位，乾隆接受了当时士大夫阶层的意见，开设《四库全书》馆，征集私家所藏善本书籍，辑录《永乐大典》中保存的佚书，从而编辑《四库全书》三千五百零三部，共七万九千三百三十七卷。每部书都有四库馆员所写的一篇《提要》说明作者的履历和著作的主要性质。从乾隆三十八年（1773 年）开始到五十二年（1787 年）结束，缮写了七个钞本，分别贮藏于北京、承德、沈阳、扬州、镇江、杭州等处。现在北京北京图书馆，沈阳辽宁图书馆，杭州浙江图书馆和台湾各有一部，余三部已经兵燹毁灭和散失。《四库全书》分经、史、子、集四个部分，其子部第十七为天文算法类的"算书之属"二十五部，内唐末以前书九部二十八卷，宋元书三部三十三卷，明代书四部二十七卷，清康熙末以前书九部一一九卷。又子部第十六为天文算法类的"推步之属"三十一部大都是天文学书籍，但也包含了徐光启、李之藻、梅文鼎等各家的数学著作。《四库全书》中的天文算法类书籍由纂修兼分校官戴震、郭长发、陈际新、倪廷梅[①]等负责校勘和

---

① 　《四库全书总目提要》。

编写"提要"。

明清之际,唐代立于学官的"十部算经"和宋元时期各家数学著作,久经散佚,中国古代传统数学几乎失传。通过《四库全书》的纂修,一部分古典数学书才受到人们的重视。戴震于1774年给段玉裁通信说:"数月来纂次《永乐大典》内散篇,于《仪礼》得张淳《识误》、李如圭《集释》,于算学得《九章》《海岛》《孙子》《五曹》《夏侯阳》五种,皆久佚而存于是者,可贵也。"①此后,又从《永乐大典》中辑录出《周髀算经》《五经算术》和秦九韶《数学九章》、李冶《益古演段》四种,和上列五种数学书作为《四库》书的底本。《四库》书中的《张邱建算经》和王孝通《缉古算术》是用南宋刻本的毛扆影抄本,《数术记遗》用明刻本,李冶《测圆海镜》用李潢家藏本。遗憾的是,当时犹有传本的南宋杨辉、元朱世杰等的数学著作未得收罗于《四库全书》之内。

《周髀算经》《九章算术》《孙子算经》《五经算术》四部书由纂修官戴震详加校勘,改正了很多底本错误的文字,但原文显有误夺而未能订正和原文不误而妄事改窜之处亦复不少。常熟毛氏汲古阁曾经珍藏一套影宋抄本,毛扆于1684年撰跋云:"从太仓王氏得《孙子》《五曹》《张丘建》《夏侯阳》四种,从章丘李氏得《周髀》《缉古》二种,后从黄俞邰又得《九章》,皆元丰七年秘书省刻板②……因求善书者刻画影摹,不爽毫末,什袭而藏之。"《四库全书》馆征求得这七部影宋抄本后,《张邱建算经》和《缉古算经》才有所依据。

---

① 段玉裁编《戴东原先生年谱》。

② 这些书现在还保存在上海图书馆和北京大学图书馆,实际上是南宋鲍瀚之翻刻本。《九章算术》只有方田到商功五卷。

戴震校勘《周髀》《九章》等算经时,未能参考这套影宋本,是有遗憾的。

1774 年,用活字板选印《四库》所收书,其中有从《永乐大典》辑录出来的《周髀》《九章》《海岛》《孙子》《五曹》《五经算》《夏侯阳》七部算经,并将戴震的校勘附注于经注文字之下,这就是武英殿聚珍版本。同时,戴震的儿女亲家曲阜孔继涵依据戴震的校定本刻印微波榭本《算经十书》,又以戴震自撰的《策算》一卷,《勾股割圜记》三卷附刻于中。

戴震(1724—1777),字东原,安徽休宁人。1744 年,撰《策算》一卷,叙述西洋筹算的乘除法和开平方法。算筹形式采用梅文鼎的横筹直写式,但不用两个半圆而仍用原来的斜线。1755 年撰《勾股割圜记》三篇,上篇介绍三角八线和平三角形解法,中篇为球面直角三角形解法,下篇为球面斜三角形解法。这三篇论文的内容大致和梅文鼎的《平三角举要》《弧三角举要》二书相同。但文字过于简括,专门术语又不取约定俗成的旧名词,这使读者很难了解它的意义。他自己说:"终三篇,凡为图五十有五,为术四十有九,记二千四百十四字[1],因《周髀》首章之言衍而极之,以备步算之大全,六艺之逸简。"戴震有《孟子字义疏证》《原善》等包含唯物论因素的哲学著作,并且想依据考据学来反对宋儒理学,但在天文学、数学方面却缺乏实事求是的工夫。凌廷堪是一个服膺戴震哲学的人,他读了《勾股割圜记》三篇,批判说[2]:"其所易新名,如角曰觚,边曰矩,切曰外矩,弦曰内矩,分,割曰径引数,同式形之比例曰同

---

[1] 后来增加到 2735 字。

[2] 焦循《释弧》附录凌廷堪致焦循书(1796 年)。

限互权,皆不足异。最异者经纬倒置也……又《记》中所立新名,惧读之者不解,乃托吴思孝以注之,如矩分今日正切云云。夫古有是言而今日某某可也,今戴氏所立之名皆后于西法,是西法古而戴氏今矣,而反以西法为今,何也? 凡此皆窃所未喻者。"

三、焦循、汪莱、李锐的研究成果

"算经十书"和宋、元数学名著有重钞本或翻刻本以后,爱好数学的学者展开了古典数学的研究,反映了当时士大夫阶层的崇古思想。当时古典数学的研究成绩有两个方面:其一是深入钻研秦九韶、李冶等的数学著作,对高次方程解法和天元术提出了他们自己的见解,以焦循、汪莱、李锐的成就最为优越。其二是选出几种比较难读的数学名著作注疏和解题详草,使人们更好地继承遗产,以李潢、沈钦裴、罗士琳的工作最为精细。现在分别叙述如下:

孔广森(1752—1786),字众仲,号㧑约,又号㲼轩。他是孔继涵的侄子,戴震的学生。撰《少广正负术内外篇》,内篇三卷论高次方程解法,外篇三卷解高次方程应用问题。他钻研过秦九韶、李冶的著作,但对于增乘开方法和天元术似毫无心得,他的《少广正负术》是不能起推陈出新的作用的。

焦循(1763—1820),字理堂,号里堂,江苏甘泉(今扬州市)人,嘉庆六年(1801 年)举人。经、史、历、算、声韵、训诂诸学无所不精。数学著作传世的有《释轮》二卷、《释椭》一卷、《释弧》三卷、《加减乘除释》八卷、《天元一释》二卷,以上五种合刻为《里堂学算记》。又《开方通释》一卷有李盛铎木犀轩丛书本。

焦循于 1796 年撰《释轮》二卷,论述第谷学派天文学中本轮、次轮的几何理论,《释椭》一卷论述噶西尼学派天文学中椭圆的几何理论,于 1798 年撰《释弧》三卷论述三角八线的产生和球面三角形的解法,这三种论著总结了当代天文学中的数学基础知识。

焦循钻研了《九章算术》的刘徽注,别有会心,认为方田、粟米、衰分、少广等算术之理都起源于"加、减、乘、除之错综变化"。他说"九章不能尽加减乘除之用而加减乘除可以通九章之穷"。他于 1798 年撰成《加减乘除释》八卷,就"以加减乘除为纲,以九章分注而辨明之"。事实上他发现了几个关于加减乘除的基本定律,从而推论《九章算术》《孙子算经》《张邱建算经》《缉古算术》各种算法的逻辑思维。他用了甲、乙、丙、丁等天干字代表不相等的数字,他说"论数之理,取于相通,不偏举数而以甲乙明之"。这是我国数学书中的一个创举。焦循关于加减法的基本定律有下面几个例子:

"以甲加乙,或乙加甲其和数等",用现在用的符号表达出来是

$$a + b = b + a。$$

"若乙丙之差如甲乙之差,则以乙加乙,以丙加甲,或以乙减甲,以丙减乙其差皆平",也就是:若 $b - c = a - b$ 则

$$(b + b) - (a + c) = 0, \quad (a - b) - (b - c) = 0。$$

"减乙于甲而加丙则甲少一丙乙之差,减丙于甲而加乙则甲多一丙乙之差",也就是说

$$(a - b) + c = a - (b - c),$$
$$(a - c) + b = a + (b - c)。$$

关于乘除的基本定律有

$$a \times b = b \times a$$

$$(a \times b) \times c = (b \times c) \times a = (c \times a) \times b$$

$$a : (b : c) = (a \times c) : b, \quad a : (b \times c) = (a : c) : b。$$

$$(a + b)(a + b) = aa + ab + ba + bb = a^2 + b^2 + 2ab$$

$$(a + b)^3 = a^3 + 3a^2b + 3ab^2 + b^3$$

等等。有了整指数的二项定律,任何高次的开方式就有法可解了。

焦循于 1795 年在杭州浙江学政阮元幕府,始见《测圆海镜》和《益古演段》,后来又到镇江金山寺借抄了《四库》书中的《数学九章》①,与李锐共同研究,"相约广为传播,俾古学大著于海内"。于 1800 年撰《天元一释》二卷,1801 年撰《开方通释》一卷。这两部书阐述李冶的天元术和秦九韶的正负开方术(数字高次方程解法),纲举目张有条不紊。《四库》书秦九韶《数学九章》的"提要"说:"此书大衍术中所载立天元一法能举立法之意而言之。……后元郭守敬用之于弧矢,李冶用之于勾股、方圆,欧罗巴新法易其名曰借根方,用之于九章八线,其源实开自九韶。"焦循在《天元一释》中首先辨明秦九韶大衍求一术中的"立天元一"和李冶的天元术绝不相同。《四库》书《数学九章》提要中的错误论点不攻自破。

汪莱(1768—1813),字孝婴,号衡斋,安徽歙县人。于 1796 年撰《衡斋算学·第一册》论球面三角形,已知二角一对边或两边一对角有二解的各种情形。1798 年撰《第二册》论勾股形,已知勾股相乘积与勾弦和常有二解。又撰《第三册》论已知一弧的通弦求五分之一弧的通弦。1799 年撰《第四册》论已知三事,球面三角形只有一解的条件。嘉庆六年(1801 年)至扬州,馆于秦恩复家,有机会研究秦九韶、李冶的正负开方术。撰《衡斋算学·第五册》列举

---

① 秦九韶的《数书九章》在《四库》书里称《数学九章》。

了二十四个二次方程和七十二个三次方程的例子,逐个讨论各有几个正根。讨论二次方程可能有一个正根或有二个正根,三次方程可能有一个、二个或三个正根,与方程各项系数正负号的关系。没有正根的方程不在讨论之列。他认为:只有一个正根的方程,其根的数值是确定的,所以是"可知",多于一个正根的方程,究竟何者为应有的答数,就是"不可知"。并且说:"以不知为知,不可也而犹可也。以不可知为知,大不可也……物予我以知,我暂不知,会心焉,有待也。物不任我以知,我谬附以知,见魔焉,迷不返也。"他以为秦九韶《数书九章》、李冶《测圆海镜》二书中有很多多于一个正根的高次方程,不加分析地取某某一根数为答数是不应该的。他所标出"不可知"的方程,以现在符号表达出来,是下列几个:

二次方程 $\quad ax^2 - bx + c = 0$

三次方程 $\quad ax^3 - bx^2 + cx - d = 0$

$$ax^3 - bx^2 + d = 0$$

$$ax^3 - bx^2 - cx + d = 0$$

$$ax^3 + bx^2 - cx + d = 0$$

$$ax^3 - cx + d = 0$$

$$ax^3 - bx^2 + cx + d = 0$$

式中 a、b、c、d 皆是正数。以上几个方程如有正根必不止一个,所以是根数"不可知"。三次方程 $ax^3 - bx^2 + cx - d = 0$ 的正根可能是一个("可知")或三个("不可知")。汪莱指出若 $\dfrac{bc}{a} < d$,方程只有一个正根,若 $\dfrac{bc}{a} > d$ 则方程有三个正根。实际上,$\dfrac{bc}{a} - d < 0$ 是三次方程 $ax^3 - bx^2 + cx - d = 0$ 仅有一正根的充分条件,但并非必要。显而

易见,在 $\dfrac{bc}{a} - d = 0$ 时,方程只有一个正根,$x = b$,在 $\dfrac{bc}{a} - d > 0$ 时,方程也有可能仅有一个正根。汪莱的上述结论是有问题的。汪莱在讨论三次方程 $ax^3 - bx^2 + cx - d = 0$ 有三正根的时候,还明确地指出:若 α, β, γ 为方程的三个正根,则

$$\frac{b}{a} = \alpha + \beta + \gamma, \qquad \frac{c}{a} = \alpha\beta + \beta\gamma + \alpha\gamma, \qquad \frac{d}{a} = \alpha\beta\gamma 。$$

1801 年汪莱在安徽六安,以他的《第五册算书》寄给焦循。次年焦循到杭州,与李锐共同审核,李锐将汪莱对二次、三次方程正根的研究推广到任何高次方程,并且将所得结论写成下列三条:

"其一,凡隅、实异名,正在上,负在下,或负在上,正在下,
　　中间正负不相间者,可知"。
"其二,凡隅、实异名,中间正负相间,开方时其与隅异名
　　之从、廉皆翻而与隅同名者可知,不则不可知"。
"其三,凡隅、实同名者不可知"。

"实"是方程 $a_0 x^n + a_1 x^{n-1} + \cdots + a_n = 0$ 中的常数项 a_n,"隅"是最高次项系数 a_0,"从"是一次项的系数 a_{n-1},"廉"是其他各项的系数 $a_1, a_2, \cdots, a_{n-2}$。将这方程依照天元开方式排列,则 a_n 列在最上一层,a_0 列在最下一层,故有"在上"、"在下"的区别。李锐的第一条可以解释成:如 a_0、a_n 不同号,中间各项的符号不相间隔的,这方程仅有一个正根,所以是"可知"。第二条可以解释成;a_0, a_n 不同号而中间各项系数正负相间的方程,如果求出它的一个正根 a 后,原方程降低一次为 $a_0 x^{n-1} + a_1' x^{n-2} + \cdots + a_{n-1}' = 0$,其中 $a_1', a_2', \cdots, a_{n-1}'$

都与 a_0 同号的,原方程也只有一个正根,"可知"。若 $a_0, a'_1, a'_2, \cdots,$ a'_{n-1} 不完全同号,则原方程除 $x = a$ 外还有其他正根,所以说"不(否)则不可知"。第三条可以解释成:若 a_0, a_n 同号,方程如有正根,正根绝不止一个,所以是"不可知"。李锐的三条结论确比汪莱的《第五册算书》简括,可惜的是第二条最后一句"不则不可知"还有语病。实际上,$a_0, a'_1, a'_2, \cdots, a'_{n-1}$ 不完全同号的方程 $a_0 x^{n-1} + a'_1 x^{n-2} + \cdots + a'_{n-1} = 0$ 还可能没有正根,原方程就只有一个正根 α。汪莱于 1803 年到扬州拜访焦循,见到李锐的三条后,就指出"尚之(李锐)之第二例亦有未当处"。他举出一个例子:$x^3 - 12x^2 + 100x - 800 = (x - 10)(x^2 - 2x + 80) = 0$,只有一个正根 10。

1801 年汪莱在扬州赴六安途中撰论已知一弧的通弦求其三分之一弧的通弦。后来将这篇论文连同李锐的《第五册算书跋》,他自己对李锐三条的意见,和焦循的《第五册算书记》合刻于《第六册算书》里。1805 年汪莱更进一步钻研代数方程论,写出他的《第七册算书》,首先阐明:如果高次方程可以分解为几个一次方程,那么这几个一次方程的正根就是这高次方程的正根。四次方程可以分解为两个二次方程,那么这两个二次方程的正根就是四次方程的正根。其次,讨论三项式的方程,如

$$x^n - px^m + q = 0$$

$n > m$ 都是正整数,p, q 都是正数,有无正根的问题。他得到各个方程有两个正根的条件是:

二次方程 $x^2 - px + q = 0$,

$$q \leqslant \left(\frac{p}{2}\right)^2$$

三次方程 $x^3 - px^2 + q = 0$

$$q \leqslant \left(\frac{2p}{3}\right)^2 \frac{p}{3}$$

$$x^3 - px + q = 0$$

$$q \leqslant \left(\frac{p}{3}\right)^{\frac{1}{2}} \frac{2p}{3}$$

四次方程 $x^4 - px^3 + q = 0$

$$q \leqslant \left(\frac{3p}{4}\right)^3 \frac{p}{4}$$

……

……

十二次方程

$$x^{12} - px^9 + q = 0$$

$$q \leqslant \left(\frac{3}{4}p\right)^3 \frac{p}{4}。$$

汪莱列举了十八个例子,由此可以总结出:

$$x^n - px^m + q = 0$$

有两个正根的条件是

$$q \leqslant \left(\frac{mp}{n}\right)^{\frac{m}{n-m}} \frac{(n-m)p}{n}。$$

汪莱于 1807 年到北京,考取八旗官学教习,纂修《清史》中的天文志、时宪志,1809 年任安徽石埭县训导,1813 年卒于官,年四十六。

李锐(1768—1817),字尚之,号四香,江苏元和(今苏州市)人。

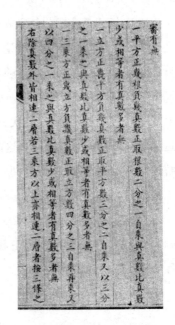

汪莱判别式(图中"审有无"条下)
(采自《衡斋算学》第七册)

嘉庆初年获读秦九韶、李冶的数学著作，略加校勘和注释。阮元先任浙江学政，后任浙江巡抚，李锐在他幕府，参与纂修《畴人传》四十六卷。1803年为扬州知府张敦仁的幕宾。张敦仁(1754—1834)，字古余，山西阳城人。撰《缉古算经细草》三卷(1803年)试以天元术解唐王孝通《缉古算经》问题，《求一算术》三卷(1803年)阐述秦九韶《数书九章》中的大衍求一术，《开方补记》八卷，又《通论》一卷(1804年)，皆经李锐算校。李锐自撰《勾股算术细草》一卷(1806年)，《弧矢算术》一卷，二书试以天元术解

李锐的"符号法则"
（采自《李氏算学遗书》）

勾股问题与弧矢问题。撰《方程新术草》一卷，为刘徽《九章算术注》中的"方程新术"作校勘和细草。又撰《开方说》三卷，最后一卷未能定稿，即病故，由他的弟子黎应南续成之。黎应南，字见山，号斗一，广东顺德人。家居苏州，1810年从李锐学习数学，1814年得见《开方说》的初稿，1817年遵从遗命，依法推衍，纂成下卷①。1818年任浙江丽水县知县，调任平阳县，卒于官。

李锐的《开方说》是他的一部精心杰作，是在汪莱《衡斋算学·第五册、第七册》的基础上，更进一步研究方程理论的卓越成就。卷上论方程正根的个数与各项系数符号的变化次数之间的关系。

---

① 《开方说》卷下，黎应南跋，1819年。

他说:

"凡上负、下正可开一数。"这是说,符号变化一次的方程常有一个正根。自注云:"假令有五位(方程有五项),上二位负,下三位正,即是上负下正,非谓上一位负下一位正也。"

"上负、中正、下负可开二数。"这是说,符号变化二次的方程有二正根。无正根的方程,和汪莱《第五册算书》一样,不在讨论之列。

"上负、次正、次负、下正可开三数或一数。"符号变化三次的方程有三正根或一正根。

"上负、次正、次负、次正、下负可开四数或二数。"符号变化四次的方程有四正根或二正根,无正根的方程不予讨论。

"凡可开三数或止一数,可开四数或止二数,其二数不可开是为无数。凡无数必两,无无一数者。"这是说,高次方程,系数符号变化三次的有时只有一正根,系数符号变化四次的有时只有二正根,正根的个数不能常等于符号变化的次数,所缺少的正根,就是汪莱《第七册算书》所谓的"无数",必定成对,没有只缺少一根的情形。

以上是李锐对高次方程的正根个数的研究成果,比他在《汪莱第五册算书跋》中提出的三条更为严格,同笛卡儿符号规则(1637年)相比是不分轩轾的。

卷上的其他部分是比较详尽的叙述解数字高次方程的增乘开方法。

卷中首先承认方程的根可以是负数,从而得出下面的结论:不论系数符号变化的次数,"凡平方(二次方程)皆可开二数,立方(三次方程)皆可开三数或一数,三乘方(四次方程)皆可开四数或二数",无实根的方程不在讨论之列。已给一个数字高次方程,用增乘开方法求它的负根,和求它的正根,原则上是一致的。

假令高次方程的实根不止一个，求这几个实根并不需要几次解原来的高次方程。卷中说：

> 凡平方(二次方程)二数：以平方开一数，其一数可以除代开之。立方(三次方程)三数：以立方开一数，其二数可以平方代开一数，除代开一数。三乘方(四次方程)四数：以三乘方开一数，其三数可以立方代开一数，平方代开一数，除代开一数。

这是说，解数字高次方程，已得一实根之后，原方程可以降低一次，从而它的第二实根，可以在降低一次的方程中求出来。

《开方说》卷下补充了很多命题，使方程论形成一门比较完整的学科。略举几个例子如下：

"凡实、方、廉、隅，如意立一数为母，一乘隅、再乘廉、三乘方、四乘实，每上一位则增一乘，如是累乘讫，如法开之，所得为母乘所求数之数。以母除之得所求。"这是说，设 m 为任意实数(不等于 0)，则方程 $ma_0y^n + m^2a_1y^{n-1} + \cdots + m^{n+1}a_n = 0$ 的根是方程 $a_0x^n + a_1x^{n-1} + \cdots + a_n = 0$ 的根 m 倍，因此 $x = \dfrac{y}{m}$。

若 $m = \dfrac{1}{m'}$，即将上列条文中所有"乘"字改作"除"字，"除"字改作"乘"字，定理仍得成立。若 $m = -1$，则方程的奇次项变号，偶次项符号不变，开方所得为 $y = -x$。李锐说：

> 凡开方有正商、负商者，以其实、方、廉、隅之正负隔一位易之，如法开之，则所得正商变为负商，负商变为正商。

条文中的"正商""负商"就是正根,负根。

在中国古代数学著作里,李锐第一个谈到重根问题。《开方说》卷下说:

> 凡可开二数以上而各数俱等者,非无数也,以代开法入之,可知。

《开方说》对于无实根的二次方程有下列命题:

> 凡有相等两数依前求得平方实、方、隅,若以实内加一算或一算已上,此平方即两数皆不可开。

这是说,若 $k \geq 1$,则二次方程 $x^2 - 2ax + a^2 + k = 0$ 没有实根。实际上,只要 $k > 0$,上列方程就无实根。李锐所以说 k 不小于一,是由于他在整数范围内讨论各项系数。条文接下去说:

> 以如是两平方相乘得三乘方实、方、廉、隅,此三乘方即四数皆不可开。

设 $a_1 x^2 + b_1 x + c_1 = 0, a_2 x^2 + b_2 x + c_2 = 0$ 两个二次方程皆无实根,则四次方程 $a_1 a_2 x^4 + (a_1 b_2 + a_2 b_1) x^3 + (a_1 c_2 + a_2 c_1 + b_1 b_2) x^2 + (b_1 c_2 + b_2 c_1) x + c_1 c_2 = 0$ 也无实根。

罗士琳《续畴人传》于《李锐传》后,论曰:"尚之在嘉庆间与汪君孝婴(莱)焦君里堂(循)齐名,时人目为谈天三友。然汪期于引申古人所未言,故所论多创,创则或失于执;焦期于阐发古人所已言,故所论多因,因则或失于平。惟尚之兼二子之长,不执不平,于实事中匪特求是,尤复求精,此所以较胜于二子也。"

中国古代代数学家的光辉成就主要是在依据具体问题中已给的数据建立方程,解这个方程得到解决问题的答数,对于方程的性质缺少充分的分析研究。到十九世纪初,数学家才对代数方程论进行研究,汪莱讨论了多正根与无正根的高次方程,李锐发现方程可能有负根,从而讨论了方程的次与实根个数间的关系。但当时一般遵循古训的人未能了解这些进步思想,怀疑这些研究成果而多方责难。骆腾凤(1770—1841),字鸣冈,号春池,江苏山阳(今淮安县)人。在北京时曾向李潢学习天元术,撰《开方释例》四卷(1815 年),对汪莱《衡斋算学》有所不满,提出了自己的看法。例如关于三次方程说:"立方以三数递乘得积,三数同者为正立方,三数不同者为从立方……凡立方可开三数……若其方法非由廉数相乘而得,或缺其旁,或虚其里,则非三数递乘之积,不成方矣。近见某氏算书(孔广森《少广正负术内外篇》)胪列立方变体一十三种,《衡斋算学》并创可知、不可知之例,皆沿借根方之说而无得于天元一者也。"他认为一切"三数递乘"的"立方"都可用开立方方法求得原来的三数,对于一般三次方程不应该详加讨论。《开方释例》中高次方程解法和《少广正负术内外篇》一样,不采用增乘开方法,实际数字计算非常繁琐。有时也袭取了一些当代诸家的研究成果而不说明它的来历。骆腾凤又撰《艺游录》二卷,包含他对《九章算术》《孙子算经》《缉古算术》《测圆海镜》等书的研究札记二十二篇。他在《艺游录》里也发挥了不少偏见,诋毁他人撰著,语多过当[①]。

---

① 参考张文虎《舒艺室杂著·甲编》,诸可宝《畴人传·三编》引。

四、《九章算术》《海岛算经》《缉古算术》
　　《四元玉鉴》的注疏工作

　　"算经十书"和宋元诸家名著久经埋没于私家藏书楼中,从1773 年开《四库全书》馆以后,这些有世界意义的数学经典陆续出现,为一般汉学家所重视。但这些辗转传抄、传刻的古书难免有很多讹文夺字,所用名词又多与通行的不同,要接受这份宝贵遗产,必须通过认真的校勘和忠实的注释,校注工作是非常艰巨的。《九章算术》《海岛算经》《缉古算经》是"算经十书"中三部有辉煌成就的书,也是比较难读的书,李潢首先担当它们的校注。李潢字云门,湖北钟祥人。乾隆三十六年(1771 年)进士。在《四库全书》馆中,他以翰林院编修的资格充总目协纂官。官至工部左侍郎。博综群书,尤精算学。撰《九章算术细草图说》九卷,《海岛算经细草图说》一卷,1812 年李潢病故前,全书未能写成定稿。他的外甥程矞采遵守遗嘱于1820 年请沈钦裴算校付印。李潢《九章算术细草图说》用戴震校订过的孔氏微波榭本《九章算术》作底本,又校正了很多错误文字。戴震所谓"舛误不可通"的文字,经过他的校勘,一般都能文从字顺,容易理解了,但有些被戴氏误改的文字,他就难以纠正过来。李潢为《九章算术》和《海岛算经》的各个问题,依照原术补图演草,基本上是正确的,刘徽注中有不容易了解的文字也能分析条理解释清楚。李潢遗稿中还有《缉古算经考注》二卷,1832 年由刘衡算校刻于南昌,程矞采任广东布政使又请吴兰修复校,刻于广州。吴兰修撰序说,李云门先生"刊误补阙凡七百余字,每术附以算草及割截分并虚实比例之旨,是书之蕴毕宣,王氏之真尽出,无庸以天元一术推算矣。"先是,张敦仁曾于1803年以天元术解《缉古算经》问题,写成《细草》三卷,完全不理会王孝通的"自注"。与李潢撰《考注》的同时,陈杰也撰《缉古算经细草》一卷,专以四率比例阐明王孝通原术,并以珠算作数字计算。后十余年陈杰又撰《缉古算经图解》三卷,《音义》一卷(1815年)。他的校注不能如李潢的精审。李潢在上述三书里虽然还保留了几处无法校正的错误文字和难以肯定的注疏,他的校注工作大体上是成功的。

　　《四库全书》所收宋元数学书仅秦九韶《数学九章》、李冶《测圆海镜》《益古演段》三种,杨辉、朱世杰等的著作未被采录。阮元(1764—1849)留心《四库》未收的宋元名著,任浙江巡抚时购得元朱世杰《四元玉鉴》三卷的抄本,由此转录了几个副本。后来又嘱何元锡(梦华)刻版传世,但这个刻本流传不广,现在已找不到了。现在能供一般参考的是罗士琳的《四元玉鉴细草》二十四卷(1834年)。1810年阮元在北京,于《永乐大典》中钞录四库未收的书,其中有南宋杨辉、元丁巨等的著作。鲍廷博(1728—1814)刻《知不足斋丛书》已于1797年收罗《益古演段》三卷,1798年收罗《测圆海镜》十二卷,又于1814年刻从《永乐大典》辑录出来的杨辉《续古摘奇算法》残本一卷、《透帘细草》残本无卷数、《丁巨算法》残本一卷。上海郁松年于1842年刻《宜稼堂丛书》,包含秦九韶《数书九章》十八卷,附宋景昌《札记》四卷,杨辉《详解九章算法》(缺方田、粟米、衰分、少广四章),附《纂类》,也附宋景昌《札记》一卷,杨辉《乘除通变本末》三卷,《田亩比类乘除捷法》二卷,《续古摘奇算法》二卷。1839年罗士琳于北京觅得朝鲜刻本朱世杰《算学启蒙》

三卷,即加校勘付印。在这个时期里,宋、元数学书有复刻本的只有上述的几种。

《四元玉鉴》有了很多传钞本以后,李锐于1816年对"茭草形段"问题解法有所注释,徐有壬(1800—1860)于1822年撰《四元算式》一卷,戴煦(1805—1860)于1826年演细草若干卷,都未能作全面的研究。撰著全部细草的有沈钦裴、罗士琳二家。沈钦裴,字侠侯,江苏元和(今苏州市)人。嘉庆十二年(1807年)举人。1820年为李潢遗书《九章算术细草图说》算校,对"均输"一章增订尤多,又为《海岛算经》补演细草。又曾校注《数书九章》大衍求一术,遗稿存他的弟子宋景昌的《数书九章札记》中。撰《四元玉鉴细草》,1821年完成上、中二卷,有手稿本五册①。后来任荆溪县(今江苏宜兴)训导,继续演草,写成稿本六册,有1829年自序②。罗士琳(1789—1853)字次璩,号茗香,江苏甘泉(今扬州市)人。曾于1818年撰《比例汇通》四卷,以西人四率比例法解《九章算术》应用问题。1822年到北京应顺天乡试,始见《四元玉鉴》的抄本,着手校勘,演细草,费了十余年的工夫,到1834年写成他的《四元玉鉴细草》二十四卷。1837年易之瀚从罗士琳学习,撰《开方释例》《天元释例》和《四元释例》三篇,罗自己又于这三篇"释例"后作了一些补充,附刻于《细草》之后。此外,罗士琳又撰《勾股容三事拾遗》三卷《附例》一卷(1826年)《演元九式》一卷(1827年)《台锥演积》一卷(1837年)《三角和较算例》一卷(1840年)《弧矢算术补》一卷(1843年)《续畴人传》六卷(1853年)。以上各书都刻入

---

① 这两种手稿本现均藏于北京图书馆。
② 这两种手稿本现均藏于北京图书馆。

《观我生室汇稿》中。

沈钦裴的《四元玉鉴细草》仅有手抄本传世,知者很少,罗士琳的《细草》则有很多刻本,可供一般学习朱世杰数学者参考。诸可宝《畴人传三编》(1886年)"沈钦裴传"说:"又尝补《玉鉴细草》四册,与罗茗香氏大同小异而详实不如"。其实,《四元玉鉴》解题术文非常简括,演算程序概从省略,罗士琳《细草》能以平易之语,反复详明,引申取譬导其先路,是有积极意义的。但他所拟作的演算程序未必尽合朱世杰的原意。沈钦裴对朱世杰的四元消法和垛积术有精辟的见解,他的成就似在罗士琳之上。

五、阮元《畴人传》与罗士琳《续畴人传》

在十八世纪末古典数学研究掀起了一个高潮的时候,由阮元主编的《畴人传》四十六卷出版了。《畴人传》是以人为纲,用传记体裁写出各时期天文学家和数学家的生平事迹和他们在科学研究中的成就。据该书"凡例"所说:"是编创始于乾隆乙卯,毕业于嘉庆己未……助元校录者,元和学生李锐暨台州学生周治平力居多。"我们知道《畴人传》是在从1795年到1799年由李锐、周治平等编纂而成的。诸可宝《畴人传三编》"阮元传"中记载"嘉庆二年(1797年)在浙,始与元和李茂才(锐)商纂《畴人传》,至庚申岁(1800年)乃写定",所说纂修起讫年期似无根据,李锐于1797年到杭州,始参与编写工作则属可信。《畴人传》记录从黄帝时期到嘉庆四年已故的天文学家和数学家二百七十余人,其中有数学著作传世的不足五十人,又附录明末以来传入的天文学数学书中牵涉到的四十一个西洋人。

依据有史以来文献记录,可以了解古代天文历法和数学知识有着历史悠久的连续不断的发展。司马迁《史记·历书》记载西周末期王室衰微,历法混乱,说:"畴人子弟分散,或在诸夏,或在夷狄"。畴人是有专业知识世代相传的人,西周末期他们从王都迁到东方各地去传授学术。天文学、数学的发展是有继承性的。所以阮元主编的列代天文学家、数学家传记,题名为《畴人传》。

《畴人传》搜集了各时期天文学、数学的史料,表扬了专业人才的卓越成就,对于批判地接受文化遗产,推动科学研究的风气,是有积极意义的。但,由于它的历史局限性,《畴人传》对科学知识的发展规律不能准确地认识,古人在天文学、数学方面的贡献多被过分夸大。《畴人传》"凡例"说:"读者因流溯源,知后世造术密于前代者,盖集合古人之长而为之,非后人之知能出古人上也。"又说:"西法实窃取于中国,前人论之已详。地圆之说本乎曾子;九重之论见乎《楚辞》,凡彼所谓至精极妙者皆如借根方之本为东来法,特譒译算书时不肯质言之耳。"卷一,荣方陈子传后论曰:"以勾股量天始见于《周髀》,后人踵事增修愈推愈密,而乃嗤古率为粗疏,毋乃既成大辂而弃椎轮耶? 欧逻巴测天专恃三角八线,所谓三角即古之勾股也。"卷四十六杜德美传论,以为杜德美传入的割圆捷法"与郭守敬垜积招差法正相类……即祖冲之《缀术》之遗。然则《缀术》一书亦当如立天元术之流入彼中,吾中土亡之而彼反得之矣"。以上所引的作者的论点与历史实际全然不符,这是非常荒唐的,但也反映了当时士大夫阶层的民族优越感。

阮元、李锐等的《畴人传》于1799年编成,此后数十年中杨辉、朱世杰等的著作重复出现,乾、嘉年代有研究成就的数学家又多老成雕谢，《畴人传》有"补遗"和"续补"的必要。罗士琳撰《续畴人传》六卷，附于原书四十六卷之后，卷首有道光二十年（1840 年）阮元的序文。"补遗"二卷，十二人，附见五人，"续补"四卷，二十人，附见七人。罗士琳《续传》叙述当代学者的生平事迹和他们的学术成就比较详实，列传后的论说发挥他自己的见解，也比《畴人传》更能体现当代的学术风尚。

第十七章　三角函数展开式的研究

一、明安图的《割圆密率捷法》

法人杜德美(Petrus Jartoux, 1668—1720)于 1701 年到中国。1708 年康熙为了要测绘全国地图,请他到冀北、辽东等地指导大地测量工作。杜德美曾以三个无穷级数传入中国,梅瑴成在他的《赤水遗珍》中译成汉文,现在用算式表达如下:

"求周径密率捷法"

$$\pi = 3 + \frac{3 \cdot 1^2}{4 \cdot 3!} + \frac{3 \cdot 1^2 \cdot 3^2}{4^2 \cdot 5!} + \frac{3 \cdot 1^2 \cdot 3^2 \cdot 5^2}{4^3 \cdot 7!} + \cdots \quad (1)$$

"求弦矢捷法"

$$r\sin\frac{a}{r} = a - \frac{a^3}{3! r^2} + \frac{a^5}{5! r^4} - \frac{a^7}{7! r^6} + \cdots \quad (2)$$

$$r\text{vers}\frac{a}{r} = \frac{a^2}{2! r} - \frac{a^4}{4! r^3} + \frac{a^6}{6! r^5} - \cdots \quad (3)$$

按(2)(3)二个展开式为格列高里(J. Gregory, 1638—1675)所创(1667 年),(1)式为牛顿(I. Newton, 1642—1727)所创(1676

354

年）。梅瑴成说这三个级数展开式是"西士杜德美法"。并且用第一法计算径二十亿的圆周长 6283185299，用第二法、第三法计算 $r = 10^8, \alpha = 16°27'43''$ 时，$r\sin\alpha = 28337944$；$r\,\text{vers}\,\alpha = 4099183$。

　　明安图青年时和梅瑴成一起，在清宫中汇编《律历渊源》，从杜德美得知上述三个展开式。晚年草成《割圆密率捷法》，他对他的小儿子明新说："此《割圆密率捷法》也。内圆径求周、弧背求弦、求矢三法本泰西杜德美氏所著，实古今所未有也。亟欲公诸同好。惜仅有其法而未详其义，恐人有金针不度之疑。"

　　明安图字静菴，蒙族，蒙古正白旗人。康熙五十一年（1712年）为官学生，参加了《律历渊源》的编纂工作。雍正元年（1723年）任钦天监五官正。乾隆二十年（1755年）参与测量新疆各地经纬度。乾隆二十七年（1762年）为钦天监监正。据丙戌（1766年）夏季的《缙绅全书》，钦天监没有他的名字，大约明安图已故世了。明安图生前费了三十余年的辛勤钻研，写成了《割圆密率捷法》的初稿，病危时嘱其门人陈际新定稿。陈

明安图《割圜密率捷法》书影

际新字舜五，北京人，官钦天监灵台郎，接受了明安图的遗嘱数年后，至1774年始克成书四卷。

　　十七世纪后期欧洲数学已进入变量数学时代，应用解析方法

推导出各初等函数的级数展开式成为一时的风气。但在《数理精蕴》出版（1723 年）的前后，欧洲的解析数学没有被介绍到中国来，杜德美就无法说明上述三个展开式的理论根据。明安图要用他所了解的几何知识来证明它，无疑是相当困难的。"因思古法有二分弧法，西法又有三分弧法，则递分之亦必有法也。由是思之，遂得五分弧及七分弧。次列三分弧、五分弧、七分弧三数观之，见其数可依次加减而得，遂加减至九十九分弧，然其分数皆奇数也。又思之，遂得二分弧，依前法递推至四分弧、六分弧，加减至百分弧，则偶数亦备矣，然犹分而不能合也。又思之，奇偶可合矣。然逐层求之，数多则繁。若累至千、万分犹未易也。又思之，其数可超位而得，则以二分弧、五分弧求得十分弧，以十分弧求得百分弧，以十分弧、百分弧求得千分弧，以十分弧、千分弧求得万分弧。既得百分弧、千分弧、万分弧三数，然后比例相较而弧、矢、弦相求之密率捷法于是乎成。"以上是陈际新"亲承指授"而转述发明"割圜密率捷法"的思想过程。

为了要解决"弧背求弦"问题，明安图首先将本弧分成若干分弧，找寻本弧通弦与分弧通弦间的关系。依据《数理精蕴》下编卷十六"新增有本弧之正弦求其三分之一弧之正弦"的方法，设 r 为圆半径，c 为本弧通弦，$c_{1/3}$ 为三分之一弧通弦，则

$$c = 3c_{1/3} - \frac{c_{1/3}^3}{r^2}$$

明安图用相仿的方法，推导出本弧通弦与五分之一弧的通弦的关系式

$$c = 5c_{1/5} - 5\frac{c_{1/5}^3}{r^2} + \frac{c_{1/5}^5}{r^4}$$

并且获得结论:当 m 为奇数时通弦 c 可以用一个 $c_{1/m}$ 的多项式来表达。若 m 为偶数,则 c 的展开式是以 $c_{1/m}$ 为变量的无穷幂级数。又当 m 为数很大时,则分弧通弦的和与全弧弧背密合,他就推导出一个表示通弦的以弧长为变量的幂级数。

《割圆密率捷法》中的弧背求通弦法大致如下:如图,AD 为 ACD 弧的通弦,已知 ACD 弧长求 AD 的长。先求半弧通弦与全弧通弦的关系。平分 ACD 弧于 C,连 AC 线,这就是二分之一弧的通

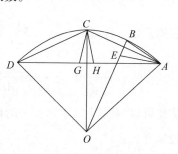

弦。明安图说"此题(已知 AC 求 AD)用勾股法求之甚易,然不得与诸法相通"。他要建立一个以 AC 为变量的幂级数来表达 AD。在上图中,$AG = DH = AC = DC$,B 为 AC 弧的中点,连 AB 线。又 $AE = AB$,因 $\triangle AOB$,$\triangle CAG$,$\triangle GCH$,$\triangle BAE$ 为相似的等腰三角形,故

$$OA : AB = AB : BE = AC : GC = GC : GH$$

$$\frac{GH}{BE} = \frac{GC}{AB} = \frac{AC}{OA}$$

$$AD = AG + DH - GH$$

故

$$AD = 2AC - \frac{AC}{OA} \cdot BE$$

设半径 $OA = r$,通弦 $AD = c$,二分之一弧通弦 $AC = c_{1/2}$,则

$$c = 2c_{1/2} - \frac{c_{1/2}}{r} \cdot BE$$

再于图上添线,由各对相似的等腰三角形边线的比例,推得 BE 与

r, $c_{1/2}$ 间的关系, 最后导出的结果是:

$$c = 2c_{1/2} - \frac{c_{1/2}^3}{4r^2} - \frac{c_{1/2}^5}{4 \cdot 16r^4} - \frac{2c_{1/2}^7}{4 \cdot 16^2 r^6} - \cdots$$

再将 AC 弧分为五等分, 则每一分弧是全弧的十分之一, 以 $c_{1/10}$ 表示它的通弦。将 $c_{1/2} = 5c_{1/10} - 5\dfrac{c_{1/10}^3}{r^2} + \dfrac{c_{1/10}^5}{r^4}$ 代入上式, 得

$$c = 10c_{1/10} - 165\frac{c_{1/10}^3}{4r^2} + 3003\frac{c_{1/10}^5}{4 \cdot 16r^4} - \cdots$$

仿此可以"超位"以求通弦 c 的以 $c_{1/100}$、$c_{1/1000}$、$c_{1/10000}$ 为变量的幂级数展开式。

　　明安图于求到以万分之一弧的通弦为变量, 全弧通弦的级数展开式后, 说:"弧, 圜线也;弦, 直线也, 二者不同类也。不同类, 虽析之至于无穷, 不可以一之也。然则终不可相求乎? 非也。弧与弦虽不可以一之, 苟析之至于无穷, 则所以不可一之故见矣。得其不可一之故, 即可因理以立法, 是又未尝不可以一之也。何为而不可相求乎?"明安图没有明显地说出怎样"因理以立法", 但他提出了"析之至于无穷"的意见, 是有着极限概念的。设 $2a$ 为全弧的长, 则

$$2a = \lim_{m \to \infty} mc_{1/m}$$

以 $c_{1/10000}$ 为变量的级数展开式的前三项是:

$$c = 10000c_{1/10000} - 166666665000\frac{c_{1/10000}^3}{4r^2}$$

$$+ 3333333000000003000\frac{c_{1/10000}^5}{4 \cdot 16 \cdot r^4}$$

令 $10000c_{1/1000} = 2a'$, 则

$$c = 2a' - 0.166666665 \frac{(2a')^3}{4r^2} + 0.03333333 \frac{(2a')^5}{4 \cdot 16 \cdot r^4}$$

第二项系数 $\dfrac{0.16666666}{4}$ 约等于 $\dfrac{1}{4 \times 6}$，第三项系数 $\dfrac{0.03333333}{4 \times 16}$ 约等

于 $\dfrac{1}{16 \times 120}$，仿此第四项系数约等于 $\dfrac{1}{64 \times 120 \times 42}$，第五项系数约等

于 $\dfrac{1}{256 \times 120 \times 42 \times 72}$，等等，明安图认为无可怀疑的是，如果 m 无

限增大，则

$$c = 2a - \frac{(2a)^3}{4 \cdot 3!r^2} + \frac{(2a)^5}{4^2 \cdot 5!r^4} - \frac{(2a)^7}{4^3 \cdot 7!r^6} + \cdots \tag{4}$$

这就是所谓"弧背求通弦"法。用级数回求法，可得"通弦求弧背"法，

$$2a = c + \frac{c^3}{4 \cdot 3!r^2} + \frac{3^2 \cdot c^5}{4^2 \cdot 5!r^4} + \frac{3^2 \cdot 5^2 c^7}{4^3 \cdot 7!r^6} + \cdots \tag{5}$$

设 α 为 a 弧的圆心角，则 $r\sin\alpha = \dfrac{c}{2}$，代入（4）得

$$r\sin\alpha = a - \frac{a^3}{3!r^2} + \frac{a^5}{5!r^4} - \frac{a^7}{7!r^6} + \cdots \tag{6}$$

代入（5）得

$$a = r\sin\alpha + \frac{(r\sin\alpha)^3}{3!r^2} + \frac{1^2 \cdot 3^2 (r\sin\alpha)^5}{5!r^4} + \cdots \tag{7}$$

又以 $a = \dfrac{\pi}{6}, r\sin\alpha = \dfrac{1}{2}r, a = \dfrac{r\pi}{6}$ 代入（7），化简即得

$$\pi = 3 + \frac{3 \cdot 1^2}{4 \cdot 3!} + \frac{3 \cdot 1^2 \cdot 3^2}{4^2 \cdot 5!} + \frac{3 \cdot 1^2 \cdot 3^2 \cdot 5^2}{4^3 \cdot 7!} + \cdots \tag{8}$$

又仿前法，得出"弧背求正矢"法

$$r\mathrm{vers}\alpha = \frac{a^2}{2!r} - \frac{a^4}{4! \cdot r^3} + \frac{a^6}{6!r^5} - \frac{a^8}{8!r^7} + \cdots \tag{9}$$

与"正矢求弧背"法

$$a^2 = r \cdot \frac{2r\mathrm{vers}\alpha}{2!} + \frac{1^2 (2r\mathrm{vers}\alpha)^2}{4!} + \frac{1^2 \cdot 2^2 (2r\mathrm{vers}\alpha)^3}{6!\, r} + \cdots \quad (10)$$

设 $b = r\mathrm{vers}\alpha$ 为 $2a$ 弧的中矢,则有

$$b = \frac{(2a)^2}{4 \cdot 2!\, r} - \frac{(2a)^4}{4^2 \cdot 4!\, r^3} + \frac{(2a)^6}{4^3 \cdot 6!\, r^5} - \cdots \quad (11)$$

$$(2a)^2 = r \cdot 8b + \frac{(8b)^2}{4 \cdot 4!} + \frac{1^2 \cdot 2^2 \cdot (8b)^3}{4^2 \cdot 6!\, r} + \cdots \quad (12)$$

明安图将三角函数与反三角函数展开为幂级数,他以几何线段的连比例关系为根据,计算了展开式的各项系数,这为三角函数展开式的研究开辟了一条新路。陈际新《割圆密率捷法》序说:"先生之为是解也,殆发其自得之义,不期而与作者相遇耳,非因其法而得其义者所可比也。"

《割圆密率捷法》四卷,其第一卷叙述了九个幂级数的内容,前面三个是由杜德美传来中国的,后面六个是明安图创立的,"九术之外,别无图说"。在陈际新续成定稿(1774 年)以前,原稿的第一卷就有抄本流传于外,但被误传为"杜氏九术"。孔广森(1752—1786 年)所著《少广正负术·外篇》和张豸冠、朱鸿等都记录了"杜氏九术"。朱鸿用杜氏第一术计算圆周率到四十位,但二十五位以后与真数不合。

《割圆密率捷法》于陈际新续成定稿后,又未能立即出版。李潢、戴敦元等当时在北京做官,都从陈际新处传钞副本。罗士琳于 1821 年从戴敦元家影抄一本,岑建功始得"假录其副,算校付梓"(1839 年)。

二、董祐诚的《割圆连比例图解》

董祐诚(1791—1823),字方立,江苏阳湖(今常州市)人。少年时工为骈体文词,继通数理、舆地之学。1819 年春在北京友人朱鸿处见张豸冠的抄本"杜氏九术""反复寻绎,究其立法之原",撰成《割圆连比例图解》三卷。二年后(1821 年)复写成《堆垛求积术》一卷,《椭圆求周术》一卷和《斜弧三边求角补术》一卷。其兄基诚将其遗稿九种共十六卷刻于北京,题称《董方立遗书》。

董祐诚研究三角函数的级数展开式,也是从一群成连比例的几何线段入手,探求全弧通弦与分弧通弦的关系,同时发明全弧中矢与分弧中矢的关系。

在半径为 r 的圆周上,设 AB、BC、CD、DE、EF 等等为相等的弧分,从圆心 O 和 A 点到各点作连线,AC 和 OB 交于 P,AE 和 OC 交于 Q,容易证明:

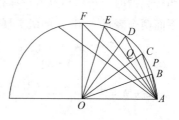

$$2BP = \frac{AB^2}{OA}, \quad AD = 3AB - \frac{AB^3}{OA^2}$$

$$2CQ = 4\frac{AB^2}{OA} - \frac{AB^4}{OA^2}, \quad AF = 5AB - \frac{5AB^3}{OA^2} + \frac{AB^5}{OA^4}$$

……

令 $OA = r$,$AB = c$ 则 r、c、$\dfrac{c^2}{r}$、$\dfrac{c^3}{r^2}$、$\dfrac{c^4}{r^3}$、$\dfrac{c^5}{r^4}$……成连比例。BP 为 AC 弧

的中矢,CQ 为 AE 弧的中矢,各以 b_2、b_4 表示之;AD 为 AD 弧的通弦,AF 为 AF 弧的通弦,各以 c_3、c_5 表示之。上列诸等式可以改写成

$$b_2 = \frac{c^2}{2r} \qquad c_3 = 3c - \frac{c^3}{r^2}$$

$$b_4 = \frac{2c^2}{r} - \frac{c^4}{2r^3} \quad c_5 = 5c - \frac{5c^3}{r^2} + \frac{c^5}{r^4}$$

仿此推算,董祐诚计算 $c_7, c_9, \cdots$ 到 $c_{17}, b_6, b_8, \cdots$ 到 b_{16},又设 b 为 AB 弧的中矢,因 $\frac{c^2}{r} = 8b - \frac{4b^2}{r}$,故 $b_2, b_4, \cdots, b_{16}$ 诸式都可以用 b 作变量。

假如一个弧分成 n 个等分,每个分弧的通弦为 c,中矢为 b,全弧的通弦为 c_n,中矢为 b_n。董祐诚于已知 $c_3, c_5, \cdots, c_{17}$ 为变量 c 的多项式,$b_2, b_4, \cdots, b_{16}$ 为变量 b 的多项式后,观察到表达 c_n 或 b_n 的各个多项式中各项的系数随着 n 的多少而变化,它们的变化规律和各类型的三角垛积或方锥垛积的变化规律相类似。从而发现了下面两个表示 c_n 和 b_n 的级数展开式:

$$c_n = nc - \frac{n(n^2 - 1)}{4 \cdot 3!} \frac{c^3}{r^2} + \frac{n(n^2 - 1)(n^2 - 9)}{4^2 \cdot 5!} \frac{c^5}{r^4} - \cdots \quad (\text{A})$$

$$b_n = n^2 b - \frac{n^2(n^2 - 1)}{4!} \frac{(2b)^2}{r} + \frac{n^2(n^2 - 1)(n^2 - 4)}{6!} \frac{(2b)^3}{r^2} - \cdots$$

$$(\text{B})$$

又,分弧的通弦和中矢也可以用全弧的通弦和中矢为自变量的幂级数来表达如下:

$$c_{1/m} = \frac{c}{m} + \frac{(m^2 - 1)}{4 \cdot 3! m^3} \frac{c^3}{r^2} + \frac{(m^2 - 1)(9m^2 - 1)}{4^2 \cdot 5! m^5} \frac{c^5}{r^4} + \cdots \quad (\text{C})$$

$$b_{1/m} = \frac{b}{m^2} + \frac{(m^2 - 1)}{4! m^4} \frac{(2b)^2}{r} + \frac{(m^2 - 1)(4m^2 - 1)}{6! m^6} \frac{(2b)^3}{r^2} + \cdots$$

$$(\text{D})$$

（A）式中的 n 和（C）式中的 m 都只取奇数。

董祐诚称上列四术为"立法之原"。如令（A）式左边的 c_n 值保持不变,让 n 无限地增大,则 c 为一无穷小量,$nc \to 2a$,$n(n^2-1)$ $(n^2-9)\cdots[n^2-(k-2)^2]c^k \to (2a)^k$,从（A）式就可以导出明安图的（4）式。在（C）式中让 m 无限地增大,则 $mc_{1/m} \to 2a$,

$$\frac{(m^2-1)(9m^2-1)\cdots[(k-2)^2m^2-1]}{m^{k-1}} \to 1^2 \cdot 3^2 \cdots (k-2)^2,k \text{ 为大}$$

于 1 的奇数,（C）式可转化为明安图的（5）式。又（B）式中的 $b = $
$\dfrac{c_{1/2}^2}{2r}$,如令 n 无限地增大,则 $n^2b = \dfrac{(2nc_{1/2})^2}{8r} \to \dfrac{(2a)^2}{8r}$,（B）式可转化

为明安图的（8）式。（D）式中的 $b_{1/m} = \dfrac{c_{1/2m}^2}{2r}$,如令 m 无限地增大,则

$$8rm^2b_{1/m} = (2mc_{1/2m})^2 \to (2a)^2,$$

$$\frac{(m^2-1)(4m^2-1)(9m^2-1)\cdots[(k-1)^2m^2-1]}{m^{2k-2}}$$

$$\to 1^2 \cdot 2^2 \cdot 3^2 \cdots (k-1)^2,$$

（D）式可转化为明安图的（9）式。所谓"杜氏九术"都可以由此"四术"推衍而出。

董祐诚的《割圆连比例图解》写成后二年（1821 年）,朱鸿又以陈际新续成的《割圆密率捷法》四卷的抄本给他看,才知他的研究方法和明安图师弟子的研究有所不同,但殊途同归,所得成果是一致的。

三、项名达的《象数一原》

项名达（1789—1850）,号梅侣,浙江仁和县（今杭州市）人。嘉

庆二十一年（1816 年）举人，考授国子监学正。道光六年（1826
年）成进士，改官知县，不就职，退而专攻算学。著《勾股六术》一卷
（1825 年），《三角和较术》一卷（1843 年），《开诸乘方捷术》一卷，
合刻为《下学盦算学三种》。对三角函数的幂级数展开式有深入的
研究。著《象数一原》六卷，以老病未能定稿，嘱友人戴煦（1805—
1860）补写完成。

项名达于道光二十三年（1843 年）为《象数一原》撰序云："方、
圆率古不相通也……所以然者，方有尽，圆无穷，势难强合也。自
杜氏术出，而方、圆之率始通……顾是术也，梅氏《赤水遗珍》载焉
而未释；明静菴先生《捷法》解释焉而未抉其原，当自为一书，非正
释也。自董氏术出而方圆率相通之理始显。术凡四，曰求倍分弦、
矢，求析分弦、矢，审定乘除法以明率数。倍分率，圆所以通方也；
析分率，方所以通圆也。其释倍分率以方锥堆，而方锥堆实出于三
角堆……故递次乘除皆求堆积法也，而即以之求弦矢，弦之分有奇
无偶，矢之分奇偶俱全。至析分率则三角堆无其数，即假倍分之率
较量而反释之，可为独具只眼矣。所疑者，堆积既与率数合，何以
有倍分、无析分？倍分中弦率又何以有奇分无偶分？且弦矢线联
于圆中，于三角堆何与？"项名达对他自己提出的问题怀疑多年，到
1837 年才有所启发，于是通过科学分析和逻辑推理，获得如下的结
论：全弧分为 n 分，不论 n 为奇为偶，它的通弦总可以展开为分弧通
弦的幂级数，析分弦矢和倍分弦矢理本一贯，董氏四术可以概括成
为下列二术：

$$c_n = \frac{n}{m}c_m + \frac{n(m^2 - n^2)c_m^3}{4 \cdot 3! \, m^3 r^2}$$

$$+\frac{n(m^2-n^2)(9m^2-n^2)c_m^5}{4^2\cdot5!m^5r^4}+\cdots \tag{1}$$

$$V_n=\frac{n^2}{m^2}V_m+\frac{n^2(m^2-n^2)(2V_m)^2}{4!m^4r}$$

$$+\frac{n^2(m^2-n^2)(4m^2-n^2)(2V_m)^3}{6!m^6r^2}+\cdots \tag{2}$$

取 $m=1$，即得董氏的（A）（B）二式，取 $n=1$，即得董氏的（C）（D）二式。

又因 $60°$ 弧的通弦 c_m 和倍矢 $2V_m$ 都等于半径 r，也就是说，$\sin30°=\dfrac{1}{2}$，$\text{vers}60°=\dfrac{1}{2}$，项名达依据（1）（2）式写出下列（3）（4）二式，已知某弧为 $n°$，直接计算它的正弦值和正矢值。

$$\sin n°=\frac{n}{60}+\frac{n(30^2-n^2)}{60^3\cdot3!}$$

$$+\frac{n(30^2-n^2)(9\cdot30^2-n^2)}{60^5\cdot5!}+\cdots \tag{3}$$

$$\text{vers}n°=\frac{n^2}{60^2\cdot2!}+\frac{n^2(60^2-n^2)}{60^4\cdot4!}$$

$$+\frac{n^2(60^2-n^2)(4\cdot60^2-n^2)}{60^6\cdot6!}+\cdots \tag{4}$$

四、项名达的椭圆求周术

董祐诚《椭圆求周术》（1821 年）自序说："椭圆求周旧无其术。秀水（今浙江嘉兴市）朱先生鸿为言圆柱斜剖则成椭圆，是可以勾股形求之。"他仿照《九章算术》勾股章"葛生缠木"题的解法,以圆柱,半周为勾,长轴、短轴平方之差为股平方,求弦得椭圆半周。设 a,b 为椭圆的长、短半轴,p 为周,则

$$p = \sqrt{4\pi^2 b^2 + 16(a^2 - b^2)}$$

这样计算椭圆的周长显然是错误的。

项名达有《椭圆求周术》附《象数一原》六卷之后,对椭圆周长的求法提出正确的意见。他认为

$$p = 2\pi a\left(1 - \frac{1}{2^2}e^2 - \frac{1^2 \cdot 3}{2^2 \cdot 4^2}e^4 - \frac{1^2 \cdot 3^2 \cdot 5}{2^2 \cdot 4^2 \cdot 6^2}e^6 - \cdots\right) \quad (5)$$

式内 $e^2 = \left(a - \dfrac{b^2}{a}\right) \div a = \dfrac{a^2 - b^2}{a^2}$。这和用椭圆积分法所得的相同。

《象数一原》卷六又附录了一个"圆周求径"术:

$$\frac{1}{\pi} = \frac{1}{2}\left(1 - \frac{1}{2^2} - \frac{1^2 \cdot 3}{2^2 \cdot 4^2} - \frac{1^2 \cdot 3^2 \cdot 5}{2^2 \cdot 4^2 \cdot 6^2} - \cdots\right) \quad (6)$$

这是从假设 $b = 0$ 则 $e^2 = 1$,$p = 4a$ 代入(5)式得到的。项名达对此(6)式一方面有孤芳自赏的想法,他说"此盖奇偶相从,乘除互易,殆有自然之象数寓乎其间"。另一方面又嫌它不便于实际计算,说"所惜者,除法微赢于乘法,降位颇难,求至百余数,八位尚未消尽,固不足为术也"。

项氏卒后,戴煦为《椭圆求周术》补《图解》一卷(1857 年)。设 P_1、P_2 为椭圆周两点,P_1P_2 为 P_1P_2 弧的通弦,作 M_1P_1、M_2P_2 二横线与椭圆的短轴平行,交外切圆于 Q_1、Q_2 两点。又作 P_1N、Q_1R 垂直于 M_2Q_2。

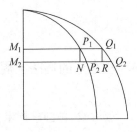

$$\frac{M_1P_1}{M_1Q_1} = \frac{M_2P_2}{M_2Q_2} = \frac{b}{a}$$

$$\therefore \quad \frac{NP_2}{RQ_2} = \frac{b}{a}$$

$$P_1P_2^2 = NP_1^2 + NP_2^2$$

$$= Q_1Q_2^2 - RQ_2^2 + \frac{b^2}{a^2}RQ_2^2 = QQ_2^2 - e^2RQ_2^2$$

设 $s = \dfrac{RQ_2}{Q_1Q_2}$

则

$$P_1P_2 = Q_1Q_2 \sqrt{1 - e^2s^2}$$

$$= Q_1Q_2\left(1 - \frac{1}{2}e^2s^2 - \frac{1}{8}e^4s^4 - \frac{1}{16}e^6s^6 - \cdots\right)$$

若分外切圆周为 n 等分，Q_1Q_2 为它的一分，则椭圆周亦为短轴的平行线分为 n 分，如 P_1P_2，但不相等。以级数求和法，求椭圆诸分弧通弦之总长。令 n 无限地增大，则各分弧通弦与弧密合，即得椭圆全周如上(5)式。戴煦的图解相当繁琐，本节为篇幅所限不能详述，可以肯定的是：项、戴二家椭圆求周的计算程序完全符合于椭圆积分法的原则。

第十八章　戴煦、李善兰等的数学研究

　　1840 年至 1842 年的鸦片战争暴露了清朝官僚政治的黑暗和军事组织的腐败，外来的资本主义剥削又日渐加重，原来完整的封建政权趋于瓦解。1850 年前后各地农民起义，尤其是太平天国革命(1851—1864 年)轰动了全国。当时比较开明的地主阶级知识分子抛弃了功名富贵的妄想，以为钻研高深数学可以脱离现实，解除忧闷。上海辟为商埠以后西洋近代数学的输入也启发了当时的数学研究。仅在函数的幂级数展开式方面，从 1845 年到 1865 年二十年间就有戴煦、李善兰、徐有壬、顾观光、邹伯奇、夏鸾翔等先后发表他们的研究成果，在中国数学史中记上了光辉的一页。

一、戴煦

　　戴煦(1805—1860)，字鄂士，号鹤墅，浙江钱塘(今杭州市)人。初与同里谢家禾同治古代数学，家禾死后，校刻其遗书《谢谷堂算学三种》。戴煦早年的数学著作有《重差图说》、《勾股和较集成》、《四元玉鉴细草》等种，俱未出版。后与项名达共同研究三角函数的幂级数展开式和椭圆求周术，名达死(1850 年)后又续成他的杰作《象数一原》。戴煦自己的杰作是《对数简法》二卷(1845 年)，

《续对数简法》一卷(1846 年),《外切密率》四卷(1852 年),《假数测圆》二卷(1852 年),四种合刊题名为《求表捷法》。英国艾约瑟慕戴煦名,1845 年从上海来踵门求见,他托故谢绝。1860 年二月太平军攻克杭州,戴煦与其长兄戴熙同日自尽。

对数表的造表法在微积分学未传入中国之前,只有《数理精蕴》下编卷三十八的"递次开方法"。多次开平方的数学计算工作是异常繁重的。戴煦在他的《对数简法》(1845 年)里,创立了下列二项式平方根的级数展开式:

$$(a^2 - r)^{\frac{1}{2}} = a - \left(\frac{1}{2} \frac{r}{a} + \frac{1}{2 \cdot 4} \frac{r^2}{a^3} + \frac{1 \cdot 3}{2 \cdot 4 \cdot 6} \frac{r^3}{a^5} + \cdots \right),$$

次年他与项名达共同讨论求二项式 n 次根的简法,得下列四式:

设 $A = a^n \pm r$ 则 $A^{1/n} = a \left(1 \pm \dfrac{r}{a^n} \right)^{1/n}$。

$$A^{1/n} = a \left[1 \pm \frac{1}{n} \frac{r}{a^n} - \frac{n-1}{2n^2} \frac{r^2}{a^{2n}} \pm \frac{(n-1)(2n-1)}{2 \cdot 3n^3} \frac{r^3}{a^{3n}} - \cdots \right]$$

$$(1)$$

又因 $a^n \pm r = a^n \left(1 \mp \dfrac{r}{A} \right)^{-1}$,$A^{1/n} = a \left(1 \mp \dfrac{r}{A} \right)^{-1/n}$。

$$A^{1/n} = a \left[1 \pm \frac{1}{n} \frac{r}{A} + \frac{n+1}{2n^2} \frac{r^2}{A^2} \pm \frac{(n+1)(2n+1)}{2 \cdot 3n^3} \frac{r^3}{A^3} + \cdots \right]$$

$$(2)$$

并且得出一个结论:当 $|a| < 1$,m 为任何有理数时,下列展开式总是正确的:

$$(1 + a)^m = 1 + ma + \frac{m(m-1)}{1 \cdot 2} a^2 + \frac{m(m-1)(m-2)}{1 \cdot 2 \cdot 3} a^3 + \cdots$$

戴煦发现了指数为任何有理数的二项定理,与牛顿定理(1676年)暗合。

求二项式的平方根有了级数展开式以后,造对数表就可以事半功倍,但实际数字计算还是相当繁重。戴煦的《对数简法》另有不用开方径求对数的方法,大致如下:

假设 0.00000010000000 为 1.0000001 的"对数",则因 1.0000002 = 1.0000001 × 1.00000009999999,可知 1.0000002 的假设对数为 0.00000019999999。又因 1.0000003 = 1.0000002 × 1.00000009999998,可知 1.0000003 的假设对数为 0.00000029999997。仿此递求 1.0000004、1.0000005 至 1.000001 的假设对数。次求 1.000002 至 1.00001 的假设对数,例如 1.000002 = 1.000001 × 1.0000009 × 1.00000009999891,可知 1.000002 的假设对数为 0.00000099999955 + 0.00000089999964 + 0.00000009999891 = 0.00000199999810。次求 1.00002 至 1.0001 的假设对数,次求 1.0002 至 1.001 的假设对数,次求 1.002 至 1.01 的假设对数,次求 1.01 到 1.1,1.2 至 2 的假设对数。如此求得 2 的假设对数为 0.69314721517968,这是 2 的自然对数准确到小数第七位。四倍 2 的假设对数,减去 1.6 的假设对数得 10 的假设对数为 2.302585208。以 2.302585208 除各数的假设对数,即得各数的"定准对数",就是以 10 为底的对数。

戴煦既知以幂级数展开二项式的任何次根后,在《续对数简法》里阐明:10 的自然对数与任何整数的常用对数皆可用幂级数来计算。戴煦参考了《数理精蕴》的"用递次开方求假数(对数)法之三":如果 n 很大,譬如说 $n = 2^{54}$,那么以 $10^{1/n} - 1$ 除 $\dfrac{1}{n}$,所得商数很接近于"对数之根"$\mu = 0.43429448$。从而他正确地推论出：当 n 无限地增大时，$n(10^{1/n} - 1)$ 的极限是 $\dfrac{1}{\mu}$。为了便于数字计算，他先将 10 开平方五次，得

$$10^{1/32} = 1.0746078 = 1 + \alpha$$

用上述展开式（2）得

$$10^{1/32n} = (1 + \alpha)^{1/n} = 1 + \frac{1}{n}\left(\frac{\alpha}{1 + \alpha}\right)$$

$$+ \frac{n + 1}{2n^2}\left(\frac{\alpha}{1 + \alpha}\right)^2 + \frac{(n + 1)(2n + 1)}{2 \cdot 3n^3}\left(\frac{\alpha}{1 + \alpha}\right)^3 + \cdots$$

$$32n(10^{1/32n} - 1) = 32\left[\frac{\alpha}{1 + \alpha} + \frac{n(n + 1)}{2n^2}\left(\frac{\alpha}{1 + \alpha}\right)^2\right.$$

$$\left. + \frac{n(n + 1)(2n + 1)}{2 \cdot 3n^3}\left(\frac{\alpha}{1 + \alpha}\right)^3 + \cdots\right]$$

$$\lim_{n \to \infty} 32n(10^{1/32n} - 1) = 32\left[\frac{\alpha}{1 + \alpha} + \frac{1}{2}\left(\frac{\alpha}{1 + \alpha}\right)^2\right.$$

$$\left. + \frac{1}{3}\left(\frac{\alpha}{1 + \alpha}\right)^3 + \cdots\right]$$

以 $\alpha = 0.0746078$ 代入得

$$\frac{1}{\mu} = 2.30258509$$

$$\mu = 0.43429448$$

戴煦认识到：当 n 无限地增大时，$n[(1 + \alpha)^{1/n} - 1]$ 的极限为 $1 + \alpha$ 的自然对数，在《续对数简法》里正确地立出了对数函数的幂级数展开式：

$$\log(1 + \alpha) = \mu\left(\alpha - \frac{1}{2}\alpha^2 + \frac{1}{3}\alpha^3 - \frac{1}{4}\alpha^4 + \cdots\right)$$

$$0 < \alpha < 1_\circ$$

同麦卡托(N. Mercator, 1667 年)所得的对数级数暗合。

设 $\alpha = 0.024$,用上列级数计算得

$$\log 1.024 = 0.0102999566$$

由此得 $\log 2 = \dfrac{1}{10}(3 + 0.0102999566) = 0.30102999566$。

$\log 4$、$\log 5$、$\log 8$ 皆可用 $\log 2$ 推算了。又求得 $\log 1.08$ 后可以推算 $\log 3$、$\log 6$ 及 $\log 9$;求得 $\log 1.008$ 后可以推算 $\log 7$,求得 $\log 1.035$ 后可以推算 $\log 23$,等等。

从明安图以来的"割圆连比例"研究主要阐明正弦、正矢与弧度间的依存关系,戴煦于 1852 年撰《外切密率》四卷,讨论正切、余切、正割、余割四线与弧度间的相互关系。他正确地创立了下列各式:

$$\tan\alpha = \alpha + \frac{2\alpha^3}{3!} + \frac{16\alpha^5}{5!} + \frac{272\alpha^7}{7!} + \frac{7936\alpha^9}{9!} + \cdots$$

$$\cot\alpha = \frac{1}{\alpha} - \frac{2\alpha}{3!} - \frac{8\alpha^3}{3 \cdot 5!} - \frac{32\alpha^5}{3 \cdot 7!} - \frac{1152\alpha^7}{3 \cdot 9!} - \cdots$$

$$\alpha = \tan\alpha - \frac{1}{3}\tan^3\alpha + \frac{1}{5}\tan^5\alpha - \frac{1}{7}\tan^7\alpha + \cdots$$

$$\sec\alpha = 1 + \frac{\alpha^2}{2!} + \frac{5\alpha^4}{4!} + \frac{61 \cdot \alpha^6}{6!} + \frac{1385\alpha^8}{8!} + \cdots$$

$$\operatorname{cosec}\alpha = \frac{1}{\alpha} + \frac{\alpha}{3!} + \frac{\alpha^3}{3 \cdot 5!} + \frac{31\alpha^5}{3 \cdot 7!} + \frac{1142\alpha^7}{3 \cdot 9!} + \cdots$$

$$\alpha^2 = 2(\sec\alpha - 1) - \frac{5 \cdot 4(\sec\alpha - 1)^2}{3 \cdot 4} + \frac{64 \cdot 8(\sec\alpha - 1)^3}{3 \cdot 4 \cdot 5 \cdot 6} - \cdots$$

戴煦又撰《假数测圆》二卷,结合三角函数和对数函数的幂级数展开式,阐明三角函数对数表的造法。

二、李善兰

李善兰(1811—1882),字壬叔,号秋纫,浙江海宁人。幼年即嗜好数学,三十岁以后所造渐深,时有心得,辄复著书。1852 年到上海,从事翻译西文数学书,兼及力学、天文学和其他科学书。八年间译成八种共八十余卷。由于他的阶级本质,李善兰对太平天国的革命运动是有对抗思想的。又由于他同资本主义国家派来的传教士往来甚密,深受外来的文化侵略的影响,他终于投入了当时的洋务派官僚集团。1860 年应江苏巡抚徐有壬的邀请,到苏州作他的幕宾。1863 年又

李善兰像
(采自《格致汇编》)

往安庆,留在曾国藩军中多年。1868 年到北京任同文馆算学总教习。1882 年病故于北京。

李善兰于 1845 年发表他的有关幂级数的三种研究成果——《方圆阐幽》《弧矢启秘》与《对数探源》。《方圆阐幽》1 卷阐述他自己创造的尖锥求积术,并以求圆的面积为例子说明尖锥术的应用。李善兰列出了 10 条概括性的命题作为尖锥术的基本理论。第四条"当知诸乘方皆可变为面,并皆可变为线",用现在的数学术语来说明是:n 为任何正整数,x 为任何正数,x^n 的数值可以有一个平面积来表示,亦可以用一条直线段来表示。第六条"当知诸乘方

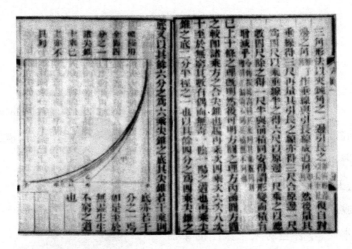

李善兰尖锥术

（采自《则古昔斋算学》中之《方圆阐幽》）

皆有尖锥"，第七条"当知诸尖锥有积迭之理"，说明：当 x 在 $0 \leqslant x \leqslant h$ 区间内变动，表示 x^n 的平面积积叠成一个尖锥体。第八条"当知诸尖锥的算法"指出：由平面积 ax^n 积迭起来的尖锥体，高为 h，底面积为 ah^n，它的体积是 $\dfrac{ah^n \times h}{n+1}$。这个命题相当于定积分 $\displaystyle\int_0^h ax^n dx = \dfrac{ah^{n+1}}{n+1}$。

第九条"当知二乘以上尖锥，其所迭之面皆可变为线"说明 ax^n 可以用一个直线段来表示。第十条"当知诸尖锥既为平面则可并为一尖锥"说明：同高的许多尖锥可以合并为一个尖锥，这相当于定积分

$$\int_0^h a_1 x\, dx + \int_0^h a_2 x^2\, dx + \cdots + \int_0^h a_n x^n\, dx$$

$$= \int_0^h \left(a_1 x + a_2 x^2 + \cdots + a_n x^n \right) dx$$

李善兰的尖锥术的理论如上所述,虽未能十分谨严,但在微积分学未有中文译本之前,他的精心妙悟是具有启蒙意义的。

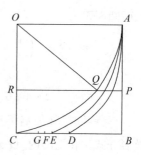

李善兰推算圆的面积作为他的尖锥求积术的一个实例。如右图,$OABC$ 为边长 1 的正方形,内容圆的一象限 $OAQC$,方内圆外的平面尖锥 $ABCQ$ 是由 ABD、ADE、AEF、AFG…… 等无限数的平面尖锥合并而成。诸尖锥的底

$$BD = \frac{1}{2}BC = \frac{1}{2}$$

$$DE = \frac{1}{4}DC = \frac{1}{2 \cdot 4}$$

$$EF = \frac{1}{6}EC = \frac{3}{2 \cdot 4 \cdot 6}$$

$$FG = \frac{1}{8}FC = \frac{3 \cdot 5}{2 \cdot 4 \cdot 6 \cdot 8}$$

在 AB 上任取 P 点,作 PR 与 BC 平行,与圆弧交于 Q。设 $x = AP$ 则

$$PQ = 1 - \sqrt{1 - x^2}$$

$$= \frac{1}{2}x^2 + \frac{1}{2 \cdot 4}x^4 + \frac{3}{2 \cdot 4 \cdot 6}x^6 + \frac{3 \cdot 5}{2 \cdot 4 \cdot 6 \cdot 8}x^8 + \cdots$$

令 $x = 1$,则上列级数的各项就是诸尖锥的底 BD、DE、EF 等。依据尖锥求积术,方内圆外的面积为

$$ABCQ = \frac{1}{2} \cdot \frac{1}{3} + \frac{1}{2 \cdot 4} \cdot \frac{1}{5} + \frac{3}{2 \cdot 4 \cdot 6} \cdot \frac{1}{7}$$

$$+ \frac{3 \cdot 5}{2 \cdot 4 \cdot 6 \cdot 8} \cdot \frac{1}{9} + \cdots$$

从而圆面积为

$$\pi = 4 - 4\left(\frac{1}{2} \cdot \frac{1}{3} + \frac{1}{2 \cdot 4} \cdot \frac{1}{5} + \frac{3}{2 \cdot 4 \cdot 6} \cdot \frac{1}{7}\right.$$

$$\left. + \frac{3 \cdot 5}{2 \cdot 4 \cdot 6 \cdot 8} \frac{1}{9} + \cdots\right)$$

李善兰的《弧矢启秘》二卷阐述三角函数和反三角函数的幂级数展开式。在上图内,设 α 为 $\angle AOQ$ 的弧度,则 $x = \sin\alpha$,AQ 弧外的平面尖锥 APQ 的面积为

$$\Delta = \frac{1}{2}\frac{x^3}{3} + \frac{1}{2 \cdot 4}\frac{x^5}{5} + \frac{3}{2 \cdot 4 \cdot 6}\frac{x^7}{7}$$

$$+ \frac{3 \cdot 5}{2 \cdot 4 \cdot 6 \cdot 8}\frac{x^9}{9} + \cdots$$

扇形 AOQ 的面积为长方形 $OAPR$ 减去三角形 OQR,减去尖锥形 APQ,故

$$\frac{1}{2}\alpha = x - \frac{1}{2}x\sqrt{1 - x^2} - \Delta$$

由此得

$$\alpha = x(2 - \sqrt{1 - x^2}) - 2\Delta$$

$$= x + \frac{1}{2}x^3 + \frac{1}{2 \cdot 4}x^5 + \frac{3}{2 \cdot 4 \cdot 6}x^7 + \cdots$$

$$- 2\left(\frac{1}{2}\frac{x^3}{3} + \frac{1}{2 \cdot 4}\frac{x^5}{5} + \frac{3}{2 \cdot 4 \cdot 6}\frac{x^7}{7} + \cdots\right)$$

$$\alpha = x + \frac{1}{3!}x^3 + \frac{1 \cdot 3}{2 \cdot 4 \cdot 5}x^5 + \frac{1 \cdot 3 \cdot 5}{2 \cdot 4 \cdot 6 \cdot 7}x^7 + \cdots$$

这就是李善兰证明的正弦求弧背术。李善兰也证明了正切求弧背术和正割求弧背术:

$$\alpha = \tan\alpha - \frac{1}{3}\tan^3\alpha + \frac{1}{5}\tan^5\alpha - \frac{1}{7}\tan^7\alpha + \cdots$$

$$\alpha^2 = \sec^2\alpha - \frac{6}{9}\sec^4\alpha + \frac{46}{90}\sec^6\alpha - \frac{44}{105}\sec^8\alpha + \cdots$$

《弧矢启秘》阐述了三角函数的幂级数展开式如下：

$$\sin\alpha = \alpha - \frac{1}{3!}\alpha^3 + \frac{1}{5!}\alpha^5 - \frac{1}{7!}\alpha^7 + \cdots$$

$$\text{vers}\alpha = \frac{1}{2!}\alpha^2 - \frac{1}{4!}\alpha^4 + \frac{1}{6!}\alpha^6 - \frac{1}{8!}\alpha^8 + \cdots$$

$$\tan\alpha = \alpha + \frac{1}{3}\alpha^3 + \frac{2}{15}\alpha^5 + \frac{17}{315}\alpha^7 + \cdots$$

$$\sec\alpha = 1 + \frac{1}{2}\alpha^2 + \frac{5}{24}\alpha^4 + \frac{61}{721}\alpha^6 + \cdots$$

李善兰在他的《对数探源》二卷里，认为对数可以用诸尖锥的合积来表示，对数函数可以用幂级数来展开。

如右图，设 $AD = h$，$AE = EF = FG = \cdots = b$，$AECD$ 为一长方形，它的面积为 bh；CEF 为一平尖锥，它的面积为 $\frac{1}{2}bh$；CFG 为一立尖锥，它的面积为 $\frac{1}{3}bh$；CGH 为一二乘尖锥，它的面积为 $\frac{1}{4}bh$，等等。因 $AE + EF + FG + GH + \cdots$ 的和无穷，

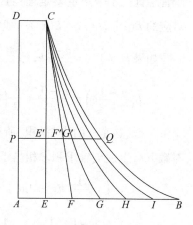

诸尖锥的合积也是无穷。在 AD 上任取一点 P，作 PQ 与 AH 平行，截 CE、CF、CG 诸线于 E'、F'、G' 等点。令 $y = DP$，则 $PE' = b$，$E'F' = \frac{by}{h}$，$F'G' = \frac{b^2y^2}{h^2}$，$G'H' = \frac{b^3y^3}{h^3}\cdots$

$$PQ = b + \frac{by}{h} + \frac{by^2}{h^2} + \frac{by^3}{h^3} + \cdots$$

李善兰说:"凡截线皆有尽界,其界皆可求而底无尽界。"这就是说: PQ 的长是有限的,而 AB 的长是无限的。实际上,因 $\frac{y}{h} < 1$,上列幂级数是一个收敛的等比级数,它的和是 $\frac{bh}{h-y}$, Q 点应落在双曲线 $x(h-y) = bh$ 之上,但他没有明白指出 Q 点的轨迹为双曲线的一支。

依据尖锥求积术求出诸尖锥的合积 $DPQC$ 为

$$L(y) = by + \frac{by^2}{2h} + \frac{by^3}{3h^2} + \frac{by^4}{4h^3} + \cdots$$

李善兰证明了一个重要定理:当 $y_1, y_2, y_3 \cdots$ 成等比级数时,与它们对应的 $L(y_1), L(y_2), L(y_3) \cdots$ 成等差级数,故 $L(y)$ 有对数的性质。

如果 $bh = 1$, $y = \frac{n-1}{n}h$,那么

$$L\left(\frac{n-1}{n}h\right) = \frac{n-1}{n} + \frac{1}{2}\left(\frac{n-1}{n}\right)^2 + \frac{1}{3}\left(\frac{n-1}{n}\right)^3 + \cdots$$

李善兰说,这是 n 的由"泛积"所得的对数。实际上,这是 n 的自然对数 $\ln n$,上述尖锥求积术相当于

$$\int_0^{\frac{n-1}{n}h} \frac{1}{h-y}dy = \ln h - \ln\left(h - \frac{n-1}{n}h\right) = \ln n$$

令 $n = 2$ 则 $\frac{n-1}{n} = \frac{1}{2}$,计算 $\frac{1}{2} + \frac{1}{2}\left(\frac{1}{2}\right)^2 + \frac{1}{3}\left(\frac{1}{2}\right)^3 + \cdots$ 得 $\ln 2 = 0.69314713$。次令 $n = \frac{5}{4}$ 则 $\frac{n-1}{n} = \frac{1}{5}$,计算 $\frac{1}{5} + \frac{1}{2}\left(\frac{1}{5}\right)^2 + \frac{1}{3}\left(\frac{1}{5}\right)^3 + \cdots$ 得 $\ln\frac{5}{4} = 0.22314353$。由此得 $\ln 10 = 3\ln 2 + \ln\frac{5}{4} = 2.30258492$。

求以 10 为底的常用对数, 须使 log10 = 1, 故规定 $bh = \dfrac{1}{2.30258492}$

$= 0.43429451$。准此求得 $\log 2 = 0.30103000$, $\log 3 = \log 2 + \log \dfrac{3}{2} =$

0.47712126, $\log 7 = \log 6 + \log \dfrac{7}{6} = 0.84509805$, 等等。并且指出任

何自然数 n 的对数可以下列公式计算

$$\log n = \log(n-1) + 0.43429451\left(\frac{1}{n} + \frac{1}{2}\frac{1}{n^2} + \frac{1}{3}\frac{1}{n^3} + \cdots\right)$$

李善兰在翻译外文数学书之前, 著作年代可以考查的作品还有《四元解》2 卷,《麟德历解》3 卷。《四元解》有 1846 年的顾观光序。李善兰自序说:"汪君谢城(汪曰桢, 1813—1881)以手抄元朱世杰《四元玉鉴》三卷见示……深思七昼夜, 尽通其法, 乃解明之。"《麟德术解》主要阐明唐李淳风"麟德历"术中的二次差内插法, 有1848 年自序。

1842 年鸦片战争失败, 清政府与英国侵略军订立了南京条约, 上海、广州等 5 个沿海城市开放为商埠, 结束了从雍正元年以来的闭关政策。英国人以上海等商埠为基地对中国人民肆行经济掠夺, 兼事文化侵略。伟烈亚力(Alexander Wylie, 1815—1887)1847年到上海, 经营墨海书馆, 熟悉中国语言文字。他用中文撰述《数学启蒙》2 卷(1853 年)介绍西洋流行的算术代数知识, 包括对数和解数字高次方程的霍纳方法。

李善兰于 1852 年到上海, 即与伟烈亚力相约续成徐光启、利玛窦未能完成的事业, 共译《几何原本》后 9 卷, 1856 年卒业。继续翻译《代数学》13 卷、《代微积拾级》18 卷、《谈天》18 卷, 于 1859 年由墨海书馆出版。在翻译《几何原本》与《代微积拾级》等书的同时,

李善兰又与英人艾约瑟（Joseph Edkins, 1823—1905）共译《重学》20 卷，《圆锥曲线说》3 卷。

《几何原本》后九卷是从英文本译出来的。伟烈亚力撰序说："购之故乡始得是本，乃依希腊本翻我国语者。我国近未重刊，此为旧版。"按英人柏洛（Issac Barrow, 1630—1677）先从希腊文译成拉丁文（1655 年），又于 1660 年译成英文。柏洛的英文译本似是中文译本的底本。伟烈亚力序又说，英文刻本"校勘未精，语讹字误，毫厘千里所失匪轻……（李）君固精于算学，于几何之术心领神悟，能言其故。于是相与翻译，余口之，君笔之，删芜正讹，反复详审使其无有疵病则李君之力居多。"可见《几何原本》的翻译工作不是轻而易举的。《圆锥曲线说》三卷，分别阐述抛物线、椭圆线与双曲线的综合几何学，它的体例与《几何原本》大致相仿。不详原著的作者。

《代数学》13 卷是从英国数学名家棣么甘（Augustus De Morgan, 1806—1871）所著的 Elements of Algebra（1835 年）译出。这是我国第一部符号代数学的读本，论述初等代数教材，兼论指数函数、对数函数的幂级数展开式。

《代微积拾级》18 卷是根据美国罗密士（Elias Loomis, 1811—1899）的 Elements of Analytical Geometry and of Differential and Integral Calculus（1850 年）译出来的。卷一至卷九为"代数几何"，前二卷讨论用代数方法处理几何问题，后七卷为平面解析几何学。卷十至卷十六论微分，卷十七、卷十八论积分。李善兰创立了微分与积分两个数学名词，似取古代成语"积微成著"的意义。李善兰在序言中说："是书先代数，次微分，次积分，由易而难若阶级之渐升。译既竣，即名之曰代微积拾级。"徐有壬读了《代微积拾级》后说："书中文义语气多仍西人之旧,奥涩不可读。惟图式可据,宜以意抽绎图式,其理自见。"实际上,罗密士原作的出版虽在译书之前只有五年,但在当时不是一部比较进步的教科书。书中讲授函数、极限、导数、积分等基本概念不够完整、谨严,使读者难以理解的不是译文的奥涩而是原作的粗疏。

李善兰在西洋近代数学的翻译工作中创造了许多古所未有的数学名词和术语,至今还在引用。在算式方面,他继承了《同文算指》和《数理精蕴》的翻译工作,用一、二、三、四、五、六、七、八、九、〇为数码。他从西文书中引用了×、÷、( )、√、=、<、>等符号。为了避免加减号与中国数字十、一相混,另取篆文的上、下二字,⊥、⊤作为加、减号。他袭用了《同文算指》的分数记法,记分母于分线之上,分子于分线之下,这使现在的读者难于体会。用甲、乙、丙、丁等十干,子、丑、

李善兰译《代微积拾级》书影
（注意其中所用之符号）

寅、卯等十二支,天、地、人、物四元,依照顺序代替原文的二十六个英文字母,并且各加口旁如呷、叱等字代替大写的字母。希腊字母一般用角、亢、氐、房等二十八宿名替代,但圆周率 π 译作"周",自然对数底 ε 译作"讷"。用微字的偏旁彳作为微分符号;积字偏旁禾作为积

分符号,例如

$$\text{禾}\frac{\text{甲} \perp \text{天}}{\text{彳天}} = (\text{甲} \perp \text{天}) \text{对} \perp \text{唰}$$

即

$$\int \frac{dx}{a+x} = \ln(a+x) + C$$

李善兰接受了他自己翻译出来的西洋数学以后,他的著作大都是会通中西学术思想的研究成果。在圆锥曲线研究方面有《椭圆正术解》2 卷、《椭圆新术》1 卷、《椭圆拾遗》3 卷、《火器真诀》1 卷(1856年)。在幂级数研究方面有《尖锥变法解》1 卷,《级数回求》1 卷。《尖雄变法解》撰述于《代微积拾级》译成之后,说明西洋人所说《双曲线与渐近线中间之积即对数积》与他在《对数探源》中所用尖锥求积术殊途同归,理无二致。并且证明《代微积拾级》中的 $\ln \frac{n}{n-1} =$

$$2\left[\frac{1}{2n-1} + \frac{1}{3}\left(\frac{1}{2n-1}\right)^3 + \frac{1}{5}\left(\frac{1}{2n-1}\right)^5 + \cdots\right] \text{与《对数探源》的} \frac{1}{n} +$$

$\frac{1}{2}\frac{1}{n^2} + \frac{1}{3}\frac{1}{n^3} + \cdots$ 所得亦同。《级数回求》自序说:"凡算术用级数推者,有以此推彼之级数,即可求以彼推此之级数。"书中用代数符号表达幂级数展开式阐述函数与自变数互求的演算程序比明安图、董祐诚等所著书更为简明易晓。

李善兰的《垛积比类》4 卷为从朱世杰《四元玉鉴》以来讨论高阶等差级数求和的最优秀的著作。自序中不详撰著年月,但论垛积术的应用涉及"西人代数、微分中所有级数",《垛积比类》的撰成大概是在 1859 年以后。

在《垛积比类》卷一中,李善兰首先肯定了并推广了朱世杰的三角垛求和公式,所得结果可以概括成下列二式:

三角垛:

$$\sum_{r=1}^{n} \frac{1}{p!} r(r+1)(r+2)\cdots(r+p-1)$$

$$= \frac{1}{(p+1)!} n(n+1)(n+2)\cdots(n+p) \tag{1}$$

$(m-1)$乘支垛:

$$\sum_{r=1}^{n} \frac{1}{p!} r(r+1)\cdots(r+p-2)(mr+p-m)$$

$$= \frac{1}{(p+1)!} n(n+1)\cdots(n+p-1)(mn+p-m+1) \tag{2}$$

若 $m=1$ 则$(m-1)$乘支垛也是一个三角垛,所以公式(1)是公式(2)的一个特例。

卷二主要讨论:p 为任何正整数,级数 $1+2^p+3^p+\cdots+n^p$ 的求和公式。李善兰首先指出 r^p 可以用 p 个 p 阶三角垛来表示,如

$$r^2 = \frac{1}{2!} r(r+1) + \frac{1}{2!}(r-1)r$$

$$r^3 = \frac{1}{3!} r(r+1)(r+2) + 4 \cdot \frac{1}{3!}(r-1)r(r+1)$$

$$+ \frac{1}{3!}(r-2)(r-1)r$$

$$\cdots\cdots$$

等等,一般地说,设

$$f_p^r = \frac{1}{p!} r(r+1) \times (r+2)\cdots(r+p-1),$$

$$r^p = A_1^p f_p^r + A_2^p f_p^{r-1} + A_3^p f_p^{r-2} + \cdots + A_p^p f_p^{r-p+1}$$

由此得 $\displaystyle\sum_{r=1}^{n} r^p = A_1^p f_{p+1}^n + A_2^p f_{p+1}^{n-1} + A_3^p f_{p+1}^{n-2} + \cdots + A_p^p f_{p+1}^{n-p+1}$

关于这些系数 A_i^p,《垛积比类》卷二里有一张按 p 的层次立出来

的表如右。李善兰进一步指出上下层系 t 数
之间的关系：

$$A_i^p = (p - i + 1)A_{i-1}^{p-1} + iA_i^{p-1}$$

知道了 $(p-1)$ 层各个系数之后，p 层的各个
系数就可以用上列关系式计算出来。

$$
\begin{array}{ccccccc}
 & & & 1 & & & \\
 & & 1 & & 1 & & \\
 & & 1 & 4 & 1 & & \\
 & 1 & 11 & & 11 & 1 & \\
1 & 26 & 66 & & 26 & 1 & \\
1 & 57 & 302 & 302 & 57 & 1 & \\
 & & & \cdots\cdots & & & \\
 & & & \cdots\cdots & & & \\
\end{array}
$$

卷三阐述三角自乘垛 $\sum (f_p^r)^2$ 的求和
公式。李善兰创造了下列恒等式：

$$(f_p^r)^2 = f_{2p}^r + (C_1^p)^2 f_{2p}^{r-1} + (C_2^p)^2 f_{2p}^{r-2} + \cdots + (C_p^p)^2 f_{2p}^{r-p}$$

式内的 C_i^p 是二项式定理系数 $\dfrac{p!}{(p-i)!\ i!}$。李善兰在他的著作中没有
说明上列恒等式的来历，但它的普遍真实性是可以用现代的代数知
识来证明的。利用三角垛求和公式就得出一个中外驰名的三角自乘
垛求和公式：

$$\sum_{r=1}^{n} (f_p^r)^2 = f_{2p+1}^n + (C_1^p)^2 f_{2p+1}^{n-1} + (C_2^p)^2 f_{2p+1}^{n-2} + \cdots + f_{2p+1}^{n-p}$$

卷四讨论的三角变垛 $\sum rf_p$ 是朱世杰的岚峰形垛。李善兰解决
岚峰形垛求和问题的方法与他在卷二卷三里所采用之方法相仿。因

$$rf_p^r = f_{p+1}^r + pf_{p+1}^{r-1}$$

故
$$\sum_{r=1}^{n} rf_p^r = f_{p+2}^n + pf_{p+2}^{n-1}$$

卷四还讨论了三角再变垛与三角三变垛的求和公式，得下列二式：

$$\sum_{r=1}^{n} r^2 f_p^r = f_{p+3}^n + (1 + 3p)f_{p+3}^{n-1} + p^2 f_{p+3}^{n-2}$$

$$\sum_{r=1}^{n} r^3 f_p^r = f_{p+4}^n + (4 + 7p)f_{p+4}^{n-1} + (1 + 4p + 6p^2)f_{p+4}^{n-2} + p^3 f_{p+4}^{n-3}$$

1864 年李善兰在南京整理了他自己撰著的上列 12 种作品，附加他历

年积累的数学笔记——《天算或问》1 卷，汇刻成《则古昔斋算学》13
种，共 24 卷。

李善兰于 1872 年撰《考数根法》1 卷。他在《几何原本》卷七中
引用《数理精蕴》的旧名词，将素数译作"数根"。《考数根法》的目的
是辨别一个自然数是不是素数。设 N 为某数，a 为与 N 互素的任何
自然数。对于一个已给的 N，必能找到一个最小的指数 d，使 $a^d - 1$
能被 N 整除。李善兰在《考数根法》书中，假定 a 等于 2 或 3，提出了
四个如何找出 d 的具体方法，这里不准备一一叙述。关于辨别 N 是
不是素数的条件，他的研究成果大致如下：

如果 $a^d - 1$ 能被 N 整除，而 N 是一个素数，那么 $N - 1$ 必能被 d 整
除。但 d 能除尽 $N - 1$，仅是 N 为素数的必要条件而不是充分条件。这
样，李善兰证明了著名的费马定理（Pierre de Fermat，1640 年），并且指
出它的逆定理不真。他又进一步指出：如果 N 不是素数而 d 也能整除
$N - 1$，那么，N 的因数必定具有 $kp + 1$ 的形式，式内 p 为能除尽 d 的数，
k 为一个自然数①。只有在任何具有 $kp + 1$ 形式的数都不能除尽 N
时，N 才肯定是一个素数。例如：$2^{10} - 1$ 能被 341 除尽，$341 - 1$ 也能
被 10 整除，但 341 能被 $10 + 1$ 整除，故 341 不是素数。

三、徐有壬、顾观光与邹伯奇

徐有壬（1800—1860），字君青，亦字钧卿，浙江乌程（今湖州

---

① 设 n 为 N 的一个素因数，$a^p - 1$ 能被 n 整除，则 p 必能整除 $n - 1$，故 $n = kp + 1$。
在另一方面，$a^p - 1$ 能整除 $a^d - 1$，p 必然是 d 的一个因数。

市)人。道光九年(1829年)进士,历任云南按察司、湖南布政司,以至江苏巡抚。1860年6月太平军攻克苏州,徐有壬被杀。遗稿有刻本传世的有《务民义斋算学》7种,其中四种数学著作为《测圆密率》3卷、《造表简法》1卷、《截球解义》1卷、《弧三角拾遗》1卷,其他三种为他的天文学研究成果。《测圆密率》《造表简法》二书阐述三角函数和反三角函数的幂级数展开式,是集合当代诸家成说,参以己见写成的。他读《九章算术》李淳风注所引的祖暅之《缀术》而有所启发,撰《截球解义》,阐明球面积与同径同高的圆柱面积相等之理。

顾观光(1799—1862),字宾王,号尚之,江苏金山人,继承世业为医生。博学经传史子,兼通古今中西天文算学。所著书12种,身后汇刻为《武陵山人遗书》,其中《算剩初编》《算剩续编》《算剩余稿》《九数外录》4种为他的数学研究成果。《算剩续编》辑录他的造对数表法的研究(1854年)和圆面积的研究(1855年)等文,大都是对于戴煦、李善兰著作提出些补充意见,但很少精辟的见解。《算剩余稿》中有《开方余议》(1854年)一篇,怀疑李锐《开方说》的真实性,提出了5条驳议。实际上,顾观光不是对《开方说》有所误解,就是在方程论方面缺少认真研究,所提的意见都是不能成立的。顾观光在古代天文学方面有独到的见解。他校正了传刻本《周髀算经》本文中二十七处错误文字,撰《周髀算经校勘记》1卷。又撰《读周髀算经书后》论文,发挥他对《周髀》盖天说的意见,也是有助于中国古代天文学史研究的。

邹伯奇(1819—1869),字特夫,广东南海人,也是一个博通经传史子的学者。邹伯奇以他所掌握的数学知识解释儒家经籍中的有关部分,所撰书有《学计一得》2卷、《补小尔雅释度量衡》1卷。

他在戴煦《续对数简法》的基础上,对二项式的 n 次根与对数的幂级数展开式有着进一步的探讨,从而扩大了它们的应用,撰《乘方捷法》3 卷。又撰《对数尺记》1 卷,阐述计算尺的构造和它在数字计算中所起的作用。1866 年、1868 年两次征召,令充北京同文馆教习,邹伯奇淡于利禄,坚以疾辞。1869 年五月无疾而卒。

四、夏鸾翔

夏鸾翔(1823—1864),字紫笙,浙江钱塘(今杭州市)人,为项名达弟子,与戴煦为世交。1863 年游广州,与邹伯奇及南丰吴嘉善共研数学,次年五月卒于广州旅舍。遗稿有《少广缒凿》1 卷、《洞方术图解》2 卷、《致曲术》1 卷、《致曲图解》1 卷及《万象一原》9 卷。

夏鸾翔认为,利用幂级数造三角八线表比用古法割圆术简捷,但幂级数的各项数值是由多次乘除得出来的,每一个函数值的数字计算工作还是相当繁重。他于 1857 年寓居北京时撰《洞方术图解》二卷,创设一种利用招差法造正弦、正矢表的方法,只需预先计算好表中所列的正弦值或正矢值的逐次差数,用加减法就可以造成全表。假如所造的正弦表中角度以十秒为间距,设 α 为 $10''$ 的弧度,表中所列的正弦值是 $\sin n\alpha$,$n = 1, 2, 3, 4, \cdots$ 计算出 $\sin n\alpha$ 的逐次差数 $\Delta^0 \sin n\alpha = \sin\alpha$,$\Delta^1 \sin n\alpha$,$\Delta^2 \sin n\alpha$,$\Delta^3 \sin n\alpha$,$\cdots$ 以后,一张正弦表就可用加减法造出来了。

因 $\sin n\alpha = n\alpha - \dfrac{1}{3!}n^3\alpha^3 + \dfrac{1}{5!}n^5\alpha^5 - \cdots$ 各项都有 n^p 的因数,求

$\sin n\alpha$ 的逐次差数,应先求 n^p 的逐次差数 $\Delta n^p, \Delta^2 n^p, \Delta^3 n^p, \cdots, \Delta^p n^p$, 在《洞方术图解》卷二中列出一张表示 $\Delta^k n^p$ 的表如右。并且发现这些差数服从于下列规律:

$$\Delta^k n^p = k\Delta^{k-1} n^{p-1} + (k+1)\Delta^k n^{p-1}$$

知道了 n^{p-1} 的逐次差数以后,n^p 的逐次差数就可依据上列规律计算出来。

	Δ^0	Δ^1	Δ^2	Δ^3	Δ^4	Δ^5
n	1	1				
n^2	1	3	2			
n^3	1	7	12	6		
n^4	1	15	50	60	24	
n^5	1	31	180	390	360	120
	…	…	…	…		
	…	…	…	…		

因
$$n^p = 1 + C_1^{n-1}\Delta n^p + C_2^{n-1}\Delta^2 n^p + \cdots + C_p^{n-1}\Delta^p n^p.$$
故

$$\sin n\alpha = \alpha(1 + C_1^{n-1}) - \frac{1}{3!}\alpha^3(1 + 7C_1^{n-1} + 12C_2^{n-1} + 6C_3^{n-1})$$

$$+ \frac{1}{5!}\alpha^5(1 + 31C_1^{n-1} + 180C_2^{n-1} + 390C_3^{n-1}$$

$$+ 360C_4^{n-1} + 120C_5^{n-1}) - \cdots$$

$$= \alpha - \frac{1}{3!}\alpha^3 + \frac{1}{5!}\alpha^5 - \cdots + C_1^{n-1}\left(\alpha - \frac{7}{3!}\alpha^3 + \frac{31}{5!}\alpha^5 - \cdots\right)$$

$$- C_2^{n-1}\left(\frac{12}{3!}\alpha^3 - \frac{180}{5!}\alpha^5 + \cdots\right)$$

$$- C_3^{n-1}\left(\frac{6}{3!}\alpha^3 - \frac{390}{5!}\alpha^5 + \cdots\right) + C_4^{n-1}\left(\frac{360}{5!}\alpha^5 - \cdots\right) + \cdots$$

由此得

$$\Delta^0 \sin n\alpha = \alpha - \frac{1}{3!}\alpha^3 + \frac{1}{5!}\alpha^5 - \cdots$$

$$\Delta^1 \sin n\alpha = \alpha - \frac{7}{3!}\alpha^3 + \frac{31}{5!}\alpha^5 - \cdots$$

$$\Delta^2 \sin n\alpha = -\left(\frac{12}{3!}\alpha^3 - \frac{180}{5!}\alpha^5 + \cdots\right)$$

$$\Delta^3 \sin n\alpha = -\left(\frac{6}{3!}\alpha^3 - \frac{390}{5!}\alpha^5 + \cdots\right)$$

……

有了这些 $\sin n\alpha$ 的逐次差数,就可以用加减法列出来一张正弦表了。仿此,预先计算出 vers na 的逐次差数,一张正矢表也可以用加减法列出来。

项名达、戴煦的椭圆求周术和李善兰的尖锥求积术提出了以级数展开式表达定积分的方法。夏鸾翔在他的《致曲术》里推广这种方法的应用,解决了不少椭圆积分问题。例如求椭圆 $b^2x^2 + a^2y^2 = a^2b^2$ 上从 $(0, b)$ 点到 (x, y) 点一段曲线的长,夏鸾翔采取下列展开式:

$$s = x + \frac{1^2 x^3}{3! \, a^2} + \frac{1^2 \cdot 3^2 x^5}{5! \, a^4} + \frac{1^2 \cdot 3^2 \cdot 5^2 x^7}{7! \, a^6} + \cdots$$

$$- \left(\frac{c^2 x^3}{2 \cdot 3 a^4} + \frac{c^2 x^5}{2 \cdot 2 \cdot 5 a^6} + \frac{1 \cdot 3 c^2 x^7}{2 \cdot 2 \cdot 4 \cdot 7 a^8} + \cdots\right)$$

$$- \left(\frac{c^4 x^5}{2 \cdot 4 \cdot 5 a^8} + \frac{c^4 x^7}{2 \cdot 4 \cdot 2 \cdot 7 a^{10}} + \cdots\right)$$

$$- \left(\frac{c^6 x^7}{2 \cdot 4 \cdot 6 \cdot 7 a^{12}} + \cdots\right) - \cdots$$

这无疑是定积分

$$s = \int_0^x \frac{\sqrt{a^4 - c^2 x^2}}{a\sqrt{a^2 - x^2}} dx = \int_0^x \left(1 - \frac{c^2 x^2}{a^4}\right)^{\frac{1}{2}} \left(1 - \frac{x^2}{a^2}\right)^{-\frac{1}{2}} dx$$

的级数展开式。

《代微积拾级》只有计算椭圆绕长轴旋转所成曲面的全部面积的公式。夏鸾翔创立了表达一部分椭圆曲线绕长轴或短轴旋转所成曲面面积的级数展开式。椭圆 $b^2 x^2 + a^2 y^2 = a^2 b^2$ 上从 (O, b) 点到 (x, y) 点，这一部分曲线绕长轴旋转所成曲面的面积是 $2\pi b \int_0^x \left(1 - \frac{c^2 x^2}{a^4}\right)^{\frac{1}{2}} dx$ ，夏鸾翔用下列级数来表示：

$$2\pi b \left(x - \frac{c^2 x^3}{3! \, a^4} - \frac{1 \cdot 3 c^4 x^5}{5! \, a^8} - \frac{1 \cdot 3^2 \cdot 5 c^6 x^7}{7! \, a^{12}} - \cdots \right)$$

与此相仿，这一部分曲线绕短轴旋转所成曲面的面积是

$$2\pi a \int_0^y \left(1 + \frac{c^2 y^2}{b^4}\right)^{\frac{1}{2}} dy = 2\pi a \left(y + \frac{c^2 y^3}{3! \, b^4} - \frac{3 c^4 y^5}{5! \, b^8} + \frac{3^2 \cdot 5 c^6 y^7}{7! \, b^{12}} - \cdots \right)$$

用与上述的类似的级数展开式，夏鸾翔有级数展开式表达双曲线 $b^2 x^2 - a^2 y^2 = a^2 b^2$ 上从 (a, O) 点到 (x, y) 点一段曲线的长，但声明 y 必须小于 b，在 y 大于 b 时，级数不能用。他因不能得出一个表达双曲线旋转面部分面积的收敛级数而深感遗憾。《致曲术》还解决了一些有关抛物线、对数曲线、各种螺线的计算问题。

夏鸾翔又于 1862 年撰《万象一原》9 卷，阐述各种曲线弧长，面积及其旋转面面积和所包的体积的计算方法，大致与《致曲术》所讨论的相同。

夏鸾翔的《致曲图解》是圆锥曲线的综合研究。穿过圆锥面上一点，作一个截断一切母线的截面，得一个大小径不相等的椭圆。如果这个截面同一母线平行，那么，截面的"大小径悬绝之极，无大

小径可言,则所截面必为抛物线面。"在这个抛物线面的另一侧,则所截面为双曲线面。夏鸾翔由此得出"抛物线之面为椭圆之极"与"双曲线之面为椭圆之反"的两个结论。属于椭圆的某些几何性质可以触类旁通属于双曲线的与它相应的几何性质,也可由极限概念推论出属于抛物线的几何性质。夏鸾翔对圆锥曲线有很多自发的正确见解,但也有研究不透,说理含糊之处,他的《致曲图解》是一项瑕瑜互见的著作。

第十九章　清代末期的数学研究
　　　　与翻译工作

　　第二次鸦片战争(1860年)以后,以镇压太平天国革命起家的官僚集团进行所谓"求强致富"的洋务新政,中国社会进一步向半殖民地半封建社会转化。当时一些地主阶级知识分子在民族危机刺激下,对封建社会的传统学术思想产生了怀疑与动摇,主张学习西方资本主义国家的科学文化技术,企图走上富国强兵的道路。1866年恭亲王奕䜣建议于京师同文馆中添设算学课程,他在奏折中说:"思洋人制造机器火器等件无不自天文算学中来。现在上海、浙江等处讲求轮船各项,若不从根本上用着实工夫,即学皮毛仍无补实用。"同文馆规定八年毕业,从第四年起添设数学课程,授数理启蒙与代数学;第五年授几何原本、平三角与弧三角,第六年授微积分与航海测算。1863年设立于上海的广方言馆也重视数学的学习。1898年戊戌政变前后,各省省会的旧式书院大都添设算学课程。新式学校也在全国各地建立起来了,初等数学成为青年学生的重要功课。

　　晚清时期学习数学的人比以前增多了,数学研究的范围扩大了,古代数学著作的翻印本和西洋近代数学的中文译本源源出版,可以随便购买了。但由于社会经济的衰落,人心的动荡不安,数学研究很少有价值的成就,与前一时期比较是相形见绌的。一般略知古代传统数学的人稍稍涉猎西洋初等数学的中译本,即扬言一切西学为中国所固有,不再深入探讨。有志于钻研高等数学的人则因不能与工程技术的实践经验相结合,所能接受的数学理论也甚肤浅,当然不会有比较进步的研究成果。在这一时期里只在整数论方面,如黄宗宪的一次同余式组研究和刘彝程的整数勾股形研究是稍有成就的。

一、华蘅芳

华蘅芳(1833—1902),字若汀,江苏金匮(今无锡市)人。爱好数学,博览中西畴人家说。1861年与徐寿同往安庆曾国藩军中,佐理洋务新政。1865年曾国藩、李鸿章合奏设立江南制造局于上海,华蘅芳即往上海筹备设局事宜。1868年制造局内添设翻译馆,翻译西方科学书籍。华蘅芳先与美国人玛高温等共译《金石识别》《地学浅释》《防海新论》《御风要术》等书。继乃与英人傅兰雅(John Fryer)合作专译数学书籍,十余年间得下列六种:

华蘅芳　像

(采自《锡金四哲事略》)

(1)《代数术》二十五卷(1872年)。此书为英人华里司原著,前十卷讲代数多项式,一次方程与二次方程;卷十一、十二论三次、四次方程解法,卷十三至卷十六为方程论大意;卷十七、十八、十九论对数与指数函数的幂级数展开式,卷二十论连分数,卷二十一论不定方程,卷二十二论用代数解几何问题,卷二十三论二元方程式

的图像,卷二十四论三角函数关系式,卷二十五论棣美弗定理,
$\sin a$、$\cos a$ 的幂级数展开式与 $\arctan x$ 的幂级数展开式。

（2）《微积溯源》8 卷（1874 年）。此书亦为英人华里司原著。
前 4 卷论微分法及其应用,后 4 卷论积分法及微分方程大意。

（3）《三角数理》12 卷（1877 年）。此书为英人海麻士原著。
前三卷论三角函数关系式,卷四论平面三角形解法,卷五论三角函
数的幂级数展开式,卷六论对数,卷七、卷八论三角函数恒等式及
其应用,最后四卷为球面三角形解法。

（4）《代数难题解法》16 卷（1879 年）。此书为英人伦德原著。

（5）《决疑数学》10 卷（1880 年）。此书"总引"称"英国文字论
决疑数理（概率论）之书,其最佳者为棣么甘（A. De Morgan）所作,印
在伦敦之丛书中（公元 1834 年）,卷帙虽不多而拉不拉斯（法国数学大家
P. S. Laplace）之要式俱在其中矣。"卷九论常态曲线列出下式:

$$函唠 = \sqrt{（室 \div 周）} \, 戊^{T室唠=}$$

就是

$$f(\Delta) = \sqrt{\frac{\lambda}{\pi}} e^{-\lambda\Delta^2}$$

在计算程序中利用了二重积分算式。卷十论极小平方法的应用。

（6）《合数术》11 卷（1887 年）。此书为英人白尔尼原著,论对
数表造法。

在上述各书中,华蘅芳介绍西方数学家的代数学、三角学、微
积分学与概率论,所含数学知识比李善兰翻译的书丰富得多,译文
也明白晓畅,对当时爱好数学的人很有帮助。他自己撰著的书则
质量较低远不如李善兰著作的精湛。他于 1872 年撰《开方别术》1
卷,阐述求整系数高次方程的整数根的方法。《开方别术》不能求
方程的无理数根。1882 年撰《开方古义》2 卷,阐述数字高次方程

的解法,计算程序相当繁琐,不如秦九韶正负开方术简捷。自序说:能符合朱世杰《四元玉鉴》"今古开方会要之图"的原意,恐未必是。又撰《数根术解》1 卷,阐明:若 N 为一数根(素数)则 $2^N - 2$ 必能被 N 整除,这是正确的。但他没有指出:$2^N - 2$ 能被 N 整除不是 N 为数根的充分条件。撰《积较术》3 卷,讨论招差法在代数整多项式研究和垛积术中所起的作用。若整系数的高次方程有一整数根,利用招差法可以求得这个整数根。1882 年撰《学算笔谈》6 卷,其后数年又续成 6 卷。《学算笔谈》卷一到卷五谈算术,卷六、卷七谈天元术,卷八、卷九谈代数,卷十、卷十一谈微积分,卷十二杂论,对初学数学的人指引一条由浅入深,由简单到复杂的捷径。自序说:"演为算式以习其数,设为问答以穷其趣;法由浅而入深,语虽繁而易晓。"他的主观愿望是有一定的积极意义的。但他自己对数学的认识充满着唯心主义色彩。《学算笔谈》卷一"总论算法之理"说:"人之心中若果懵懵然茫无知觉,则亦不必谈及算学。若其稍有知觉而能思维计较者,即已有算学之理与有生以俱来。试观孩儿嬉戏,见果必争取其大者,因其胸中已有一多寡之见存焉者也。由是知算学之理为人心所自有,并非自外而入。"这是以思维、意识为第一性,物质存在为第二性,显然是错误的。他从唯心主义观点看数学,他的数学研究工作自然是脱离实际的。华蘅芳又于 1882 年撰《算法须知》四章专讲算术,在傅兰雅主编的《格致须知》内发表。又于 1892 年汇刻他的八种零星论著,题名为《算草丛存》。

华蘅芳于 1887 年到天津任武备学堂教习,1892 年到武昌任两湖书院教员,1896 年任常州龙城书院院长兼江阴南菁书院院长。

华蘅芳之弟世芳,字若溪(1854—1905),也通中西数学,撰《答数界限》1 卷论一次不定方程整数解的组数,《连分数学》1 卷

(1882年)论有关连分数的定理。1893年华蘅芳刻行他的数学著作(《算学须知》除外)六种,合称《行素轩算稿》,附刻世芳的《恒河沙馆算草》2种。

二、丁取忠、黄宗宪、左潜、曾纪鸿等

丁取忠,字果臣,湖南长沙人,生卒年不详。研究各家数学有所心得即写成笔记,题称《数学拾遗》,有他的同学新化邹汉勋写于1851年的序文。咸丰二年(1852年)客居邵阳,撰《舆地经纬度里表》。1860年应湖北巡抚胡林翼的邀请,到武昌作幕宾,对《舆地经纬度里表》又加校订。晚年与他的三个弟子黄宗宪、左潜(左宗棠的从子,1874年病故)、曾纪鸿(曾国藩的次子,1848—1877)同治数学于古荷花池(长沙城东北隅)的白芙堂。1871年丁取忠撰《粟布演草》一卷,讨论用高次方程解整存零取的复利息问题。1874年撰《对数详解》五卷。从1872年到1876年丁取忠陆续刻印数学书21种,题称《白芙堂算学丛书》,内自著书4种,友人著作10种,其他7种为元李冶《测圆海镜》(1247年)《益古演段》(1259年)、朱世杰《四元玉鉴》(1303年)、清张敦仁《缉古算经细草》(1803年)、李锐《勾股算术细草》《开方说》(1816年)与日本加悦傅一郎《算法圆理括囊》(1852年)。

丁取忠《数学拾遗》中“三色贵残差分解”一篇系讨论张邱建“百鸡问题”和同类型的问题的解法。设有联立方程如下:

$$5x + 3y + \frac{1}{3}z = 100$$

$$x + y + z = 100$$

未知数有三个而方程只有两个,求正整数解。丁取忠先假设 $x = 0$,解得 $y = 25$, $z = 75$。因 z 为 3 的倍数,若 z 值增加 3, y 值减少 3,则 $3y + \frac{1}{3}z$ 的值必然减少 8。又因 x 的系数比 y 的系数多 2,故 x 值增多 4, y 值减少 7, z 值增多 3。可以满足上列二方程。由此得上列二方程的正整数解为 4、18、78,8、11、81,12、4、84。时日醇,字清甫,江苏嘉定人,1860 年与丁取忠同在武昌胡林翼幕府中,见《数学拾遗》书,即以己意推广丁取忠的解法,撰《百鸡术衍》2 卷(公元 1861年)。又骆腾凤《艺游录》卷二"衰分补遗"曾以秦九韶的大衍求一术解百鸡问题。时日醇在《百鸡术衍》中也利用求一术解他自己设立的比较复杂的一次不定方程问题。例如前题,消去 z 项得 $7x + 4y = 100$ 也就是 $4y$,以 7 除之余 2。用求一术解之,得 $y = 4 + 7t$, $x = 12 - 4t$, $z = 84 - 3t$。 $t = 0$,1,2。

从秦九韶《数学九章》列入于《四库全书》之后,数学家对于一次同余式组问题颇感兴趣。嘉庆中有张敦仁的《求一算术》3 卷(1803 年),骆腾凤的《艺游录》(1815 年),同治中有时日醇的《求一术指》1 卷皆为阐明秦九韶的大衍求一术而作。黄宗宪,字玉屏,湖南新化人,在前人研究的基础上,于 1874 年撰《求一术通解》二卷,对求一术作进一步的研究。设 $N \equiv R_1 (\mathrm{mod}\ A_1) \equiv R_2 (\mathrm{mod}\ A_2) \equiv \cdots \equiv R_h (\mathrm{mod}\ A_h)$,秦九韶于所设的 $A_1, A_2, \cdots, A_h$ 不是两两互素时,分别取 $A_1, A_2 \cdots, A_h$ 的因数 $a_1, a_2, \cdots, a_h$,使它们两两互素,并且 $M = a_1 a_2 \cdots a_h$ 为 $A_1, A_2, \cdots, A_h$ 的最小公倍数。这个计算程序是必要的,但《数学九章》中叙述的实际计算工作相当繁琐。黄宗宪认为:只要把 $A_1, A_2 \cdots, A_h$ 分别写成素因数的连乘积, $a_1, a_2 \cdots, a_h$ 各数是极容易决定的。他说:"析各泛母$(A_1,A_2,\cdots,A_h)$为极小数根(素因数),遍视各同根,取某行最多者(次数最高的)用之,余所有弃之不用,两行等多者随意用之。以所用数根连乘之即得各行定母$(a_1,a_2,\cdots,a_h)$"。

在求乘率k_i使$\dfrac{M}{a_i}\cdot k_i\equiv 1(\bmod\ a_i)$时,秦九韶有"立天元一于左上"的步骤,原非必要。黄宗宪不立天元,同样可以依法演算。又$a_i=1$时,不须求乘率k_i与用数$\dfrac{M}{a_i}k_i$,秦九韶也要设法立出一个用数,对于实际计算毫无便利之处。黄宗宪《求一术通解》于例言中说:"旧术有借用数之法赘设,删之",这样处理是完全正确的。

《求一术通解》除解答了一次同余式组问题外,还用求一术解决二元一次不定方程问题$(ax\pm by=c)$。

吴嘉善,字子登,江西南丰人。咸丰中官翰林院编修,尝与徐有壬共同研究数学。从明安图、董祐诚以来,一切函数的幂级数展开式都用文字叙述而不用算式。徐有壬创造了一种表达幂级数的算式,用这种算式来作各种计算相当便利。徐有壬自称这种计算方法为"缀术",但没有在他的著作中透露这个消息。吴嘉善于1862年春在长沙编写《割圆八线缀术》三卷,阐述徐有壬"缀术"在三角函数的幂级数展开式研究中所起的作用。1873年左潜补作《割圆八线缀术》的细草,合为四卷。左潜又用"缀术"说明戴煦的《外切密率》和明安图的《割圆密率捷法》分别撰《缀术释戴》一卷,《缀术释明》二卷。1874年秋左潜病卒,遗作于次年出版。徐有壬于微积分学传入中国之前自发的创立"缀术"记法是有积极意义的。左潜于《代微积拾级》(1859年)《代数术》(1872年)等书出版以后孜孜不倦地发挥徐氏旧术,似有故步自封之嫌。

　　1874 年曾纪鸿撰《圆率考真图解》一卷。他首先用几何图形证明下列二式

（1）$\dfrac{\pi}{4} = \arctan \dfrac{1}{2} + \arctan \dfrac{1}{3}$

（2）$\dfrac{\pi}{4} = \arctan \dfrac{1}{4} + \arctan \dfrac{1}{5} + \arctan \dfrac{5}{27} + \arctan \dfrac{1}{12} + \arctan \dfrac{1}{13}$

并且利用反正切函数的幂级数展开式

$$\arctan x = x - \dfrac{1}{3}x^3 + \dfrac{1}{5}x^5 - \dfrac{1}{7}x^7 + \cdots$$

计算 π 值到 100 位的有效数码。《圆率考真图解》丁取忠序说："曾君锐于思而勇于进,创立新法以月余之力推得圆率百位,并周求径率$\left(\dfrac{1}{\pi}\right)$亦以除法补至百位。"书中有用（1）式推算得出 15 位准确数字的细草,又有用（2）式推算得出 24 位准确数字的细草。取用（1）式推算 100 位的 π 值,至少要用级数 265 项,若用（2）式推算则至少要用级数 310 项,曾纪鸿自己创立的（2）式原来不比（1）式高明。我们经过仔细核对,发现细草中 $\arctan \dfrac{1}{5}$ 和 $\arctan \dfrac{5}{27}$ 二值的末尾三位数字都是错误,$\dfrac{\pi}{4}$ 的 24 位数字是偶合的[①]。曾纪鸿有没有算出 π 的 100 位有效数字是可以怀疑的。

三、刘彝程

　　刘彝程,字省庵,江苏兴化人。1873 年任上海广方言馆算学教

────────────

① 钱宝琮："曹纪鸿圆率考真图解评述",《数学杂志》,1939 年第 1 期。

习,1875 年兼主持求志书院的算学科,到 1893 年冬以老病退休。求志书院算学科定章每年四次出题考试数学,院外学习数学的人都可应试。刘彝程所拟的算学问题,据他自己说:"无论深浅,惟以新颖确实为主。"1899 年他将自己所写的问题解答汇编为《简易庵算稿》四卷。在刘彝程的数学成就中以有关整数勾股弦的研究最为突出。

在刘彝程研究整数勾股弦之前,李善兰《天算或问》中有一个问题:两积相等,两勾弦和相等求两整数勾股形。李善兰首先提出一个恒等式:

$$(4mn)^2 + 4mn(3m^2 - 2mn - n^2) + (3m^2 - 2mn - n^2)^2$$
$$= (3m^2 + n^2)^2$$

若以 $3m^2 + n^2$ 为勾弦和 $c + a$,以 $(4mn)^2$ 或 $(3m^2 - 2mn - n^2)^2$ 为勾弦较 $c - a$,由此得出 $a_1, b_1, c_1; a_2, b_2, c_2$ 二组整数勾、股、弦必能符合 $a_1 b_1 = a_2 b_2, c_1 + a_1 = c_2 + a_2$ 的条件。日本加悦傅一郎《算法圆理括囊》所提出的恒等式是:

$$(m^2 - n^2)^2 + (m^2 - n^2)(2mn + n^2) + (2mn + n^2)^2$$
$$= (m^2 + mn + n^2)^2$$

和李善兰的略有不同。

刘彝程于 1883 年春出一试题:"假如甲乙二数各自乘相加,又以甲乙相乘加之,欲将此加得数开平方得整数,问取甲乙二数法。"这是求二次不定方程 $x^2 + xy + y^2 = z^2$ 的整数解,《简易庵算稿》的解法如下:设 $z = x + u$,则

$$x^2 + xy + y^2 = (x + u)^2$$

由此得

$$x = \frac{y^2 - u^2}{2u - y}$$

令 m、n 为任意二整数，$y = m(2n - m)$，$u = n(2n - m)$，

则 $$x = m^2 - n^2, \quad z = m^2 - mn + n^2$$

代入 $x^2 + xy + y^2 = z^2$ 得

$$(m^2 - n^2)^2 + (m^2 - n^2)(2mn - m^2) + (2mn - m^2)^2$$
$$= (m^2 - mn + n^2)^2$$

同一年（1883 年）秋季所出的问题是：求同积、同勾弦和的两组整数勾股弦。他的解法同李善兰的相仿，即以上式内的 z^2 为 $c + a$，x^2 或 y^2 为 $c - a$，求得

$$a_1 = \frac{1}{2}(z^2 - x^2), \quad b_1 = xz, \quad c_1 = \frac{1}{2}(z^2 + x^2);$$

$$a_2 = \frac{1}{2}(z^2 - y^2), \quad b_2 = yz, \quad c_2 = \frac{1}{2}(z^2 + y^2)$$

由此得出的二勾股形 $a_1 b_1 = a_2 b_2$，$a_1 + c_1 = a_2 + c_2$

刘彝程于 1884 年夏提出一个求勾股较恒等于 1 的整数勾股弦问题。他的解法是：设 a_1、b_1、c_1 为一组整数勾股弦，若 $c_2 - a_2 = c_1 + b_1$，$c_2 - b_2 = c_1 + a_1$，则由此解出的 a_2、b_2、c_2 为一组"增大形"的勾股弦，它的勾股较 $b_2 - a_2 = b_1 - a_1$，由 a_2、b_2、c_2 更可推算 a_3、b_3、c_3 使 $b_3 - a_3 = b_2 - a_2$。这样递求"增大形"的方法可以无限地进行，所得的勾股形，勾股较恒等于 $b_1 - a_1$。由勾 3、股 4、弦 5 出发，可以递求"增大形"的整数勾股弦，勾股较恒等于 1。

刘彝程于 1894 年春季出题讨论二次不定方程

$$2u^2 - 49 = v^2$$

的整数解。因 $2c^2 - (b - a)^2 = (b + a)^2$，故知一切勾股较等于 7 的整数勾股形，它的弦 c 与勾股和 $(b + a)$ 是上述二次不定方程的整数解。从 $a = 5$，$b = 12$，$c = 13$ 或 $a = 8$，$b = 15$，$c = 17$ 出发，各求"增

大形"的勾股弦,它们的勾股较都是 7,它们的 c 与 $b+a$ 都是 $2u^2 - 49 = v^2$ 的整数解。

又因 $2(a+b-c)^2 + (b-a)^2 = (2c-a-b)^2$,故知 $u = a+b-c$, $v = 2c-a-b$ 为 $2u^2 + (b-a)^2 = v^2$ 的解。

刘彝程又于 1883 年,解决了同勾弦和,同弦和较的两组勾股弦问题。设 a_1、b_1、c_1 为一组勾股弦,a_2、b_2、c_2 为另一组勾股弦。若 $a_2 = \dfrac{1}{2}(a_1 + 2b_1 - c_1)$,$b_2 = a_1 - b_1 + c_1$,$c_2 = \dfrac{1}{2}(a_1 - 2b_1 + 3c_1)$,则 $a_2 + c_2 = a_1 + c_1$,$a_2 + b_2 - c_2 = a_1 + b_1 - c_1$。

刘彝程在《简易庵算稿》内还讨论其他二次不定方程的解法。南通崔朝庆撰《得一斋算草》(1891 年)、嵊县支宝枬辑《上虞算学堂课艺》(1901 年)、昆山陈志坚撰《求一得斋算学》(1904 年)等也有有关二次不定方程与整数勾股弦的研究工作。

四、诸可宝《畴人传三编》与黄钟骏《畴人传四编》

华蘅芳《学算笔谈》卷十二的最后一节"论畴人传必须再续",他的兄弟华世芳于 1884 年撰《近代畴人著述记》一篇以备作续传的人采用。华世芳收罗从阮元到曾纪鸿三十三人的有关天文学、数学的著作,撮取诸书大意,分条诠次。但对各家生平行状概从简略。

诸可宝,字迟菊,浙江钱塘(今杭州市)人,曾任江苏昆山县知事。以罗士琳《续传》(1840 年)写成之后四十余年中畴人辈出,著作如林,1886 年撰《畴人传三编》7 卷。前二卷补从清初到 1840 年以前已故的畴人 30 人，附见 22 人；中 4 卷续记 1840 年后已故的畴人 31 人，附见 27 人；最后一卷记女性 3 人，附录西洋人 11 人，附见 5 人。《三编》卷三至卷六所录诸家大都能会通中西数学而有所发明，传后各加论赞也反映了当时有研究成就的数学家受到社会表扬的情况。

黄钟骏，湖南澧州（今澧县）人，生平履历不详。1898 年撰《畴人传四编》11 卷，以补阮元、罗士琳、诸可宝三书的遗漏。事实上，《四编》所录"后续补遗"二百七十余人或原无著作，或所著书早经失传，内容无从查考，从而不可能写出实事求是的评论。

五、清代末年的数学教科书

晚清时期西洋传教士在沿海各地擅自开设学校吸引青年子弟，企图造就为他们服务的人员，这也是他们的文化侵略活动的一个组成部分。在这些教会学校中数学课程用他们自编的读本。美国长老会教士狄考文（R. C. W. Mateer）于 1864 年设立文会馆于山东登州（今蓬莱县）。狄考文与平度人邹立文共同编译的数学教科书有《形学备旨》10 卷（1885 年），从美国罗密士（Elias Loomis）原著译出，《代数备旨》13 卷（1891 年）《笔算数学》3 册（1892 年）等书。苏州博习书院的教士潘慎文（A. P. Parker）与绍兴人谢洪赉合译《代形合参》3 卷（1893 年）《八线备旨》4 卷（1894 年），二书俱从美国罗密士的原著选译。戊戌（1898 年）以后全国各地自设新法学堂，迫切需要教科用书，即以上述各书为初等数学读本。因此，《笔算数学》重印了三十余次。《代数备旨》《形学备旨》《八线备旨》三书也重印了十余次。《代形合参》为解析几何教科书,印数就比较少。在这些教科书中,算式中的数字采用了印度-阿拉伯数码,加、减号用通行的 + 和 - ,分数记法取分子在上分母在下的记法,比李善兰、华蘅芳等所译的书有所改进。但代数算式中已知数仍用甲、乙、丙、丁等干支字代替,未知数仍用天、地、人、物四元代替。

十九世纪末期是中国近代历史上改良主义思潮发生、发展的时期。1898 年,资产阶级改良主义派攀上了政治舞台,企图通过维新变法运动来实现他们的政治纲领。戊戌政变虽仅以百日维新告终,但继续兴办新法学校、传授西洋科学的维新运动还在全国各地推行。1903 年颁布了"奏定学堂章程",但未能切实施行。"章程"规定了初等小学堂五年,高等小学堂四年,中学堂五年,高等学堂三年,大学堂三年,初等小学堂和高等小学堂传授算术,中学堂传授算术、代数、几何、三角,高等学堂传授代数、三角、解析几何、微积分,大学堂算学门(相当于现在的数学系)有微积分、几何学、代数学、方程论、整数论、力学等课程。当时的高等学堂和大学堂的数学课程一般直接用外文的教科书。中学堂和高等小学堂的数学课程先用外文教科书的中文译本,后乃改用各书局编辑所自编的教科书。从小学到大学所有数学课程一律以西方流行的教材为主要内容,走上了全盘西化的道路。

在上述种种情况下,有悠久历史的中国古代数学到清代末年就很少问津的人,当然不会有任何进展;由外国输入的近代数学也需要一个消化过程,在短时期内也不能有所发展。事实上,一直到1919 年"五四运动"以后现代数学的研究工作才开始展开,1949 年新中国成立以后才有蓬勃的进步。

钱宝琮学术年表 *

1892 年（清光绪十八年，壬辰）

5 月 29 日（农历五月初四日），出生于浙江嘉兴府嘉兴县（今嘉兴市）南门外槐树头，名宝琮，字琢如。祖父钱成均（笙巢，1827—1894），以理财闻名于县，富甲一方。父钱兆麟（迪祥，1870—1918），读过五六年私塾，相信当时"维新"之学。母陈兰徽（1870—1958），浙江嘉善县（今上海金山区）枫泾镇人，略识文字，虽为家庭妇女，但关心时事，为人淳朴，待人宽厚。

1898 年（清光绪二十四年，戊戌）

幼年聪颖过人，6 岁启蒙，初入枫泾镇旧式私塾读书，从郁懿生老师。

1900 年（清光绪二十六年，庚子）

回嘉兴，师从钱震孟族叔祖读书。钱震孟（鸿坡，1870—1927），又名正余，时为钱氏家族族长。

1902 年（清光绪二十八年，壬寅）

春，改入县城塔弄张克馨（子莲，1872—1948）新法私塾，读《论语》《孟子》等古代典籍，也学算术、地理、历史、英文等新课程。

---

* 本年表由钱永红编撰。

1903 年（清光绪二十九年，癸卯）

2 月，考入新法学校——嘉兴府公立秀水县学堂，学堂校长为沈进忠（稚岩，1857—1921），老师有当时改良主义者，如郑桀谌（思忠，1878—1950）、姜丙奎（梦熊）、沈秉钧（叔和）等。同学有陈宝桢（廉青，1889—1967，陈省身之父）、黄子通（理中，1887—1979，北京大学哲学系教授）、金诵盘（1894—1958，黄埔军校军医处处长）。

1904 年（清光绪三十年，甲辰）

夏，张宗祥（阆声，1882—1965）来秀水学堂任教。钱宝琮成其弟子，对恩师非常敬佩，认为他"中国旧学知识极丰富，故常去请教"。

1906 年（清光绪三十二年，丙午）

完成秀水县学堂学业，所学各门课程相当于旧制中学毕业程度。

1907 年（清光绪三十三年，丁未）

2 月，考入苏州苏省铁路学堂土木建筑专科。该学堂是由王同愈、尤先甲等江苏绅商组建的苏省铁路公司创办。年龄虽小，课本均为英文原版，但学习成绩优异，每次月考，屡屡得奖。学堂校长为龚杰，同学有朱复（启明）、朱大经、胡衡青、居秉悌等。

1908 年（清光绪三十四年，戊申）

铁路学堂参加过罢课，抗议清政府丧权辱国，借款筑路。

7 月，浙江省第一次招考 20 名官费留学欧美学生，钱宝琮抱着"科学救国"愿望，与胡衡青一起去杭州投考，成为年纪最小的考生。

8 月 5—8 日，考国文、历史、代数、外文、化学、地理、解析几何等科目。因数学成绩突出而被录取，榜上是第十五名。同时录取的其他考生有：蔡光勚、胡文耀、严鹤龄、徐新六、孙显惠、翁文灏、沈慕曾、韦以黻、徐名材、包光镛、葛燮生、张善扬、叶树梁、胡衡青、孙文耀、章祖纯、胡祖同、丁紫芳。

9月，由上海启程，与翁文灏（咏霓，1889—1971）、胡文耀（雪琴，1885—1966）、孙文耀、胡祖同、包光镛、徐新六、叶树梁、丁紫芳等考生由李昌祚陪同搭乘"利照"轮赴欧洲，翁、胡和孙去比利时留学。

10月，插班进入英国伯明翰大学土木工程系二年级学习。在校中国留学生同学有叶景莘、徐新六、董宝桢、严江等近30名。

1909年（清宣统元年，己酉）

在伯明翰，因年幼，不善当地风俗言谈，听不懂房东老太的日常生活用语，却能理解大学教授讲授的艰深课程。

发起了一个名曰"科学促进社"的组织，会员都是在英求学的中国留学生，有数十人之多。

1911年（清宣统三年，辛亥）

6月，毕业于伯明翰大学。7月8日，在学校学位授予仪式上，钱宝琮获理学学士（B. Sc.）学位。

7月，考入曼彻斯特工学院建筑系，继续深造。

1912年（民国元年，壬子）

年初，因家境原因未能继读研究生课程，遂决定回国。2月中旬回到嘉兴。

3月，经同乡世交褚辅成（慧僧，1873—1948，嘉兴籍辛亥革命功臣）介绍，在光复后的浙江省民政司工程科任职，负责筹划办理拆除杭州西湖边旗营、开辟马路（即今杭州市湖滨路、延安路）、修建海塘等官办工程。原想由此成为海塘工程师，但因年轻，不善应酬,又无意为官,故工作不到一月就自行离职。

4月,经未婚妻兄朱福仪(志鹏,1890—1977)介绍,去上海南洋大学堂(今上海交通大学前身)附属中学任教员,教代数学及物理学。

8月,江苏省立第二工业学校(简称苏州工专)土木科主任唐在贤(仲希,1887—?)力荐钱宝琮到该校任土木科教员。钱举家由嘉兴迁居至苏州大太平巷50号,在苏州工专教授土木专科各门课程,成为该校第一位西洋归国教师。苏州工专是当年5月在黄炎培推动下,由官立中等工业学堂和苏省铁路学堂合并而成,是江苏培养土木、纺织、机械、建筑人才重要基地之一,校长为刘勋麟(北禾,1879—1941),同事有张纯(从之,程民德之数学启蒙老师)、郑之兰(咏春,1886—1922,郑之蕃之兄)、陈宝成(子静)、邓邦逖(著先,1886—1962)、沈慕曾、胡衡青、高炯(士光)、诸寿康(少甫)、卢文炳(彬士)、顾钟燮(侣琴)等。

从英国留学归国后,不再穿西装。虽然当时,许多国人以穿西装为时髦,钱宝琮却认为:中山装和西装一样好,到国外留学是要学习先进的科学知识技术,而不必效仿西方的生活方式。

从苏州旧书店购得中国算学史书数种,阅后,颇有兴趣,有志于研究中国算学史。

1913年(民国二年,癸丑)

4月,唐在贤因去江西就任南浔铁道工程师,土木科主任一职由钱宝琮兼代。

9月,为集中精力从事教学研究,辞去土木科主任兼职。

与丁文江(在君,1887—1936)一起在苏州玄慕山一带考察地质数天。

1914 年（民国三年，甲寅）

10 月，与朱慧真在苏州完婚。朱慧真（1892—1968），出身于清末嘉兴籍画家家庭。祖父朱偁（梦庐，1826—1900），朱熊之弟，与任伯年、张子祥、胡公寿、杨伯润、汤壎伯、蒲华等为海上画派代表。朱慧真毕业于上海务本女学，在徐家汇启明女学专修英语，曾在北京、吉林农安及上海初级小学任英文教师，后退职还家，料理家务，教养儿女，为丈夫抄写文稿，整理书籍。

曾世英（俊千，1899—1994）及孪生兄弟曾世荣（荫千）一起考入苏州工专土木科，成为钱宝琮弟子。

1915 年（民国四年，乙卯）

12 月 12 日，长子在苏州出生，取名克仁，意出《论语》中的"克己复礼为仁"。小名为"阿民"，以示拥护孙中山之"民国"，反对袁世凯当日宣布恢复帝制。

1916 年（民国五年，丙辰）

苏州工专增加数学课程，钱宝琮自荐兼授初等代数，从此"对于数学的教学兴趣渐渐浓厚起来，甚至于厌烦工程学科的教学"。

1917 年（民国六年，丁巳）

4 月，校长刘勋麟再次聘请钱宝琮兼代土木科主任，为期一学期。8 月，由沈慕曾接任。

1918 年（民国七年，戊午）

研读《畴人传》，认为："象数学专门，不绝仅如线。千古几传人，光芒星斗灿。"

9 月，父迪祥公在苏州病故，享年 48 岁。

1919 年（民国八年，己未）

开始研究数学史。十分景仰清代学者王锡阐、梅文鼎、钱大昕、李善兰、焦循等人，认为他们高尚其志，不事王侯，一生专心学术，名垂不朽。

"五四运动"之后，在苏州书店买了全部再版的《新青年》《新思潮》《哲学史大纲》等书刊。阅后，意识到以前"保存国粹"思想的局限性，促使走上胡适（适之，1891—1962）、钱玄同（1887—1939）等"整理国故"的道路，开始"以整理中国算学史为己任"。

加入中国科学社，开始参与社务活动。

1920 年（民国九年，庚申）

在苏州工专每周 20 学时课程均为数学，不再教授工程学科课程。

1921 年（民国十年，辛酉）

经周昌寿（1888—1950）介绍，加入中华学艺社，开始向《学艺》杂志投稿，继而成为学艺社苏州事务所干事，参与学术交流。

结识回苏探亲的顾颉刚（1893—1980）。顾邀钱加入"朴社"，认购"股份"，钱婉言谢绝。但从书店购得顾编辑的六册《古史辨》和几十本《禹贡》半月刊杂志，阅后觉得"很有趣味"。

在《学艺》杂志上发表了"九章问题分类考"（《学艺》第 3 卷 1 号，第 1—10 页）、"方程算法源流考"（《学艺》第 3 卷 2 号，第 1—12 页）、"百鸡术源流考"（《学艺》第 3 卷 3 号，第 1—6 页）、"求一术源流考"（《学艺》第 3 卷 4 号，第 1—16 页）、"记数法源流考"（《学艺》第 3 卷 5 号，第 1—6 页）等首批数学史论文，认为研究数学史首先必须把一切史实源流搞清楚，然后才能，写成专著。

1922 年（民国十一年，壬戌）

经茅以升（唐臣，1896—1989）介绍，结识李俨（乐知，1892—1963），开始通信来往，交流各自中算史研究心得，并以"求一术源流考"等论文寄赠,亦收到李所赠《中国数学源流考略》单行本。

夏,应何炳松(伯丞,1890—1946)之邀,去杭州浙江暑期学校"演讲中国数学史两星期"。

1923 年(民国十二年,癸亥)

1 月,在《学艺》杂志上继续发表数学史论文"朱世杰垛积术广义"(《学艺》第 4 卷第 7 号,第 1—7 页)。70 多年之后,内蒙古师范大学罗见今教授撰文指出:"正是钱宝琮先生 1923 年首次将朱世杰的一项重要成就("菱草形段"第四题和"菓垛叠藏"第六题的推广)表述成现代组合卷积形式发表在《学艺》上,经乔治·萨顿(1884—1956)、李约瑟(1900—1995)的介绍,西方学者才对它有所了解。二十世纪九十年代在现代数学界流传开来,命名为'朱世杰–范德蒙(Chu-Vandermonde)公式',钱先生功不可没。"

茅以升"近于《学艺》杂志中,屡见钱君宝琮之著作,于中算研究,探讨极深,至为忻慕",专程去苏州会晤钱宝琮,讨论中国圆周率历史。日后,钱宝琮将"中国算书中之周率研究"一文寄赠茅以升,并附言如下:"宝琮年二十后,略知西算,近读中国算学书籍,亦几七年矣。尝有编纂中国数学发达史之志愿,以端绪纷繁,书缺有间,几经作辍,未克如愿。爰姑就分科,记其源流,觉措手较易,是篇之作,即本斯意。"

在茅以升推荐下,《科学》杂志第 8 卷的第 2 期第 114—129 页和第 3 期第 254—265 页连载了钱宝琮的长篇论文"中国算书中之周率研究",钱宝琮首次提出:$\dfrac{3927}{1250}$ 一率为刘徽创设,而非岑建功、茅以升等学人所述刘歆创造,批评唐代李淳风《九章注》于周率研究,"辄抑刘徽而扬祖冲之"。

9月,江苏省立第二工业学校改组为江苏公立苏州工业专门学校,并设立附属高级中学,钱宝琮继任数学教员,同时兼任该校附属高中部教务主任。

1924 年(民国十三年,甲子)

经过多年专题研究之后,开始着手编纂数学史研究专著——《中国算学史》。

3月15日,出席在杭州举行的中华学艺社第一次年会,会上报告苏州事务所之工作。16日,应何炳松之邀,去杭州第一中学,作"中西音律比较"演讲,并称:"宝琮非音乐家,亦非物理学家,对于乐律,素鲜研究,今偏选择此题,来与诸君讨论,俗谚所谓'大胆老面皮',当无过于此。兹拟专从数理方面讨论。以平日私意所推测者,未敢自信其无误,姑妄言之,通人或许之为愚者之一得也。"讲演稿后刊载于《学艺》杂志第6卷第6号第1—6页及《晨报副刊》(晨报副镌,1925年2月21日和22日)。

成为中华学艺社学艺丛书委员会委员。

交通部南洋大学学生徐震池写成"商余求原法"一篇,投稿《科学》杂志。杂志编委胡明复(1891—1927)称自己"于中国古籍素未涉猎,故以之质诸吾友裘君冲曼,裘君冲曼转质苏州一工教授钱君宝琮,得钱君考证一篇,乃知徐君之作,与古籍所载符合,虽未有新益,然推证立式,要为近法,其功未可没也"。钱宝琮于8月5日,给《科学》杂志编委的信中称:"徐君为胡明复先生弟子,明复先生以徐君算稿,就商于裘冲曼先生与宝琮,浅学如琮,何敢为之修补。惟琮于旧学,略知门径,用特摘录旧作"求一术源流考"(《学艺》3卷4号)数节,或可资徐君参考,疏漏处尚希明复先生,冲曼先生教政是幸。"胡明复将徐震池之"商余求原法"及"钱君宝琮考证"附件一并刊载于《科学》第 10 卷第 2 号。

中华学艺总社决定将上海、苏州和南京的事务所合并为江苏事务所,高炯、钱宝琮被推举为江苏事务所干事。

1925 年(民国十四年,乙丑)

8 月 24—28 日,参加了中国科学社在北京欧美同学会会馆举行的第十次年会,与竺可桢(藕舫,1890—1974)会面。钱宝琮在会议期间作"中国数码字之起源"学术报告,并当选为《科学》杂志编辑员。

8 月,经姜立夫(1890—1978)介绍,北上天津,担任私立南开大学算学系教授。钱宝琮的到来,改变了南开算学系"一人一系"的局面,可谓"雪里送炭"。姜立夫与钱宝琮共事甚欢。钱先后开设了代数、方程解法、最小二乘法、整数论、微积分、初等力学、中国数学史等课程,还接替原由靳荣禄、刘晋年所任的初等解析算学。在南开的同事有饶毓泰(树人,1891—1968)、杨石先(1896—1985)、蒋廷黻(1895—1965)、汤用彤(锡予,1893—1964)、徐谟(叔谟,1893—1956)、范文澜(仲沄,1893—1969)等。

撰写"班志筭律"一文,刊载于《南开周刊》第 1 卷第 3 号 第 13—15 页和第 1 卷第 4 号第 23—28 页。

这一年,钱宝琮每周只有 9 学时课,时间比较充裕,对数学史研究更为深入,开始编写"中国算学史讲义",出版油印本,在国内大专院校开设了数学史课程,讲述"中国自上古至清末各期算学之发展,及其与印度阿拉伯及欧洲算学之关系",很受学生欢迎。江泽涵(1902—1994)选修了钱宝琮的数学史课程。毕业后还写信请教数学史方面的问题。

在南开中学为高中丙寅班作"印度算学与中国算学之关系"讲

演,推论印度数学应受中国数学的影响,中印借助佛教的传播,两国之间必有数学交流,并指出不能"漠视中国算学与印度算学之关系",也不能对中国算学"过事夸大,易启疑窦"。该演讲稿刊入《南开周刊》第1卷第16号第4—8页。

常去天津宙纬路嘉兴同乡——老同学陈宝桢家做客,见陈家长子省身读的数学课本有霍尔和奈特的高等代数,便说:"这先生是考究的。"钱宝琮对陈省身影响很大,使他对数学更有兴趣。钱多次鼓励他直接报考南开大学理科,说:"可以同等学力资格,直接投考南大一年级。"陈省身采纳了这一重要建议。

李俨编写的"梅文鼎年谱"刊登于《清华学报》第2卷第3期第609—934页。钱宝琮认为:"乐知所撰年谱,备录其生平时事。而于其学术思想,则尚嫌疏略。"故萌发重写梅文鼎年谱的想法。

1926年(民国十五年,丙寅)

《学艺》杂志第7卷第10期发表了苏家驹(毓湘,1899—1980)"代数的五次方程式之解法"一文。关于五次方程或五次以上方程不可解问题,早在十八世纪,一般法国数学家都认为已经解决了,特别是 Galois 为了解决这个问题而引入新的群论概念,更认为是数学的发展。由于数学传统不同(西方注重于高次方程式的公式解,而中国则偏重于高次方程式求正根),中国数学家对这个问题的认识较晚,故在十九世纪上半叶,仍出现如苏氏的论文。

是年秋,陈省身考入南开大学理科,数学成绩居全体考生第二。钱宝琮教他微积分和初等力学。每逢考试,数学这张王牌总将他的平均分拉上去。

姜立夫请假去厦门大学一年,钱宝琮成为算学系的唯一教授,学生申又枨(1901—1978)毕业留校,协助教学。陈省身(辛生,

1911—2004)、吴大猷(1906—2000)、吴大任(考恪,1908—1997)、殷宏章(1908—1992)、杨景才(1905—1989)等理科学生成为钱宝琮的弟子。

10月21日,在南开"教授学术讨论会"上作题为"余分记法之源流"的学术演讲。

钱宝琮、李俨、裴冲曼(翰兴,1888—1974)把各自已搜集到的古算书编目,目录刊于《清华学报》。

1927年(民国十六年,丁卯)

4月,致函李俨,交流数学史研究心得。函曰:"尝读东、西学者所述中国算学史料,遗漏太多,于世界算学之源流,往往数典忘祖。吾侪若不急起撰述,何以纠正其误!"

5月,在"教授学术讨论会"上,再作"金元之际中国代数术"学术报告,令南开师生难以忘怀。

6月,在《科学》杂志13卷第6期发表"《九章算术》盈不足术流传欧洲考"论文,认为:"中国算学西传,为西域诸民族,及欧洲中古算学所采用者,其例甚多,特其显而易见者耳。但近人熟悉中国算学者少。撰世界算学史者,往往藐视中国算学之地位,以为中国僻处东亚,其算学传授,可以存而不论。兹编述盈不足术之世界史,以补西洋算书之缺憾。"

是年夏,因经费紧缩,需要节省开支,南开大学没有续聘钱宝琮。

9月,经竺可桢、汤用彤介绍,钱宝琮去南京第四中山大学(后改为中央大学)任数学系副教授,开设初等微积分、微分方程式、中国数学史等课程。

是年秋,钱宝琮在南京专程拜见了崔朝庆(聘臣,1860—1943)

于成贤街大学院,讨论了曾纪鸿(曾国藩之子)"圆率考真图解"文中之周率等问题。

着手撰写有关天文历法论文。经何鲁(奎垣,1894—1973)介绍,加入中国天文学会。

11月3—7日,参加中国科学社在上海总商会召开的第十二次年会。

11月4日,中国科学社召开追悼胡明复的理事会,张乃燕(1894—1958)主持,曹惠群(梁厦,1886—1957)报告胡明复事略。任鸿隽(叔永,1886—1961)、何鲁、胡适、钱宝琮等相继演说,悼念好友。钱回忆说:"个人在英时亦曾有科学社之组织,会员达数十人,及回国则各自星散,不能成一种组织,后竟解散,乃加入本社。其根本原因,全在缺乏如明复理事一类人物,触景伤情,尤觉悲悼。"

11月5日,中国科学社举行论文宣读会,钱宝琮作"春秋历法置闰考"学术报告。

是年冬,中华学艺社编辑部决定以《古算考源》为书名出版钱宝琮六篇《学艺》杂志已发表的数学史论文。钱补作"校正与增补"一篇,"附录于六篇之后,以补其阙"。

12月23日上午,中国天文学会在南京大学院举行第五届年会。钱宝琮作"元初授时历中之弧三角法"学术报告,"说明授时历在学术史之价值,其特点在根据算学而不附会律吕或爻卦,并说明授时历中所用公式本于宋朝沈括诸人,打破西人康德谓授时历抄袭阿拉伯之武断议论。"

钱宝琮被选为天文学会第六届评议会评议员,还作为临时主席主持学术讨论会。

1928 年（民国十七年，戊辰）

5 月，作为天文学会代表，参加中国科学社会议，讨论筹备参与第四次太平洋学术会议事宜。

7 月，《东方杂志》（第 25 卷第 14 号第 81—84 页）发表了经吕炯（蔚光，1902—1985）记录整理的钱宝琮"中国珠算之起源"学术演讲稿。

因厌倦中央大学内部的派系斗争，"不愿再留南京"，是年夏天，主动辞职。

8 月，出席中国科学社在苏州东吴大学召开的第十三次年会，参与社务活动，再次当选为《科学》杂志编辑员。

8 月 19 日，中国科学社理事会上，议决先办数学研究所，推定周达（美权，1879—1949）、秦汾（景阳，1883—1971）、姜立夫、严济慈（1901—1996）、钱宝琮、高均（平子，1888—1970）和曹惠群"为数学研究所筹备委员，由曹惠群召集开会"。

与竺可桢、高鲁（曙青，1877—1947）等人参与成立沈括历法研讨会。

8 月 11 日，中央研究院召开第三次院务会议，议决各学科评议员候选人，钱宝琮被指定为数学学科候选人之一。

8 月，经姜立夫介绍，赴杭州参与筹建第三中山大学（浙江大学前身）文理学院，成为浙大数学系的创办人，是该系最早的副教授（后于 1936 年升为正教授），兼任首任系主任。南开大学毕业生杨景才被聘为助教。

与日本数学史家三上义夫（1875—1950）有通信来往，交流学术问题。

受李俨之托，为其代抄"勾股边角相术图注""弧三角释义"

"勾股边角图注"。

12月,被选为天文学会第七届评议会评议员。

1929年(民国十八年,己巳)

5月,《学艺》杂志第9卷第7号发表一篇名为"更正"的声明:"本志第七卷第十号载有苏家驹代数的五次方程之解法一文,前半均合理论,但自第三页第十五行'若将P3写为二项式……'以下语意暧昧,显与次页下段矛盾;查此问题,早经阿贝尔氏(N. H. Abel)证明不能以代数学的方法解之;仓促付印,未及详细审查,近承华罗庚来函质疑,殊深感谢,特此声明。"

是年秋,主动辞去文理学院数学系主任一职,以便让校长邵长光(裴子,1884—1968)聘请陈建功(业成,1893—1971)归国来浙大,接任系主任。

当时,浙大数学系学生很少,理科学生也不多,工学院学生多,因此数学系的教学任务主要在工学院。陈建功、钱宝琮和朱叔麟(益茂,1883—1945)三位教授共事甚欢,钱、朱负责工、理学院的数学基础教学,陈则包揽了数学系的专业课程。

除了在浙大工学院教授微积分、微分方程式、最小平方法外,钱宝琮又开设中国及世界数学史和中学数学教学法等选修课程,还多次担任杭州市中学教员暑假讲习会讲师,授数学史课程,参加中学数学教学法讨论会。

在《国立中山大学语言历史学研究所周刊》第94、95、96期合刊(第23—38页)上发表了天文历法论文——"中国东汉以前时月日纪法之研究"。

撰写的"周髀算经考""孙子算经考"和"夏侯阳算经考"分别发表于1929年9—11月的《科学》杂志第14卷第1期第7—29页、

第 14 卷第 2 期第 161—168 页和第 14 卷第 3 期第 311—320 页。他强调,把史实的年代和源流搞清楚,是研究数学史的第一步,是最基础的工作。

借录李俨《九章算术》微波榭本校勘表(编者注,李俨于 1928年依据《九章算术》毛氏汲古阁影宋抄本校勘了微波榭本)。

12 月,再度选为天文学会第八届评议会评议员。

1930 年(民国十九年,庚午)

6 月,探讨和考证数学源流的多篇论文汇刊成的《古算考源》(初版)一书,由中华学艺社出版,商务印书馆发行,这是钱宝琮的第一部数学史专著。

7 月,《文理》(浙江大学文理学院学生自治会会刊)第 1 期第81—83 页刊载钱宝琮的"中国古代大数纪法考"论文。

在青岛大学举行的中国科学社第十五次年会上,钱宝琮虽未与会,但被选为科学社理事会理事,任期二年。

10 月 26 日,筹备中国科学社杭州社友聚会庆祝中国科学社成立十五周年活动,并发起组织杭州社友会。11 月 2 日,参加中国科学社杭州社友会成立会,被选为社友会会计,李熙谋(振吾,1896—1975)为理事长,张绍忠(荩谋,1896—1946)为书记。

12 月,华罗庚在《科学》杂志第 15 卷第 2 期发表"苏家驹之代数的五次方程式解法不能成立之理由",在该文前言自述其创作经过:"五次方程式经 Abel、Galois 之证明后,一般算学者均认为不可以代数解矣。而《学艺》7 卷 10 号载有苏君之'代数的五次方程之解法'一文。罗欣读之而研究之,于去年冬亦仿得'代数的六次方程式之解法'矣,罗对此欣喜异常,意为果能成立,则于算学史中亦可占一席地也。惟自思若不将 Abel 言论驳倒,终不能完全此种理论。故罗沉思于 Abel 之论中,凡一阅月。见其条例精严,无懈可击,后经本社编辑员之暗示,遂从事于苏君解法确否之工作,于 6 月中遂得其不能成立之理由,罗安敢自秘,特公之于世,尚祈示正焉。"

"自述"表明,华罗庚最初和苏家驹一样,是企图证明五次或五次以上方程式是可解的,并力争这一结果可在中算史中争取一席之地,直至 1929 年 5 月《学艺》杂志的"更正",对华罗庚质疑苏家驹解法表示殊深感谢后,华于该年冬天仍仿得"代数的六次方程式之解法",感到"欣喜异常"。与此同时,华罗庚于 1929 年 12 月在《科学》杂志发表"STURM 氏定理之研究",仍然是考虑改进 STURM 方程术实根的方法。1929 年 12 月以后,经《科学》编辑之暗示,才从事苏君解法确否之工作,并于 1930 年 6 月完成"苏家驹之代数的五次方程式解法不能成立之理由"。给华以暗示的"编辑员"就是担任《科学》杂志数学编辑多年的钱宝琮。

1931 年(民国二十年,辛未)

3 月,苏步青(1902—2003)获日本理学博士学位后应陈建功之约回国,来浙大任教,两年后接任数学系主任。

顾颉刚到杭州省亲,多次去浙大西斋看望钱宝琮,讨论"三皇""太一"问题。顾"把自己费了不少宝贵的光阴抄录的太一史料"借给钱,约请他撰写"太一考"一文,刊《燕京学报》。

6 月,致丁文江函曰:"拙著(编者注:《中国算学史》上卷)蒙介绍于历史语言研究所并吹嘘付印深为感激,版税办法亦可满意。"

8 月,出席在镇江召开的中国科学社第十六次年会,并在开幕典礼上作演讲。

李俨寄《中国数学大纲》上册初版稿,征求意见。钱宝琮认真审阅,及时将自己的见解函告李俨。

1932 年(民国二十一年,壬申)

1 月,编纂的"梅勿庵先生年谱"刊载于《国立浙江大学季刊》第 1 卷第 1 期第 11—44 页。年谱称赞梅文鼎"以畴人之裔,通径之儒。早年即从事历算。至耄耋之年,犹孜孜不倦。殆以毕生精力赴之"。

北平国立中央研究院历史语言研究所作为学术专著丛刊单刊甲种之六,出版钱宝琮的专著《中国算学史》上卷,书中论述从上古历法、先秦数学,一直到明代万历年间西方数学传入中国之前中国数学发展情形和主要成就,并且包含有关天文历法和中外数学交流等方面的丰富内容。该书"事皆证实,言必近真。庶几中国算学之发展得以存其梗概",成为近代最早出版的中国数学史专著,也是他前一阶段数学史研究工作的总结。

是年 6 月,完成"太一考"第一稿,发表于《燕京学报》第 12 期第 2449—2478 页。

1933 年(民国二十二年,癸酉)

3 月,《古算考源》一书由中华学艺社再版(国难后 1 版),商务印书馆发行。

4 月 1—6 日,钱宝琮出席教育部天文数学物理讨论会。会议主要讨论天文数理译名、大学天文数理课程标准、中学物理仪器设备最低标准、自筹制造等问题。此外,中学、大学课本及参考书之编著办法,亦在讨论之列。出席这次会议的数学家还有:孙光远、冯祖荀、郑桐荪、胡敦复、胡文耀、胡浚济、黄际遇、朱公谨、曾昭安、姜立夫、范会国、赵进义、余光烺、苏步青、郑尧枰、汤璪真等。

5月,钱宝琮应邀在中央大学作"中国算学史"学术讲演,并提出了一个大胆写作计划:"吾之编纂算学史也,其目的有二:(一)算学史编成,不但可发挥我国之文化,且可纠正外人对我之误解,而增高我国之地位;(二)文化史编纂,应从各科着手,来日回归一流,庶几可成一部最完美之文化史,故余之编纂算学史者,以期达到此目的也。"

在浙大《文理》第四期(1933年)第45—46页上发表"汉均输法考"。

11月8日,中国科学社在上海召开理事会,议决本年度高(君韦)女士纪念奖金征文科目为算学,公推胡敦复、姜立夫、钱宝琮为征文审查委员,由胡敦复为主任。

1934年(民国二十三年,甲戌)

1月,发表"戴震算学天文著作考"于《浙江大学科学报告》第1卷第1期第1—31页,既肯定这位朴学大师的杰出贡献,也指出其严重错误:"震于《算经十书》之校勘,用力颇勤,实有不可没之功绩。然原本显有误文而不知订正,及原本未误而妄事改窜之处,亦复不少。"于此,钱宝琮萌生了重新校勘《算经十书》的设想,"尽可能消灭一切以讹传讹的情况。"

10月,发表"汉人月行研究"于1935年《燕京学报》第17期第39—57页。文曰:"对于月行的研究,汉人创始的功绩尤其伟大。这些都是从历年观测的结果,经许多专家整理出来的成绩,决不是从直观的感觉可以偶然得到的""汉朝人的月行研究确是中国人自己独立的发展,绝对没有抄袭西洋学说的嫌疑。"

1935年(民国二十四年,乙亥)

2月,完成"太一考"的增订修改,发表于《燕京学报》(1936

年)专号第 8 号第 225—254 页。

　　与顾颉刚在杭州多次会晤。顾在《三皇考》自序中云:"我们非常欣幸,得到国立浙江大学教授钱琢如先生(宝琮)的合作。钱先生是数学史专家,兼通天文学,著有《中国数学史》等书。'一·二八'之变,我适省亲在杭,江浙道路阻绝,只得留住数月。在这时期中,就常常和钱先生会面。谈到三皇、太一的问题,彼此有同心之契。我既曾搜集了神话的材料,他也曾搜集了天文的材料,当下我便请他写一篇'太一考',登入《燕京学报》。去年,我因为母葬南旋,又和他往返了多次。我就把《三皇考》稿本送去,请他改正,承他答应了。本篇第二十二章'太一的堕落'、二十三章'太一下行九宫'及二十六章'河图与洛书',改作的地方尤多。他并且允许我的要求,把'太一考'作为本书的附录。感谢之情,真是非言可表!"

　　《古算考源》一书又由商务印书馆发行国难后 2 版。

　　治学之余,素耽吟咏,以诗言志,并能以天文历算入诗,抒发情感,阐说哲理。是年,其作品有:"草《戴震算学天文著述考》毕系以二章"和《小鸟》。他将自己比作"小鸟",自由自在地翱翔。诗曰:"小鸟无大志,亦无身外欲。翱翔数仞间,迎风避炎燠。掠水惊渊鱼,濯足波心碧。倦飞入林去,一枝栖已足。燕雀各自适,何必羡黄鹄。"

　　7 月,中国数学会成立大会在上海交通大学举行,有 33 名代表出席。创始人有胡敦复(1886—1878)、冯祖荀(1880—1940)、周达、姜立夫、熊庆来、陈建功、苏步青、江泽涵、钱宝琮、傅种孙(1898—1962)等。钱宝琮被选为评议会评议,任期三年。钱还被推定为《数学杂志》编委会编辑委员。

　　7 月 27 日,中国数学会举行第一次数学论文宣讲会,钱宝琮的

"汪莱的方程式论研究"、华罗庚的"华林问题之研究"、陈建功的"$(P+\theta/2\pi)^{it}$之富丽系数(P 为一正整数;$t>0$;$0<\theta\leq 2\pi$;$i^2=-1$)"以及范会国(1899—1983)的"几个例外整函数之几个特性"四篇论文在会上宣读。

钱宝琮、胡敦复、陈建功、顾澄(养吾,1882—1947?)、熊庆来、朱公谨(言钧,1902—1961)、姜立夫、郑之蕃(桐荪,1887—1963)、王仁辅(士枢,1886—1959)、曾昭安(1892—1978)、江泽涵、孙光远(鏞,1900—1979)、何衍璇(1900—1971)、何鲁、段子燮(调元,1890—1969)十五人被教育部任命为数学名词审查委员会委员。

9月,在中国科学社明复图书馆美权图书室举行审查数学名词会议,熊庆来、何衍璇、钱宝琮等十余人到会,会期一个星期,得名词3426条。

1936年(民国二十五年,丙子)

1月,在《国立浙江大学科学报告》第2卷第1期第1—24页发表"汪莱《衡斋算学》评述"一文,介绍了汪莱的一生、《衡斋算学》一至七册及其它数学论著。

发表"百衲本《宋书》律志校勘记"于《文澜学报》第2卷第1期第1—14页。

在《国风》月刊第8卷第9、10期合刊第41—49页上刊载钱宝琮撰写的"浙江畴人著述记——自宋迄清浙江天文历法算学家的重要著作"论文。该文的修订稿复刊于《文澜学报》第3卷第1期(1937年3月)。论文着重介绍自沈括至杨兆鋆的五十七位浙江畴人及其著述,成为历代畴人记传之精华。结尾曰:"纵观前述,则北宋以来,代有畴人。然旋绝旋作,未符世世相传之义。自阮元抚浙,提倡绝学,知历明算,风气渐开。咸同之际,人才辈出,著述如林。算学之盛,遂冠各省。"

8月,《数学杂志》创刊号第65—76页刊载钱宝琮撰写的"唐代历家奇零分数纪法之演进"。

秋,为浙大三四年级学生开设数学史选修课。学生张素诚回忆,钱宝琮之数学史课,不是史料的罗列,而是既谈史实,更讲以史为师、以史为鉴。在分析了宋元两代中国数学很发达,自明以后五百年黯然失色的原因后,钱宝琮指出:研究五百年来中国科学落后的原因,可以从经济入手,也可以从政治的、文化的、甚至地理的、国防的或者偶然的现象入手,不同的人会提出不同的论证。只要充分论证,然后集中,取其精华,就能得出比较接近实际的结果。

11月19日,杭州科学社社友会改选,钱宝琮继任社友会会计,竺可桢为理事长,张绍忠为书记。

12月,《浙江大学季刊》编辑委员会成立,委员有梅光迪(主席)、钱宝琮、张绍忠、张晓峰、梁庆椿、周厚复、陈鸿逵、毛掌秋、程耀椿。

1937年(民国二十六年,丁丑)

3月,协助李俨编写"二十五年中算史论文目录"。

4月15日,钱宝琮在浙江广播电台作"数学在中学教育上之地位"广播讲演。

4月,"甘石星经源流考"脱稿,并经天文研究所高平子校订,发表于《国立浙江大学季刊》创刊号第1—18页。该文详细论证甘石之书在后世的流传情况,证明《甘石星经》绝非战国时甘公、石申之作,并将石申正名为石申夫。文曰:"甘石二家在先秦时代,尽力天文观察,开汉代天文学之先河,固堪景从,即后世托甘石《星经》之名,附益改窜之天文说,苟其年代可以稽考,源流可以疏通,亦足见时代之进步，未始无学术史上之价值也。"

4 月，商务印书馆《大学丛书》编辑，将美国学者麦开（C. O. Mackey）编撰的《图解法》（Graphical Solution）中译本（译者为邹尚熊）交钱宝琮审阅。

8 月，中央、武大、浙大三所大学联合招生。钱宝琮与苏步青、陈建功、朱叔麟等在南京中央大学图书馆一起参与入学会考数学卷的阅卷。

8 月 13 日，中日两国在上海开战。14 日，中国飞机与日机空战，机枪子弹壳落到嘉兴槐树头钱家寓所的屋顶。

11 月，竺可桢决定学校搬迁建德，一个月后，又迁至江西吉安、泰和。

11 月，日寇侵犯嘉兴，家庐受灾，钱宝琮 20 多年精心搜罗的古算学书籍 250 余种以及大量珍贵的书稿、文稿、信函尽毁一旦。

12 月，完成"中国数学中之整数勾股形研究"一文并发表于《数学杂志》第 1 卷第 3 期（1937 年）第 94—112 页，指出："晚近出版之中学教科书有改闭他卧刺（编者注：Pythagoras）定理为商高定理者，以商高与周公同时，在闭氏之前也。余则以为数学名词宜求信达。""中国勾股算术至《周髀》撰著时代始见萌芽，至《九章算术》勾股章渐臻美备，实较希腊诸家几何学为晚。勾股定理之题称商高似非妥善。"

1938 年（民国二十七年，戊寅）

5 月 18 日，钱宝琮拜访竺可桢，为学生熊全治请求中英庚款补助。

浙大又迁至广西宜山，9 月抵宜山，在西一街乐群社西首租下房子。

秋,缪钺(彦威,1904—1995)应聘浙大中文系。经郭斌和(洽周,1900—1987)介绍,与缪相识,交流作诗心得。钱十分欣赏赵翼(瓯北,1727—1814)的诗,缪认为:"瓯北喜以诗说理,先生之作与之相近也。"此后,二人时相过从,交谊笃厚。

11月,马一浮(湛翁,1883—1967)在宜山给浙大学生讲授"六艺要旨",尝谓:"六艺该摄一切学术""六艺统四部""西来学术亦统于六艺"。钱宝琮时发异议,以为未必然也,认为马一浮之"《系辞传》是天地间大文章,非孔子谁做得出来"论断缺乏论证,无证不信,此武断乎?竺可桢闻之,以为学术之事:"万物并育而不相害,道并行而不相悖。"各抒所见,真理将愈辩而愈明也。

12月10日,竺可桢倡议浙大实施导师制改革,钱宝琮积极响应,在导师会议上提出导师之目标。

1939年(民国二十八年,己卯)

2月,在宜山为《数学杂志》撰写的第三篇论文"曾纪鸿《圆率考真图解》评述",刊载于《数学杂志》第2卷第1期(1939年)第102—109页。

夏,数学系有学生张素诚、方淑姝、周茂清和楼仁泰毕业,钱宝琮以四生姓氏为韵作诗一首,并亲笔书写分送四生,以示祝贺。诗云:"象数由来非绝学,群才挺秀我军张;天涯负笈传薪火,适意规圆与矩方;学舍三迁乡国异,师门四度日星周;竿头直上从兹始,稳卧元龙百尺楼。"

暑假,作为教育部贵州暑期中学师范及职业学校讲习会的数学讲师,钱宝琮去贵阳花溪,在贵州大学开办的暑期讲习会任兼职教员三星期,授数学史和中学数学教学法。

11月,当选为浙大校务委员,并连任多年。

为浙大师范学院院刊撰写了"金元之际数学之传授"一文,刊载于《浙江大学师范学院院刊》第一集第二册(1940年)第1—9页。文章指出:"中国数学以元初为最盛。学人蔚起,著作如林,于数学史上放特殊光彩。考其所由,则为天元术之新发现,导源于金代者也。""按中国天元术之发明,较阿拉伯人代数术后三百余年,而元初数学之造诣反在同时期西洋代数之上,进步之速与造就之深,实为中国数学史上所罕见。"

1940 年(民国二十九年,庚辰)

2月,钱宝琮一家人随浙大搬迁至遵义,住老城水井湾。

2月,浙大一年级在贵阳青岩复课。竺可桢仍安排钱宝琮教授基础数学课程,认为一年级新生的数、理、化及国文、英文必须有"第一等教授"来讲授。

5月,浙大在遵义江公祠举行章用(俊之,1911—1939)教授追悼会,钱宝琮作《挽章俊之教授》诗一首,悼念这位英年早逝的数学家和数学史家,诗曰:"讲学姿清臞,钩深习渊静""垛积术精微,疏通发新颖""空余子敬琴,弹弦意未忍"。

暑假,又去贵阳青岩为中学教员讲授数学史及中学教学法一周。

10月,浙大青岩分校结束,一年级分部迁至离湄潭县城20公里远的永兴场。钱家搬入湄潭湄江边一名曰"朴庐"的平房。

成为改组后的"新中国数学会"会员。

1941 年(民国三十年,辛巳)

连任新中国数学会评议会评议,直至1948年。

因湖南蓝田国立师范学院数学系主任李仲珩率全系教师与院方"闹意见,全部(一个教师例外)离开了",院长廖世承(茂如,

1892—1970）亲赴浙大借聘教授,浙大指定钱宝琮去代课三个月。钱于5月—7月去蓝田师范任数学系主任,讲授数学史、初步整数论等课程。

暑假,湖南教育厅在衡山市举办暑期讲习会,钱宝琮应约给中学教师讲授数学史和教学法。

11月15日,致函好友李俨,称"近年以来因参考无着,不克再事搜罗史料,考订旧文,弟之中算史工作不得已暂告停顿"。并恳请李在西安代购古算经,曰:"我兄尊藏甚富,其中必有重出之本,如肯割爱出让,敝校师生无任欢迎,至弟本人受赐尤多。"12月,李俨接到求助信,即致函严敦杰,称"事关学术,除一面于西安代为收罗若干外,其重庆成都方面可否由兄代劳"。李俨和严敦杰把搜罗的古算书籍及时邮寄浙大,聊解钱"汲古苦无深井绠"的困窘。

1942年（民国三十一年,壬午）

应理学院院长胡刚复（1892—1966）之邀,在湄潭理学院的一次"纪念周"上作讲演,题为"数学的实用价值",指出:"数学是起于实用,但只有实用也决没有数学。""研究数学不能因实用而放弃理论,同时也不能因理论而偏废实用,二者不可缺一。"

12月,中国物理学会贵州分区年会在浙江大学举行。为纪念牛顿300周年诞辰,年会期间特别安排公开讲演:钱宝琮作"哥白尼、开卜勒、牛顿"报告,还吟诗《牛顿天体力学赞》一首,还指出:"牛顿主张天文学须数学演绎与实测证明并重,立自然科学研究之典型。十九世纪中叶,天算家依据牛顿力学计算天王星之不规则运动,谓天王星外应有第八行星为之牵掣,果于1846年某夕发现海王星。牛顿力学之成功,尤得明证云。"

1943 年（民国三十二年，癸未）

2 月 20 日，接受竺可桢之聘，担任浙大永兴分部一年级主任。

2 月 17 日，在湄潭参加中国科学社社友会，被推举为社友会会计，胡刚复为会长，张孟闻为书记。

2 月 28 日，与苏步青、江恒源（问渔，1885—1961）、王琎（季梁，1888—1966）等在湄潭共同发起创立了"湄江吟社"，教授工作之余，相互唱和，诗兴益然。吟社旨趣为"旅居黔北湄潭县同人""旨在公余小集，陶冶性情，不有博弈，为之犹贤。大雅之讥，庶几其免"。

7 月，与竺可桢一起交流二十八宿起源、圆周率及中国和希腊在古代算术之特点等话题，并称在完成了《甘石星经源流考》论著后，即着手撰写"二十八宿起源考"。

9 月 14 日，浙大数学系选定中秋之夜，举办宴席，庆贺钱宝琮在浙大任教十五周年，竺可桢、苏步青、陈建功、程石泉（1909—2005）、朱希亮、翁寿南、王琎、蒋硕民（1913—1992）、王福春（梦强，1901—1947）、孙祁（斯大）、吴耕民（润苍，1896—1991）等 30多位到场。苏步青、王琎两位诗友各赋《水调歌头》词一首，祝贺琮如老友。

9 月 25 日，与竺可桢讨论沈括及其《梦溪笔谈》卷七。

10 月 23 日，根据数十年数学教学经验，从合理教学法的角度，在贵阳《中央日报》上发表有关中学数学教学法的专题论文"论现行中学数学课程"，强调"中学数学课程当以培养健全国民为职志，不当因毕业生之出路而转移其目标"。

1944 年（民国三十三年 甲申）

学生刘操南（肇熏，1917—1998）将发表于《益世报》（渝版）文史副刊之"周礼九数解"和"海岛算经源流考"两篇数学史论文寄交钱宝琮点评,钱曰:"'周礼九数解'证举不甚充分,琮未能赞同。""'海岛算经源流考'写得极好。李俨见之当有愧色。《文史》副刊如有多余,可以寄一张去李俨。"李俨阅后云:"读悉甚慰。"

6月,竺可桢在《思想与时代》杂志第34期上发表"二十八宿起源之时代与地点",23日,竺特地将文稿送交与钱宝琮一阅。

细读徐世大所著《周易阐微》,"弥深钦佩",赋长诗《读徐世大〈周易阐微〉》,称:"《周易阐微》言《周易》为春秋晋人中行明所作,明于晋灵公时旅行至赤秋,因故为狄人所俘,备尝艰苦,乃以隐语叙述经过,冀得流传于外,以求友朋拯救,原非占筮之书也。"

10月24日,英国皇家科学院院士、英国驻华文化科学代表团团长李约瑟博士(1900—1995)偕夫人李大斐访问浙大湄潭,作题为"中国科学史与西方之比较观察"演讲,钱宝琮及竺可桢、郑晓沧、王琎等讨论热烈,各抒己见。钱指出,中国科学之所以不兴,是由于学以致用为目的,且无综合抽象之科学,不用演绎方法,更无归纳法。

10月25日,中国科学社在湄潭文庙大成殿召开年会,李约瑟博士以中国科学社名誉社员出席。钱宝琮在年会上作"中国古代数学发展之特点"的演讲,历时一个多小时。李博士对他甚为敬重,特意拜访了他。李约瑟的助手、原英国李约瑟研究所所长何炳郁(He Peng-yoke)1992年在杭州参加"中国科技史国际学术研讨会"期间曾说,李约瑟研究中国科技史,最初曾受到浙江大学竺可桢、王琎、钱宝琮等学者的启发而着手进行研究的。

10月26日,李约瑟等继续在湄潭参观。晚竺可桢作"二十八宿起源"的演讲,钱宝琮和王琎分别就演讲内容发表了自己的看法。钱认为,中国之十二次根本系岁星周,因十二次如星纪元枵等首见《左传》,而传中虽在星纪而淫于元枵,岁为岁星无疑。

1945 年(民国三十四年,乙酉)

细读《考工记》,作《读〈考工记〉六首》长诗,诗云:"考工补冬官,庠序皆弦诵。智创巧述功,厚生世所重……"这是钱宝琮的得意之作,即便在文革中,《骈枝集》诗集被斥之为"毒草"时,他仍提出"我还想保留《读考工记六首》"的要求。

夏,在浙大暑期讲习会上,作题为"吾国自然科学不发达之原因"演讲两次,指出:"我国历史上亦曾提倡过科学,而科学所以不为人重视者,实因中国人太重实用。如历法之应用早已发明。对于地圆之说,亦早知之。然因不再继续研究其原理,以致自然科学不能继续发展,而外国人则注重实用之外,尚能继续研究,由无用而至有用,故自然科学能大有发展。为什么我国民族太注重实用呢?实由地理、社会、文化环境使然。中国为大陆文化,人多以农业为主,只希望能自给自足之经济。"讲演稿收入 1945 年 7 月《浙大湄潭夏令讲习会日刊》第 78 号。

8 月,钱宝琮在湄潭作"中国数学及天文之发展"学术讲演。

9 月 3 日,竺可桢去钱宝琮寓所,商讨根据其讲演稿整理的"中国古代自然科学不能发达的原因"初稿。两人交流了各自的研究心得。竺注重社会状况,结论以中国为农业国,故不能有科学;钱则提出,中国过去百子之学说,注重应用,故科学不兴。

11 月,与竺可桢继续讨论"二十八宿的起源"问题,称二十八宿为黄道上之星宿,而中心则为赤道上之星宿,二者并非一源,并对竺文中有关牛女与箕风毕雨的论点提出异议。

1946 年(民国三十五年,丙戌)

2 月,完成"论二十八宿之来历"初稿及长诗《"论二十八宿之来历"脱稿后作》,发表于《思想与时代》第 43 期第 10—20 页。

2 月 12 日,赠竺可桢《"论二十八宿之来历"脱稿后作》五言四十韵长诗,以评论竺《二十八宿起源之时代与地点》论著。竺可桢在当日的日记中写道:"盖所以评予二十八宿来源文中以牵牛织女之地位及印度中国星宿之异同,以推定二十八宿之年代也。又琢如以为二十八宿乃黄道星宿而赤道上之星宿又为另一事,故诗中云:繁星耀赤道,去极齐四游。谓为廿八舍,不与列宿侔。狼弧正当道,井鬼何须收。建星南斗北,横渡云汉稠。黄道既殊道,甘石不相谋。"

7 月,《科学》杂志第 28 卷第 3 期刊登了竺可桢的论著"为什么中国古代没有产生自然科学"一文。竺文引用了钱宝琮类似论文的观点。

1947 年(民国三十六年,丁亥)

1 月 13 日,在贝时璋主编的《东南日报》(科学)副刊发表"几个数学名词的商榷"论文,指出:"我国古代数学发展的途径和西洋人略有不同。有许多数学定理和方法的发明确比西洋早了几百年。西洋数学家因不知中国历史,所取含有历史意义的定理或方法的名称往往不能依照发明的先后。我们应当义不容辞的综核名实,重行考正。不该盲从人家,数典忘祖。"

2 月 6 日,在谭其骧主编的《东南日报》(历史与传记)副刊发表"《明史·历志》纂修纪略"论文,向读者略述了《明史·历志》之纂修始末,指出:"晚近学者搜集史料,辛勤考证,其修订《明史》之功绩乃复显明,亦学林之一快事。历志为畴人专业,问津者希,考订《明史》纂修故事者往往存而不论。文鼎之有功《明史·历志》，其迹仍晦。"

春，将两年时间写成的"论二十八宿之来历"长篇论著，发表于《思想与时代》杂志第43期。钱宝琮提出了二十八宿是一个整体，是为了测日月行度而设立的，由此把它的成立断在战国中期，认为竺可桢文章在起源时间方面定得过早。薄树人在"纪念李俨钱宝琮诞辰100周年国际学术讨论会"指出："此说现代虽有发展，但就整体论尚找不到远较此说为早的铁证。"

张其昀将刚从美国带回的美国科学史研究奠基人乔治·萨顿（George Sarton，1884—1956）所著《科学史与新人文主义》（*History of Science and New Humanism*）一书借于钱宝琮，请他为《思想与时代》杂志撰写书评。

5月，在研读萨顿名著《科学史与新人文主义》后，结合中国的现状，钱宝琮撰写"科学史与新人文主义"书评，刊登于《思想与时代》第45期的首要篇幅（第1—5页）。这在中国教育、科学界、科学史界宣传新人文主义，可谓首次。文曰："人文主义之表现原在教育与文化，务求人类之至善，自当容纳一切正道之创造活动。各部分之工作者应互相了解，共济时艰。教育家须略具科学知识而能欣赏之，科学家须受历史训练而能后顾前瞻，维护正义。""中国四千年真积力久之文化，大致与罗马帝国文化趋向相同，而缺少古希腊人与文艺复兴时代以后之欧洲人学术研究之精神"，"勿再以'中学为体，西学为用'为口头禅，则文艺复兴之期当不在远"。钱还在书评中对包括萨顿在内的西洋学者给予了批评："近代西洋科学史之著述多知尊重埃及、巴比伦及阿拉伯之文献，而忽视中国与印度。萨顿提倡科学发展史之研究，且自诩为熟悉中古时期东方文化之一人,而讨论东西文化时只以近东自限,不敢稍涉远东一语。西洋之研治中国学问者,大多以文字之间隔,难免臆测之辞。"

1948 年(民国三十七年,戊子)

3 月,钱宝琮撰写的"科学史与新人文主义"论文(修订稿)收入张其昀编辑的《现代学术文化概论》第一册(人文学)第 11—18 页,由上海华夏图书出版公司出版。

虞明礼原编,容方舟改编,钱宝琮校订的《复兴初级中学教科书 代数》修订本由商务印书馆出版发行。该书是依照教育部修正课程标准编辑的。

谷超豪担任钱宝琮的数学助教,帮其批改学生作业和答疑。钱告诫谷:"学生来问问题时,千万不要说这个问题很容易,免得使学生对自己失去信心。"

12 月 26 日,应浙江省教育会之邀,在民教馆作"珠算溯源"学术讲演。

1949 年(民国三十八年,己丑)

5 月 3 日,杭州解放。

1950 年(庚寅)

2 月,浙江大学中小学研究班开班,钱宝琮开设"数学发展史"课程,为期一年。

春,任杭州市中等学校自然科学教学研究会数学组组长,与中学数学教员共同讨论中学数学教材教法。

钱宝琮认为:"初中算术教科书虽然都有讲到近似数与省略算法的一章,但是没有把近似数的精密度与有效数字位数的关系解释清楚,便叙述近似数的基本运算法则。他们以为省略算法的效用在乎节省计算的时间与心力,同整数四则的速算法一样看待。所举的例子与所出的练习题,运用数字多在五位以上,都不与实际需要相结合,教与学都感觉枯燥乏味。"为此,他撰文"近似数计算方法的学习",发表在上海出版的《新教育》第1卷第5期第51—53页,指出:"只要教师了解近似数算法的重要性,设法补正教科书的缺点,循循善诱,一定可以引起学习的兴趣。"

9月,浙江大学设立七个公共科目教研组,钱宝琮任普通数学教研组主任。

10月至51年7月,任中学教学研究班数学教研组组长,并授中学数学教学法与数学史课程。

钱宝琮对当时全国上下一边倒,教育界全盘苏化形势很有意见。一次讨论苏联教材优越性的座谈会,他并没按主持者的旨意发言,却把平日的想法,如实倒了出来:"正和欧美教材有其优点和缺点一样,苏联教材也有它的优缺点。现在把苏联教材捧上了天,似乎好得不能再好,把欧美教材踩下了地,坏得一无是处,这种不加分析的态度,我就不赞成。"在列举了苏联一本微积分教材的几处错误后,他接着说:"该书作者教龄不过十五年,而我已教了三十年,为什么我就没资格批评他?为什么我的三十年就一定不如他的十五年?"这个发言完全出乎了会议主持者意料,一时竟无辞以对。在以后的思想改造运动中,钱因此受到批判。直到几年后,苏联国内也批判那本微积分教材,是非方得判明。

1951年(辛卯)

1月,竺可桢计划成立中国科学史编辑委员会。

3月17日,竺可桢致函钱宝琮,讨论搜集、编辑中国科学史资料事,并建议刘操南调京专任此项工作。

3月至4月，在上海《大公报》连续发表"多元联立方程式"(3月15日)"韩信点兵"(3月16日)"增乘开方法"(3月18日)"二项定理系数"(3月21日)"招差术"(3月26日)"度量衡的十进制"(4月23日)六篇短文，介绍中国古代数学对世界历史的贡献。

5月26日，在杭州市中等学校自然科学教学研究会数学组发表演讲"中国古代数学的伟大成就"。该讲演稿被收入《科学通报》(1951年)第2卷第10期第1041—1043页。

8月，成为中国数学会的基本会员，《数学通报》杂志的特约编辑。

1952 年（壬辰）

1月20日，竺可桢在清华大学遇见华罗庚时，嘱其赴杭州时与浙大苏步青、陈建功商调钱宝琮去北京中国科学院或北师大编写数学史。

发表在《思想与时代》杂志1947年第45期的《科学史与新人文主义》书评开始遭到批判。

7月，全国高等学校院系调整，浙江大学数学系归并上海复旦大学和浙江师范学院，陈建功、苏步青等调上海。因钱宝琮主要教授工学院数学，故留在浙大，为数学教研组教授，继续教工学院一二年级微积分。

1953 年（癸巳）

12月，竺可桢与吴有训(1897—1977)、陶孟和(1887—1960)讨论开展中国科学史研究工作，以为非有专人来主持，否则还是落空，主张钱宝琮到科学院专任其事。科学院曾向华东商调钱宝琮，没有成功。

1954 年(甲午)

为严敦杰《中算家的素数论》稿本审稿。评语云:"海宁李善兰先生关于素数判定之论著,精思妙悟,不让欧西大家。华蘅芳继起钻研,卒不能望其项背。作者此篇表扬先哲学术,能补诸可宝《畴人传》三编所未详。李氏之苦心孤诣,□兹不朽,为功岂浅鲜哉。""作者于阐明李氏素数论著之后,复根据史实肃清谬种之流传,亦数学史上一快事也。"

作为《数学通报》的特约编辑,钱宝琮积极参与《数学通报》来稿的审查工作。审阅数学史类稿件,认真细致,百家争鸣。在为杜石然"祖暅公理"的投稿审稿时,钱还以一篇"关于祖暅和他的缀术"短文回答杜石然的提问。短文与"祖暅公理"同时发表于《数学通报》(1954 年)第 3 期。

5 月 4 日,中国科学院决定设立中国自然科学史委员会,通过《中国自然科学史研究委员会组织办法》。

9 月 2 日,中国自然科学史委员会成立,并召开了第一次会议。委员会受科学院领导,下设工作室,暂附设于历史研究所第二所内。竺可桢为主任委员,副主任委员叶企孙、侯外庐,委员有向达、侯外庐、钱宝琮、李俨、陈桢、叶企孙、丁西林、袁翰青、侯仁之、竺可桢、刘仙洲、李涛、刘庆云、王振铎。

应李俨之约,为其《中算史论丛》第五集修订版审阅。批注曰:"李俨先生增订其近著十一篇为《中算史论丛》第五集,嘉惠后学,实非浅鲜。各篇皆汇萃群籍,博采史料,堪为研治祖国数学史者之模范。间有征引烦碎之处,不足为作者病也。然亦有拾取他人曲说,未加批判而徒滋疑惑者,是不可以不辨。"

1955 年（乙未）

1 月 29 日，科学院召开第二次中国科学史委员会会议。

3 月，应华东师范大学数学系主任、浙大首届数学系毕业生孙泽瀛之邀，在浙江师范学院沈康身陪同下，钱宝琮专程到上海，为华东师大的学生和教师讲授中国数学史，为期一个月。2003 年，张奠宙在给编者的电子邮件中写道："钱宝琮先生来华东师范大学是 1955 年 3 月，只来一次。我那时是研究生。我们全部参加听讲。音容至今清晰可忆。"

审阅复旦大学孙炽甫的题为"中国古代数学家关于圆周率研究的成就"投稿，在给《数学通报》编委会的审稿意见中指出："本篇共五节，叙述古代数学家，到南朝祖冲之为止，发明圆周率近似值的历史，颇为详细。我同意作者的建议在《数学通报》上发表。"钱宝琮同时强调："本篇第五节要解决关于周率 3927∶1250 的悬案。据我个人的意见，作者所持的各条理由没有一条可以成立，然而是应该得到批判的。近时研究中国数学史的同志们很多对于这个问题有与孙君同样的偏见。孙君这一节的文字还应该在通报上发表。倘使得到编委会许可的话，我附来一篇短文，题目是'圆周率 $\frac{3927}{1250}$ 的作者究竟是谁？它是怎样得来的'亦请在通报上发表。"编委会采纳了钱宝琮的意见，在《数学通报》（1955 年）第 5 期上一同发表了上述两篇文章（后又收入《初等数学史》一书科学技术出版社，1959 年），并在孙文前，添加如下编者按："此篇所论，除前三段及第四段前半大段与钱宝琮先生"中国古代算书中之圆周率研究"（载在《科学》第 8 卷第 2 期，1923 年）类似外，第四段后半段对于密率所提的意见，纵非'定论'，足资参考。第五段所谈，虽与钱宝琮先生的见解(见前篇)不同,也一并列出,希望大家研讨。"很明显,这一"编者按"是根据钱的意见写的。

有关"圆周率$\frac{3927}{1250}$为谁所首创"的学术争议主要分为两派,钱宝琮、华罗庚、钱伟长、(日本)三上义夫等认为是刘徽创造的,李俨、程纶、许莼舫、孙炽甫、余宁生、李迪等认为是祖冲之创造的。

6月,《数学通报》1955年第6期第12页刊载了钱宝琮的短文"《九章算术》方程术校勘记"。

7月,华东师大数学系创办《数学教学》杂志,钱宝琮的一篇"盈不足术的发展史"是创刊号的首篇论文(第1—3页)。文曰:"盈不足在中国数学史上是一种原始的解题方法,不为后来的数学家十分重视。但是它流传到西洋以后,却有它的辉煌的发展过程,在世界数学史上有着光荣的地位。"

9月,在上海师专的数学史讲辞——"算术教材中祖国数学家的成就"经范际平纪录整理后发表于《数学教学》第2期第13—17页上。钱宝琮指出:"祖国数学家不是仅仅对于算术有成就,初等数学中不论代数和几何都是有伟大贡献的。""在算术方面,几乎每一章节都有祖国古代数学家的辉煌成就,在数学发展史上值得我们夸耀的。"

秋,北京师范大学为教学需要,决定与中科院争调钱宝琮。傅仲孙副校长让数学系白尚恕给教育部干部司起草一份呈文,"请调钱宝琮教授到我校任教。"

11月25日,科学院在北京召开第三次中国科学史委员会会议,钱宝琮赴京与会,与竺可桢、李俨、叶企孙(1898—1977)、侯外庐(1903—1987)、刘仙洲(1890—1975)、梁思成(1901—1972)、王振铎(1911—1992)、向达(觉明,1900—1966)、谭其骧等会面。

1956 年(丙申)

经过竺可桢当面请示周恩来总理并与有关部门协商,高教部于 3 月向浙江大学下发公函,调钱宝琮入中国科学院。

4 月下旬,钱宝琮奉调到京,到历史研究所就职。

傅仲孙、白尚恕二人去历史所,特邀钱宝琮到北京师范大学数学系,开设中国数学史课程,每周一次(两学时),由北师大副校长专车接送。听课者为三四年级学生和中青年教师。时任《数学通报》特约编辑的钟善基 2003 年在给编者的信称:"老前辈每次来我系讲学,我都拜听不误,因而也可觍颜称老先生的受业者了。"白尚恕曾回忆说:"钱先生所授'中国数学史'课,共讲一个多学期,始告结束。在讲授中,钱先生虽然满口浙江嘉兴话,但他以生动的语言、深入浅出的词汇,博得听课者全神贯注、专心听讲。"

复旦大学历史系教授谭其骧是钱宝琮的忘年之交。1955 年至 1956 年的两年时间里,谭因编绘《中国历史地图集》而常驻北京,是钱家的常客。他们都赞同顾炎武的为学态度:"必前人之所未及,就后世之所必不可无。"

应严敦杰之约,为严校阅了《中学数学课程中的中算史材料》一书。

7 月,时任四川大学历史系教授的缪钺赴京开会,钱宝琮闻讯后,前去拜访,欢然道故。

7 月 21 日,竺可桢到历史所,与钱宝琮再次讨论二十八宿的起源。7 月 28 日,与谭其骧谈论祖冲之籍贯。

7 月 30 日,竺可桢约见钱宝琮及叶企孙、刘仙洲、李俨,商谈 9 月去意大利参加国际科学史会议的有关事宜,钱宝琮的"授时历法略论"定为中方参加会议的论文之一。

8 月 6 日,竺可桢又将重新修改的"二十八宿起源"文稿交钱宝琮审阅。

8 月,科学院召开中国自然科学史第一次讨论会,钱宝琮与会,在大会宣讲"授时历法略论"学术论文,就授时历的天文数据及招差法、弧矢割圆法等最进步之点查明了它们在传统中国数学和天文学方面的渊源,并且把授时历法和当时的西域回回历法作了对比研究,由此否定了明末以来一些人认为授时历的进步来自西域回回历的论点。论文稿刊登在《天文学报》第 4 卷 2 期第 193—209 页上。

8 月 13 日,在中国数学会论文宣读大会上作"谈祖冲之的缀术"报告。

李俨、钱宝琮决定招收中国数学史专业研究生。

9 月 6 日,竺可桢在意大利佛罗伦萨国际科学史会议上用英语宣读"二十八宿起源"论文,曰:"我的同事钱宝琮教授在一篇'论二十八宿之来历'的论文中把《淮南子》的黄道带二十八宿与《史记·律书》——司马迁的天文书(之一)——的二十八宿相区别;虽然后者给出的星座许多与前者相同,但作为一个整体,后者的系统更处得近于天赤道。他主张,沿着赤道的星群是在黑夜降临以后作为中星观测之用的,而黄道带则是用来测量太阳、月亮和行星的位置的。黄道带在起源上较晚,它只是在战国时期(公元前 403 年—公元前 247 年)才出现的。近来,我计算了《礼记·月令》中所给二十八宿位置的年代,发现它们年代不一,约在公元前 160 年到公元前 890 年之间的位置,平均年份为公元前 320 年。"

10 月,中国科学院决定创办中国科学史季刊——《科学史集刊》杂志。26 日,竺可桢约见钱宝琮等讨论杂志的编辑出版事宜。

1957 年(丁酉)

1 月,中国科学院中国自然科学史研究室挂牌成立,研究室共有 8 位成员,钱宝琮与李俨成为研究室的一级研究员。

4 月,云南大学国文系毕业生张瑛成为钱宝琮的研究生,开始研读数学史专著,钱宝琮要求他翻译 KEYE 所著的《印度数学史》,并细心审阅译文。东北师大数学系毕业生杜石然成了李俨的研究生。

收到《天文学报》时任主编的好友李珩(1898—1989)审稿请求,认真审阅来自天津的业余天文研究者唐如川(1908—2003)的"对陈遵妫先生《古代天文学简史》中有关盖天说的几个问题的商榷"稿件。虽然双方对《周髀算经》的一段内容存在着不同的理解,而且不能取得一致,在往返数次的书信交流后,钱宝琮最终致信唐如川:"我们二人的看法不同,恐怕一时不易解决,我认为,大作可先在《天文学报》发表"。

7 月,中国自然科学史委员会决定成立《科学史集刊》杂志编辑委员会,推举钱宝琮为编委会主席(主编)。

在科学院历史研究所的一次大会上,以自己数学史研究经历,钱宝琮发表了对于党领导科学史研究的看法:"我于 1920 年开始用业余时间稍稍整理一些中国古代数学史资料,写了几篇数学史论文,在杂志上发表了一般读者都认为是可有可无的文章。自己在研究过程中有了一些困难不能克服,工作只能暂时停止。只有马克思、列宁主义者知道科学发展史同唯物主义哲学有密切的联系。新中国成立后,党的最高领导就提出要设立一个专门研究自然科学史的机构,集合许多干部共同研究。我就是这样从浙江大学调到自然科学史研究室来的。从此以后,我可以和同志们一起,安心做数学史研究工作。"

参加了整风运动、反右运动,不能理解一些报刊对潘光旦(仲昂,1899—1967)等学者的批判,本着"事无不可对人言"态度,钱宝琮直言不讳,与研究室的同事展开辩论。

秋,梅荣照从中山大学数学系毕业后,分配到研究室工作,成为钱宝琮的弟子和同事。

将自己在北师大所授"中国数学史"课程之讲义修订、整理成《中国数学史话》一书,由中国青年出版社出版。

1958 年(戊戌)

2 月,竺可桢去自然科学史研究室,与钱宝琮、李俨及严敦杰讨论李约瑟来京访问的接待方案。

张瑛被要求回云南原单位"交待问题",被迫中断研究生学业。

3 月,钱宝琮主编的,我国科学史研究的综合、专一刊物《科学史集刊》问世。

首期《科学史集刊》刊载了钱宝琮的"张衡《灵宪》中的圆周率问题"(第 86—87 页)和"盖天说源流考"(第 29—46 页)两篇论文。"盖天说源流考"是近代科学家系统研究《周髀算经》盖天学说的第一篇重要论文,证明了《周髀算经》中诸多数据间的矛盾,指出它们大多不是来自实测。

5 月 22 日,竺可桢再次与侯外庐、叶企孙、钱宝琮、李俨、谢鑫鹤、王振铎等商议李约瑟的访华接待方案。

6 月 2 日,李约瑟与夫人李大斐及鲁桂珍(1904—1991)博士到京。竺可桢设宴款待,钱宝琮、侯外庐、钱三强、华罗庚、周培源、李俨、叶企孙、夏鼐、楚图南等作陪。故友重逢,相得甚欢。

6月9日,李约瑟到研究室,与钱宝琮、李俨等会面。

7月,钱宝琮向研究室建议撰写一部浅近的世界数学发展史,"主要说明中学数学教科书(包括算术、代数、几何、三角、解析几何)中诸多内容的来源。"经过三天反复辩论,建议未被采纳。

7月14日,竺可桢到研究室,与钱宝琮、叶企孙、严敦杰、席泽宗、陈遵妫、刘世楷、李鉴澄等讨论《中国天文学史》编写事宜及分工,钱宝琮被指定撰写《中国天文学史》"历法沿革"章节。撰写该书的其他学者有:王应伟、叶企孙、庄天山、刘世楷、严敦杰、李鉴澄、席泽宗、薄树人。

钱宝琮的《科学史与新人文主义》书评被认为是"散播唯心主义反动思想",再次遭到批判。

全国掀起大跃进高潮,钱宝琮实事求是地指出:"科学史研究是探索性的工作,只能好省,不能多快""不能强调数字"。此言论立刻被指责为攻击"总路线",勒令他作书面检查。

《中国数学史》立意编撰,成立编写小组,由钱宝琮、严敦杰、杜石然、梅荣照四人组成,钱宝琮为主编。

秋,科学技术情报研究所创立一个训练干部的专科学校,经组织安排,钱宝琮成为讲授高等数学的兼职教员,每周授课两次,为期一学年。

1959 年(己亥)

春,中华书局要出版正本《算经十书》,约钱宝琮做校勘工作。

与杜石然、梅荣照商议,分工合作编写《世界浅近数学史》,为中学教师服务。钱写《算术史》,杜写《代数学史》,梅写《几何学史》。

研究室掀起一个以钱宝琮为典型的拔"白旗"运动,认为他有根深蒂固的资产阶级的白专思想和资产阶级的学术知识,只专不红,自高自大,目空一切,要将钱宝琮作为资产阶级的"白旗"加以拔掉。对那些无端指责与"浮辞虚贬",钱宝琮毫不畏惧。在一次批判会上,愤而离去,表现其坚持真理的正气。

9月,《数学通报》第9期第2—4页刊载了钱宝琮的"阿拉伯数码的历史"一文,文曰:"一组包括零号在内的十个符号可以用来记录一切自然数,是数学史上无与伦比的光辉成绩。现在全世界人民通用的'阿拉伯数码'就是一组利用位值制记数的符号。因为它实际上是印度人的创造,数学史工作者叫它印度-阿拉伯数码。""印度位值制数码屡次传入中国,古代的数学家没有重视它,不让它有用武之地。现在我们习惯用的'阿拉伯数码'是本世纪初年以后才逐渐推广的。"

9月,《科学报》第46期刊登了钱宝琮撰写的古代科学家《沈括》,称赞沈括是"中国十一世纪中的一个有优越成就的科学家""沈括的自然科学知识非常广泛,并且能在当时的科学知识的基础上提出他独到的见解,创立新的学说,很少人能和他相比"。

《科学史集刊》第2期第126—143页,收入钱宝琮的长篇论著"增乘开方法的历史发展",文曰:"增乘开方法的历史发展是中国代数学上的重大进步,它为十三世纪中的天元术和四元术提供了优越的条件。"

英国学者李约瑟在英国剑桥大学出版了《中国科学技术史》第三卷(数学、天学和地学)。李在书的引言中,对李俨和钱宝琮的中算史研究有这样的评价:Among Chinese historians of mathematics, two have been particularly outstanding, Li Nien and Chhien Pao-Tsung. The work of the latter, though less in bulk than the former's, is of equally high quality(译文为:在中国的数学史家中,李俨和钱宝琮是特别突出的。钱宝琮的著作虽然比李俨少,但质量旗鼓相当)。

12月18日,钱宝琮复信刘操南,介绍了他校点《算经十书》的缘由:"传本《周髀》和《九章算术》错字很多,很难——校正。戴震、李潢、汪莱对于《九章算术》,顾观光、孙诒让对于《周髀》曾校勘过,但失校和误校之处还有不少。我早有整理《算经十书》的心愿,因历年忙于任务,无暇及此。今年春中华书局要出版校正本《算经十书》,约我做校勘工作。拟于明年一月开始,大约有三个月工夫可以校完。几时可以出版就要看中华书局的出版条件。如果您对于校勘《算经十书》有什么意见,或对于十书文字有疑难的地方,请有便写信给我,将是感谢不尽的。"

1960年(庚子)

指示梅荣照翻译李约瑟《中国科学技术史》数学卷,并要求他做好笔记,还一再嘱托说:"如发现问题,一定记录下,以后有机会可以和他辩论。"钱对梅荣照的中文译稿逐字逐句认真审阅、修改。在封存了近18年后,梅荣照的中译本终于在1978年以李约瑟著作翻译小组的名义,由科学出版社内部出版发行。

完成《中国天文学史》的"历法沿革"章节,并以"从春秋到明末的历法沿革"为题在《历史研究》1960年第3期第35—67页发表。文章全面而简明论述了中国古代历法的发展脉络,成为新一代中国历法史家研究的起点,也为中国传统数学的发展阐明了新的数理基础。

8月,自然科学史研究室通过杜石然研究生毕业论文"朱世杰研究"答辩。答辩委员会主席:钱宝琮,委员:叶企孙、严敦杰等。指导老师李俨在座。

完成《中国数学史》一书初稿，开始集体讨论修订。

作《水调歌头》词一首，阐发中算源流，畴人功业："历法渊源远，算术更流长。畴人功业千古，辛苦济时方。分数齐同子母，幂积青朱移补，经注要端详。古意为今用，何惜纸千张！圆周率，纤微尽，理昭彰。况有重差勾股，海岛不难量。谁是刘徽私淑？都说祖家父子，成就最辉煌。继往开来者，百世尚流芳！"

完成《算术史》一书初稿，共有 6 万多字。

1961 年（辛丑）

应约，审阅顾颉刚所著《史林杂识》初编。

2 月 4 日，钱宝琮致函上海科技出版社顾济之（世楫，1897—1980），通报数学史丛书（《算术史》《代数史》《几何学史》《三角学史》）的编写情况，还说："《中国古代科学家》写得不好，须要修改后再版。"

2 月，为中央人民广播电台撰写星期天讲座广播稿"谈谈历法"，用通俗的语言介绍了古今中外各时期的历法知识及历法沿革。

5 月 21 日，《光明日报》登载汪奠基（1900—1979）的"丰富中国逻辑思想遗产"一文，钱宝琮、杜石然认为有必要"和汪先生以及所有对逻辑史和数学史感到兴趣的同志，相互学习，展开讨论"。钱、杜合作，由杜执笔，在 5 月 29 日《光明日报》上发表题为"试论中国古代数学中的逻辑思想"文章，指出："在我国古代数学中确实有着极为丰富的逻辑史的材料，中国古代数学是自有其逻辑系统的。"

完成《算经十书》校点工作，特请缪钺为该书题签。

1962 年（壬寅）

在钱宝琮的精心组织下，经过编写小组的奋力写作，反复讨论与修改，《中国数学史》终于定稿，他高兴地将一首题为《〈中国数学史〉定稿》的七律诗赠送给数学史组同事们："积人积智几番新，算术流传世界珍。微数无名前进路，明源活法后来薪。存真去伪重评价，博古通今孰主宾。合志共谋疑义析，衰年未许作闲人！"

常与顾颉刚、俞平伯、钱钟书（1910—1998）、王伯祥（仲麒，1890—1975）等旧友新知一起参加哲学社会科学部举办的双周聚餐座谈会，讨论与科学史有关的哲学、历史问题。与顾颉刚讨论春秋战国时期的星占术话题，钱宝琮将"论二十八宿之来历"单行本借给顾，也收到顾赠送的论文集一册。在一次聚餐会上，钱与俞平伯交流旧体诗，后又将《骈枝集》诗稿送到俞家，请他评点。几天后，俞送还诗稿，并在诗稿上题有以下诗句："拜观大集，华实兼茂，不胜钦迟。以俚言书感，聊尘睐博笑耳。畴人妙诣君家旧，言志缘情悉所谙。愿得扶轮依大雅，十年兄事我犹堪。"

完成"秦九韶《数书九章》研究"论文初稿，并提出编辑《宋元数学史论文集》一书，进而组织数学史组同事，开始对各个断代的数学发展情况，作深入研究，准备系统地和有计划地出版各时期数学史研究论文专集，最终修订《中国数学史》。

9 月，何绍庚考取了钱宝琮的研究生。钱为学生制订了详细的学习计划，指定把郭沫若的《中国史稿》、王力的《古代汉语》以及《中国数学史话》《数学简史》等作为必读书目。除了讲解中国古代数学文献外，还为他亲授天文历法和音律课程。

在谈到中学教师为什么要研究数学史时，钱宝琮对何绍庚说：

"搞我们这个专业并不脱离中学实际。中学教师需要教学法,要教好学生,应该知道数学史,了解一个新的概念产生的客观条件,是如何从实践中来,不过现在还没有很好的参考书。过去西方对我国古代数学不太重视,其实,有许多东西是通过印度、阿拉伯传过去的。现在苏联等国家开始注意研究我国,但资料还不够,我们应该提供充分的资料。为此,我们的方向是面向国际,还要为中学编出好的参考书。师范大学应该开数学史课,但因为现在没人教,也没有好的参考书,所以还开不成。"他还说:"研究历史应该用比较的方法,注意文化交流,彼此影响,看看哪些是在我们首先发现的,找出来公布于世,这是进行爱国主义教育的一个方面。"

1963 年(癸卯)

1 月 14 日,李俨因病在京去世。作为他的同行、挚友及治丧小组成员,钱宝琮深感悲痛,写下几幅挽联,其中有"旧学新知,由刻苦钻研得来,足为后生楷式;实践理论,从辛勤劳动体会,蔚成先进典型""噩耗传来同抱人琴之痛,徽音尚在共图薪火相传",并于 1月 17 日到嘉兴寺殡仪馆参加公祭。

3 月,在钱宝琮指导与参与下,《中国古代科学家》出版了修订本,前言云:"本书出版后,蒙读者关怀,两年多来提出许多宝贵意见,我们十分感谢,并根据这些意见对本书进一步检查,有的作了修改校订,已经原作者重新写过。凡与史实不十分切合及科学性不强的更作了必要的删改,重要史实有遗漏的亦加以补充。"

春夏之交,应江苏师范学院、浙江大学、杭州大学之邀,先生利用在苏州、杭州休假之际,在苏州和杭州两地分别做了数学发展史的学术报告,令两地师生大开眼界。

将掌握的资料交给梅荣照,指导梅撰写"刘徽《九章算书注》的伟大成就"一文,发表于《科学史集刊》。

夏,在钱宝琮、叶企孙的提议下,中国自然科学史委员会召开第二次科学史学术会,竺可桢主持会议,钱宝琮作委员会工作报告,侯外庐也作长篇发言。

9月,在与何绍庚谈隶首作数等问题时,钱宝琮认为不能不加分辨地把各种说法罗列在一起,应该仔细研究加以鉴定,把自己的结论讲出来,并且说这是他与别人不同的地方。

10月,中华书局出版了钱宝琮校点本《算经十书》,其序言云:"清代诸家的校勘工作大体说来是对读者很有裨益的,但也有漏校和误校的地方。我们要彻底了解作者原意,还有不少困难。要发扬古代数学的伟大成就,明了数学发展的规律,首先必须将《算经十书》重加校勘,尽可能消灭以讹传讹的情况。"

11月,出席中国科学院哲学社会科学部委员会第四次扩大会议,并受到毛泽东、刘少奇、周恩来、朱德、邓小平等中央领导的接见。

1964年(甲辰)

1月,请竺可桢为《中国数学史》题签。

7月3日,李约瑟与李大斐、鲁桂珍到北京,钱宝琮随郭沫若、竺可桢、侯外庐、张有渔、楚图南等专程去首都机场迎接,李特意赠送一部英国学者 H. T. COLEBROOKE 编译的印度古代著名数学家梵文原著英译本 *ALGEBRA, WITH ARITHMETIC AND MENSURATION: FROM THE SANSCRIT OF BRAHMAGUPTA AND BHASCARA*,以表达他对钱的敬意。

7月14日,李约瑟访问自然科学史研究室,与叶企孙、钱宝琮、夏纬瑛、王振铎交流。

7月23日，李约瑟再次访问研究室，钱宝琮接待并与李约瑟讨论"秋石"。

10月，李迪在《数学通报》第10期上发表"十进小数发展简史"一文，初稿曾经钱宝琮审阅。

11月，《中国数学史》由科学出版社正式出版，在波兰华沙举行的中国图书展览，得到广泛好评，成为中国数学史研究领域的经典之作。

1965年（乙巳）

4月，《辞海·未定稿》出版。因主持中国数学史条目的撰写，钱宝琮收到辞海编委会的《辞海》赠书。

着手对《墨经》有关力学和几何光学部分进行研究。9月，在《科学史集刊》第8期第65—72页上，刊登了钱宝琮的新作"《墨经》力学今释"，文曰："要了解《墨经》力学的内容，无论注释字义或阐明物理，都必须树立历史主义观点……我们阅读古书，希望了解书中某字的意义，最好能参考同一时期的著作中这个字的各种意义，而作适当的选择。用后世的引申义来解释古书是解释不通的。"论文针对钱临照的"释墨经中光学力学诸条"、洪震寰的"墨经力学综述"等论文的注释，提出商榷，还指出："本文在各家校注工作的基础上，对《墨经》的静力学部分，重新注释，力求实事求是地介绍《墨经》力学的本来面目。"

11月，应约为竺可桢的"二十八宿起源"一文审稿。

11月，李迪在《科学通报》第11期上发表书评"简评《中国数学史》"，高度评价钱宝琮主编的《中国数学史》，指出："由于作者注意运用辩证唯物主义和历史唯物主义的观点阐述我国数学发展上的问题，因而对我国数学的历史发展就勾划出一个比较切合实际的轮廓。"

1966 年（丙午）

1 月，李约瑟致函竺可桢，索要钱宝琮主编的《中国数学史》和张子高主编的《中国化学史稿》二书，并建议中国科学院推荐钱宝琮、王振铎、张子高（1896—1976）等七人为国际科学史研究院院士。

2 月，钱宝琮与数学史组同事合著的第一部数学断代史研究论文集——《宋元数学史论文集》由科学出版社出版，他有"增乘开方法的历史发展"（第 36—59 页）、"秦九韶《数书九章》研究"（第 60—103 页）、"宋元时期数学与道学的关系"（第 225—240 页）、"《梦溪笔谈》'棋局都数'条校释"（第 266—269 页）和"有关《测圆海镜》的几个问题"（第 270—278 页）五篇论文收入书中。

科学史室的"科学家总是属于一定阶级的"辩论会上，钱宝琮针锋相对："科学不是为统治阶级服务的。要不要讲科学史？要讲就要写科学家。这是不是科学史的一部分？是，就要考虑怎样写好。不是科学史的一部分，为了写这些人刻苦奋斗，道德高尚，那大可不必。是科学史，就要写他有多少创新，有多少缺点。"

4 月，《科学史集刊》第 9 期第 31—52 页上刊载了钱宝琮长篇论文——"王孝通《缉古算术》第二题、第三题术文疏证"，这是他生前发表的最后一篇学术论文。

5 月，何绍庚完成了毕业论文"项名达研究"初稿。钱宝琮审阅后，提出很重要的意见。

6 月，科学院开始"文化大革命"，所有的学术研究工作被迫停止。

研究室大院里张贴了许多批判钱宝琮的大字报。

8月25日下午,研究室召开了第一次钱宝琮批斗会,钱很不服气。会后,一些人以"找诗集和日记"为名去钱宝琮寓所抄家。

钱宝琮被研究室的造反派戴上"资产阶级反动学术权威""祸国殃民的牛鬼蛇神"等帽子,研究室的"文革小组"多次召开批斗会。在《中国数学史》的批判会上,钱表态:"欢迎批评,欢迎讨论。"具体地说,就是政治上的问题欢迎批评,学术上的问题欢迎讨论,要求与会人员"展开辩论,判别是非"。

9月,科学院文学研究所召开何其芳(1912—1977)批斗大会,钱宝琮成为"陪斗"。

10月15日,钱宝琮当选为国际科学史研究院通讯院士(编号C336),研究室"文革"小组封锁喜讯,继续揪斗钱宝琮。

研究室造反派又一次去钱宝琮寓所抄家,将他数十年积累的研究资料、文稿诗稿、古籍书刊等全部搜走,并无中生有地给他及夫人戴上"地主分子"帽子。寓所门前也贴上"地主分子家庭"纸条,夫人还被挂上"地主婆"的牌子,强迫她每天做清扫胡同厕所等重体力活,身心受辱甚烈。

12月31日,研究室造反派再次批斗钱宝琮,并付诸武力,给他坐"喷气式飞机",逼迫他承认反对毛主席、反对毛泽东思想,钱不畏强暴,坚持说:"用文斗,不用武斗,不要打人!""我不反对毛泽东思想。"

1967 年(丁未)

已75岁高龄的钱宝琮每天一早七点半之前必须到研究室清扫院子,倒垃圾,抬煤渣,劈木柴,然后"被最大限度地孤立起来",在指定的房间内,阅读马克思、恩格斯、列宁、毛泽东的著作,背诵"老三篇";接受一遍又一遍的"审查";写自我批判、交代材料;"请罪"、陪斗。"不许参加学习讨论,不许做些科学史研究工作",令他"思想上非常烦闷"。与家人不止一次地说:"我个人被批是小事,大家整天搞运动,不搞研究,长此下去,怎么得了?"

钱宝琮常为教材破而不立担心,忧心忡忡地说:"现在破倒容易,怎么立呢? 我认识的几个专家都不在搞业务了。什么时候能编出一套好教材来呢? 培养人才,教材关系极大,决不是小事啊!"

钱宝琮利用一切可能的机会偷偷翻阅《史记》等线装典籍,以及李约瑟的《中国科学技术史》(英文版),继续考虑着科学史问题。

3月8日,写申诉报告给研究室文革小组:"大字报上有不客观实际的指责,关于学术性的问题,我在书面交代中写下了一些申辩的话为自己辩护,希望能引起辩论。大字报上揭发我的错误言行也有不合实际的地方,我抱着'有则改之,无则加勉'的态度,没有在书面交代中申辩,希望革命同志们调查研究。"

1968 年(戊申)

9月,竺可桢路遇严敦杰时,询问自然科学史研究室及钱宝琮的情况,严答:目前只是学习,无业务工作,钱宝琮则在劳动。

10月22日,夫人朱慧真因癌症在寓所去世,终年76岁。

1969 年(己酉)

2月,在新写的交代材料中说:"56年4月我调到北京来专做自然科学史研究工作,曾写出了4本专著和十几篇专题论文。因未能学好毛主席思想,在中国自然科学史研究室里说过了许多错误言论,66年8月被室内革命同志揪出来,戴上了一个反动学术'权威'的帽子。"他还向工宣队、军宣队提交了三个报告,对主编的《科学史集刊》《中国数学史》阐述了自己的观点,对他筹划了十年的《浅近数学发展史》一书不能出版深表遗憾,再一次明确表达了要求继续写作的愿望:"现在工农兵中学教育改革正在进行,数学教材要少而精。追溯这些教材的发展历史还是需要的,浅近数学的世界史还应该从重新写过。"送上的报告石沉大海,杳无音信,令他深感失望。

12月,科学史室宣传队同意钱宝琮"疏散"至苏州。

12月30日,钱宝琮专程前往竺可桢寓所与老友道别,谈到科学史研究,钱认为归属社会科学是合理的,但不限于研究中国科学史。二位挚友忧心忡忡,依依不舍。

12月31日,钱宝琮孤身一人乘火车南归。

1970年(庚戌)

1月1日,钱宝琮回到苏州,住十全街125号儿子钱克仁家。

2月,请朋友从北京邮寄来了中小学数学课本,很想继续研究,"编写为中学数学教育服务的一套数学史丛书"。

3月30日,竺可桢致函钱宝琮,问候老友,谈及德国学者库特·弗格尔索要《孙子算经》等事。

钱宝琮还专程去杭州大学拜访陈建功。二人交流"文革"遭遇,流露出无法继续从事数学教学与研究的苦恼和遗憾。

10月12日,钱宝琮给学部工宣队、军宣队写信,通报自己"每日定时阅读报刊,收听广播,学习毛主席著作并关心中小学教育革命工作"的情况。

1971年(辛亥)

4月8日,钱宝琮亲笔写信给科学史室军宣队,再次表达他的志愿:"1.想费些工夫修改我原来写得不好的《中国数学史》,2.研究印度数学史,来考证印度中古时代数学家,究竟于中国古代数学多少影响,3.中国古代数学和印度、阿拉伯数学与现在工农兵所学数学有关,究竟有所发展,有所进步,我们既为人民服务,应该写一本现代的数学发展史,以及 4.我们古代的物理学史,如《墨经》和《考工记》中的自然科学等,但都因参考书籍无处可借,只是心有余而力不足。"

4 月 28 日,钱宝琮因中风,不慎摔跤,瘫痪在床,手脚活动困难。

夏,浙大老友谈家桢(1909—2008)由江苏师院任教的朱正元陪同,到十全街寓所看望钱宝琮。

夏,沈康身夫妇由杭州来苏州,拜望钱宝琮老师。

8 月 21 日,顾颉刚写信问候钱宝琮。

钱宝琮对前来省亲的四女钱煦说,想来想去,还有九个题目要写,不能再等回北京了,只要能起床,就要设法动笔。当女儿建议他口授,让家人笔录,他连连摇头:"为学不可假手于人,我必能起床重新写作。"

11 月,科学史室军宣队派人到苏州看望钱宝琮。钱再次表达想重新研究工作的心愿,希望邮寄他有关《墨子》《考工记》等参考书籍。

1972 年(壬子)

7 月 11 日,竺可桢、吴有训在北京宴请到访的李约瑟夫妇和鲁桂珍。席间,李约瑟向竺可桢了解钱宝琮的近况,提出想与钱会面的要求,未果。

夏,四女钱煦及女婿周本淳去苏州省视,钱宝琮在病榻上念念不忘尚有《墨经》九篇论文未属稿,还谈及《庄子·天下篇》"至大无外,至小无内",叮嘱女婿归检郭庆藩《庄子集释》,并说:"这是两个科学概念，不能马虎。"

8月8日，谭其骧专程从上海来苏州，住十全街寓所四天，与钱宝琮长谈。

8月14日，已不能握笔写字，但仍"能读书报，能思考问题"的钱宝琮让家人代笔写信给科学史室军宣队，重申了他多年未能如愿的请求："我近年来很想对《墨子》和《考工记》两书中的自然科学知识进行整理研究。对于怎样写好一部为工农兵利用的《世界数学史》一事亦时在念中。现在我室同志已回北京，可否请严敦杰同志为我选几本有关《墨子》《考工记》方面的书籍由邮局寄来，供我阅读。"

8月24日，严敦杰致函问候钱宝琮，对他卧病在床，仍在研究《墨经》及《考工记》，"很是感动"。

10月12日，王驾吾（焕镳，1900—1982）亲笔致函钱宝琮，问候卅年老友，讨论《墨子》问题。

11月7日，竺可桢致函钱克仁，询问钱宝琮情况。

11月13日，杜石然、梅荣照、何绍庚致函钱宝琮："自从70年初您去苏州，我们上干校，互相分别以来，转眼之间，已近三年音讯未通了。不久前，老严同志转达了沈自敏见您的情况，知道您虽然卧病在床，仍在研究《墨经》，并且很挂念室内工作，使得我们很关心您的健康，也很高兴将看到您的新成果。所以，决定写封信表示我们衷心的问候。"

12月30日，研究室负责人段伯宇致函钱宝琮。函曰："知道你近来身体不大好，盼你注意养病，争取早日恢复健康。""你想看《墨子》，你的学习精神是可贵的。我们室的存书都已集中在学部保管，军宣队有指示，没有开展业务的单位，图书暂不外借。因此只有日后有条件时,再为办理,特此奉告。"

1973 年(癸丑)

1 月,李迪致函钱克仁,询问钱宝琮的身体状况。

9 月,王锦光致函问候钱宝琮,并派弟子洪震寰前往苏州拜见老师,讨论《墨经》研究问题。

12 月,竺可桢委托顾济之去看望钱宝琮。

12 月 20 日,科学史研究室派杜石然、李家明、何绍庚三人到苏州,看望偏瘫卧床不起的钱宝琮。钱很高兴与他们交谈,兴致勃勃地发表对《墨经》中一些问题的看法,并鼓励研究室的同事们继续做好科学史研究。

12 月 27 日,杜石然、李家明、何绍庚到十全街寓所与钱宝琮道别。夜间,钱宝琮再次中风,不能说话。

1974 年(甲寅)

1 月 5 日,晨 7:10,钱宝琮医治无效,在苏州医学院附属第一医院去世,享年 82 岁。

1 月 8 日上午,中科院哲学社会学部在苏州火化场,举行钱宝琮遗体告别仪式。

在北京医院住院的竺可桢得知钱宝琮逝世,深感悲痛,特别嘱咐科学院有关人士,要接待好来京参加追悼会的钱宝琮家属。

2 月 18 日下午,中科院哲学社会学部在北京八宝山革命公墓举行了钱宝琮追悼会。

1981 年,钱宝琮主编的《中国数学史》第二次印刷。

1983 年,中国科学院自然科学史研究所编辑的《钱宝琮科学史论文选集》,科学出版社出版,华罗庚、苏步青作序。

1988年,《中国大百科全书》数学卷收入了钱宝琮学术生平的条目(杜石然撰写),钱宝琮是书中列出的从古至今35位著名中国数学家之一。

1992年,钱熙整理、缪钺作序、苏步青题签的《钱宝琮诗词》(原名《骈枝集》),由浙江大学校友总会出版。

1992年,钱宝琮主编的《中国数学史》第三次印刷。

1998年,中国科学院自然科学史研究所、辽宁教育出版社整理出版了《李俨钱宝琮科学史全集》(10卷)。

2008年,钱永红编著的《一代学人钱宝琮》(分《钱宝琮文集》和《钱宝琮纪念文集》两部分)由浙江大学出版社出版。

2019年,钱宝琮主编的《中国数学史》由商务印书馆再版印刷。

钱宝琮与《中国数学史》

钱永红

　　钱宝琮先生主编的《中国数学史》自1964年首次出版以来,已累计印刷4次,印数超过2.7万部(未包括日本学者川原秀城翻译的《中国数学史》,1990年,日文版),成为高居国内印刷数量前列的学术专著,在海内外产生了广泛而深刻的影响。著名数学家吴文俊对其给予了极高的评价,认为这部著作"堪称为少见的世界性名著"[①]。如今,商务印书馆决定将《中国数学史》作为"成就斐然、泽被学林之学术著作"重新印行,这对中外从事数学史研究的人和数学史爱好者来说,无疑是一深受欢迎的出版佳讯。

　　钱宝琮(1892—1974),字琢如,浙江嘉兴人,中国数学教育家、科学史家。1911年,毕业于英国伯明翰大学土木工程专业,旋即回国,投身于中国高等数学教育事业,先后执教苏州工业专门学校、南开大学、中央大学、浙江大学等学校,是数学教育界的老前辈;同时,潜心钻研科学史,特别是数学史、天文学史,著作颇丰。1956年,调入中国科学院自然科学史研究室任一级研究员。他也是中国自然科学史委员会委员(1954年)、《科学史集刊》主编(1958

　　[①]　梅荣照:"怀念钱宝琮先生——纪念钱宝琮先生诞生90周年",《科学史集刊》,1984年第11期。

年）、国际科学史研究院（巴黎）通讯院士（1966 年）。

钱宝琮毕生热衷于数学史研究工作。本文想就其《中国算学史》（上卷）、《中国数学史》的编撰与出版作一粗略的综述。

立志研究数学史

1912 年初，钱宝琮怀着"科学救国""教育救国"的志向，回到祖国。原本想当工程师为国效力，然机会屡失，未能如愿。之后，他任教于苏州工业专门学校，最初教授土木工程课程，不久改教高等数学。在苏州的旧书肆，他偶得中国古算书籍数种，阅读之后颇有兴趣，遂以整理中国数学史为己任。

笔者从各地留存的钱宝琮档案史料中找出了他为何潜心科学史、特别是数学史研究的缘由。1918 年，钱宝琮开始研读《畴人传》，认为"象数学专门，不绝仅如线。千古几传人，光芒星斗灿"①。1927 年，钱宝琮在致李俨信函中写道："尝读东西洋学者所述中国算学史料，遗漏太多，于世界算学之源流，往往数典忘祖。吾侪若不急起撰述，何以纠正其误！"② 1933 年，钱宝琮去南京中央大学演讲时感叹："民国以还，海禁大开，欧化东渐，国人益觉本国知识之缺乏，而接受泰西学术，多不知中国算学为何物，诚不胜有今昔之感也……吾之编纂算学史也，其目的有二：①算学史编成，

---

① 钱宝琮：《钱宝琮诗词》，浙江大学校友总会，1992 年，第 66 页。
② 1927 年 4 月 29 日钱宝琮致李俨信。原件藏于中国科学院自然科学史研究所图书馆。

不但可发挥我国之文化,且可纠正外人对我之误解,而增高我国之地位。②文化史编纂,应从各科着手,来日汇归一流,庶几可成一部最完美之文化史,故余之编纂算学史,以期达到此目的也。"①

初心已定,钱宝琮一有空闲,就扎进古籍书堆里,考据、研读中国古代数学、天文、物理典籍,用现代的数学符号和语言,阐述古代学者的科学理论、方法和贡献。

钱宝琮比较幸运,在二十世纪二十年代,就有了一位知音——李俨(字乐知,1892—1963)。李与钱同岁,是陇海铁路局的工程师,一边修建铁路,一边钻研古算书籍。他俩真是不谋而合,时常互赠数学史论著,书信交流数学史研究心得。他俩筚路蓝缕,"在废墟上发掘残卷,并将传统内容详作评价"②,成为中国现代数学史研究的先驱,学界也有了"南钱北李"的美誉。

我们可以从早年钱宝琮给李俨的信中看出他们的志同道合:"中国旧学如文字校勘、经史训诂、历史、舆地、天文历法等学问,尤属门外汉。近十年来以研究中国旧算学有兴趣,且知欲研究中国算书,非从考证入手不可。故于诸种旧学,未敢自弃,皆稍稍涉猎,以图寸进。友朋中同好者甚少,偶有一得之愚,竟无可与商酌者。知有西算而不知中国有算学者,无论矣;前辈先生中略知中国算法者,往往不事考证,知其流而不能溯其源;精于训诂史地者,复于数理之事非所素习,皆不能为琮助。此琮所以有编纂中国算学史之心,而付梓则尚需稍待时日,徐图改善也。辱承以大著下问,拜读

---

① 钱宝琮:"中国算学史",《国立中央大学日刊》1933 年第 980 号,第 712 页。

② 吴文俊:"纪念李俨钱宝琮诞辰 100 周年国际学术讨论会贺词",《李俨钱宝琮科学史全集》(代序),1998 年。

后定可得益不少,琮数年来未能解决之诸疑问,当可迎刃而解矣。拙稿虽未写定,似亦不宜久秘,兹特捡呈一份,并附注最近意见数条,乞便中逐条教正,俾得交换知识,而收集思广益之效。尚希时赐玉音,以匡不逮,幸甚幸甚!"①

创编《中国算学史》(上卷)

自 1921 年起,钱宝琮在中华学艺社主办的《学艺》杂志上发表了《九章问题源流考》《方程算法源流考》《百鸡术源流考》《求一术源流考》《记数法源流考》和《朱世杰垛积术广义》六篇数学史专题论文,这是钱宝琮数学史研究的第一批成果,是为编撰《中国算学史》所做的准备工作。

钱宝琮发表的六篇论文,给当时不太活跃的学术界带去了生机。1927 年,中华学艺社决定将钱文汇编成《古算考源》一册交由商务印书馆印刷发行。1932 年,淞沪抗战爆发,商务印书馆被炸,损失惨重,而《古算考源》销售告罄,商务馆就重新排版,于 1933 年和 1935 年两度印刷《古算考源》国难后 1 版和 2 版,以满足读者的不断需求。

《古算考源》的学术影响非常大,其中"朱世杰垛积术广义"一文备受国内外学者重视。李约瑟在《中国科学技术史》(中文版)第三卷中介绍说:"《古算考源》讨论一些专门题目,一直谈到宋代

---

① 1927 年 4 月 29 日钱宝琮致李俨信。原件藏于中国科学院自然科学史研究所图书馆。

的代数学家,特别是朱世杰为止。"①内蒙古师范大学罗见今教授撰文指出:正是钱宝琮1923年首次将朱世杰的一项重要成就("菱草形段"第四题和"菓垛叠藏"第六题的推广)表述成现代组合卷积形式发表在《学艺》上,经乔治·萨顿(George Sarton,1884—1956)、李约瑟(Joseph Needham,1900—1995)的介绍,西方学者才对它有所了解,在二十世纪九十年代的现代数学界流传开来,被命名为"朱世杰-范德蒙(Chu-Vandermonde)公式","钱先生发轫于先,功不可没"②。

茅以升于1917年4月在《科学》杂志上发表论文"中国圆周率略史",1921年1月发表论文"西洋圆周率略史"。当他细读钱宝琮在《学艺》刊发的6篇数学史论文,"至为忻慕",于1923年初专程前往苏州会晤钱宝琮,切磋中国圆周率历史。钱以"中国算书中之周率研究"一文相示,茅"喜而读之,则考证精详,阐发奇妙,远非拙作能及",当即索取,准备刊载《科学》杂志,"以供同好"③。日后,钱宝琮就将该文寄赠茅以升,且附言如下:"述学,非易事也。所取史料,或原著遗亡,无从考究(如祖冲之《缀术》等);或为后人托古之作(如《周髀》《九章》等);或以世无解者,而致文字错乱,难以校正(如《九章》立圆术刘徽注,《齐书·祖冲之传》等);或附会《易》理,妄谈数理(如以奇偶论方圆,大衍合周数等);理颐事庞,则采集之难也。既得史料矣,以科学方法整理之,求各时代对于周率研究之真相,推寻其算法之由来,使周率研究,得一有统系之发

---

① 李约瑟:《中国科学技术史》第三卷《数学》,科学出版社,1978年,第6页。

② 罗见今:"朱世杰——范德蒙公式的发展简介",《数学传播》,2004年第4期。

③ 茅以升:"《中国算书中之周率研究》识言",《科学》,1923年第2期。

达史,庶几乎述学之旨也。宝琮年二十后,略知西算,近读中国算学旧籍,亦几七年矣。尝有编纂中国数学发达史之志愿,以端绪纷繁,书缺有间,几经作辍,未克如愿。爰姑就分科,记其源流,觉措手较易,是篇之作,即本斯意。"①

正是由于茅以升的引荐,钱宝琮与中国科学社主办的《科学》杂志建立了关系,并从1925年起担任该杂志的数学编辑长达五年时间。从1923年到1929年,他为《科学》杂志撰写数学史考证文章,共计六篇,涉及圆周率研究、《九章算术》《周髀算经》《孙子算经》《夏侯阳算经》《数书九章》等论题。

为了编撰《中国算学史》,实现心中的宏愿,钱宝琮于1922年夏,接受浙江省立第一师范学校校长何炳松之邀,去杭州开办"中国数学史"讲座两个星期。1925年秋,经姜立夫介绍,钱宝琮北上天津,担任南开大学算学系教授,教授方程解法、最小二乘法、整数论、微积分等课程,同时编写印制"中国算学史讲义",开设数学史课程,讲述"中国自上古至清末各期算学之发表,及其与印度阿拉伯及欧洲算学之关系"②,深受欢迎。学生吴大任回忆说:"钱琢如先生担任算学史,来校已历二年,师生相得甚欢。"③1927年秋,钱宝琮随竺可桢、汤用彤南下来到南京,在第四中山大学(后来的中央大学)教授微积分和中国数学史课程。

在给李俨的信中,钱宝琮介绍自己在南开大学数学史教育状况与讲义的编辑思路:"理科学生有愿选读中国算学史者,琮即将

① 茅以升:"《中国算书中之周率研究》识言",《科学》,1923年第2期。
② 《天津南开大学一览》,南开大学,1926年,第90页。原件藏于南开大学档案馆。
③ 吴大任:《理科学会周年纪念册》,南开大学,1928年,第32页。

旧稿略为整理,陆续付油印本为讲义。每星期授一小时,本拟一年授毕全史。后以授课时间太少,不克授毕。故讲义只撰至明末,凡十八章,印就者只十六章,余两章虽已写成,而未及付印。第十七章述'宋元明算学与西域算学之关系',其细目为两宋时印度算学之采用,波斯、阿拉伯算学略史,元明时代西域人历算学,金元算学未受阿拉伯算学之影响等。第十八章为'元明算学'。其细目为赵友钦与瞻思,珠算之发展,数码之沿革,明代历算学,写算术等。至于自明末以后之算学史,则拟分写:第十九章'明清之际西算之传入',第二十章'中算之复兴',第二十一章'杜德美割圆九术',第二十二章'项名达与戴煦',第二十三章'李善兰',第二十四章'白芙堂丛书',第二十五章'光绪朝算学'。现正搜集史料,暇当从事编辑也。"①

1928 年,又经姜立夫介绍,钱宝琮到杭州参与组建第三中山大学(国立浙江大学前身)文理学院数学系,成为首任数学系主任。他继续为浙大理科学生开设数学史课程,又新编了汇集东西方各地古代数学史的"算学史讲义"②,共有九个章节。

1931 年,时任中华教育文化基金董事会编译委员会委员丁文江(字在君,1887—1936)细读了钱宝琮南开大学版的"中国算学史讲义"之后,强烈推荐将讲义交付中央研究院历史语言研究所出版发行。

《中国算学史》(上卷)于 1932 年(钱宝琮 40 岁那年)由国立

---

① 1927 年 4 月 29 日钱宝琮给李俨信。原件藏于中国科学院自然科学史研究所。

② 钱宝琮:《算学史讲义》,作于二十世纪三十年代,油印稿现存浙江省图书馆古籍部。

中央研究院历史语言研究所作为该所学术专著丛刊单刊甲种之六正式出版,商务印书馆发行。

钱宝琮的《中国算学史》凡例指出:"中国算学自汉以来,继续发展,撰述甚多。然或原著遗亡,无从深究,或撰人无考,时代难详,或经后人增删,早非原帙,或以世无解者,误文滋多。校读考证尤须参考史书,旁证群籍。本书整理各代算书,遇有疑义者,辄博引异说,参与己见,务使事皆证实,言必近真,庶几中国算学之发展得以存其梗概。"①

这部著作是中国近代影响广泛的一部中国数学史专著,一出版就引起了学界的关注,又于 1997 年在台北出版了影印本。该书共有二十章,论述从上古、先秦、秦汉、魏晋、南北朝、隋唐、宋元,一直到明代万历年间西方数学传入之前中国数学发展情形和主要成就,并且包括有关历法和中外数学交流等方面的丰富内容②。

为什么要在算学史书中写入天文历法和中外数学交流等方面的内容,钱宝琮的《中国算学史》凡例指出,中国古代天文历法,与算学常有密切之关系,"畴人之兼通历算者甚多"③。中国算学与印度、阿拉伯、日本及西洋各国算学均有授受关系。钱宝琮在给丁文江的信中解释说:"文化外来之影响往往天文与算学不分,如唐之九执、元明之回回、明清之西学。上古天文有传自印度之嫌疑,

---

① 钱宝琮:"中国算学史凡例",《中国算学史》(上卷),中央研究院历史语言研究所,1932 年。
② 何绍庚:"畴人功业千古 辛苦济时方——纪念钱宝琮先生诞辰一百周年",《中国科技史料》,1992 年第 4 期。
③ 钱宝琮:"中国算学史凡例",《中国算学史》(上卷),中央研究院历史语言研究所,1932 年。

故亦稍为涉及。历法中往往有新的算学,如周髀之勾股、刘智历之积年算法、南宫说术之百分法、授时历之弧矢术,招差术是也。"①他还就丁文江对书稿前三章的提问回答说:"虞喜发见岁差之事以一行了之似太简略,尊评甚是。清以前中国算学家正史有传者甚少,其事迹,如汉之刘歆、张衡、蔡邕、郑玄等欲复述之,殊有喧宾夺主之病。"②钱宝琮原想穷尽源委,但还是由于"限于史料,终嫌未足。其详情待异日"③。

笔者要特别感谢内蒙古师范大学董杰副教授的帮助。几年前,董教授几经周折,终于在台北的傅斯年图书馆查阅到1931年丁文江、傅斯年、钱宝琮、董作宾有关原中央研究院历史语言研究所出版《中国算学史》(上卷)的往来信札。我们从中了解到了《中国算学史》(上卷)出版期间一些鲜为人知的内情。

钱宝琮在给丁文江的信中说:"拙著蒙介绍于历史语言研究所,并吹嘘付印甚为感激。版税办法亦可满意。惟将来该书版权谁属,尊函并未提及。又拟用何种纸张,几号字印,何种装订,并希向傅所长询明一切,示知为幸。校对由所负责甚好,惟最好于付印之前将样张寄下一读。"④

钱宝琮在给傅斯年的信中说:"十日接读大札,欣悉种种。拙稿《中国算学史》(上编)颇蒙赞许,并为付印发表,无任感荷。中国算学史事属草创,以弟之学识疏陋,肩此重任,记述挂漏及论断

① 1931年6月10日钱宝琮致丁文江信。原件藏于台北傅斯年图书馆。

② 1931年6月10日钱宝琮致丁文江信。原件藏于台北傅斯年图书馆。

③ 钱宝琮:"中国算学史凡例",《中国算学史》(上卷),中央研究院历史语言研究所,1932年。

④ 1931年6月10日钱宝琮致丁文江信。原件藏于台北傅斯年图书馆。

失当处想必甚多。先生如有高见,务请尽量批详,随时指教……弟之私意以为算学史在中国尚属创举,书本纸张及装订不宜太劣,定价不妨稍高,对于书之销路决无阻碍也。尚希斟酌审定为幸。"①

主编《中国数学史》

《中国算学史》(下卷)一直是学界人士的期待,因迟迟不出,令不少读者感到疑惑。严敦杰曾特地去询问钱宝琮。钱说不再续写了,等合适机会将重写一部。

这个机会终于等来了。经过中国科学院副院长竺可桢的不懈努力,在请示周恩来总理后,钱宝琮于1956年4月奉调北京,专业从事科学史研究工作,如鱼得水,实现了自己期待已久的宏愿。1958年,钱宝琮趁中国科学院中国自然科学史研究室要求每人自订"个人红专规划"之机,给自己添加了多项工作:"和同志们一起,集体编写《中国天文学史》《中国数学史》和《世界数学史》,向1959年国庆节献礼。"②《中国数学史》随后立意编撰。自然科学史研究室成立了由钱宝琮、严敦杰、杜石然、梅荣照四人编写小组,钱为主编。他一改以往孤军作战的写作模式,发挥集体力量,发扬学术民主,从初稿到改写、定稿都经过反复讨论;他不理会当时社会上刮起的浮夸风,从立论到推理,秉持"实事求是"的编辑原则;已年逾70的他,不管刮风下雨,坚持步行上班,每天少则几百字,多则上千

① 1931年8月13日钱宝琮致傅斯年信。原件藏于台北傅斯年图书馆。

② 钱宝琮:"个人红专规划",《一代学人钱宝琮》,浙江大学出版社,2008年。

字,与年轻人一样奋力写作。严敦杰回忆说:"六十年代初钱老计划重新编写《中国数学史》,召集我们几个人讨论一番,由钱老担任主编,分工编写。初稿写成后大家都提出了些修改意见,再由钱老统一亲自修订。我们都尊重主编,他怎么改就怎么改。"①。杜石然除完成宋元部分(第八章至第十二章)书稿外,还参与了全书的统稿、篡稿、代主编草拟序言及编制索引、校对等出版前的工作。

竺可桢十分关心《中国数学史》的写作,经常到自然科学史研究室了解编写进度,还接受了钱宝琮的请求,亲笔为本书题签。

按原定的编辑方案,书稿一直要写到二十世纪五十年代,杜石然和梅荣照分别完成了1949年新中国成立前后两大段书稿。杜石然还陪同钱宝琮一道坐公交车去中关村数学研究所与华罗庚等人商讨近现代部分的内容。上述两章节均"通过了"现代数学界一些知名人士的审阅,但最终却以"写现代数学史尚不成熟"为由被砍掉了②。钱宝琮甚感遗憾,不得已,只能在书的结尾留下这么一句话:"有悠久历史的中国古代数学到清代末年就很少问津的人,当然不会有任何进展;由外国输入的近代数学也须要一个消化过程,在短时期内也不能有所发展。事实上,一直到1919年"五四运动"以后现代数学的研究工作才开始展开,1949年新中国成立以后才有蓬勃的进步。"③

1964年11月,《中国数学史》终于由科学出版社正式出版,并在波兰华沙举行的中国图书展览,获得广泛赞誉,成为中国数学史

---

① 严敦杰:"关于中国数学史二三事",《读书》,1981年第8期。

② 杜石然:"钱宝琮主编《中国数学史》一书的编写和出版",《中国科技史料》,2002年第2期。

③ 钱宝琮:《中国数学史》,科学出版社,1964年,第345页。

研究领域的经典之作。

这部运用新观点与新方式写成的《中国数学史》,让钱宝琮圆了自己毕生的心愿。在该书定稿时,他兴奋地写了一首七言律诗,抒发内心欣慰之情:

> 积人积智几番新,算术流传世界珍。
>
> 微数无名前进路,明源活法后来薪。
>
> 存真去伪重评价,博古通今孰主宾。
>
> 合志共谋疑义析,衰年未许作闲人!

该诗歌颂了新时代数学史研究的新气象,彰显了老中青写作团队博古通今、去粗取精、去伪存真、解决疑难的新智慧,洋溢着团结协作的新精神及钱宝琮晚年想为社会多做贡献的新喜悦。

现摘录杜石然"我的恩师和我的学生"[①]长文的一段文字,我们从中可以感受到《中国数学史》书稿杀青统改时,老中青团队轻松、愉悦的心情。

> 为了祝贺钱宝琮先生的七十寿诞(当时李俨先生经常住院就医),我曾试填过一首"千秋岁":
>
> 风和日丽,正李桃齐济,
>
> 坐花又面谆谆教,
>
> 方道刘徽聪,更论冲之慧,

---

① 杜石然:"我的恩师和我的学生",《一代学人钱宝琮》,浙江大学出版社,2008 年,第 256—257 页。

谈笑间,畴人千古任评说。

笔落尽珠玑,纵谈皆欢醉,
人未老,志千里,
旭日沐东风,心比苍松翠,
共举杯,
学生试谱千秋岁。

那时候,正值宝琮先生主编之《中国数学史》(科学出版社,1964年初版)杀青统改之时。春夏之交,研究所所在地——九爷府(孚王府,北京朝内137号大院)东北小偏院中的藤萝花、枣花,清香漫漫,时时飘入办公室中,沁人肺腑。我和梅荣照、何绍庚等几位当年的"年轻人"和钱先生有缘欢聚在同一间办公室,围绕着钱先生,如同"群星拱月"一般。而刘徽(263年注《九章算术》)、祖冲之(429—500)等千古畴人,也几乎尽日俱在反复热烈的讨论之中。词中的"旭日""东风""苍松"等虽然也都有祝寿的含义,但仍难免有落入当时的时文俗套之嫌。可是,这首词却如实地记述了当年两次浮世大混沌之间难得的一小片宁静时期的实情、实景、实趣。有了"大跃进和三年天灾(恐也有许多是'人祸')"所引出的这短暂宁静,才使得品评花香、千古畴人以及众星拱月、祝寿和填词等成为可能。同时,幸运得很,也才使得《中国数学史》的出版成为可能。回忆起来,这也真算是历史赐予我们师生的一份特殊机缘。亲切之感,犹如昨日。这首词最初可能是发表在研究所的墙报上。我算是墙报的"主编",因此我也保留着钱老为《中国数学史》完稿所写七言律诗的原稿。

《中国数学史》系统地叙述了自上古时起到二十世纪初叶止的中国数学发生发展的历史。全书共分四编,共有十九章。前三编写到明朝中叶,相当于《中国算学史》(上卷)所包含的时期,第四编为明中叶到1911年的辛亥革命。每编开首处都有一个时代背景的简述。书的序言指出:本书力图用正确的观点、立场和方法去分析整理中国丰富的数学遗产,反对单纯的史料堆砌,努力阐明各阶段的数学发展和当时社会经济、政治以及哲学思想等之间的关系,力求对历代杰出的数学家和他们的数学著作给以尽可能适当的评价。钱宝琮认为:中国数学对世界数学的发展做出了贡献,本书力图在这个重要问题上有更明确的阐述,以弥补《中国算学史》(上卷)的不足。《中国数学史》还对以往的资料进行了重新的整理,同时也加入了一些新的研究成果。

李迪在1965年第11期的《科学通报》上发表书评"简评《中国数学史》",高度评价钱宝琮主编的《中国数学史》:"由于作者注意运用辩证唯物主义和历史唯物主义的观点阐述我国数学发展上的问题,因而对我国数学的历史发展就勾划出一个比较切合实际的轮廓。"①

李迪指出,前一个时期有些数学史工作者不加批判地引述所谓"隶首作数"说,从而在一定程度上散布了唯心主义观点,未曾揭示中国数学发展的真实面貌。《中国数学史》一书在这方面有很大改进,突出的表现有以下两点:

第一,在每一编和某些章的开头都简要地介绍了各该历史阶段生产发展的情况,以及生产实践如何向数学提出要求。该书作

---

① 李迪:"简评《中国数学史》",《科学通报》,1965年 第11期。

者从两个方面揭示了这一情况,首先是农业或工业(主要是手工业)等直接提出了各种各样的数学问题,例如著名的《九章算术》中就包括"当时人民生活实践中产生的新问题",其"解题的方法主要是为生产事业服务的……"由于土木工程的发展,王孝通则利用了三次方程解决工程上存在的问题。明代由于商业的发展,珠算得到广泛的流传,等等。其次是作者注意到生产实践通过其他科学间接向数学提出要求,特别是为农业生产服务的天文历法更为突出。

第二,作者在书中对于那些唯心主义观点进行了必要的批判,上层建筑对数学发展的影响也给了适当的注意。在第三编的开头,作者较深刻地批判了宋代理学所给予数学的神秘主义色彩。作者从"河图洛书"的发生和演变的过程,驳斥了数学起源于河图洛书说的谬误。

我国十八世纪到十九世纪中期,在数学研究中主要是整理和发展传统数学。作者从时代背景上进行了探讨,根据"当时的政治现象,和一切学术活动的物质条件"进行了较为合理的解释。

《中国数学史》要比以往同类论著更加丰富多彩,主要是增加了一些新史料。例如,从阿尔·卡西的《算术之钥》中提出例证说明中世纪伊斯兰国家的数学受中国数学的影响,对于清代数学家夏鸾翔用招差法造三角函数表的方法和有关椭圆求积等方面的工作给予了肯定,以及焦循在算术基本运算律方面的工作,等等。

对于一些旧史料也进行了"去伪存真"的整理,剔除了那些没有价值的材料。例如,以往同类著述中都很注意的"纵横图",往往要用很大篇幅介绍这种数学游戏。在《中国数学史》中,仅用很少几句话概括了。《中国数学史》还对一些史实作了认真地考订,从而给出较为合理的结论。如《九章算术》成书年代，历来众说纷纭，《中国数学史》提出六点更为可信的理由，认为《九章算术》大约成书于公元 50—100 年。又如过去学者常说《授时历》是郭守敬（1231—1316）所作，因而其中关于数学的工作也归功于郭守敬。而钱宝琮曾在"授时历法略论"[1]一文中提出《授时历》是王恂（1235—1281）、郭守敬等人集体创作的。但钱文没有明确《授时历》中数学工作由谁负主要责任。《中国数学史》根据杨桓《太史院铭》的记载，认为是王恂负责计算。王恂是当时最优秀的数学家，是以前人们没有注意的。

从 20 世纪 20 年代起，钱宝琮就着手研究中国数学对印度数学的影响。1925 年，他为南开中学高中丙寅班数理化学会作了"印度算学与中国算学之关系"演讲，提出："印度算学，除礼经时期外，诸家撰述，俱在祖冲之《缀术》后。与中国古算相同之术，如勾股、周率、弧田术、开立圆术、求一术等，皆与希腊算学迥异，可为印度算学取法中算之证。又印度算学，类皆因题立术，鲜事证明。"[2]钱宝琮又在《中国算学史》中指出："考之印度算学发展史，凡印度算法与中法雷同者，皆在第六世纪以后。中国算学输入印度为彼方历算家说取法，则彰彰可考也。"[3]三十余年之后，钱宝琮在《中国数学史》进一步列举出十四项证据（位值制数码、四则运算、分数、三项法、弓形面积与球体积、联立一次方程组、负数、勾股问题、圆周率、重差术、一次同余式问题、不定方程问题、开方法、正弦表的造

---

① 钱宝琮："授时历法略论"，《天文学报》，1956 年第 2 期。

② 钱宝琮："印度算学与中国算学之关系"，《南开周刊》，1925 年第 16 期。

③ 钱宝琮："中国算学史凡例"，《中国算学史》（上卷），中央研究院历史语言研究所，1932 年

法等),证明中国古代算术和代数学对于中古时期的印度数学很有影响,"印度数学同中国数学一样,也偏重量与数的计算方法。印度数学通过阿拉伯传到欧洲后,在欧洲数学的发展中放出异常的光彩"①。当时也有些学者,包括出版社的审稿提出了异议,认为这段内容比较浅近,印度人也可以独立发现,不一定传自中国,甚至觉得这种说法有大国沙文主义嫌疑,提出要修改书稿。由于钱宝琮的反对与坚持,才使这一章保存下来。英国科学史家李约瑟博士也很重视研究古代中印之间的数学交流。他在《中国科学技术史》数学卷里这样说:"当问到有什么数学概念似乎是从中国向南方和西方传播过去的时候,我们却发现有一张相当可观的清单。"②而那张清单恰巧也是十四项,真是不约而同!梅荣照在"钱师的浩然正气永远鼓舞我们为科学事业而奋斗"一文中强调说:"李约瑟这种说法与钱宝琮的说法基本上是一致的,但它没有遭到外国人,包括印度人的非议。近年来,钱宝琮关于印度数学曾经受到中国数学的影响的论断也逐渐为国内外学者所接受,这无疑也有李约瑟的一份功劳。"③

"文革"前夕,钱宝琮在给李培业的亲笔信中自我评价了《中国数学史》:"该书是我们力图运用辩证唯物主义和历史唯物主义观点,运用毛泽东思想研究中国数学发展史的初步成果。由于我们水平很低,做的还很不够,无论是观点和史料选择,都还存在不少问题。李迪同志的评论有些褒赞太过,实在不敢承当。我们欢迎

---

① 钱宝琮:《中国数学史》,科学出版社,1964年,第27页。

② 李约瑟:《中国科学技术史》第三卷《数学》,科学出版社,1978年,第323页。

③ 梅荣照:"钱师的浩然正气永远鼓舞着我们为科学事业而奋斗",《一代学人钱宝琮》,浙江大学出版社,2008年,第290页。

您阅过之后,多提批评意见。让我们共同努力,争取在修改《中国数学史》时,有所提高。"①

学人精神不朽

钱宝琮在回顾自己早年学术思想形成时说:为了"努力学习清代汉学家的考证工作,准备研究中国古代数学的发展历史,我就在所谓'国学'里钻研,对于清代学者如王锡阐、梅文鼎、钱大昕、焦循等人十分景仰。他们高尚其志,不事王侯,一生专心学术,名垂不朽。"②这是他内心思想的真实反映和他长期追求的目标,他为此兢兢业业奋斗了一生。③

钱宝琮数学史研究的历程并不一帆风顺,遇到过不少曲折与困难。1937 年,日军侵占嘉兴,家庐被焚,钱宝琮十多年收集的 250 多种算书古籍荡然无存。他感叹道:"年来失素守,不学思则殆。谁与共析疑,苍海百川汇。"④ 1941 年,钱宝琮在浙大西迁地——贵州湄潭致函李俨求助:"近年以来因参考无着,不克再事搜罗史料,考订旧文,弟之中算史工作不得已暂告停顿⋯⋯我兄尊藏甚富,其中必有重出之本,如肯割爱出让,敝校师生无任欢迎,至

---

① 1966 年 5 月 15 日钱宝琮致李培业信,《一代学人钱宝琮》,浙江大学出版社,2008 年,第 198—199 页。

② 钱宝琮:"钱宝琮自我检讨",作于 1952 年,《一代学人钱宝琮》,浙江大学出版社,2008 年,第 206 页。

③ 何绍庚:钱宝琮,程民德主编:《中国现代数学家传》第三卷,江苏教育出版社,1998 年,第 65 页。

④ 钱宝琮:《钱宝琮诗词》,浙江大学校友总会,1992 年,第 24 页。

弟本人受赐尤多"。①李俨马上将其复本算学藏书寄往浙大,并以
"事关学术"致函严敦杰,希望严在重庆也能代劳寄书。严敦杰回
忆说:"在当时这样困难的情况下(连起码的生活条件也很艰苦),
钱老还孜孜不倦地开展中国数学史研究及培养人才。"②

　　1958 年 10 月起,中科院中国自然科学史研究室开始了"拔白
旗,插红旗"运动,"批判的重点是影响最深、危害最大和妨碍当前
研究工作的资产阶级学派和学术思想,例如批判我室钱宝琮为主
的中国数学史和中国天文学史研究中资产阶级学术思想……这是
一项政治任务,也是中心工作,必须联合各有关单位共同进行,批
判结果除在《科学史集刊》发表外,并编出《科学史资产阶级学术思
想批判论文集》"。钱宝琮对这一针对他的"拔白旗"运动并不在
意,依然初心不改地按着原定的《中国数学史》编写进度,率领其团
队潜心写作。钱宝琮在 1969 年写的"本人详细历史"中谈及了那
段经历:"1959 年本室革命同志掀起了一个以我为典型的拔白旗运
动,但没有经过斗争批判,运动不久就结束了。"《科学史集刊》未见
批判钱宝琮的文字,更没有所谓的《批判论文集》问世。③

　　编史的艰辛是一般人难于想象的,钱宝琮主编的《中国数学
史》真是来之不易。杜石然回忆说:"当初计划的七部专史④中,最

------

① 1941 年 11 月 15 日钱宝琮致李俨信,《一代学人钱宝琮》,浙江大学出版社,
2008 年,第 195 页。
② 严敦杰:"关于中国数学史二三事",《读书》,1981 年 第 8 期。
③ 钱永红:"钱宝琮与主编的《科学史集刊》",《科学新闻》,中国科学报社,
2017 年,第 62 页。
④ 七部专史包括《中国数学史》《中国天文学史》《中国地理学史》《中国化学
史》等。

后得以公开出版发行的,只有此书!"①

新出版的《中国数学史》备受国内外学术界的关注。李约瑟收到钱宝琮亲笔签赠《中国数学史》一书,非常高兴,又于1965年年底,专门致函竺可桢,再次索要《中国数学史》,并建议中国科学院推荐钱宝琮等人为国际科学史研究院院士②。正是因为李约瑟本人的极力推荐,1966年10月15日,钱宝琮当选为总部设在巴黎的国际科学史研究院(The International Academy of the History of Science)通讯院士③(编号为C336)。这一喜讯直到钱宝琮1974年去世,都没有通知到他本人。

因为此时的钱宝琮已被打成"资产阶级反动学术权威",完全剥夺了学术研究的权利,失去了行动自由,成为中国科学院哲学社会科学部的重点批斗对象。研究室"文革"小组强迫已是75岁高龄的老人每天清扫研究室院子、倒垃圾、抬煤渣等重体力劳动,然后限制在指定的房间,天天阅读《毛泽东选集》1至4卷、写自我批判和交代材料。对此,钱宝琮泰然自若,有时还趁监视人不注意时,翻阅《史记》等线装典籍及李约瑟的《中国科学技术史》(英文版),继续思考科学史问题。

"沧海横流,举世混沌,方显出英雄本色。而且唯有大英雄才能做到本色。钱先生在'文革'前和'文革'中的所作所为,坦坦荡

---

① 杜石然:"钱宝琮主编《中国数学史》一书的编写和出版",《中国科技史料》,2002年第2期。

② 竺可桢:《竺可桢日记》第5卷,科学出版社,1990年,第4页。

③ 席泽宗:"在纪念李钱二老诞辰100周年国际学术讨论会上的讲话",《一代学人钱宝琮》,浙江大学出版2008年,第245页。

荡,真乃是他人生本色的清楚表白,也是对我们进行的一种身教。"①

《中国数学史》当然遭遇到极为苛刻的批判。在一次《中国数学史》批判会上,作为批斗对象的钱宝琮态度明确:"欢迎批评,欢迎讨论。"具体地说,就是政治上的问题欢迎批评,学术上的问题欢迎讨论。"文革"期间的批判大多是断章取义,无限上纲,根本不是正常的学术讨论。一般人如果不及趋避,也常会以沉默待之,而他却公然提出"展开辩论,判别是非",决不违心承认"错误"。这确实需要具有坚持真理、无所畏惧的勇气的。

1969 年 2 月,钱宝琮给驻科学史研究室工人、解放军毛泽东思想宣传队写下一份题为"关于《中国数学史》"的"交代材料",这应该视为他在那个特殊形势下,对《中国数学史》的自我检讨。全文如下:

> 《中国数学史》是由数学史组成员集体写成的,因绝大部分是由我编写的,所以题:"钱宝琮主编"。这部书虽比李俨很早发表的《中国算学史》有所改进,但缺点还是很多,特别是在说明各个历史时期的政治背景时未能仔细研究,抄袭由历史研究所编纂的《中国史稿》以为定论,例如说汉高祖"不能不对人民有所让步"而推行轻徭薄赋政策;清康熙帝"爱好自然科学,尤其对于数学天文有特殊的兴趣",等等。这些为最高统治阶级歌功颂德,从而忽视了劳动人民在数学上的贡献。在

---

① 杜石然:"我的恩师和我的学生",《一代学人钱宝琮》,浙江大学出版社,2008 年,第 263 页。

另一方面,《中国数学史》着重写中国古代传统数学的源流,和现在大、中、小学教学的数学教材很少直接联系,这是不可避免的,脱离人民大众的缺点。①

1969 年年底,研究室所有研究人员必须到河南息县"五七干校"学习改造,钱宝琮年事已高,不克前往,就给工宣队、军宣队写信,请求离京"疏散"至苏州儿子家。他到苏州之后,心里仍想着要修订他的《中国数学史》。1971 年 4 月 8 日,他还亲笔致函军宣队,再次表达他的心愿:"①想费些工夫修改我原来写得不好的《中国数学史》;②研究印度数学史,来考证印度中古时代数学家,究竟于中国古代数学多少影响;③中国古代数学和印度、阿拉伯数学与现在工农兵所学数学有关,究竟有所发展,有所进步,我们既为人民服务,应该写一本现代的数学发展史;④我们古代的物理学史,如《墨经》和《考工记》中的自然科学等,但都因参考书籍无处可借,只是心有余而力不足。"亲笔信寄去北京,却像石沉大海,杳无音信,令他十分失望,被迫成为"闲人",只能仰天长叹:"不能研究,活着有什么意思?"

1974 年 1 月 5 日,钱宝琮带着遗憾病逝于苏州医学院第一附属医院。

著名数学家陈省身(1911—2004)是钱宝琮在南开大学教过的学生。他在《一代学人钱宝琮》序言(2002 年)中说:"从上世纪 20 年代起,先生就立志'以整理中国算学史为己任',并为之奋斗了一

---

① 钱宝琮:"关于《中国数学史》",《一代学人钱宝琮》,浙江大学出版社,2008年,第 213 页。

生。先生留给我们后人的许多传世之作,早已在海内外产生了深远的影响。"①

著名天文史学家李珩(1898—1989)获悉好友钱宝琮病故,"曷胜哀悼"!他在唁函(1974年)中高度评价钱宝琮:"钱先生学术、人品素为朋侪钦佩,将与其在学术上的贡献和《中国数学史》等著作,永垂不朽。"②

著名数学家吴文俊2005年在给笔者来信中说:"我关于数学史的工作,是从学习令祖父钱宝琮先生《中国数学史》一书开始的,他应该是我的启蒙老师,他书中的许多观点,我还不时回忆追慕。"③

钱宝琮离开我们44年了。如今的中国已发生了翻天覆地的变化,数学史研究突飞猛进,数学史教育蓬勃兴旺。钱宝琮绝对不会预料到,他的代表作《中国数学史》就"像一只不死的凤鸟一样,在烈火中再度获得重生"④。1981年和1992年,科学出版社两次印刷了《中国数学史》,自然科学史研究所数学史组的重版序言说:"近二十年来,国内外学者对中国数学史研究工作作出了许多贡献,与中国数学史密切有关的文物资料也不断有所发现。由于国内外读者的迫切需要和出版部门的多次催促,我们已来不及把这些新的成果写入此次重版之中,只是对书中个别的地方作了很小

---

① 陈省身:"序言",《一代学人钱宝琮》,浙江大学出版社,2008年。

② 1974年2月18日李珩致钱宝琮家属的唁函。

③ 2005年1月9日吴文俊致钱永红函,《一代学人钱宝琮》,浙江大学出版社,2008年,第563页。

④ 杜石然:"钱宝琮主编《中国数学史》一书的编写和出版",《中国科技史料》,2002年第2期。

的订正。"1998年,辽宁教育出版社出版的《李俨钱宝琮科学史全集》将《中国数学史》作为全集的第五卷再次印刷。

现在,商务印书馆又把《中国数学史》列为"中华现代学术名著丛书"再度出版,九泉之下的钱宝琮一定会感到非常欣慰。笔者有幸收藏着钱宝琮《中国数学史》初版前的校正本,内有不少他的校正笔迹。笔者仔细核对了已出版的四个版本,发现还有几处没有按其要求更正。这次,商务印书馆决定全部根据钱宝琮的亲笔校对订正,修补以往的不足,将原汁原味的《中国数学史》书稿奉献给读者。

钱宝琮在主编《中国数学史》的同时,还以"水调歌头"词牌名,填词一首,精辟阐发中算源流,畴人功业:

历法渊源远,算术更流长。

畴人功业千古,辛苦济时方。

分数齐同子母,幂积青朱移补,经注要端详。

古意为今用,何惜纸千张!

圆周率,纤微尽,理昭彰。

况有重差勾股,《海岛》不难量。

谁是刘徽私淑?都说祖家父子,成就最辉煌。

继往开来者,百世尚流芳![①]

---

① 钱宝琮:"水调歌头",《李俨钱宝琮科学史全集》第四卷,辽宁教育出版社,1998年,第549页。

值此《中国数学史》再版之际，我们怀念主编钱宝琮先生，更加期盼新一代科学史家薪火相传，继往开来，发扬老前辈的治学精神与优秀品质，为中国科技史乃至中国文化史的研究，作出更大的贡献！

2018 年 7 月 8 日定稿于南京

致谢：对中国科学院自然科学史研究所何绍庚研究员、邹大海研究员、内蒙古师范大学董杰老师、浙江大学楼可程老师给予拙文的指导帮助谨表真诚的谢意！

索引

五　　画

六　　画

七　　画

九　画